Baustatik – einfach und anschaulich

Jetzt diesen Titel zusätzlich als E-Book downloaden und 70 % sparen!

Als Käufer dieses Buchtitels haben Sie Anspruch auf ein besonderes Kombi-Angebot: Sie können den Titel zusätzlich zum Ihnen vorliegenden gedruckten Exemplar für nur 30 % des Normalpreises als E-Book beziehen.

Der BESONDERE VORTEIL: Im E-Book recherchieren Sie in Sekundenschnelle die gewünschten Themen und Textpassagen. Denn die E-Book-Variante ist mit einer komfortablen Volltextsuche ausgestattet!

Deshalb: Zögern Sie nicht. Laden Sie sich am besten gleich Ihre persönliche E-Book-Ausgabe dieses Titels herunter.

In 3 einfachen Schritten zum E-Book:

1. Rufen Sie die Website **www.beuth.de/e-book** auf.

2. Geben Sie hier Ihren persönlichen, nur einmal verwendbaren E-Book-Code ein:

   29809A315A954C9

3. Klicken Sie das „Download-Feld“ an und gehen dann weiter zum Warenkorb. Führen Sie den normalen Bestellprozess aus.

Hinweis: Der E-Book-Code wurde individuell für Sie als Erwerber dieses Buches erzeugt und darf nicht an Dritte weitergegeben werden. Mit Zurückziehung dieses Buches wird auch der damit verbundene E-Book-Code für den Download ungültig.

Baustatik –
einfach und anschaulich

Für meine Frau Lim Phue Eng,
die mir ein zweites Leben geschenkt hat.

Prof. Dr.-Ing. Eddy Widjaja

Baustatik –
einfach und anschaulich

Baustatische Grundlagen
Faustformeln
Wind- und Schneelasten nach Eurocode

5., überarbeitete und erweiterte Auflage

Beuth Verlag GmbH · Berlin · Wien · Zürich

Bauwerk

Berlin · Wien · Zürich
Saatwinkler Damm 42/43
13627 Berlin

Telefon: +49 30 2601-0
Telefax: +49 30 2601-1260
Internet: www.beuth.de
E-Mail: kundenservice@beuth.de

Druck und Bindung: Medienhaus Plump GmbH, Rheinbreitbach
Gedruckt auf säurefreiem, alterungsbeständigem Papier nach DIN EN ISO 9706.

ISBN 978-3-410-29809-0

Vorwort zur 5. Auflage

Die ersten vier Auflagen dieses Lehrbuches „Baustatik – einfach und anschaulich“ wurden von den Lesern sehr gut angenommen, worüber wir uns sehr gefreut haben.

In der vorliegenden 5.Auflage wurden alle Kapitel erneut kritisch durchgesehen, gründlich überarbeitet und ergänzt.

Für Anregungen zur Weiterentwicklung und für Verbesserungsvorschläge sind die Autoren auch weiterhin dankbar.

Ich danke Herrn Prof. Klaus Holschemacher für die neue Bearbeitung der Abschnitte über Wind- und Schneelasten und dem Team des Beuth Verlags, insbesondere Frau Dipl.-Ing. Norma Müller und Herrn Malte Wrede, für die ausgezeichnete Unterstützung und Zusammenarbeit bei der Erarbeitung dieses Lehrbuches.

Berlin, im Juli 2020 Eddy Widjaja

Vorwort zur 4. Auflage

In den knapp drei Jahren seit Erscheinen der dritten Auflage wurde das Buch erneut gründlich überarbeitet und ergänzt. In der vorliegenden vierten Auflage wurden u.a. auch die aktuellen Eurocodes eingearbeitet.

Für Anregungen zur Weiterentwicklung und für Verbesserungsvorschläge sind die Autoren auch weiterhin dankbar.

Ich danke den Mitautoren Prof. Schneider und Prof. Holschemacher sowie der Lektorin des Beuth Verlags, Frau Dipl.-Ing. Norma Müller, für die sehr gute Zusammenarbeit.

Berlin, im Juli 2013 Eddy Widjaja

Aus dem Vorwort zur 1. Auflage

Auch im Zeitalter der Anwendung von Statikprogrammen ist die Kenntnis von baustatischen Grundlagen und Zusammenhängen nach wie vor sehr wichtig.
Das vorliegende Buch ist für Baupraktiker und Sachverständige eine nützliche Hilfe, um das einst ermittelte Statikwissen wieder aufzufrischen und zu vertiefen. Ebenso ist „Statik einfach und anschaulich“ für Studierende des Bauingenieurwesens und der Architektur eine gute Ergänzung zu den „klassischen“ Baustatik- und Tragwerkslehre-Vorlesungen.

Es werden zunächst die baustatischen Grundlagen behandelt, nicht nur mathematisch – wie es häufig üblich ist –, sondern zunächst einfach und anschaulich (u.a. mit Hilfe von räumlichen Abbildungen) und dann erst mathematisch. Z.B. werden zuerst die Zusammenhänge zwischen den „wirklichen“ Spannungen und den Schnittgrößen als „Rechenwerte“ ausführlich dargestellt.

Auch komplizierte Fragen, wie z.B. Torsion und Wölbkrafttorsion oder elastische Lagerungen, werden verständlich analysiert und erläutert.

Ausführlich werden auch Fragen des Lastabtrags (wie kommen die Lasten z.B. vom Dach in den Baugrund?) behandelt.

Ein weiterer Themenbereich, der in der Fachliteratur nur sehr stiefmütterlich oder überhaupt nicht behandelt wird, ist der Zusammenhang zwischen dem realen Bauwerk und den für die Berechnung erforderlichen abstrahierten „statischen Systemen". Dieses „heiße Eisen" wird an mehreren baupraktischen Beispielen erläutert.

Für eine schnelle Vorbemessung (Abschätzung der erforderlichen Querschnittbemessungen) werden für die Standardkonstruktionen und für einige Sonderkonstruktionen Faustformeln angegeben.

Berlin, im Oktober 2006 Eddy Widjaja

Inhaltsverzeichnis

Seite

1 Grundlagen der Statik

In der Baustatik im engeren Sinne der Statik, werden die Schnittgrößen (Spannungsresultierende) und die Verformungen ermittelt. Mit Hilfe der Baustatik wird die ausreichende Tragfähigkeit und Gebrauchstauglichkeit eines Tragwerkes nachgewiesen.

1.1 Zerlegung einer Kraft

Gegeben ist eine Kraft F (Vektor) nach Betrag, Richtung (Winkel α) und Richtungssinn (Pfeilspitze).

Die Kraft F soll in zwei Komponenten F_H und F_V zerlegt werden.

1.1.1 Zeichnerische Lösung

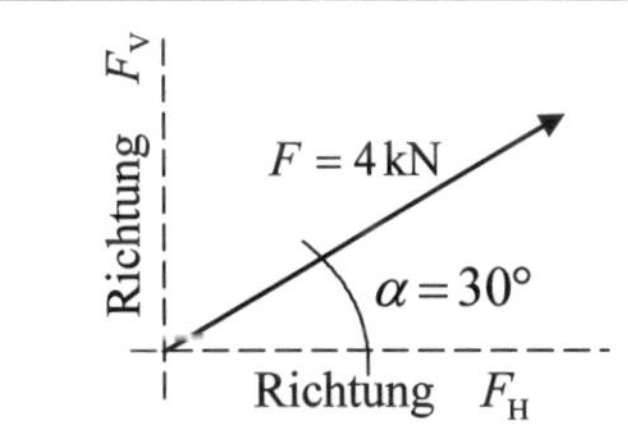

Abb. 1.1: Lageplan

Beispiel: $F = 4\,\text{kN}$, $\alpha = 30°$

Man zeichnet einen Lageplan, in dem die gegebene Kraft F nach Richtung und Richtungssinn (Pfeilspitze) dargestellt wird, sowie die beiden vorgegebenen Zerlegungsrichtungen. Alle drei Linien müssen durch **einen** Punkt gehen.

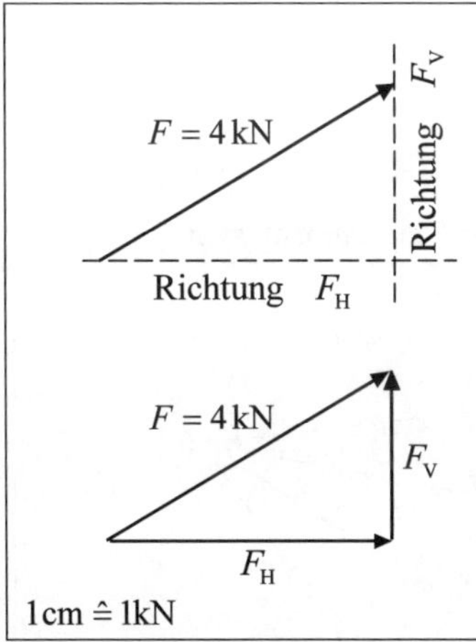

Abb. 1.2: Krafteck

Nun wird ein Maßstab gewählt (z.B. $1\,\text{cm} \mathrel{\hat{=}} 1\,\text{kN}$). Danach wird die Kraft F maßstäblich gezeichnet.
Die vorgegebenen Richtungen, in die F zerlegt werden soll, werden jeweils am Pfeilanfang und am Pfeilende von F angetragen.

Nun sind Kraftkomponenten F_H und F_V nach Betrag und Richtung bekannt. Die Pfeilspitzen (Richtungssinn) von F_H und F_V sind im gleichen Umfahrungssinn so anzutragen, dass eine Pfeilspitze mit der Pfeilspitze von F zusammenstößt.
Mit Hilfe des Kräftemaßstabs ergibt sich dann:
F_H = 3,5 kN (3,5 cm) F_V = 2,0 kN (2,0 cm)

1.1.2 Rechnerische Lösung

Man zeichnet ein Kraftеck als Skizze aus der bekannten Kraft F und den zu ermittelnden Komponenten F_H und F_V. Die Pfeilspitze der Kraft F_V und die Pfeilspitze von F müssen zusammenstoßen. Die Pfeilspitze von F_H ergibt sich aus der Bedingung, dass F_H und F_V den gleichen Umfahrungssinn haben müssen. Nun folgt rechnerisch:

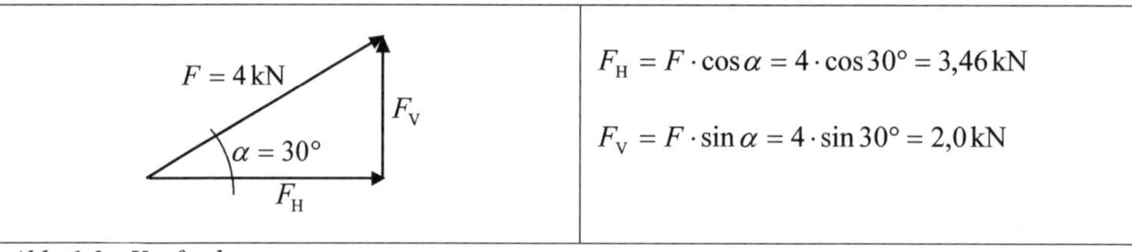

Abb. 1.3: Krafteck

1.2 Zusammensetzung von Kräften

1.2.1 Kräfteparallelogramm (1586 von *S. Stevin* beschrieben)

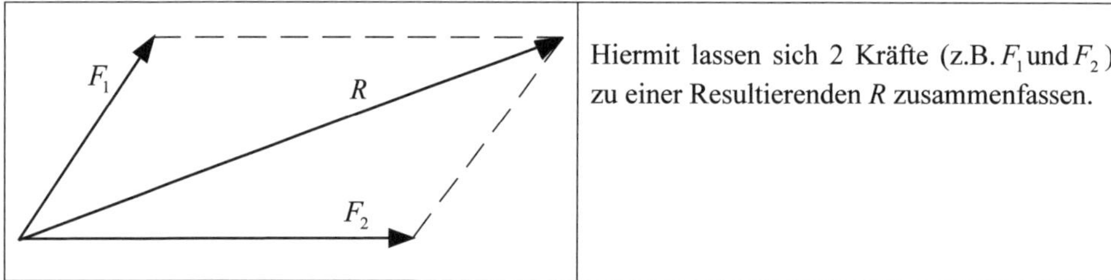

Abb. 1.4: Kräfteparallelogramm

1.2.2 Kräftepolygon und Seilpolygon (seit *P. Varignon* 1654–1722 bekannt)

Hiermit lassen sich beliebig viele Kräfte zu einer Resultierenden R zusammenfassen

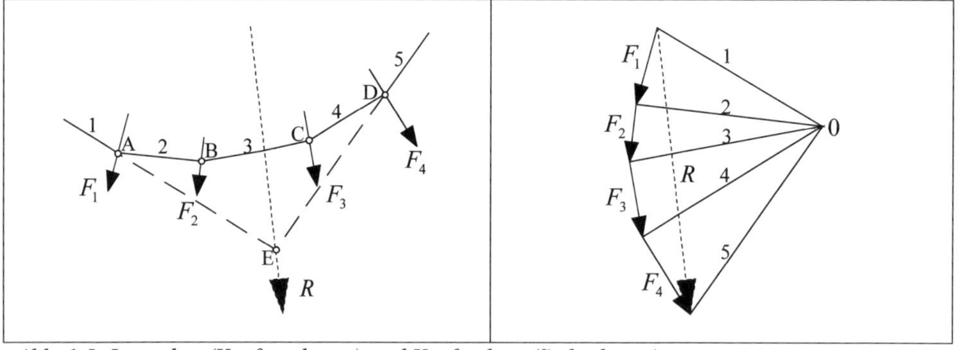

Abb. 1.5: Lageplan (Kräftepolygon) und Kräfteplan (Seilpolygon)

Vorgehensweise:

1) Zunächst wird ein Maßstab gewählt (z.B. $1\,\text{cm} \mathrel{\hat{=}} 1\,\text{kN}$), dann werden im Kräfteplan die Kräfte F_1 bis F_4 hintereinander gezeichnet. Der Anfangspunkt der ers-

ten Kraft und der Endpunkt der letzten Kraft werden verbunden. Somit erhält man die resultierende Kraft R in Größe und Richtung.

2) Dann wird ein beliebiger „Pol“ 0 gewählt und jeweils Anfangs- und Endpunkt jeder Kraft mit dem Polpunkt verbunden. Es ergeben sich die Seilstrahlen 1 bis 5.
3) Die Strahlen werden nun nacheinander parallel verschoben in den Lageplan. Der erste Seilstrahl 1 schneidet im Lageplan die erste Kraft F_1 an Punkt A. In A wird der Seilstrahl 2 parallel zum Kräfteplan angetragen als „Verbindung“ zur Kraft F_2; es ergibt sich der Punkt B. In B wird der Seilstrahl 3 parallel zum Kräfteplan angetragen und bis zur Kraft F_3 gezogen. An diesem Punkt C wird der Seilstrahl 4 parallel zum Kräfteplan angetragen und bis zum Schnittpunkt D mit der Kraft F_4 verlängert. Im Punkt D wird nun der „letzte Seilstrahl“ 5 angetragen und verlängert bis zum Schnitt mit dem „ersten Strahl“ 1. Durch diesen Schnittpunkt E wird die Wirkungslinie von R parallel zum Kräfteplan angetragen. Somit ist die Lage von R bekannt.

Dieses Prinzip wurde bereits 1824 zur Berechnung einer 311 m weit gespannten Hängebrücke über die Newa in St. Petersburg angewendet.

1.3 Gleichgewicht von Kräften

1.3.1 Beispiel

Gegeben: 1 Kraft und 2 Kraftrichtungen, die durch einen Punkt gehen (Abb. 1.6)

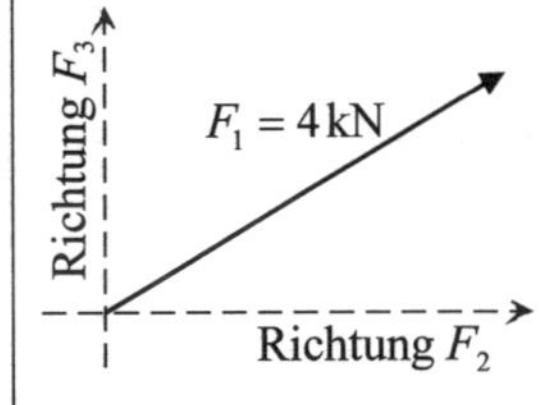

Abb. 1.6: Lageplan

Aufgabe:
Die drei Kräfte F_1, F_2, F_3 sollen ins Gleichgewicht gebracht werden.
Wie groß müssen die Kräfte F_2 und F_3 sein und wie ist ihr jeweiliger Richtungssinn (Pfeilspitzen)?
Die gesuchten Kräfte F_2 und F_3 werden im Lageplan zunächst als Zugkräfte (Positivbild) angetragen.

Folgenden Satz sollte man sich merken:
Drei Kräfte, die im Gleichgewicht stehen sollen, müssen im Lageplan durch einen Punkt gehen.

1.3.2 Zeichnerische Lösung

Die Kraft F_1 wird aus dem Lageplan maßstäblich entsprechend eines gewählten Maßstabs (z.B. $1\text{ cm} \mathrel{\hat{=}} 1\text{kN}$) übertragen (Abb. 1.7).

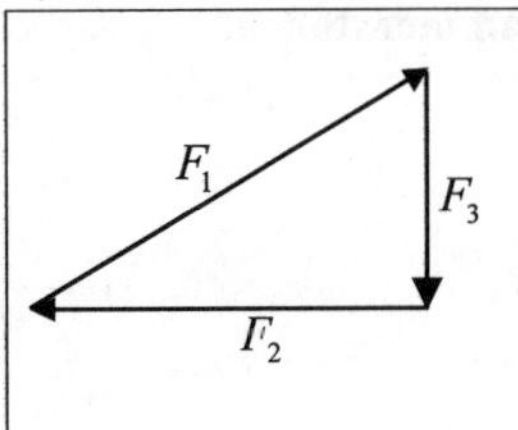

Abb. 1.7: Krafteck

Die beiden Kraftrichtungen von F_2 und F_3 (vgl. Abb. 1.6) werden jeweils an dem Anfangs- bzw. Endpunkt von F_1 angetragen und zum Schnitt gebracht (Abb. 1.7).
Die Pfeilspitzen von F_2 und F_3 ergeben sich aus folgender Bedingung:
Bei Kräften, die im **Gleichgewicht** stehen, dürfen im Krafteck **keine Pfeilspitzen zusammenstoßen.**

Um festzustellen, ob es sich bei F_2 bzw. F_3 um Zug- oder Druckkräfte handelt, vergleicht man die „wirklichen“ Pfeilspitzen im Krafteck (Abb. 1.7) mit denen im Lageplan (Abb. 1.6) angenommenen Pfeilspitzen (Positivbild). Stimmen die Pfeilspitzen jeweils überein, so handelt es sich um Zugkräfte (positives Vorzeichen). Stimmen sie nicht überein, so sind es Druckkräfte (negatives Vorzeichen).
Auf das vorliegende Beispiel angewendet, ergibt sich:

$F_2 = -3{,}5\,\text{kN}$ (Druck)

$F_3 = -2{,}0\,\text{kN}$ (Druck)

Es handelt sich somit um Druckkräfte.

1.3.3 Rechnerische Lösung

Man skizziert ein Krafteck und zeichnet die Pfeilspitzen so ein, dass keine Pfeilspitzen zusammenstoßen.

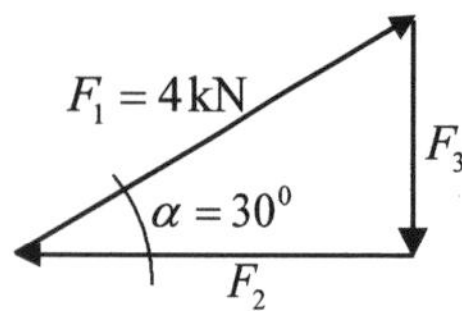

Abb. 1.8: Krafteck

Rechnerisch ergibt sich:

$$|F_2| = F_1 \cdot \cos 30° = 3{,}46\,\text{kN}$$

$$|F_3| = F_1 \cdot \sin 30° = 2{,}0\,\text{kN}$$

Durch Vergleich der Pfeilspitzen mit den positiv (Zug) eingetragenen Kräften F_2 und F_3 im Lageplan (Abb. 1.6) folgt:

$F_2 = -3{,}46\,\text{kN}$ (Druck)

$F_3 = -2{,}00\,\text{kN}$ (Druck)

Fazit aus den Abschnitten 1.1 bis 1.3

Kraftzerlegung

Wird eine Kraft in zwei Komponenten zerlegt, so muss die Pfeilspitze der im Krafteck zuletzt angetragenen Kraft mit der Pfeilspitze der zu zerlegenden Kraft zusammenstoßen. Die Pfeilspitzen der Komponenten ergeben sich, indem sie den gleichen Umfahrungssinn haben müssen.

Gleichgewicht

Soll Gleichgewicht dargestellt werden, so müssen die Kräfte im Krafteck alle den gleichen Umfahrungssinn haben. **Es dürfen an keiner Stelle zwei Pfeilspitzen zusammenstoßen.**

1.4 Zusammenhang zwischen Spannungen und Schnittgrößen

1.4.1 Vorbemerkungen

Bei Lösungen von statischen Fragestellungen und bei den gängigen statischen Berechnungen werden auf mathematischem Wege in der Regel zunächst die Schnittgrößen ermittelt und daraus die Spannungen. Die Schnittgrößen (Biegemoment, Querkraft, Längskraft) sind jedoch reine Rechenwerte. Sie kommen in der Realität nicht vor. Man arbeitet mit Ihnen, weil sich so statische Zusammenhänge einfacher mathematisch darstellen lassen. In den folgenden Abschnitten werden die Zusammenhänge zwischen Spannungen (Realität) und Schnittgrößen (Rechenwerte) qualitativ dargestellt.

1.4.2 Normalspannung σ_N / Längskraft (Normalkraft) N

Bei Belastung z.B. einer Stütze durch eine vertikale Last F ergeben sich in einem Querschnitt, der sich im ausreichenden Abstand von der Lastangriffsstelle befindet, Druckspannungen σ_N (Spannung = Kraft je Flächeneinheit).

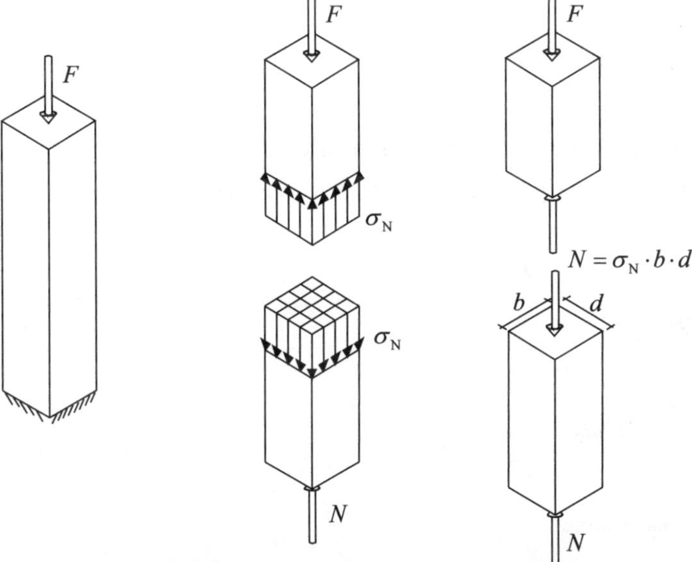

Abb. 1.9: Druckkraft/Druckspannungen

Der Rechenwert für die Resultierende der Druckspannungen σ_N wird Längskraft (Normalkraft) N genannt. Sie ergibt sich aus der Addition der Spannungen über die Querschnittsfläche:

$$N = \sigma_N \cdot b \cdot d$$

1.4.3 Schubspannungen τ / Querkraft V[1]

In den Querschnitten eines vertikal belasteten Trägers treten neben Normalspannungen σ aus Biegung (Biegemomenten), auch sog. Schubspannungen τ auf.
Sie haben innerhalb eines Querschnitts unterschiedliche Größen. Beim Rechteckquerschnitt verändert sich die Größe z.B. parabelförmig. Die Resultierende dieser Schubspannungen ist die Querkraft V (Rechenwert).

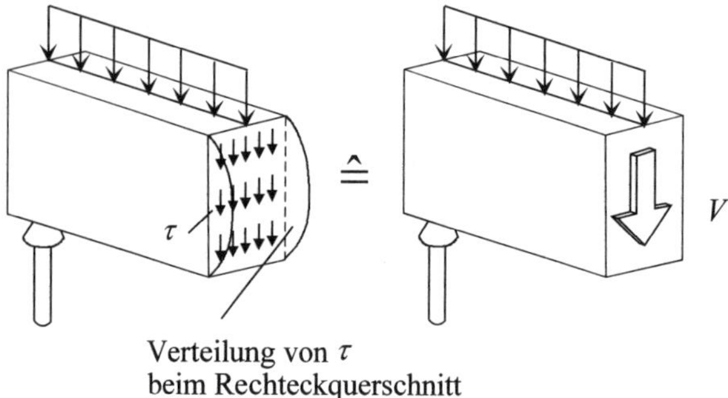

Abb. 1.10: Schubspannungen /Querkraft aus Biegung

1.4.4 Normalspannung aus Biegung σ / Biegemomente M

Wird ein Träger durch Vertikallasten beansprucht, so verformt er sich (Abb. 1.11).

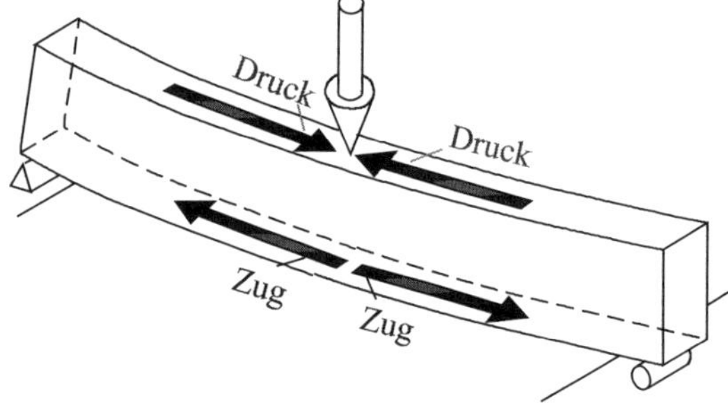

Abb. 1.11: Verformungsfigur eines Trägers

Aus der Anschauung heraus ist klar, dass am obersten Rand des Trägers die größte Stauchung des Materials und am untersten Rand die größte Dehnung auftritt. Im mittleren Bereich der Querschnittshöhe liegt eine Faser, die weder eine Stauchung noch eine Dehnung erfährt. Diese wird als „Neutrale Faser" (NF) oder auch als „Nulllinie" bezeichnet. Unterhalb der NF nehmen die Dehnungen ausgehend von null bis zu einem Maximalwert am unteren Rand zu und oberhalb der NF gilt das Entsprechende für die Stauchungen.

Auf Grund des Hookeschen Gesetzes $\sigma = E \cdot \varepsilon$ (Spannung = Elastizitätsmodul x Dehnung) sind die Spannungen proportional zu den Dehnungen. Die Spannungsverteilung über die Querschnittshöhe wird am unverformten Träger in Abb. 1.12 dargestellt.

---

[1] Bisher wurde die Querkraft mit Q bezeichnet. Im Rahmen der europäischen Normung hat man sich auf die neue Bezeichnung V geeinigt.

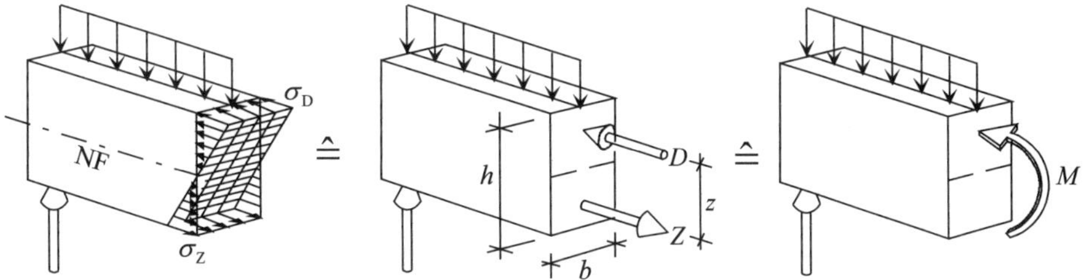

Abb. 1.12: Spannungsverteilung über die Querschnittshöhe

Aus Gründen der vereinfachten Darstellung in den weiteren Rechnungen werden die dreieckig verteilten Spannungen jeweils zu einer resultierenden Druckkraft D und zu einer resultierenden Zugkraft Z zusammengefasst. Bezeichnet man den Abstand von D und Z (diese resultierenden Kräfte greifen jeweils im Schwerpunkt des Spannungsdreiecks an) mit z, so ergibt sich das Moment (Moment eines Kräftepaares) zu $M = Z \cdot z = D \cdot z$, da $D = Z$ ist. Für eine nochmalige Vereinfachung in der Darstellung kann man das Kräftepaar D und Z als „krummen Pfeil" darstellen mit der Bezeichnung M (vgl. Abb. 1.12).

1.5 Ermittlung von Schnittgrößen

1.5.1 Allgemeines

In der Statik werden die Aufgaben in der Regel mit Hilfe mathematischer Formulierungen gelöst. Man geht bei der Bemessung (Wahl der Querschnitte und Nachweis, dass die Konstruktion standsicher ist) wie folgt vor:
Es werden zunächst die Schnittgrößen M, V, N (Rechenwerte) und daraus die (wirklichen) Spannungen ermittelt. Dann wird nachgewiesen, dass die vorhandenen Spannungen vom Querschnitt und dem gewählten Material mit einem bestimmten Sicherheitsabstand zur Bruchfestigkeit aufgenommen werden können.
Beim „neuen Sicherheitskonzept", das auch den Eurocodes zugrunde liegt, wird im Detail etwas anders vorgegangen, aber das Grundprinzip ist das Gleiche.
Im Folgenden wird an einfachen Beispielen die Ermittlung der Schnittgrößen mit Hilfe des Schnittprinzips bei statisch bestimmten Systemen (Systeme, die alleine mit Gleichgewichtsbedingungen berechenbar sind) gezeigt.

1.5.2 Definition der positiven Schnittgrößen

Hinweis:
Schnittgrößen werden an der Schnittstelle immer positiv angetragen (Abb. 1.13). Sie treten in einer Schnittstelle immer als „Paar" auf. Aus Gleichgewichtsgründen müssen sie sich in ihrer Wirkung gegenseitig aufheben.

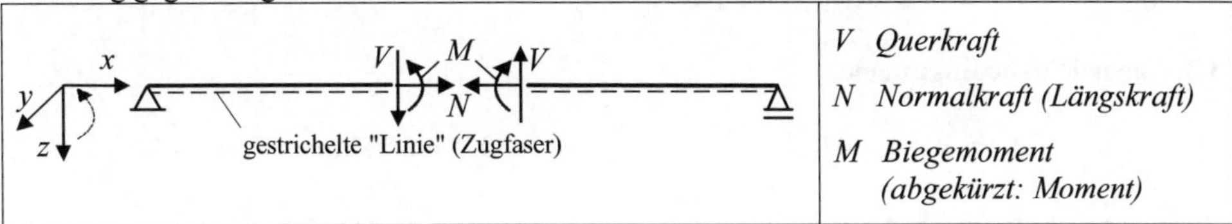

Abb. 1.13: Positive Schnittgrößen

Symbol △ ≙ „Festes Lager", d.h. es können zwei Lagerkraftkomponenten wirken.
Symbol $\underline{\triangle}$ *≙ „Bewegliches Lager", d.h. es kann nur <u>eine</u> Lagerkraft wirken und zwar senkrecht zur „Bewegungsrichtung"*

Es gibt 2 Möglichkeiten für die **Definition** von **positiven** Schnittgrößen (vgl. Abb. 1.13).

1. Möglichkeit:
Schnittgrößen sind positiv, wenn sie am linken Schnittufer im Sinne des positiven Achsenkreuzes wirken.

2. Möglichkeit:
Biegemomente *M* sind positiv, wenn sie auf der Seite der „gestrichelten Linie“ (Zugfaser) Zug erzeugen.
Querkräfte *V* sind positiv, wenn sie am linken Schnittufer nach unten und am rechten nach oben wirken.
Normalkräfte *N* sind positiv, wenn sie als Zugkräfte wirken.

1.5.3 Träger auf zwei Stützen

Hinweis zu den folgenden Zahlenbeispielen: Schnittgrößen werden immer „positiv“ angetragen. Ergibt die Berechnung ein negatives Vorzeichen, so wirkt die Schnittgröße in Wirklichkeit entgegengesetzt.

Beispiel 1: Träger auf 2 Stützen mit Einzellast

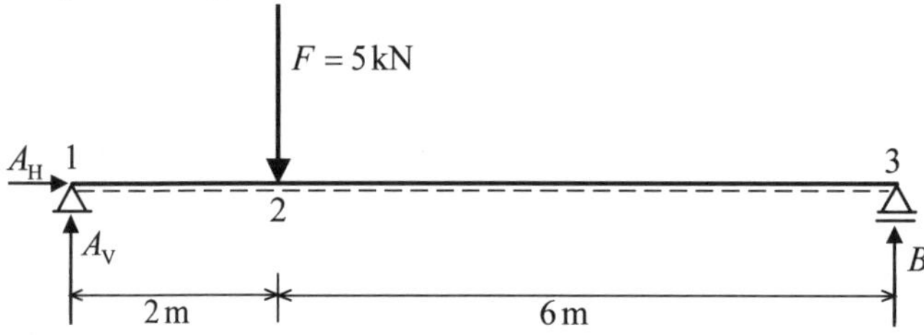

Abb. 1.14: Träger auf 2 Stützen mit Einzellast

Auflagereaktionen

Die Auflagerreaktionen ermittelt man mit Hilfe der Gleichgewichtsbedingungen:
$\Sigma F_V = 0$
$\Sigma F_H = 0$
$\Sigma M_i = 0$

Man kann die Kraft-Gleichgewichtsbedingungen $\Sigma F_V = 0$ und $\Sigma F_H = 0$ auch durch Momenten-Gleichgewichtsbedingungen ersetzen, indem man verschiedene Bezugspunkte für das jeweilige Momentengleichgewicht wählt [Rubin–96].

Gleichgewichtsbedingungen:

$\Sigma M_3 = 0: \quad -A_V \cdot 8 + 5 \cdot 6 = 0 \qquad A_V = 30/8 = 3{,}75\,\text{kN}$

$\Sigma M_1 = 0: \quad B_V \cdot 8 - 5 \cdot 2 = 0 \qquad B_V = 10/8 = 1{,}25\,\text{kN}$

$\Sigma F_H = 0: \quad A_H = 0$

Kontrolle: $\Sigma F_V = 0: \quad -A_V + F - B = 0 \qquad -3{,}75 + 5 - 1{,}25 = 0 \qquad 0 = 0$

Schnittgrößen

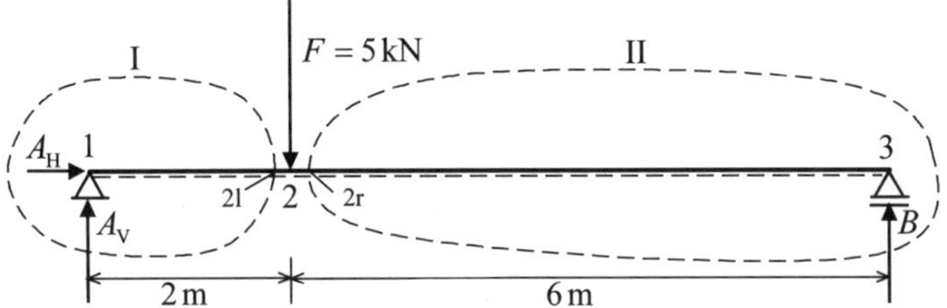

Abb. 1.14a: Rundschnitte

In Abb. 1.14a greift die Last F an der Stelle 2 an. Für die Berechnung der Querkräfte muss zwischen der Stelle 2l (links neben Angriffspunkt von F) und 2r (rechts neben Angriffspunkt von F) unterschieden werden (Abb. 1.14a). Die Stellen 2l und 2r liegen unendlich dicht an der Stelle 2, so dass **2l, 2 und 2r geometrisch an der gleichen Stelle liegen**, also 2 m vom linken Auflagerpunkt entfernt.

Ermittlung der Schnittgrößen

Die Schnittgrößen an den Stellen 2l und 2r werden mit Hilfe von „Rundschnitten" und Gleichgewichtsbedingungen ermittelt.

Schnitt I: (linkes Schnittufer)

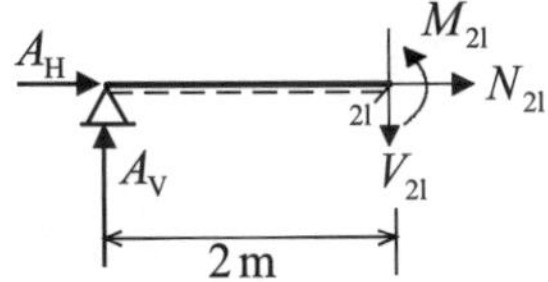

$\Sigma M_2 = 0: \quad -A_V \cdot 2 + M_{2l} = 0 \quad M_{2l} = A_V \cdot 2 = 3{,}75 \cdot 2 = 7{,}50\,\text{kNm}$

$\Sigma F_V = 0: \quad -A_V + V_{2l} = 0 \quad V_{2l} = A_V = 3{,}75\,\text{kN}$

$\Sigma F_H = 0: \quad A_H + N_{2l} = 0 \quad N_{2l} = -A_H = 0$

Schnitt II: (rechtes Schnittufer)

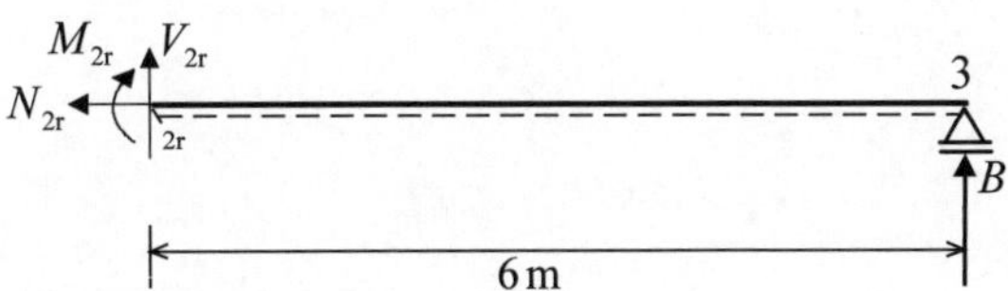

$\Sigma M_2 = 0: \quad -M_{2r} + B_V \cdot 6 = 0 \quad M_{2r} = B_V \cdot 6 = 1{,}25 \cdot 6 = 7{,}50\,\text{kNm}$

$\Sigma F_V = 0: \quad -V_{2r} - B_V = 0 \quad V_{2r} = -B_V = -1{,}25\,\text{kN}$

$\Sigma F_H = 0: \quad N_{2r} = 0$

Aus den Ergebnissen ist ersichtlich:

$M_{2l} = M_{2r} = 7{,}50\,\text{kNm} = M_2$

Zustandslinien

Die ermittelten Schnittgrößen können grafisch dargestellt werden. Man erhält so die *M*-Linie, die *V*-Linie und die *N*-Linie (Zustandslinien). Die Bereiche zwischen den Zustandslinien und der Bezugslinie nennt man Zustandsflächen.

***M*-Linie** (Fläche)

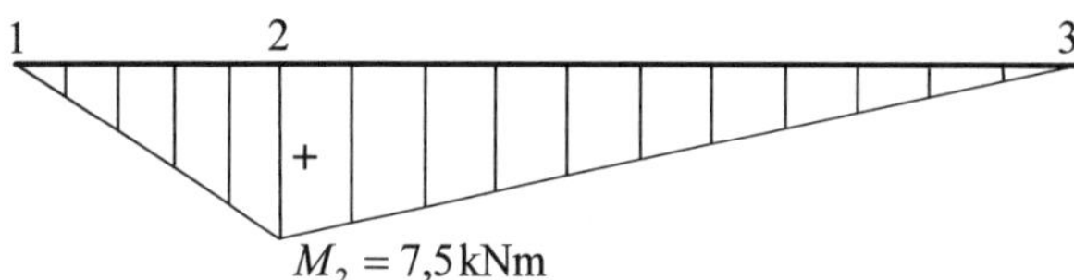

Hinweis:
Unter Einzellasten F treten in einer *M*-Linie Knicke auf. Zwischen diesen Knicken verläuft die *M*-Linie geradlinig.

***V*-Linie** (Fläche)

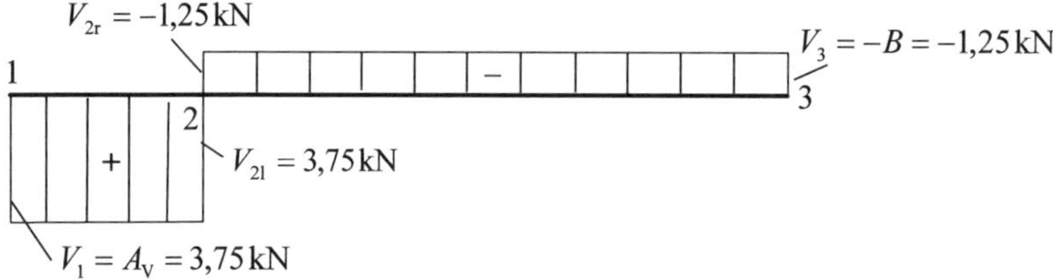

Hinweis:
Unter einer Einzellast F treten Sprünge auf, die jeweils die Größe (Betrag) der angreifenden Einzellasten haben.

Kontrolle:
Die Flächeninhalte (Beträge) der positiven und negativen Flächenanteile müssen gleich sein.

$3{,}75 \cdot 2 = 1{,}25 \cdot 6 \qquad 7{,}5 = 7{,}5$

***N*-Linie** (Fläche)

1 3 $N = 0$

Beispiel 2: Träger auf 2 Stützen mit Gleichstreckenlast

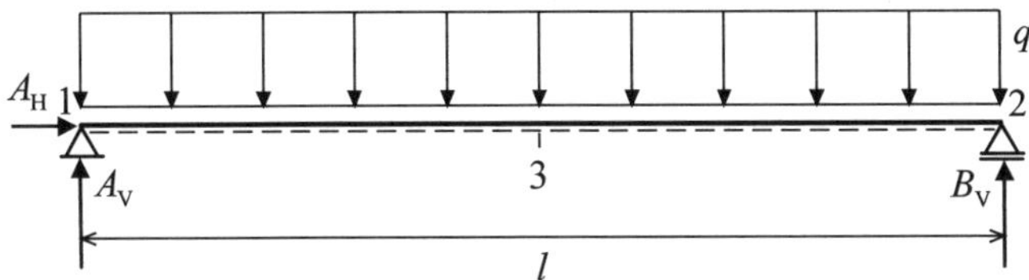

Abb. 1.15: Träger auf 2 Stützen mit Gleichstreckenlast

Auflagerreaktionen

$\Sigma M_2 = 0:\qquad -A_V \cdot l + q \cdot l \cdot \frac{l}{2} = 0 \qquad A_V = \frac{q \cdot l}{2}$

$B_V = A_V = \frac{q \cdot l}{2}$ (Symmetrie)

$\Sigma F_H = 0:\qquad A_H = 0$

Schnittgrößen

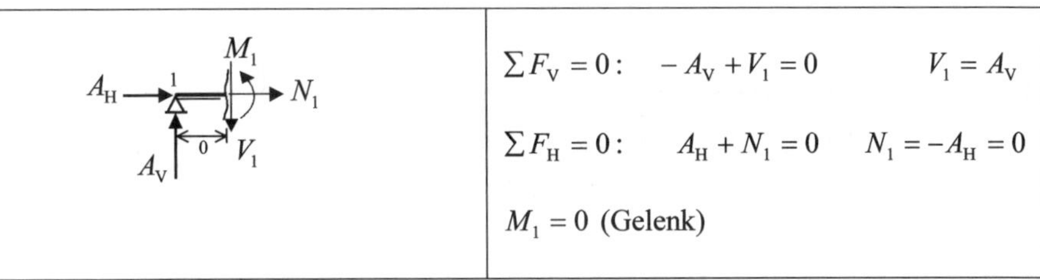

$\Sigma F_V = 0:\qquad -A_V + V_1 = 0 \qquad V_1 = A_V$

$\Sigma F_H = 0:\qquad A_H + N_1 = 0 \qquad N_1 = -A_H = 0$

$M_1 = 0$ (Gelenk)

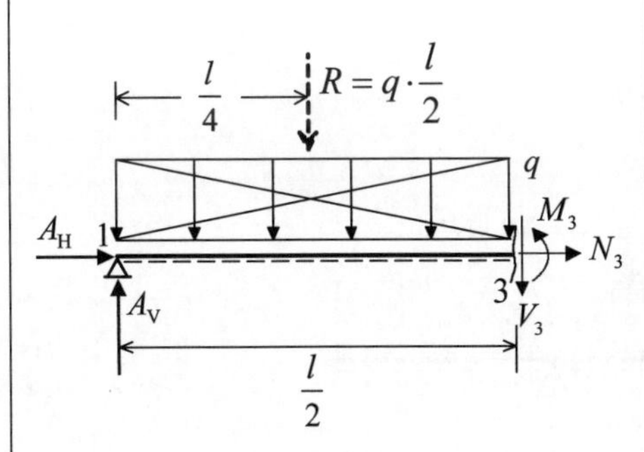

$\Sigma M_3 = 0:\qquad -A_V \cdot \frac{l}{2} + q \cdot \frac{l}{2} \cdot \frac{l}{4} + M_3 = 0$

$M_3 = A_V \cdot \frac{l}{2} - \frac{q \cdot l^2}{8} = \frac{q \cdot l}{2} \cdot \frac{l}{2} - \frac{q \cdot l^2}{8}$

$M_3 = \frac{q \cdot l^2}{8}$

$\Sigma F_V = 0:\qquad -A_V + q \cdot \frac{l}{2} + V_3 = 0$

$V_3 = A_V - q \cdot \frac{l}{2} = q \cdot \frac{l}{2} - q \cdot \frac{l}{2} = 0$

Allgemein gilt:

Das **maximale Biegemoment** tritt an der Stelle auf, an der die **Querkraft = 0** ist bzw. durch „null geht", d.h. die Bezugslinie schneidet.

$$M_3 = \frac{q \cdot l^2}{8} = \max M$$

Zustandslinien

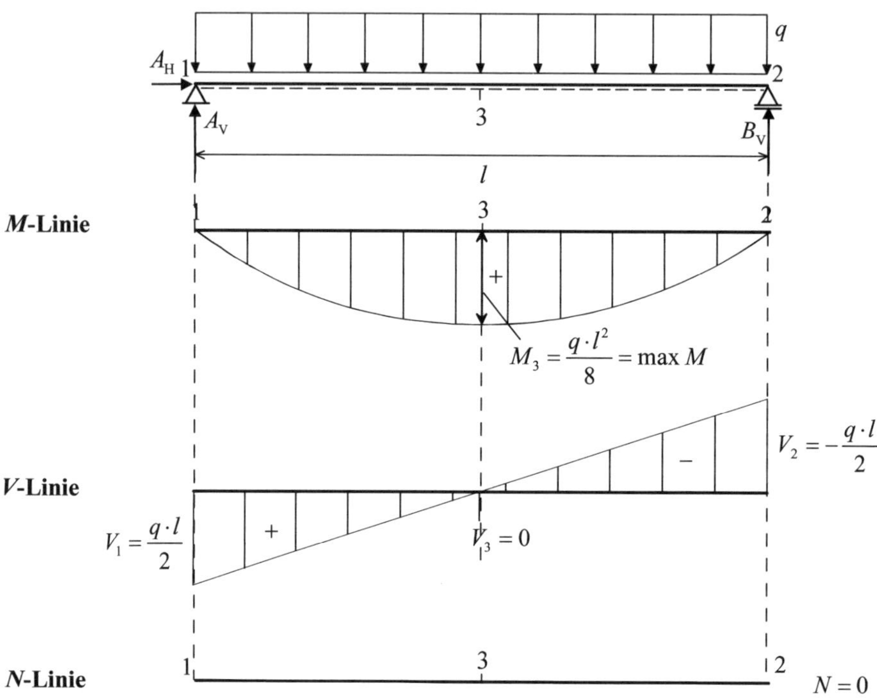

Beispiel 3: Träger auf 2 Stützen mit Auskragung

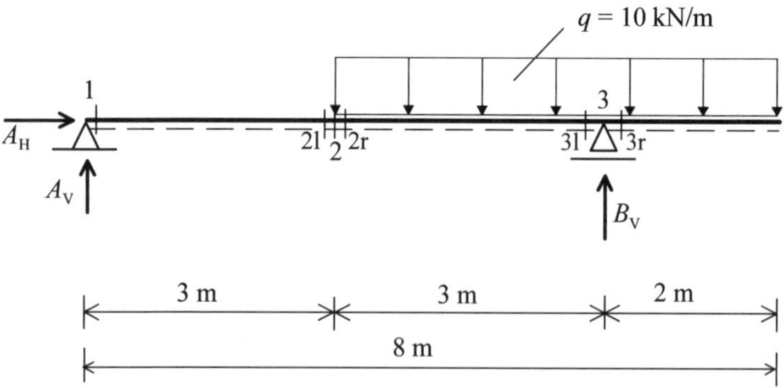

Abb. 1.16: Träger auf 2 Stützen mit Auskragung und Teilstreckenlast

Auflagerreaktionen

$\sum F_H = 0: \qquad A_H = 0$

$\sum M_1 = 0: \qquad B_V \cdot 6 - q \cdot 5 \cdot 5{,}5 = 0 \quad \rightarrow \quad B_V = \dfrac{q \cdot 5 \cdot 5{,}5}{6} = 45{,}83\,\text{kN}$

$\sum F_V = 0: \qquad q \cdot 5 - A_V - B_V = 0 \quad \rightarrow \quad A_V = 5 \cdot q - B_V = 4{,}17\,\text{kN}$

Schnittgrößen an der Stelle 1 (linkes Schnittufer)

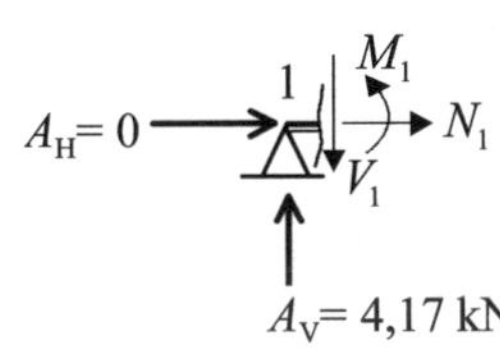

$\sum F_V = 0: \qquad -A_V + V_1 = 0$

$V_1 = A_V = 4{,}17\,\text{kN}$

$\sum F_H = 0: \qquad A_H + N_1 = 0$

$N_1 = -A_H = 0$

$M_1 = 0$ (Gelenk)

Schnittgrößen an der Stelle 2l (linkes Schnittufer)

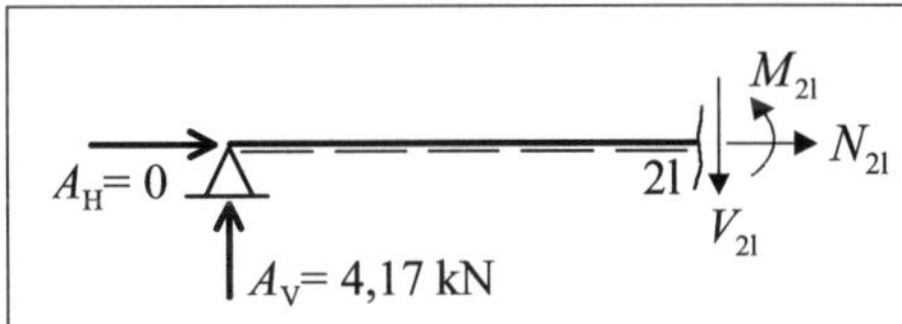

$\sum M_2 = 0: \qquad -A_V \cdot 3 + M_{2l} = 0$

$M_{2l} = A_V \cdot 3 = 12{,}51\,\text{kNm}$

$\sum F_V = 0: \qquad -A_V + V_{2l} = 0$

$V_{2l} = A_V = 4{,}17\,\text{kN}$

Schnittgrößen an der Stelle 3l (rechtes Schnittufer)

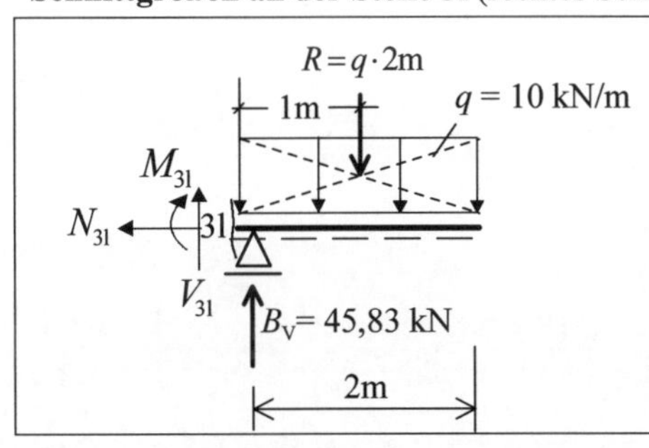

$\sum M_3 = 0: \qquad -M_{3l} - q \cdot 2 \cdot 1 = 0$

$M_{3l} = -2 \cdot q \cdot 1 = -20\,\text{kNm}$

$\sum F_V = 0: \qquad q \cdot 2 - B_V - V_{3l} = 0$

$V_{3l} = 2 \cdot q - B_V = -25{,}83\,\text{kN}$

Schnittgrößen an der Stelle 3r (rechtes Schnittufer)

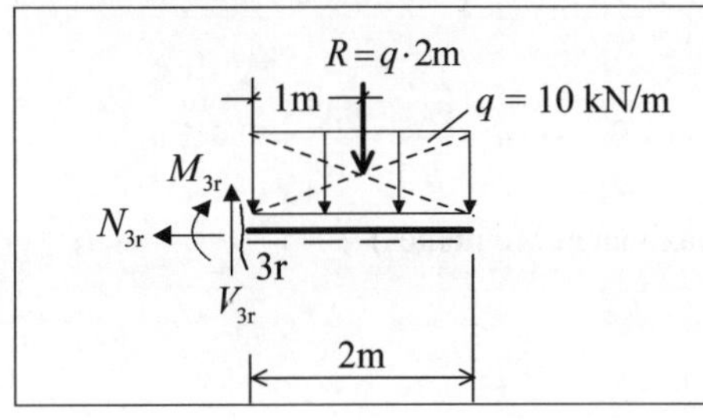

$\sum M_3 = 0: \qquad -M_{3r} - q \cdot 2 \cdot 1 = 0$

$M_{3r} = -2 \cdot q \cdot 1 = -20\,\text{kNm}$

$\sum F_V = 0: \qquad q \cdot 2 - V_{3r} = 0$

$V_{3r} = 2 \cdot q = 20\,\text{kN}$

Allgemein gilt:

Das **maximale Biegemoment** tritt an der Stelle auf, an der die **Querkraft = 0** ist bzw. durch „null geht“, d.h. die Bezugslinie schneidet.

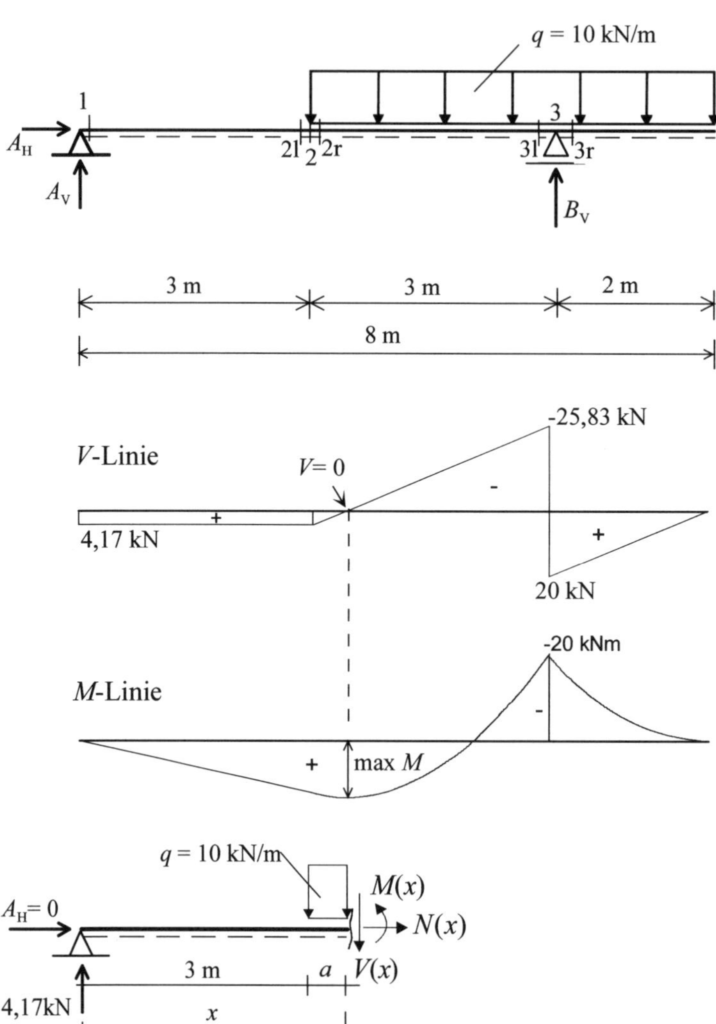

Schnittgrößen an der Stelle „x“

$\sum F_V = 0$: $\quad q \cdot a - A_V + V(x) = 0 \quad$ mit $V(x) = 0 \;\rightarrow\; a = \dfrac{A_V}{q} = \dfrac{4{,}17}{10} = 0{,}417\,\text{m}$

$x = 3 + a = 3{,}417\,\text{m}$ (Stelle des maximalen Momentes)

$\sum M_x = 0$: $\quad M(x) + q \cdot a \cdot a/2 - A_V \cdot x = 0$

$$M(x) = A_V \cdot x - q \cdot a^2/2 = 13{,}38\,\text{kNm} = \max M$$

Stelle des Momentennullpunktes

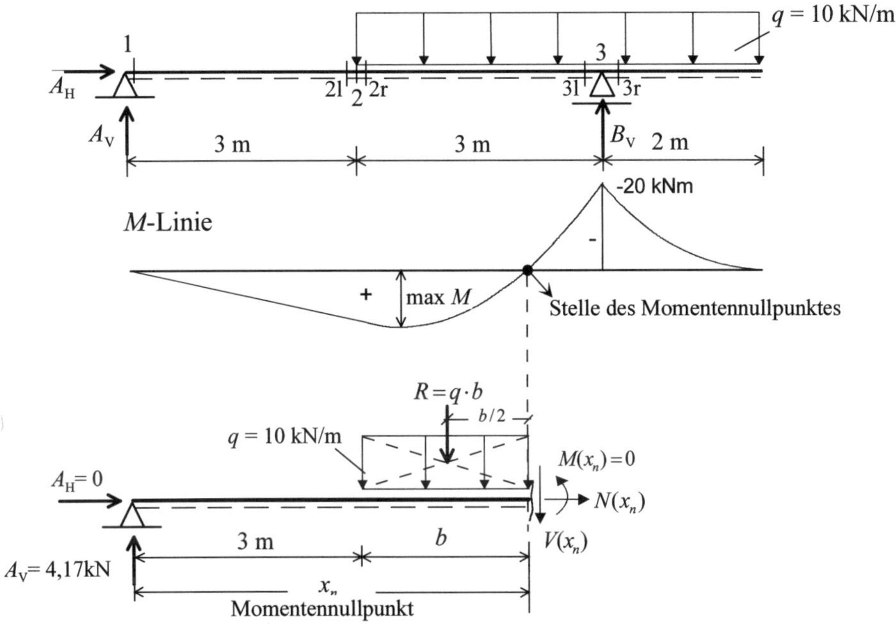

Momentengleichgewicht an der Stelle x_n

$\Sigma M_x = 0: \quad M(x_n) + q \cdot b \cdot b/2 - A_V \cdot x_n = 0$

$M(x_n) = 0$ und $b = x_n - 3 \quad \rightarrow \quad q \cdot (x_n - 3)^2/2 - A_V \cdot x_n = 0$

$$10 \cdot (x_n - 3)^2/2 - 4{,}17 \cdot x_n = 0$$

$$5x_n^2 - 34{,}17 \cdot x_n + 45 = 0$$

$$\rightarrow \quad x_n^2 - 6{,}834 \cdot x_n + 9 = 0$$

Zur Lösung quadratischer Gleichungen kann z.B. die pq-Formel verwendet werden.

$x^2 + \mathrm{p}x + \mathrm{q} = 0$	$x_n^2 - 6{,}834 \cdot x_n + 9 = 0 \qquad \mathrm{p} = -6{,}834$ und $\mathrm{q} = 9$
$x_1 = -\frac{\mathrm{p}}{2} + \sqrt{\left(\frac{\mathrm{p}}{2}\right)^2 - q}$	$x_{n1} = -\frac{(-6{,}834)}{2} + \sqrt{\left(\frac{-6{,}834}{2}\right)^2 - 9} = 5{,}053\,\mathrm{m}$ (maßgebend)
$x_2 = -\frac{\mathrm{p}}{2} - \sqrt{\left(\frac{\mathrm{p}}{2}\right)^2 - q}$	$x_{n2} = -\frac{(-6{,}834)}{2} - \sqrt{\left(\frac{-6{,}834}{2}\right)^2 - 9} = 1{,}781\,\mathrm{m}$ (nicht maßgebend)

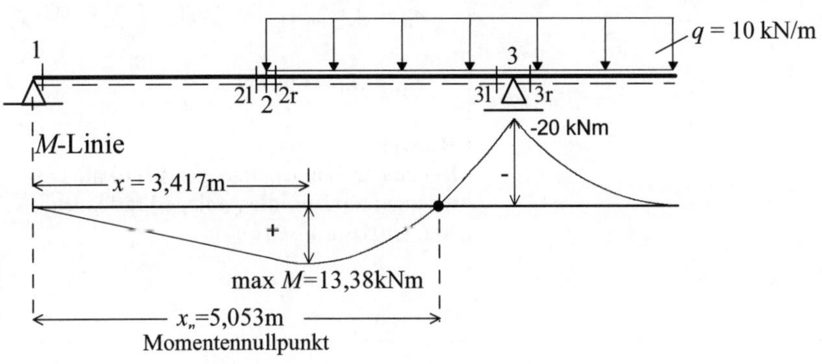

1.5.4 Dreigelenkrahmen

Beispiel 4: Dreigelenkrahmen

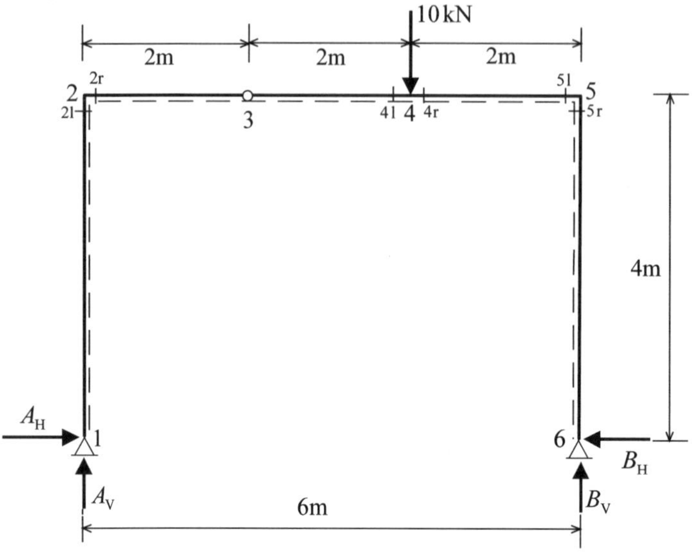

Abb. 1.17: Dreigelenkrahmen

Auflagerreaktionen

Die Auflagerreaktionen ergeben sich aus folgenden Gleichgewichts- und Nebenbedingungen:
Gleichgewicht am Gesamtsystem:

$\Sigma M_6 = 0 \qquad -A_V \cdot 6 + 10 \cdot 2 = 0 \qquad A_V = 3{,}33\,\text{kN}$

$\Sigma F_V = 0 \qquad -A_V - B_V + 10 = 0 \qquad B_V = 6{,}67\,\text{kN}$

$\Sigma F_H = 0 \qquad A_H - B_H = 0 \qquad A_H = B_H$

Gleichgewicht am Teilsystem:

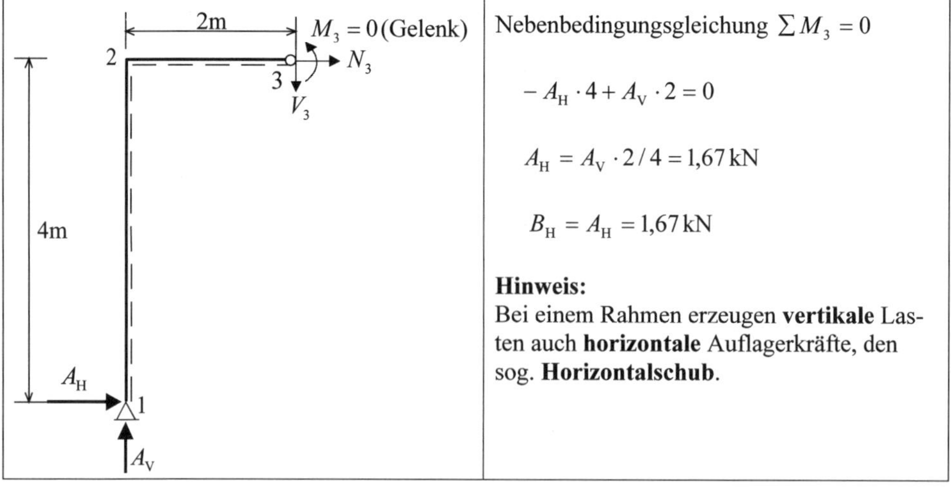

Nebenbedingungsgleichung $\Sigma M_3 = 0$

$$-A_H \cdot 4 + A_V \cdot 2 = 0$$

$$A_H = A_V \cdot 2/4 = 1{,}67\,\text{kN}$$

$$B_H = A_H = 1{,}67\,\text{kN}$$

Hinweis:
Bei einem Rahmen erzeugen **vertikale** Lasten auch **horizontale** Auflagerkräfte, den sog. **Horizontalschub**.

Schnittgrößen

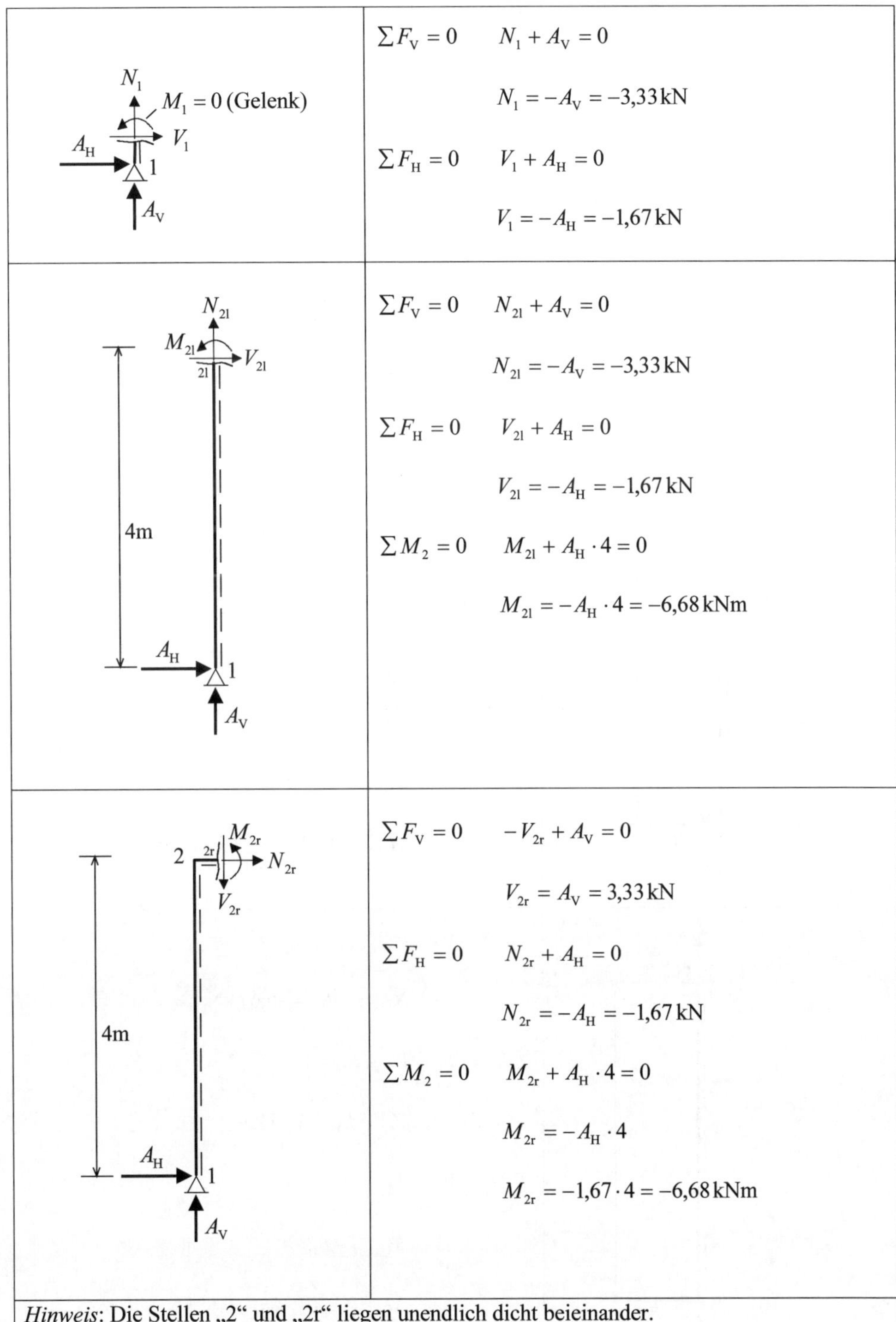

$\sum F_V = 0 \qquad N_1 + A_V = 0$

$N_1 = -A_V = -3{,}33\,\text{kN}$

$\sum F_H = 0 \qquad V_1 + A_H = 0$

$V_1 = -A_H = -1{,}67\,\text{kN}$

$\sum F_V = 0 \qquad N_{21} + A_V = 0$

$N_{21} = -A_V = -3{,}33\,\text{kN}$

$\sum F_H = 0 \qquad V_{21} + A_H = 0$

$V_{21} = -A_H = -1{,}67\,\text{kN}$

$\sum M_2 = 0 \qquad M_{21} + A_H \cdot 4 = 0$

$M_{21} = -A_H \cdot 4 = -6{,}68\,\text{kNm}$

$\sum F_V = 0 \qquad -V_{2r} + A_V = 0$

$V_{2r} = A_V = 3{,}33\,\text{kN}$

$\sum F_H = 0 \qquad N_{2r} + A_H = 0$

$N_{2r} = -A_H = -1{,}67\,\text{kN}$

$\sum M_2 = 0 \qquad M_{2r} + A_H \cdot 4 = 0$

$M_{2r} = -A_H \cdot 4$

$M_{2r} = -1{,}67 \cdot 4 = -6{,}68\,\text{kNm}$

Hinweis: Die Stellen „2“ und „2r“ liegen unendlich dicht beieinander.

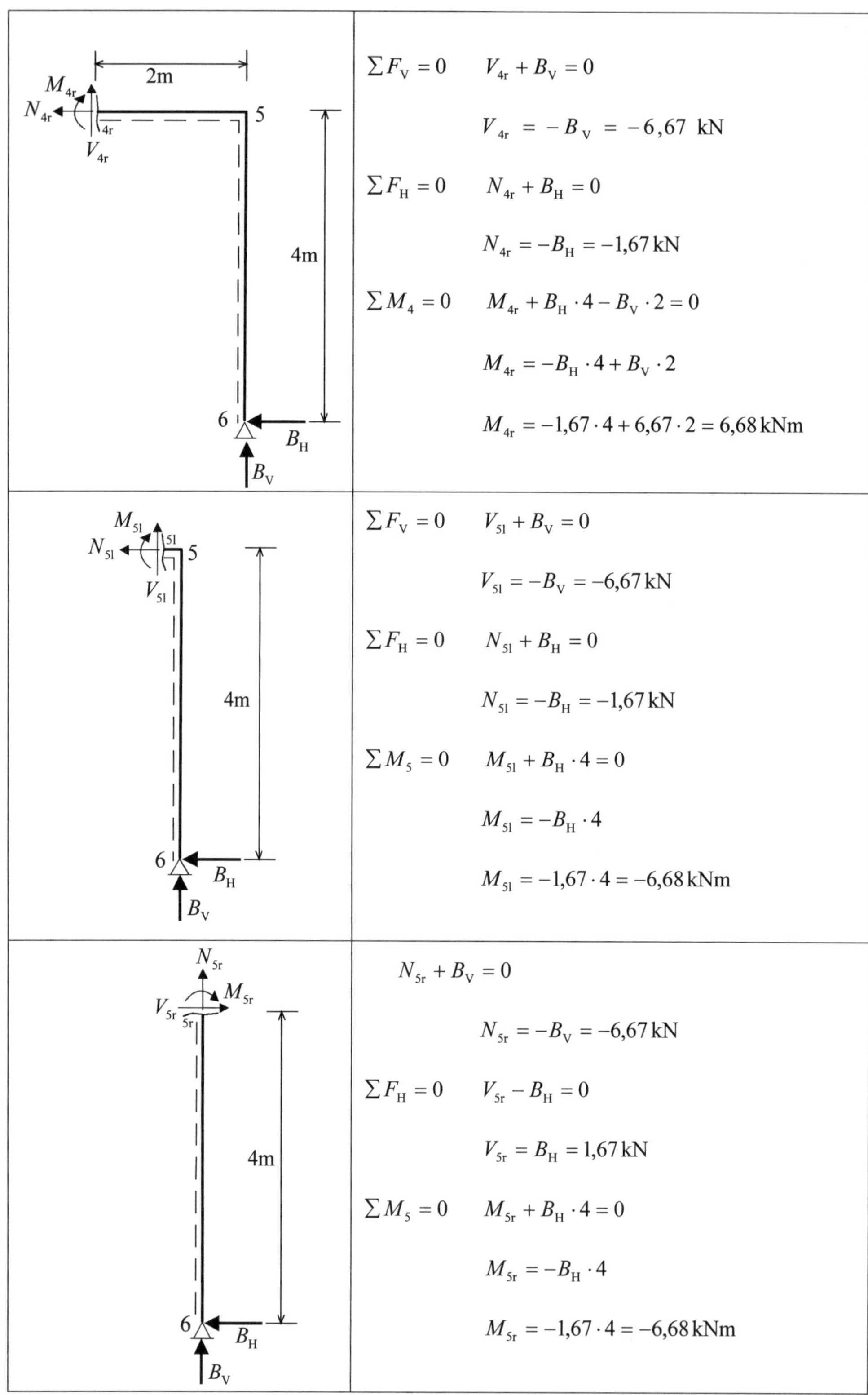

$$\Sigma F_V = 0 \qquad V_{4r} + B_V = 0$$

$$V_{4r} = -B_V = -6{,}67\ \text{kN}$$

$$\Sigma F_H = 0 \qquad N_{4r} + B_H = 0$$

$$N_{4r} = -B_H = -1{,}67\,\text{kN}$$

$$\Sigma M_4 = 0 \qquad M_{4r} + B_H \cdot 4 - B_V \cdot 2 = 0$$

$$M_{4r} = -B_H \cdot 4 + B_V \cdot 2$$

$$M_{4r} = -1{,}67 \cdot 4 + 6{,}67 \cdot 2 = 6{,}68\,\text{kNm}$$

$$\Sigma F_V = 0 \qquad V_{5l} + B_V = 0$$

$$V_{5l} = -B_V = -6{,}67\,\text{kN}$$

$$\Sigma F_H = 0 \qquad N_{5l} + B_H = 0$$

$$N_{5l} = -B_H = -1{,}67\,\text{kN}$$

$$\Sigma M_5 = 0 \qquad M_{5l} + B_H \cdot 4 = 0$$

$$M_{5l} = -B_H \cdot 4$$

$$M_{5l} = -1{,}67 \cdot 4 = -6{,}68\,\text{kNm}$$

$$N_{5r} + B_V = 0$$

$$N_{5r} = -B_V = -6{,}67\,\text{kN}$$

$$\Sigma F_H = 0 \qquad V_{5r} - B_H = 0$$

$$V_{5r} = B_H = 1{,}67\,\text{kN}$$

$$\Sigma M_5 = 0 \qquad M_{5r} + B_H \cdot 4 = 0$$

$$M_{5r} = -B_H \cdot 4$$

$$M_{5r} = -1{,}67 \cdot 4 = -6{,}68\,\text{kNm}$$

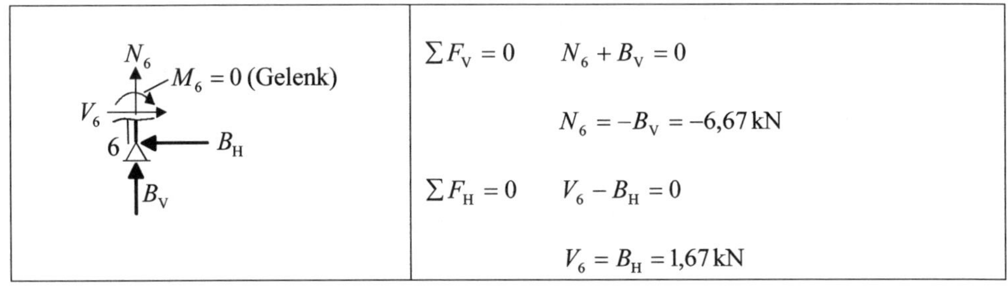

$\sum F_V = 0 \qquad N_6 + B_V = 0$

$N_6 = -B_V = -6{,}67\,\text{kN}$

$\sum F_H = 0 \qquad V_6 - B_H = 0$

$V_6 = B_H = 1{,}67\,\text{kN}$

Zustandslinien

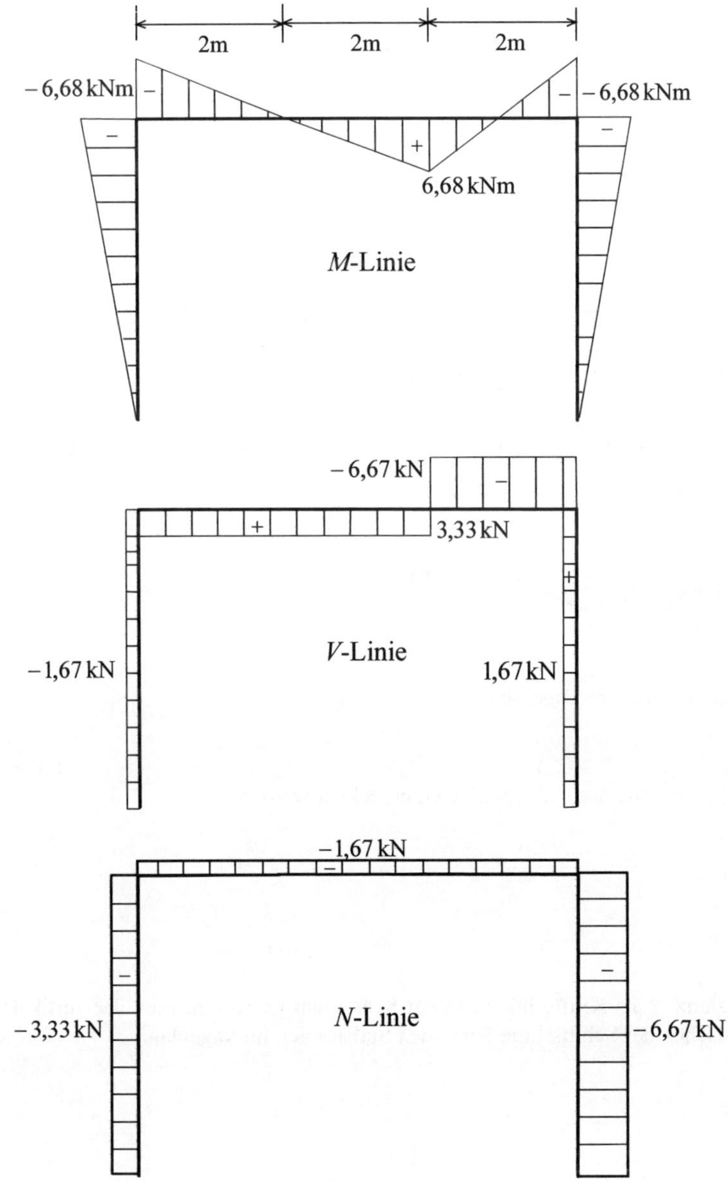

1.5.5 Grafische Ermittlung von Schnittgrößen

Grafische Ermittlung von Querkräften und Biegemomenten mit Hilfe eines Seilpolygons

Die Querkraftlinie V erhält man, indem man die Einzelkräfte maßstäblich in Pfeilrichtung aufträgt und geradlinig verbindet.

1851 verwendet *J.W. Schwedler* (1823–1894) das Seilpolygon zur Berechnung der Biegemomente einfacher Träger unter beliebiger Belastung.

Beispiel:

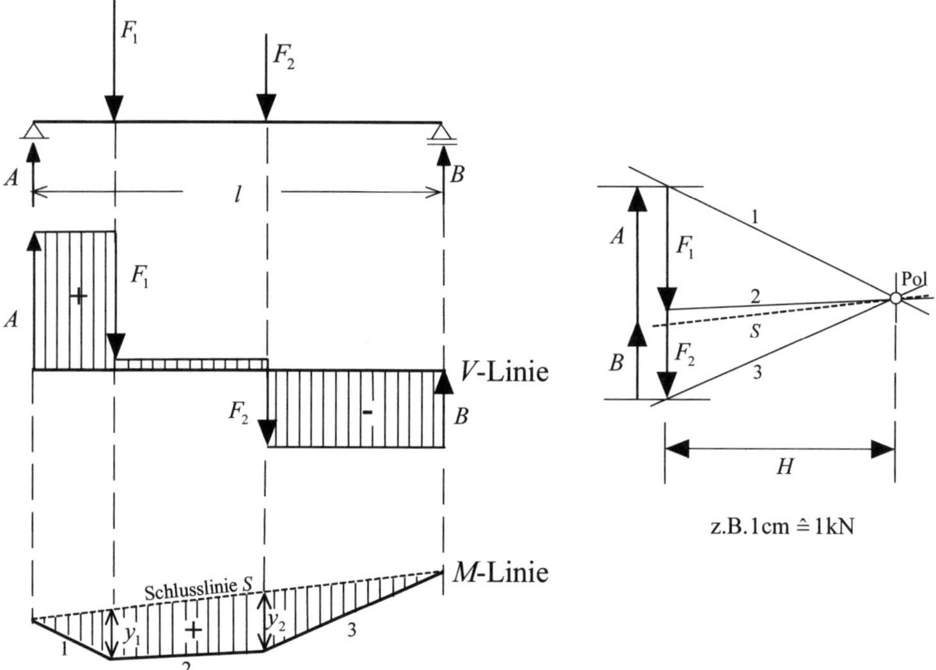

Abb. 1.18: Grafische Ermittlung von Schnittgrößen

Die Biegemomente an jeder Stelle des Trägers können berechnet werden:

$$M_1 = H \cdot y_1$$

$$M_2 = H \cdot y_2$$

Hierbei wird die Poldistanz H als Kraftgröße aus dem Kräfteplan gemessen, y ist der vertikal gemessene Abstand zwischen der Schlusslinie S und den Seilstrahlen im Lageplan.

1.6 Stützlinie

1.6.1 Definition der Stützlinie

Ist die Form einer Konstruktion identisch mit der Stützlinie, so treten nur Normalkräfte (Druckkräfte) auf.

Die Stützlinie des Bogens unter Eigenlast ist die umgekehrte Kettenlinie.

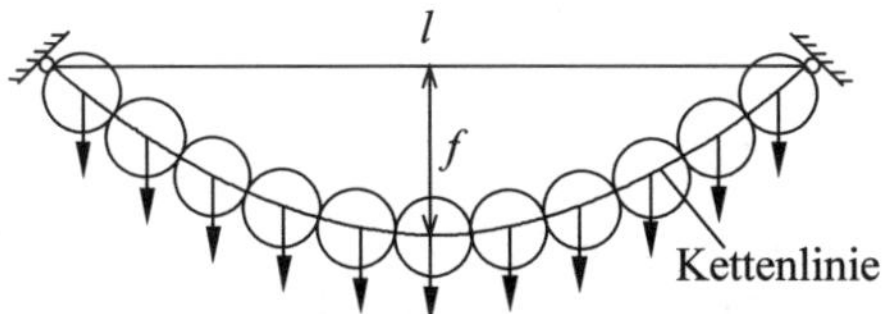

Abb. 1.19: Kettenlinie, Stützlinie unter Eigenlast

1.6.2 Beispiel 1: Stützlinie für Gleichstreckenlast

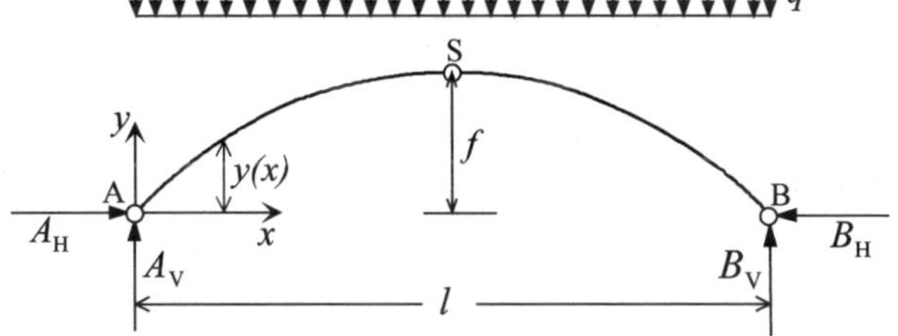

S Scheitel
A, B Kämpfer

Abb. 1.20: Dreigelenkbogen unter Gleichstreckenlast

Gegeben: Bogenspannweite l; Bogenstich f; Gleichstreckenlast q

Gesucht: a) Die Auflagerreaktionen

b) Die Gleichung der Stützlinie $y(x)$ unter Gleichstreckenlast

Auflagerreaktionen

Die Auflagerreaktionen ergeben sich aus folgenden Gleichgewichts- und Nebenbedingungen:

Gleichgewicht am Gesamtsystem:

$$\Sigma M_B = 0 \qquad A_V \cdot l - q \cdot l \cdot l/2 = 0 \qquad A_V = q \cdot l/2$$

$$\Sigma F_V = 0 \qquad -A_V - B_V + q \cdot l = 0 \qquad B_V = q \cdot l/2$$

$$\Sigma F_H = 0 \qquad A_H - B_H = 0 \qquad A_H = B_H$$

Gleichgewicht am Teilsystem:

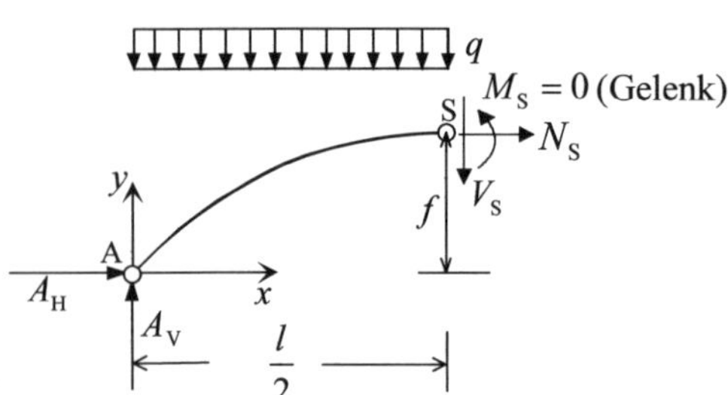

$$\Sigma M_S = 0$$

$$-A_H \cdot f + A_V \cdot \frac{l}{2} - q \cdot \frac{l}{2} \cdot \frac{l}{4} = 0$$

$$-A_H \cdot f + q \cdot \frac{l}{2} \cdot \frac{l}{2} - q \cdot \frac{l}{2} \cdot \frac{l}{4} = 0$$

$$A_H = \frac{q \cdot l^2}{8 \cdot f}$$

Hinweis:
Bei einem Bogen erzeugen **vertikale** Lasten auch **horizontale** Auflagerkräfte. Sie werden als **Horizontalschub** bezeichnet.

$$B_H = A_H = \frac{q \cdot l^2}{8 \cdot f} \text{ (Horizontalschub)}$$

$$\Sigma F_H = 0 \qquad A_H + N_S = 0 \qquad N_S = -A_H$$

Je flacher der Bogen (kleiner Stich f) ist, umso größer ist der Horizontalschub.

Maximale Druckkraft im Bogenkämpfer:

$$N_{max} = \sqrt{A_V^2 + A_H^2}$$

Momentengleichgewicht an einer beliebig geschnittenen Stelle x:

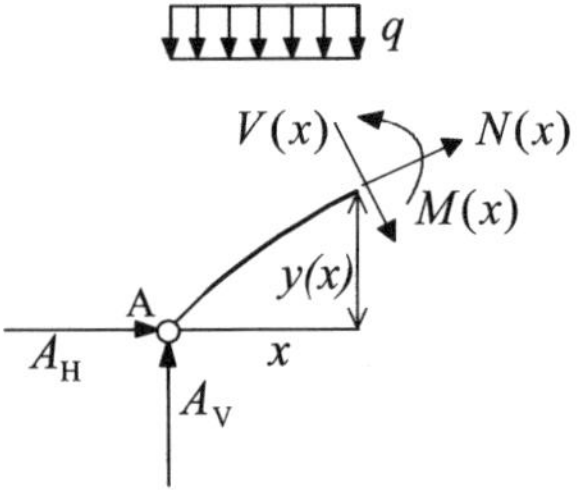

$$\Sigma M_x = 0$$

$$-A_H \cdot y(x) + A_V \cdot x - q \cdot x \cdot \frac{x}{2} - M(x) = 0$$

$$-\frac{q \cdot l^2}{8 \cdot f} \cdot y(x) + \frac{q \cdot l}{2} \cdot x - q \cdot x \cdot \frac{x}{2} - M(x) = 0$$

$$M(x) = -q \cdot \left[\frac{l^2}{8 \cdot f} \cdot y(x) - \frac{l}{2} \cdot x + \frac{x^2}{2} \right]$$

Bedingung für die Stützlinie:
Das Moment an jeder Stelle des Bogens muss gleich null sein: $M(x) = 0$

$$0 = -q \cdot \left[\frac{l^2}{8 \cdot f} \cdot y(x) - \frac{l}{2} \cdot x + \frac{x^2}{2} \right]$$

da $q \neq 0$ ist, muss der Klammerausdruck gleich null sein.

$$0 = \frac{l^2}{8 \cdot f} \cdot y(x) - \frac{l}{2} \cdot x + \frac{x^2}{2}$$

Durch Umformung folgt die Gleichung der Stützlinie für gleichmäßig verteilte Last q:

$$\boxed{y(x) = 4f \cdot \left[\frac{x}{l} - \left(\frac{x}{l} \right)^2 \right]}$$

Für eine gleichmäßig verteilte Last q ist die Stützlinienform eine quadratische Parabel.

1.6.3 Beispiel 2: Stützlinie bei Teilstreckenlast

Die Stützlinie entspricht immer dem Biegemomentenverlauf am Ersatzbalken. Unter Gleichlasten, auch in Teilbereichen, ist sie stetig gekrümmt und in unbelasteten Bereichen ist sie eine Gerade.

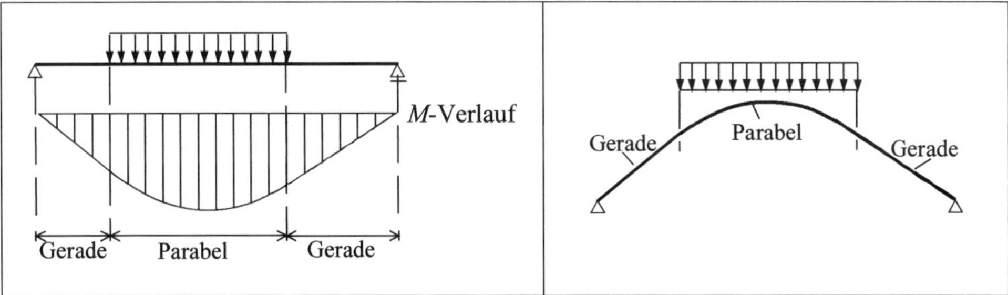

Abb. 1.21: Träger unter Teilstreckenlast, Stützlinie unter Teilstreckenlast

Sobald sich aber die Belastungsverteilung verändert, beispielsweise durch eine einseitige Schneelast oder Wind, verändert sich die Form der Stützlinie. Hingegen bleibt sie unverändert, wenn sich nur die Größe der Last bei gleichbleibender, also affiner Verteilung ändert.

1.6.4 Beispiel 3: Stützlinie bei Einzellasten

Stützlinien unter Einzellasten sind geknickte Linien (Polygonzüge).

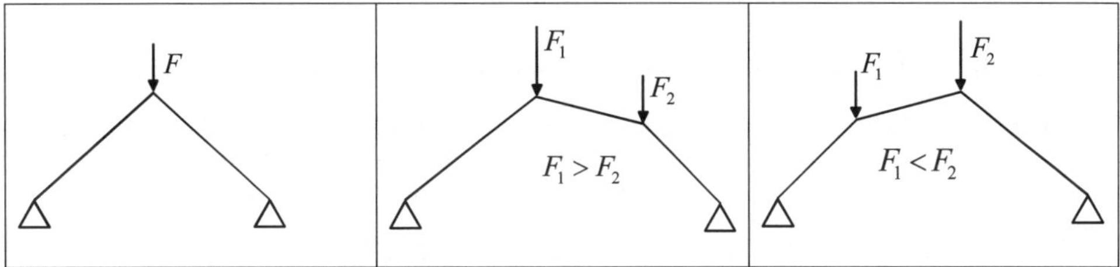

Abb. 1.22: Stützlinie unter Einzellasten

1.6.5 Zeichnerische Ermittlung der Stützlinie

G. Lamé und *B.P.E. Clapeyron* (1824): Eine Stützlinie ist ein Seilpolygon der äußeren Lasten.

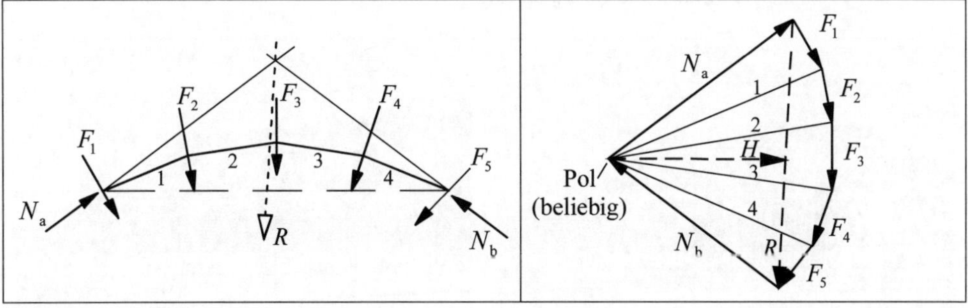

Abb. 1.23: Stützlinie des Bogens als Seilpolygon

1.7 Korbbogen

Ein Korbbogen ist eine Bogenform, die aus verschiedenen Kreisbogenstücken zusammengesetzt wird.

Die Korbbogenform ist z.B. für die Gleichstreckenlast eine ungünstige Tragwerksform, weil sie sehr von der Stützlinie (Parabel) abweicht.

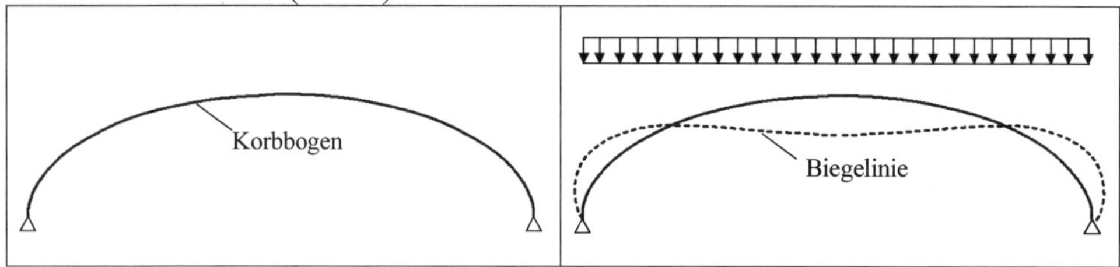

Abb. 1.24: Korbbogen, Biegelinie eines Korbbogens unter Gleichstreckenlast

Beim Parabelbogen treten unter Gleichstreckenlast keine Biegemomente auf. Beim Korbbogen dagegen treten relativ große Biegemomente auf.

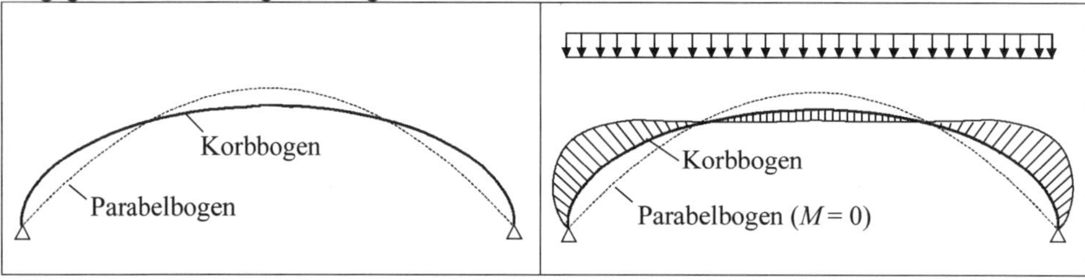

Abb. 1.25: Vergleich Korbbogen–Parabelbogen, Momentenverlauf unter Gleichstreckenlast

Eine der Momentenlinie angepasste Seilumschlingung des Korbbogens (vgl. Abb. 1.26) bringt die Biegemomente und Verformungen für Gleichlasten praktisch auf null zurück. Nach diesem Prinzip wurde z.B. das Tragwerk der Bahnsteighalle des Hauptbahnhofs in Berlin gebaut (vgl. Abb. 1.27).

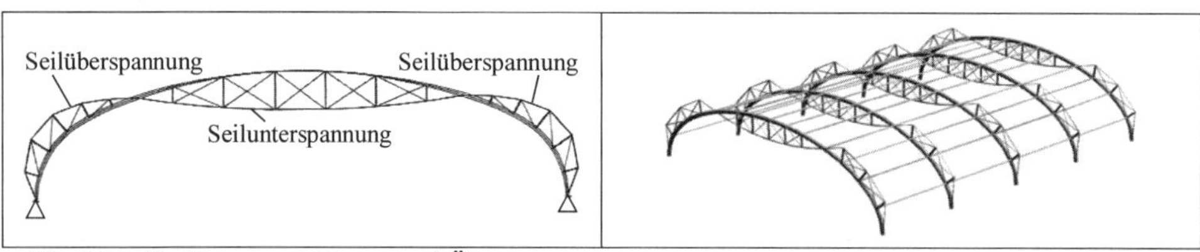

Abb. 1.26: Korbbogen mit Unter- und Überspannung

Abb. 1.27: Tragwerk der Bahnsteighalle des Hauptbahnhofs in Berlin
(Architekt: Meinhard von Gerkan, Hamburg Tragwerk: Schlaich, Bergermann und Partner, Stuttgart)

1.8 Ebene Fachwerke

1.8.1 Gelenkfachwerke/Fachwerke mit steifen Knoten

Ein Fachwerk ist ein System von Stäben, die untereinander verbunden sind, dass unverschiebliche Dreiecke entstehen.

Auch Fachwerke mit steifen Knoten werden unter der Annahme gelenkiger Knoten berechnet, weil die Berücksichtigung der auftretenden (geringen) Biegemomente in der Regel nur vernachlässigbar kleine Veränderungen der Stabkräfte hervorrufen (sog. Nebenspannungen).

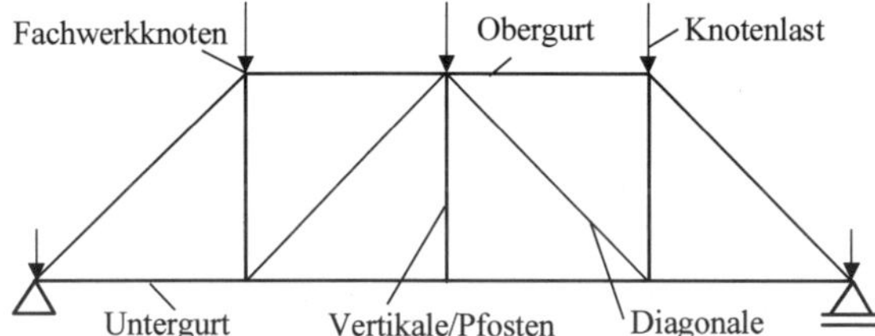

Abb. 1.28: Bezeichnungen

Ein ebenes Fachwerk mit n Knoten erfordert mindestens 2n–3 Stäbe (innere statische Bestimmtheit eines Fachwerkes), damit es stabil ist.

$\boxed{s = 2 \cdot n - 3}$ stabil und innerlich statisch bestimmt

$\boxed{s < 2 \cdot n - 3}$ labil (kinematisch) und nicht im Gleichgewicht

$\boxed{s > 2 \cdot n - 3}$ stabil aber innerlich statisch unbestimmt

s Anzahl der Stäbe ; n Anzahl der Knoten

Beispiel:

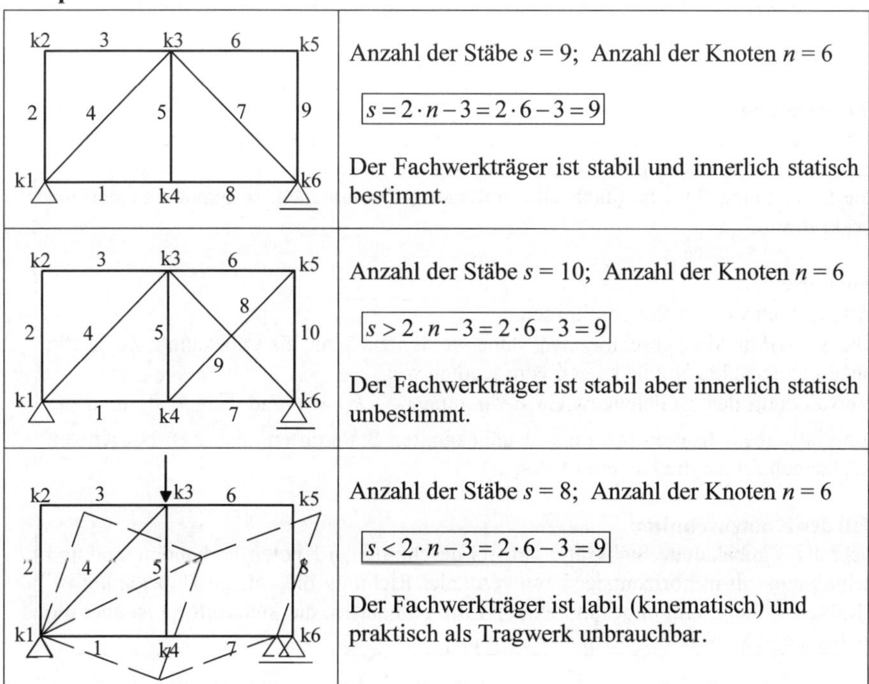

	Anzahl der Stäbe $s = 9$; Anzahl der Knoten $n = 6$ $\boxed{s = 2 \cdot n - 3 = 2 \cdot 6 - 3 = 9}$ Der Fachwerkträger ist stabil und innerlich statisch bestimmt.
	Anzahl der Stäbe $s = 10$; Anzahl der Knoten $n = 6$ $\boxed{s > 2 \cdot n - 3 = 2 \cdot 6 - 3 = 9}$ Der Fachwerkträger ist stabil aber innerlich statisch unbestimmt.
	Anzahl der Stäbe $s = 8$; Anzahl der Knoten $n = 6$ $\boxed{s < 2 \cdot n - 3 = 2 \cdot 6 - 3 = 9}$ Der Fachwerkträger ist labil (kinematisch) und praktisch als Tragwerk unbrauchbar.

Für die Ermittlung der Stabkräfte werden folgende Vereinfachungen angenommen:

- Die Stäbe sind an den Knoten zentrisch und gelenkig miteinander verbunden (die Knoten sind reibungsfreie Gelenke).

- Die Belastungen greifen als Einzellasten in den Knotenpunkten an (Knotenlasten), was bei Hallen durch die meist vorhandenen Dachpfetten ohnehin gewährleistet ist. Anderenfalls sind die Linienlasten (z.B. Eigenlast des Trägers) idealisierend in Einzellasten umzurechnen. Die Stäbe werden also nur auf Zug oder auf Druck beansprucht, es gibt also bei reinen Fachwerken theoretisch keine Biegemomente.

1.8.2 Rechnerische Ermittlung der Stabkräfte

a) Knotenschnittverfahren:

- Knotenschnittverfahren wird für die Berechnung von max. 2 unbekannten Stabkräften am frei geschnittenen Knoten angewendet.
- Am frei geschnittenen Knoten werden zwei Gleichgewichtsbedingungen aufgestellt,

$\boxed{\Sigma F_V = 0}$ und $\boxed{\Sigma F_H = 0}$

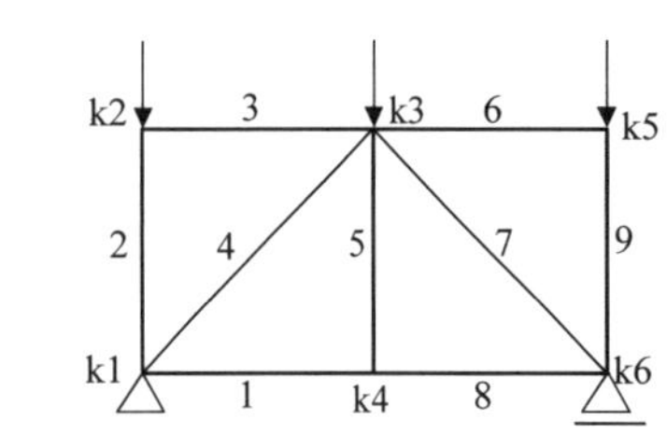

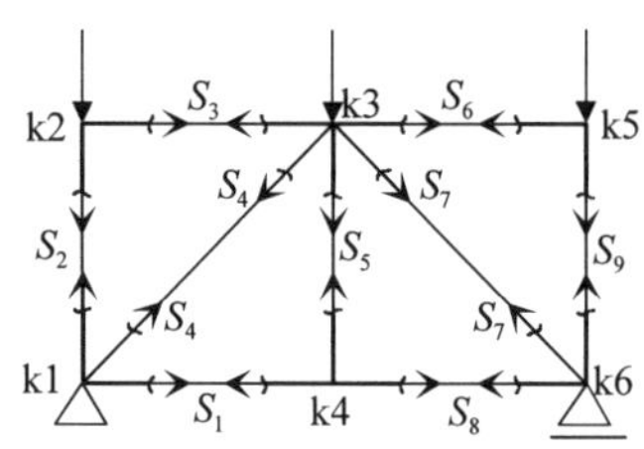

Vorzeichenregelung:
In der Berechnung betrachtet man die unbekannte Stabkraft zunächst als Zugkraft (positives Vorzeichen), d.h. die Stabkraftpfeile zeigen vom Knoten weg.
Liefert die Berechnung für eine Stabkraft ein negatives Vorzeichen, so handelt es sich um eine Druckkraft.

Vorgehensweise:

- Alle Knoten werden frei geschnitten.
- Die Stabkräfte aller geschnittenen Stäbe werden zunächst als unbekannte Zugkräfte angesetzt (Stabkraftpfeile zeigen vom Knoten weg).
- Verwendung der 2 Gleichgewichtsbedingungen $\Sigma F_V = 0$ und $\Sigma F_H = 0$, man beginnt an einem Knoten mit max. 2 unbekannten Stabkräften, also z.B. bei Knoten k2, danach folgen die Knoten k1, k4,...).

Sonderfall des Knotenschnitts:
Wenn mehr als 2 unbekannte Stabkräfte am frei geschnittenen Knoten vorhanden sind und die gesuchte Stabkraft in horizontaler bzw. vertikaler Richtung die einzige Unbekannte ist, z.B. bei Knoten k4, sind drei unbekannte Stabkräfte vorhanden, die Stabkraft S4 ist aber die einzige unbekannte Stabkraft in vertikaler Richtung.

Nullstäbe:
Stäbe, die bei bestimmten Lastfällen weder Zug- noch Druckkräfte erhalten bezeichnet man als Nullstäbe.

Beispiel Nullstäbe:

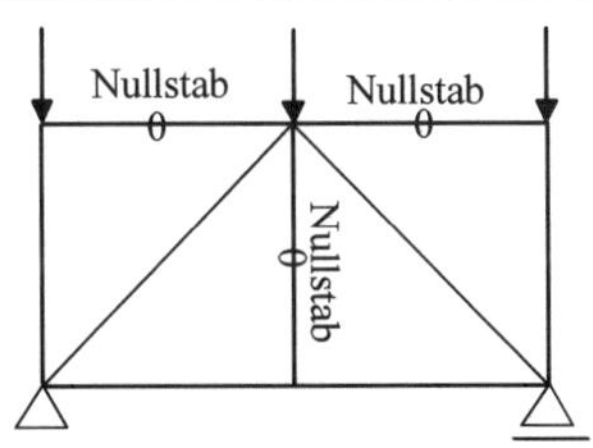

Sind an einem *belasteten Knoten* nur zwei Stäbe angeschlossen und greift die äußere Kraft in Richtung des einen Stabes an, so ist der andere Stab ein Nullstab.

Sind an einem *unbelasteten Knoten* drei Stäbe angeschlossen, von denen zwei in gleicher Richtung liegen, so ist der dritte Stab ein Nullstab.

Beispiel 1 (Knotenschnittverfahren):

Statisches System mit Belastung

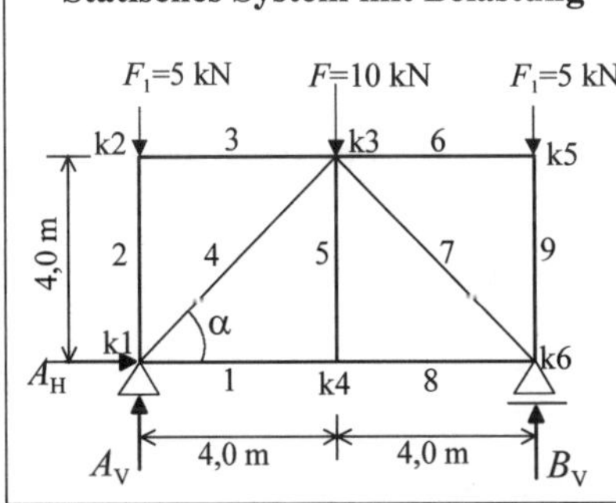

Alle Knoten werden frei geschnitten

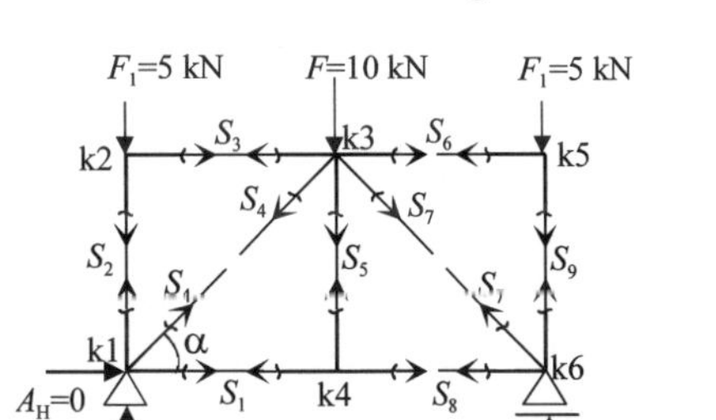

Auflagerreaktionen:

$\Sigma F_H = 0 = A_H \quad \rightarrow \quad A_H = 0\,\text{kN}$

$\Sigma M_{k6} = 0 = -A_V \cdot 8 + 5 \cdot 8 + 10 \cdot 4$

$\rightarrow A_V = 10\,\text{kN}$

$\Sigma F_V = 0 = 5 + 10 + 5 - B_V - A_V$

$\rightarrow B_V = 10\,\text{kN}$

$\boxed{\tan\alpha = \frac{4}{4} \quad \rightarrow \alpha = 45°}$

Kraftzerlegung (vgl. Abschnitt 1.1.2)

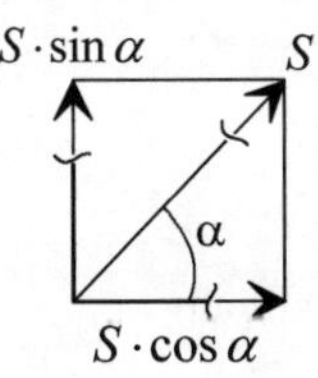

Knotenschnitt k2

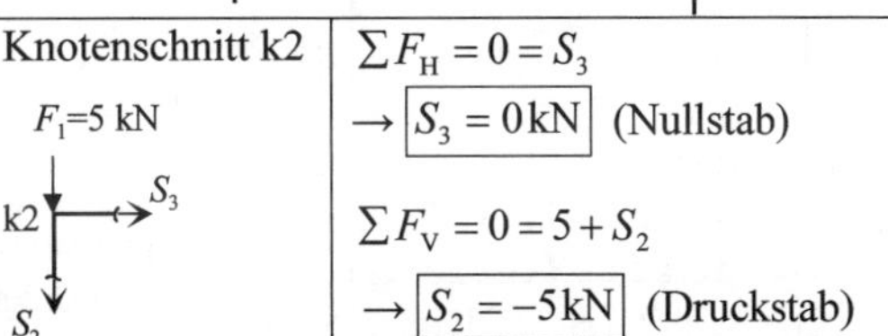

$\Sigma F_H = 0 = S_3$

$\rightarrow \boxed{S_3 = 0\,\text{kN}}$ (Nullstab)

$\Sigma F_V = 0 = 5 + S_2$

$\rightarrow \boxed{S_2 = -5\,\text{kN}}$ (Druckstab)

Knotenschnitt k1

$\Sigma F_V = 0 = -S_2 - A_v - S_4 \cdot \sin\alpha$

$S_4 = \frac{-S_2 - A_v}{\sin\alpha} = \frac{-(-5) - 10}{\sin 45}$

$\rightarrow \boxed{S_4 = -7{,}07\,\text{kN}}$ (Druckstab)

$\Sigma F_H = 0 = S_1 + S_4 \cdot \cos\alpha$

$S_1 = -S_4 \cdot \cos\alpha = -(-7{,}07) \cdot \cos 45$

$\rightarrow \boxed{S_1 = 5\,\text{kN}}$ (Zugstab)

Knotenschnitt k4

$\Sigma F_V = 0 = S_5$

$\rightarrow \boxed{S_5 = 0\,\text{kN}}$ (Nullstab)

Das System und die Belastung sind symmetrisch $\rightarrow S_3 = S_6$; $S_2 = S_9$; $S_4 = S_7$; $S_1 = S_8$

b) Ritterschnittverfahren:

August Ritter (1826-1908) betrachtete 1862 das Momentengleichgewicht am Schnittpunkt zweier Stäbe (sog. Ritterschnitt).

Beispiel 2 (Ritterschnittverfahren):

Statisches System mit Belastung

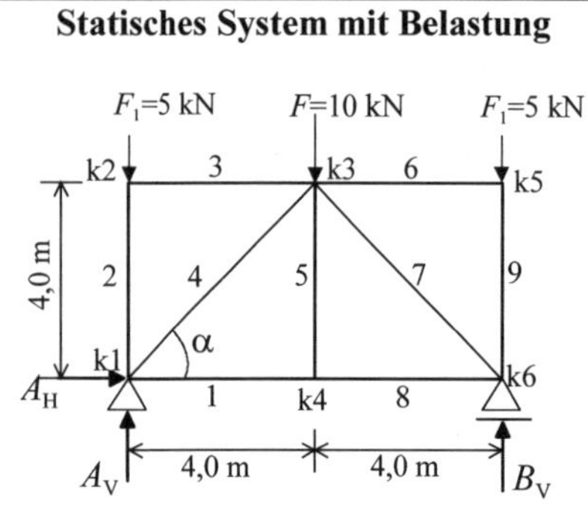

Ritterschnitt durch S_1, S_3 und S_4 (Schnitt I-I), dabei wird das Fachwerk in 2 Teile zerlegt.

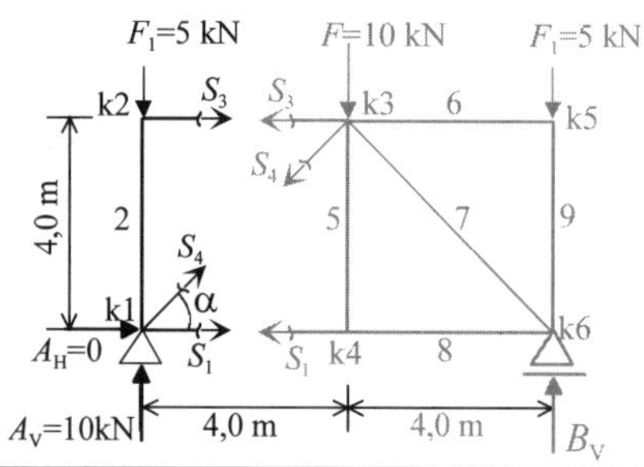

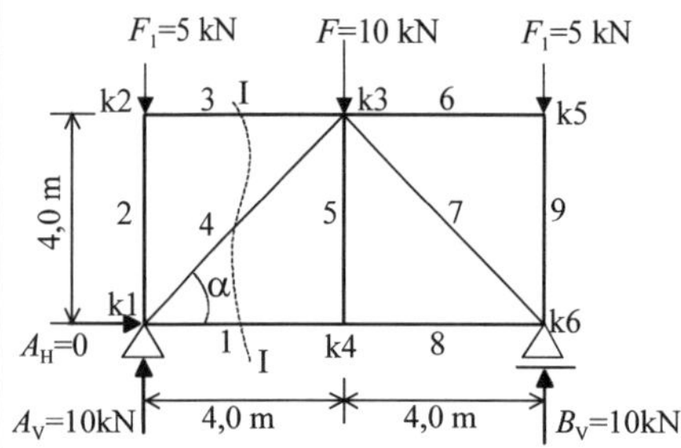

Vorgehensweise:

- Durch einen Schnitt wird ein Fachwerk in 2 Teile zerlegt.
- Der Schnitt erfolgt durch 3 Stäbe, die nicht zum gleichen Knoten gehören.
- Für jeden Teilkörper können dann 3 Gleichgewichtsbedingungen aufgestellt werden.
- $\Sigma F_V = 0$; $\Sigma F_H = 0$; $\Sigma M = 0$ (das Momentengleichgewicht am Schnittpunkt zweier Stäbe)
- Daraus lassen sich die gesuchten Stabkräfte bestimmen.

Vorzeichenregelung:
In der Berechnung betrachtet man die unbekannte Stabkraft zunächst als Zugkraft (positives Vorzeichen), Liefert die Berechnung für eine Stabkraft ein negatives Vorzeichen, so handelt es sich um eine Druckkraft.

Gleichgewicht am Teilsystem links

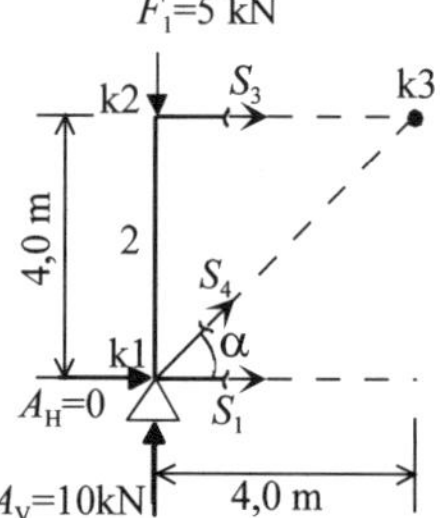

Die Wirkungslinien der Stabkräfte S_3 und S_4 schneiden sich im Knoten k3.

$$\Sigma M_{k3} = 0 = -A_v \cdot 4 + 5 \cdot 4 + S_1 \cdot 4$$

$$S_1 = \frac{A_v \cdot 4 - 5 \cdot 4}{4} \quad \rightarrow \boxed{S_1 = 5\,\text{kN}} \text{ (Zugstab)}$$

Die Wirkungslinien der Stabkräfte S_1 und S_4 schneiden sich im Knoten k1.

$$\Sigma M_{k1} = 0 = -S_3 \cdot 4 \rightarrow \boxed{S_3 = 0\,\text{kN}} \text{ (Nullstab)}$$

$$\Sigma F_V = 0 = F_1 - A_v - S_4 \cdot \sin\alpha$$

$$S_4 = \frac{F_1 - A_v}{\sin\alpha} = \frac{5-10}{\sin 45}$$

$$\rightarrow \boxed{S_4 = -7{,}07\,\text{kN}} \text{ (Druckstab)}$$

Ermittlung der Stabkräfte S_2 und S_5 mit dem Knotenschnittverfahren (s. Beispiel 1)

Beispiel 3 (Knoten- und Ritterschnittverfahren):

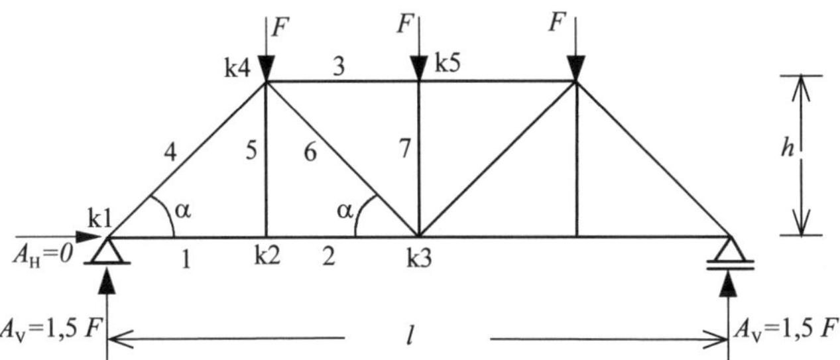

Abb. 1.29a: Gegebenes Fachwerk

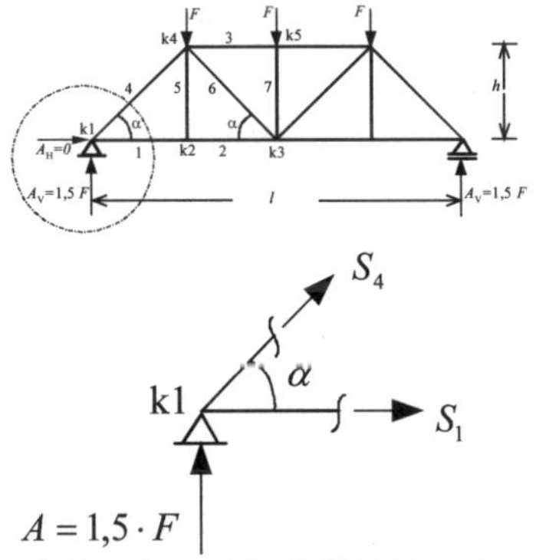 $A = 1{,}5 \cdot F$; k1; S_4; S_1; α	Knotenschnitt k1 $\sum F_V = 0 = -S_4 \cdot \sin\alpha - 1{,}5 \cdot F$ $\rightarrow \boxed{S_4 = \frac{-1{,}5 \cdot F}{\sin\alpha}}$ (Druckstab) $\sum F_H = 0 = S_1 + S_4 \cdot \cos\alpha$ $\rightarrow \boxed{S_1 = \frac{1{,}5 \cdot F}{\tan\alpha}}$ (Zugstab)
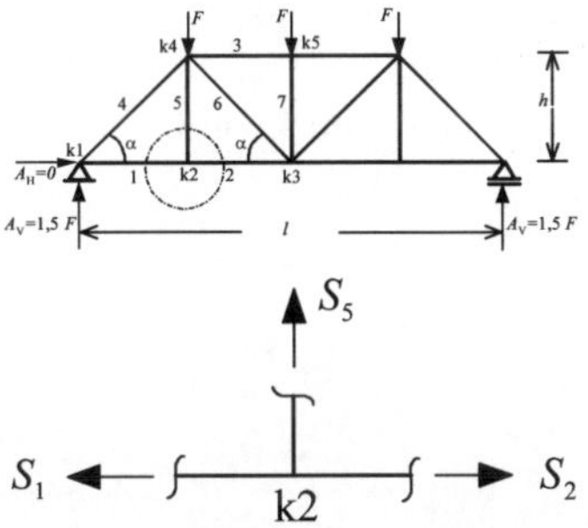 S_5; S_1; k2; S_2	Knotenschnitt k2 $\sum F_V = 0$ $\rightarrow \boxed{S_5 = 0}$ (Nullstab)
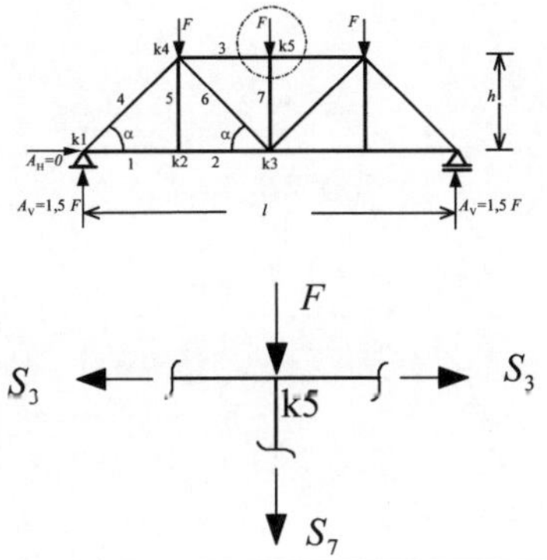 F; S_3; k5; S_3; S_7	Knotenschnitt k5 $\sum F_V = 0 = F + S_7$ $\rightarrow \boxed{S_7 = -F}$ (Druckstab)

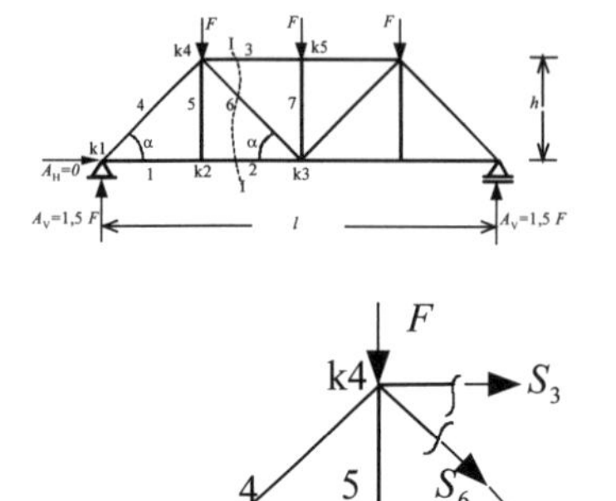

Ritterschnitt durch S_2, S_3 und S_6 (Schnitt I-I)

Die Wirkungslinien der Stabkräfte S_6 und S_2 schneiden sich im Knoten k3.

$$\sum M_{k3} = 0 = 1{,}5 \cdot F \cdot \frac{l}{2} - F \cdot \frac{l}{4} + S_3 \cdot h$$

$$\rightarrow \boxed{S_3 = -\frac{F \cdot l}{2 \cdot h}} \text{ (Druckstab)}$$

Die Wirkungslinien der Stabkräfte S_3 und S_6 schneiden sich im Knoten k4.

$$\sum M_{k4} = 0 = 1{,}5 \cdot F \cdot \frac{l}{4} - S_2 \cdot h$$

$$\rightarrow \boxed{S_2 = \frac{3F \cdot l}{8 \cdot h}} \text{ (Zugstab)}$$

$$\sum F_V = 0 = F - 1{,}5 \cdot F + S_6 \cdot \sin\alpha$$

$$\rightarrow \boxed{S_6 = \frac{F}{2 \cdot \sin\alpha}} \text{ (Zugstab)}$$

Ergebnisse: Stabkräfte

S_1	S_2	S_3	S_4	S_5	S_6	S_7
$\frac{1{,}5 \cdot F}{\tan\alpha}$	$\frac{3F \cdot l}{8 \cdot h}$	$\frac{-F \cdot l}{2 \cdot h}$	$\frac{-1{,}5 \cdot F}{\sin\alpha}$	0	$\frac{F}{2 \cdot \sin\alpha}$	$-F$
Zugstab	Zugstab	Druckstab	Druckstab	Nullstab	Zugstab	Druckstab

Beispiel 4:

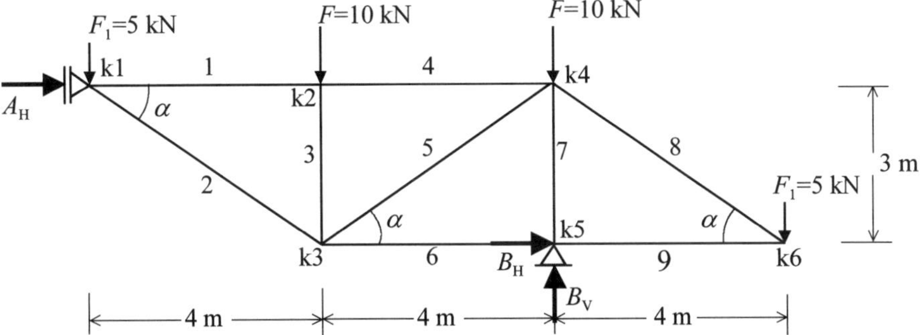

Abb. 1.29b: Gegebenes Fachwerk

Auflagerreaktionen:

$\sum F_V = 0 = 5 + 10 + 10 + 5 - B_V \qquad \rightarrow \qquad B_V = 30\,\text{kN}$

$\sum M_{k5} = 0 = -A_H \cdot 3 + 5 \cdot 8 + 10 \cdot 4 - 5 \cdot 4 \qquad \rightarrow \qquad A_H = 20\,\text{kN}$

$\sum F_H = 0 = A_H + B_H \qquad \rightarrow \qquad B_H = -20\,\text{kN}$

$\tan\alpha = \frac{3}{4} \quad \rightarrow \alpha = 36{,}87°$

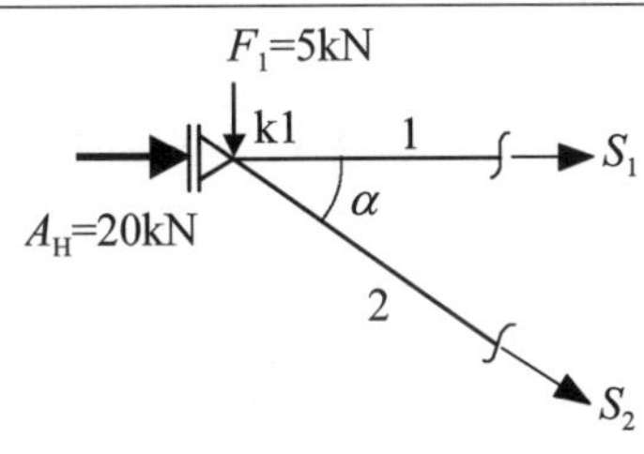

Knotenschnitt k1

$\sum F_V = 0 = S_2 \cdot \sin\alpha + F_1$

$S_2 = \frac{-F_1}{\sin\alpha} = \frac{-5}{\sin 36{,}87°} = -8{,}33\,\text{kN}$ (Druckstab)

$\sum F_H = 0 = S_1 + S_2 \cdot \cos\alpha + A_H$

$S_1 = -S_2 \cdot \cos\alpha - A_H = -13{,}33\,\text{kN}$ (Druckstab)

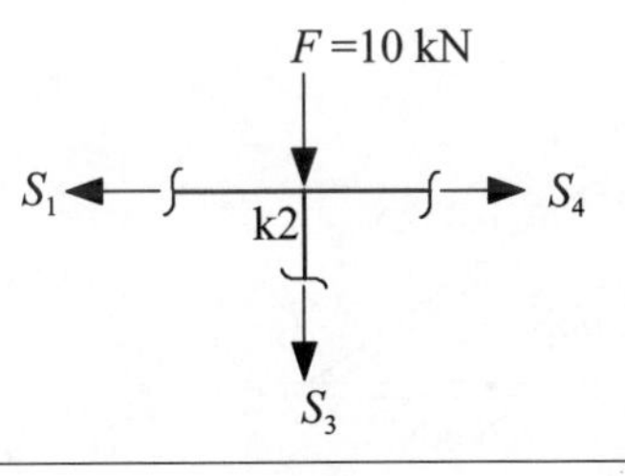

Knotenschnitt k2

$\sum F_V = 0 = F + S_3$

$S_3 = -F = -10\,\text{kN}$ (Druckstab)

$\sum F_H = 0 = S_4 - S_1$

$S_4 = S_1 = -13{,}33\,\text{kN}$ (Druckstab)

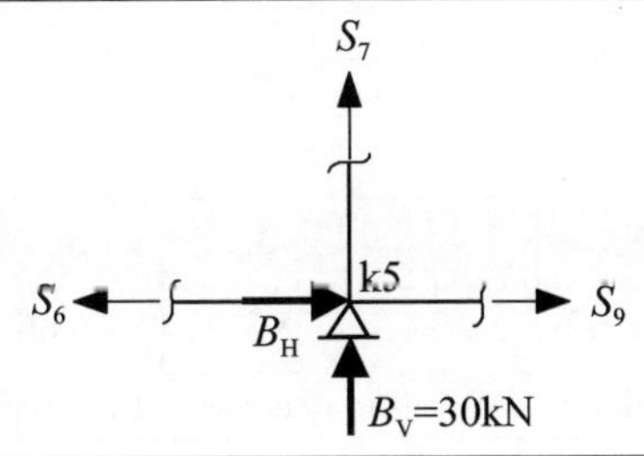

Knotenschnitt k5

$\sum F_V = 0 = -B_V - S_7$

$S_7 = B_V = 30\,\text{kN}$ (Druckstab)

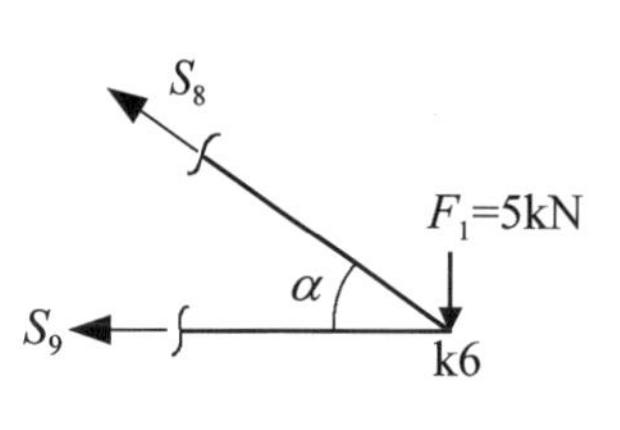

Knotenschnitt k6

$$\sum F_V = 0 = -S_8 \cdot \sin\alpha + F_1$$

$$S_8 = \frac{F_1}{\sin\alpha} = \frac{5}{\sin 36{,}87°} = 8{,}33\,\text{kN} \ \text{(Zugstab)}$$

$$\sum F_H = 0 = -S_9 - S_8 \cdot \cos\alpha$$

$$S_9 = -S_8 \cdot \cos 36{,}87° = -6{,}66\,\text{kN} \ \text{(Druckstab)}$$

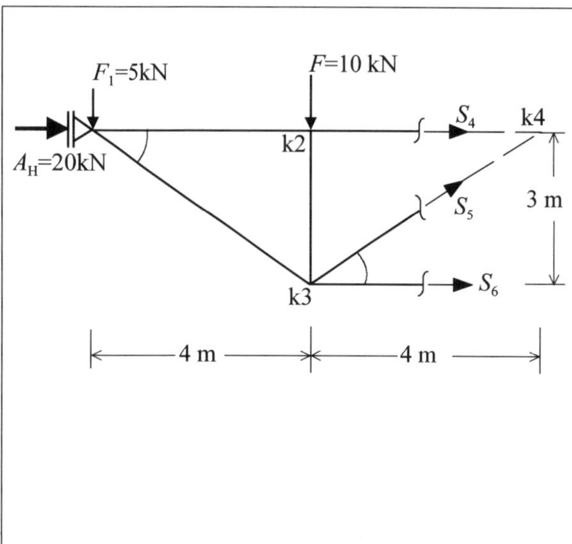

Ritterschnitt durch S_4, S_5 und S_6

Die Wirkungslinien der Stabkräfte S_5 und S_4 schneiden sich im Knoten k4.

$$\sum M_{k4} = 0 = F_1 \cdot 8 + F \cdot 4 + S_6 \cdot 3$$

$$S_6 = -26{,}67\,\text{kN} \ \text{(Druckstab)}$$

Die Wirkungslinien der Stabkräfte S_5 und S_6 schneiden sich im Knoten k3.

$$\sum M_{k3} = 0 = F_1 \cdot 4 - S_4 \cdot 3 - A_H \cdot 3$$

$$S_4 = -13{,}33\,\text{kN} \ \text{(Druckstab)}$$

$$\sum F_V = 0 = F_1 + F - S_5 \cdot \sin\alpha$$

$$S_5 = 25\,\text{kN} \ \text{(Zugstab)}$$

***N*-Linie**

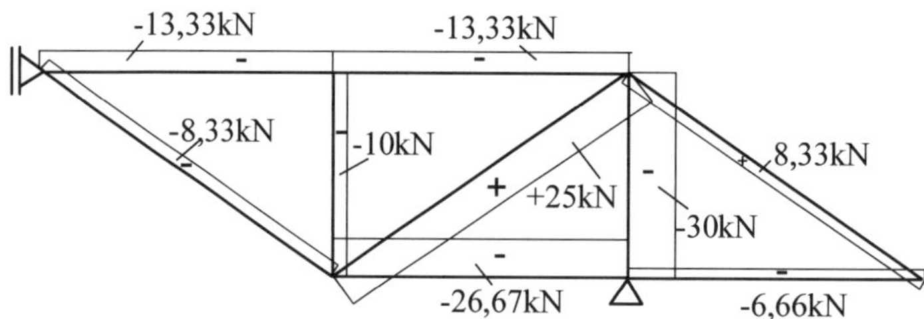

Ergebnisse: Stabkräfte in kN

S_1	S_2	S_3	S_4	S_5	S_6	S_7	S_8	S_9
−13,33	−8,33	−10	−13,33	25	−26,67	−30	8,33	−6,66
Druckstab	Druckstab	Druckstab	Druckstab	Zugstab	Druckstab	Druckstab	Zugstab	Druckstab

1.8.3 Kräfteplan

J.C. Maxwell ging 1864 von den reziproken Figuren des Fachwerkes aus und ermittelte die Beträge der Stabkräfte.

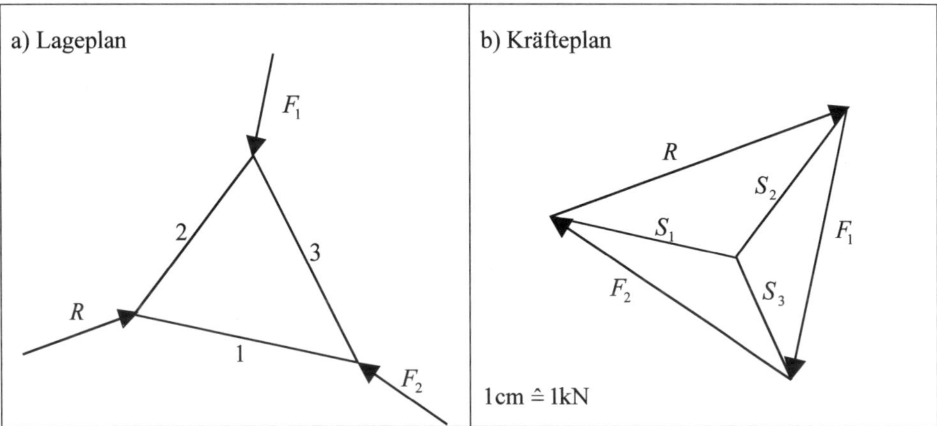

Abb. 1.30: Reziproke Figuren von J.C. Maxwell

1.8.4 Cremonaplan

L. Cremona verschaffte 1872 dem abstrakten Verfahren von Maxwell die Beachtung der Ingenieure.

Im Cremonaplan werden die einzelnen Knotenkraftecke durch „Übereinanderzeichnen" zu einem geschlossenen Kräfteplan zusammengefasst, so dass jede Stabkraft nur einmal erscheint (die beiden entgegengesetzten Kräfte, mit denen jeder Stab auf seinen Knoten wirkt, liegen aufeinander).
Der Cremonaplan für statisch bestimmte Fachwerke lässt sich ohne Schwierigkeiten vollständig zeichnen, wenn

1) sich keine Stäbe überschneiden und
2) äußere Kräfte nur an Fachwerkknoten angreifen.

Cremonaplan mit Feldbezeichnungen (grafische Methode):

- Umfahrungssinn festlegen (z.B. im Uhrzeigersinn).
- Bezeichnung der Felder mit a, b, c...(Feld: Jeweils zwischen 2 äußeren Kräften und jedes von Stäben gebildete Dreieck). Jede äußere Kraft und jeder Stab (Stabkraft) liegen zwischen zwei Feldern.
- Krafteck der äußeren Kräfte zeichnen. Der Anfangspunkt jeder Kraft erhält die Bezeichnung des unter Beachtung des festgelegten Umfahrungssinnes vorhergehenden Feldes, der Endpunkt die des nachfolgenden Feldes (z.B. die Kraft F_1 geht von c nach d).
- Zeichnen der einzelnen Knotenkraftecke, beginnend bei einem Knoten mit 2 unbekannten Stabkräften (z.B. Knoten 0).

Zahlenbeispiel:

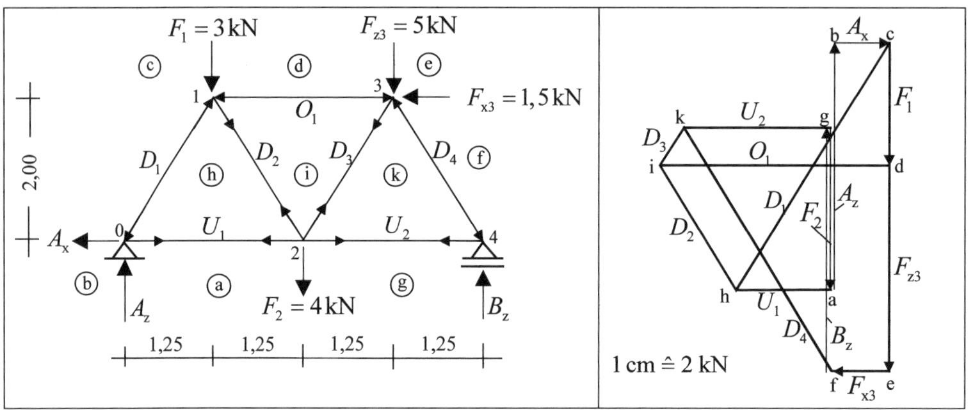

Vorab ermittelt: $A_x = -1{,}5\,\text{kN}$ $A_z = 6{,}1\,\text{kN}$ $B_z = 5{,}9\,\text{kN}$

Konstruktionshinweise:
(die überstrichenen Kräfte sind jeweils bekannt):

Knoten 0: Krafteck aus	**Knoten 1: Krafteck aus**	**Knoten 2: Krafteck aus**	**Knoten 3: Krafteck aus**
$\overline{A}_z(\text{a,b})$; $\overline{A}_x(\text{b,c})$ $D_1(\text{c,h})$; $U_1(\text{h,a})$	$\overline{D}_1(\text{h,c})$; $\overline{F}_1(\text{c,d})$ $O_1(\text{d,i})$; $D_2(\text{i,h})$	$\overline{F}_2(\text{g,a})$; $\overline{U}_1(\text{a,h})$ $\overline{D}_2(\text{h,i})$; $D_3(\text{i,k})$ $U_2(\text{k,g})$	$\overline{D}_3(\text{k,i})$; $\overline{O}_1(\text{i,d})$ $\overline{F}_{z3}(\text{d,e})$; $\overline{F}_{x3}(\text{e,f})$ $D_4(\text{f,k})$
Die folgenden Kraftecke dienen nur dem Verständnis. Sie brauchen im „Ernstfall“ nicht gezeichnet zu werden.			

Aus dem Cremonaplan: (Alle Stabkräfte mit negativen Vorzeichen sind Druckkräfte.)	$D_1 = -7{,}2\,\text{kN}$	$D_2 = 3{,}7\,\text{kN}$	$D_3 = 1{,}1\,\text{kN}$	$D_4 = -7{,}0\,\text{kN}$
	$O_1 = -5{,}7\,\text{kN}$	$U_1 = 2{,}3\,\text{kN}$	$U_2 = 3{,}7\,\text{kN}$	

Ermittlung der Pfeilspitzen: Knoten im festgelegten Umfahrungssinn umfahren. Z.B. liegt D_1 am Knoten 0 zwischen den Feldern c und h. Im Cremonaplan von c nach h gehen und diesen Richtungssinn als Pfeil in D_1 am Knoten 0 des Fachwerks eintragen.

1.9 Standardformeln für den Träger auf zwei Stützen

1.9.1 Gelenkig gelagerter Träger

Vier Grundfälle des einfachen Trägers mit konstanter Biegesteifigkeit EI:

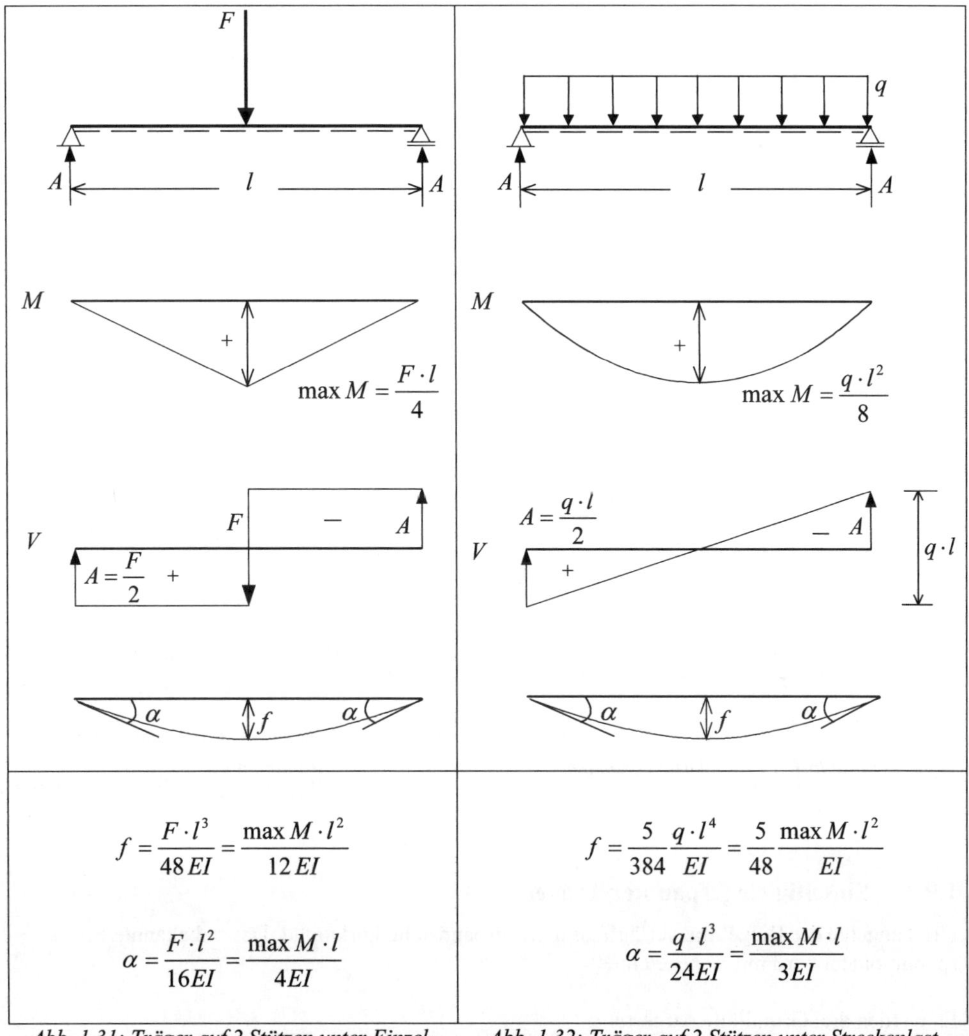

Abb. 1.31: Träger auf 2 Stützen unter Einzellast in Feldmitte

Abb. 1.32: Träger auf 2 Stützen unter Streckenlast

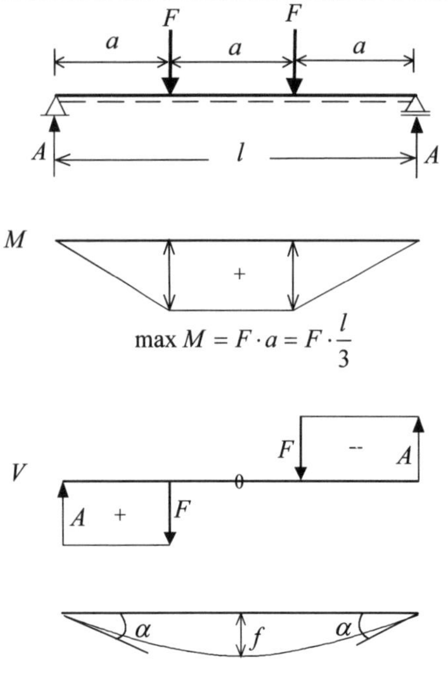

$$\max M = F \cdot a = F \cdot \frac{l}{3}$$

$$f = \frac{23 \cdot F \cdot l^3}{648\,EI} = \frac{\max M \cdot l^2}{9{,}39 \cdot EI}$$

$$\alpha = \frac{F \cdot l^2}{9\,EI} = \frac{A \cdot l^2}{9\,EI}$$

Abb. 1.33: Träger auf 2 Stützen unter zwei Einzellasten in den Drittelspunkten

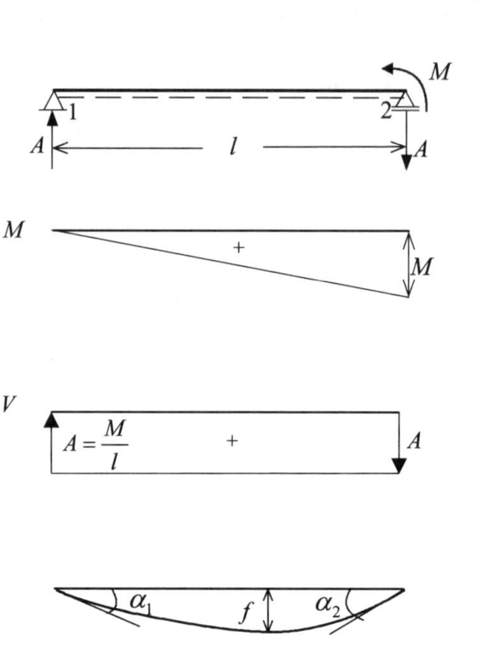

$$A = \frac{M}{l}$$

$$f = \frac{M \cdot l^2}{16\,EI}$$

$$\alpha_1 = \frac{M \cdot l}{6\,EI} \qquad \alpha_2 = \frac{M \cdot l}{3\,EI}$$

Abb. 1.34: Träger auf 2 Stützen unter einem Randmoment

1.9.2 Einseitig eingespannter Träger

Die Tangente der Biegelinie verläuft an der Einspannstelle horizontal. Das unbekannte Einspannmoment wird mit X bezeichnet.

Es werden drei Grundfälle dargestellt:

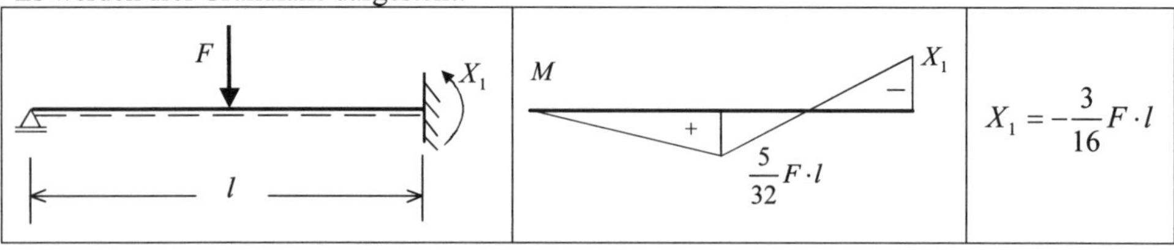

Abb. 1.35: Einseitig eingespannter Träger unter Einzellast in Feldmitte

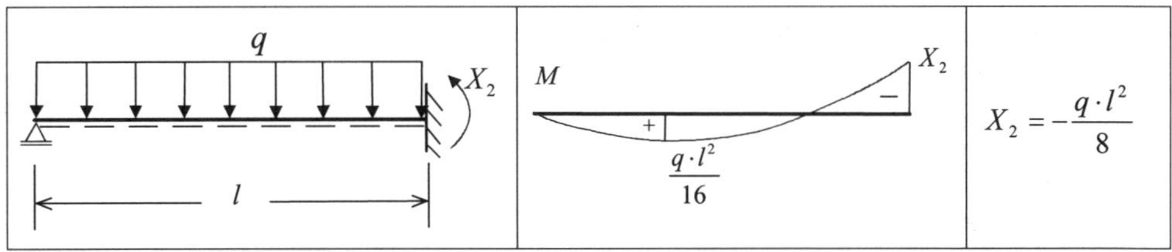

Abb. 1.36: Einseitig eingespannter Träger unter Streckenlast

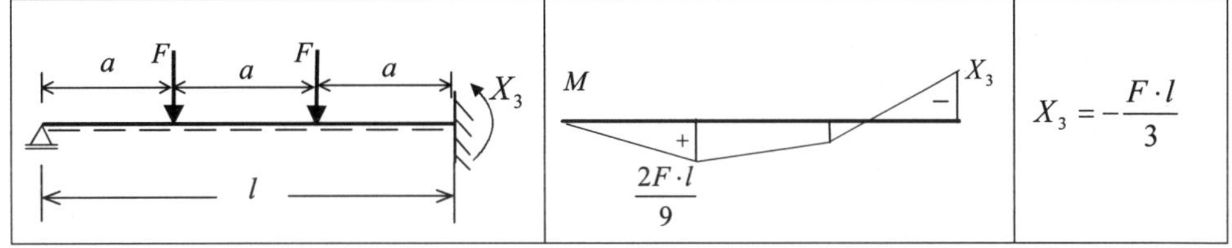

Abb. 1.37: Einseitig eingespannter Träger unter zwei Einzellasten in den Drittelspunkten

1.9.3 Beidseitig eingespannter Träger

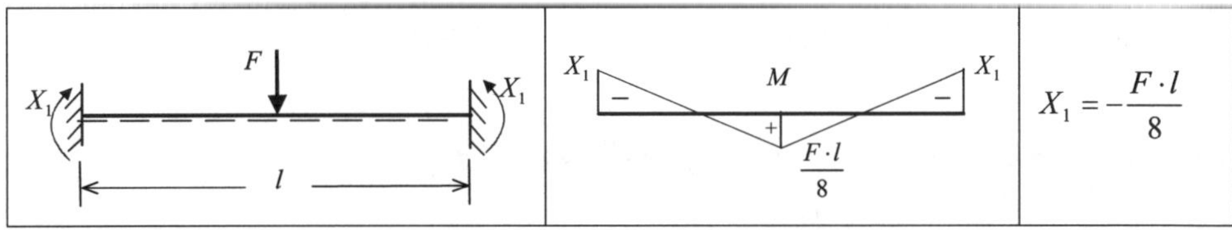

Abb. 1.38: Beidseitig eingespannter Träger unter Einzellast in Feldmitte

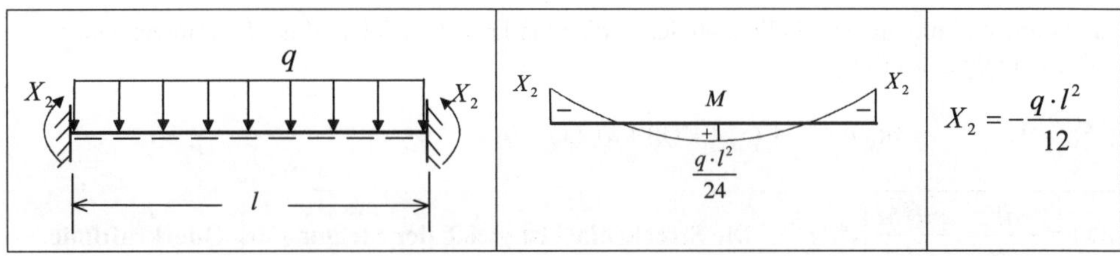

Abb. 1.39: Beidseitig eingespannter Träger unter Streckenlast

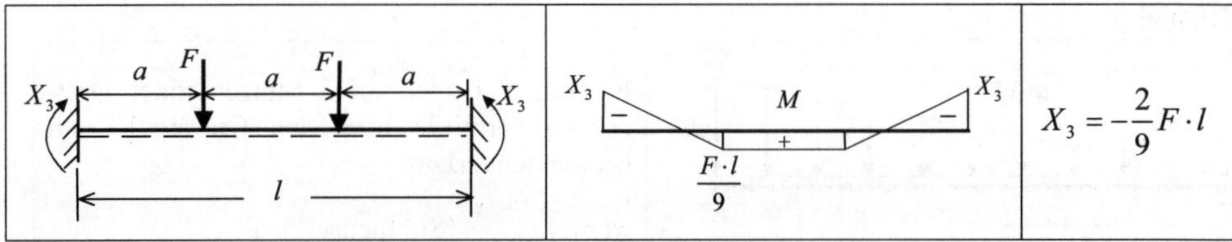

Abb. 1.40: Beidseitig eingespannter Träger unter zwei Einzellasten in den Drittelspunkten

1.10 Mathematische Zusammenhänge zwischen Belastung, Querkraft und Biegemoment

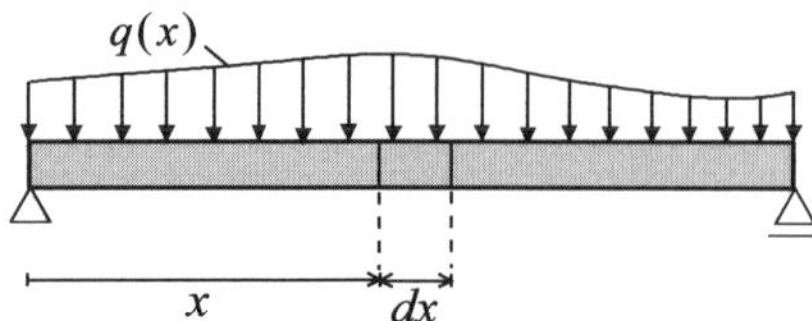

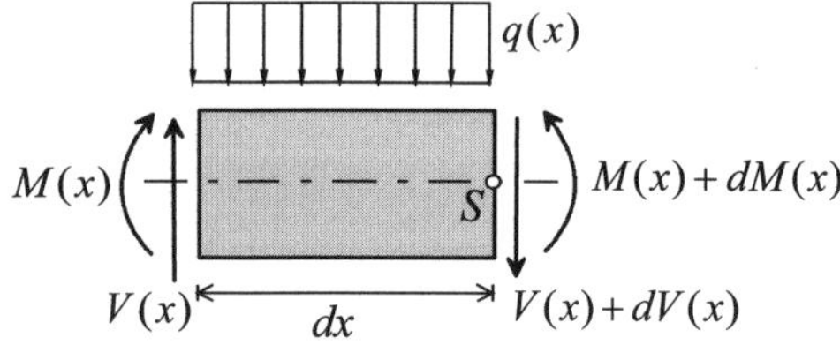

Abb. 1.41: Zur Ableitung der Beziehungen zwischen V und M

Aus einem Träger, der durch eine Streckenlast belastet ist, wird ein infinitesimales Trägerstück *dx* herausgeschnitten, dann liefern die Gleichgewichtsbedingungen:

$$\Sigma M_S = 0: \qquad q(x) \cdot dx \cdot \frac{dx}{2} - V(x) \cdot dx - M(x) + M(x) + dM(x) = 0$$

Durch Linearisierung $dx^2 << dx \quad \Rightarrow \quad q(x) \cdot dx \cdot \frac{dx}{2} \approx 0$ folgt:

$$\boxed{V(x) = \frac{dM}{dx}} \quad (*)$$

Die Querkraft ist gleich der Steigung der Momentenlinie.

Das Moment nimmt an den Stellen, an denen die Querkraft *V* gleich null ist, Extremwerte an (vgl. auch folgendes Beispiel).

$$\Sigma F_V = 0: \qquad q(x) \cdot dx - V(x) + V(x) + dV(x) = 0$$

$$\boxed{q(x) = -\frac{dV}{dx} = -\frac{d^2M}{dx^2}} \quad (**)$$

Die Streckenlast ist gleich der Steigung der Querkraftlinie.

Beispiel:

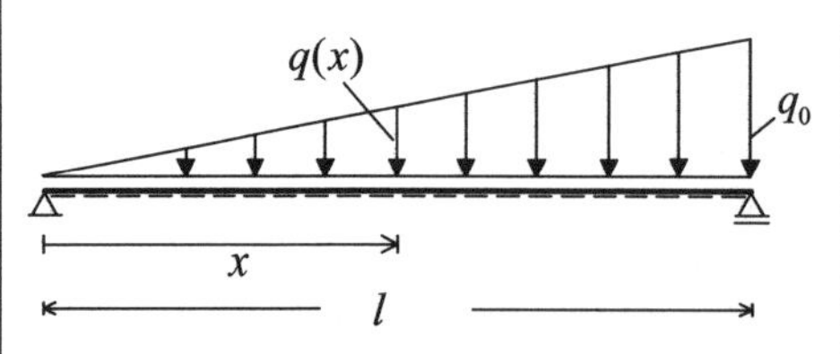

Für einen Träger auf 2 Stützen unter Dreieckslast ermittle man den Querkraft- und Momentenverlauf.

$q(x) = q_0 \cdot \frac{x}{l}$ (Strahlensatz)

Abb. 1.42: Träger auf 2 Stützen unter Dreieckslast

Aus Gleichung (**) folgt:

$$q(x) = -\frac{dV}{dx} \quad \text{bzw.} \quad V(x) = -\int q(x)\,dx = -\int q_0 \cdot \frac{x}{l}\,dx = -q_0 \cdot \frac{x^2}{2l} + C_1$$

Aus Gleichung (*) folgt:

$$V = \frac{dM}{dx} \quad \text{bzw.} \quad M(x) = \int V(x)\,dx = -\int (q_0 \cdot \frac{x^2}{2l} + C_1)\,dx = -q_0 \cdot \frac{x^3}{6l} + C_1 \cdot x + C_2$$

Die Integrationskonstanten C_1 und C_2 werden mit Hilfe der Randbedingungen berechnet:

Der Träger ist an den beiden Seiten gelenkig gelagert. Dort können keine Momente übertragen werden. An den Stellen $x = 0$ und $x = l$ muss deshalb das Moment gleich null sein.

$$M(x=0) = 0 \qquad \rightarrow C_2 = 0$$

$$M(x=l) = 0 = -q_0 \cdot \frac{l^3}{6l} + C_1 \cdot l \qquad \rightarrow C_1 = q_0 \cdot \frac{l}{6}$$

Damit ergibt sich für den Momenten- und Querkraftverlauf:

$$M(x) = -q_0 \cdot \frac{x^3}{6l} + C_1 \cdot x + C_2 = -q_0 \cdot \frac{x^3}{6l} + q_0 \cdot \frac{l}{6} \cdot x + 0 = q_0 \cdot \frac{x \cdot l}{6}\left[1 - \left(\frac{x}{l}\right)^2\right]$$

$$V(x) = -q_0 \cdot \frac{x^2}{2l} + C_1 = -q_0 \cdot \frac{x^2}{2l} + q_0 \cdot \frac{l}{6} = q_0 \cdot \frac{l}{6}\left[1 - 3 \cdot \left(\frac{x}{l}\right)^2\right]$$

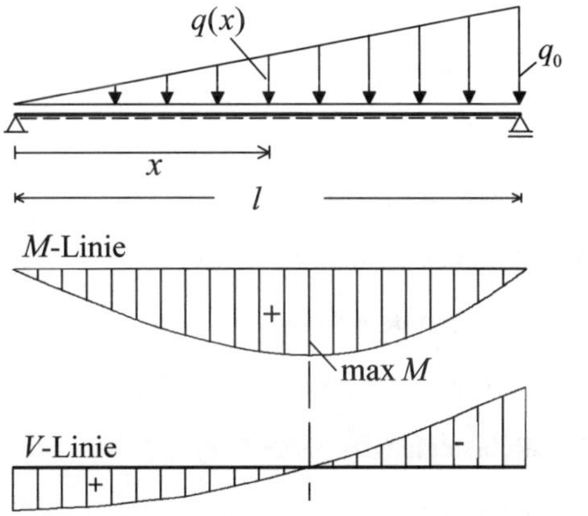

Das maximale Moment tritt dort auf, wo die Querkraft gleich null ist ($V = \frac{dM}{dx} = 0$).

Stelle des maximalen Momentes:

$$V(x) = 0 = q_0 \cdot \frac{l}{6}\left[1 - 3 \cdot \left(\frac{x}{l}\right)^2\right] \Rightarrow 1 - 3 \cdot \left(\frac{x}{l}\right)^2 = 0 \Rightarrow x = \frac{1}{3}\sqrt{3} \cdot l = 0{,}5774 \cdot l$$

Maximales Moment:

$$\max M = M(x = \frac{1}{3}\sqrt{3} \cdot l) = q_0 \cdot \frac{\frac{1}{3}\sqrt{3} \cdot l \cdot l}{6}\left[1 - \left(\frac{\frac{1}{3}\sqrt{3} \cdot l}{l}\right)^2\right] = \frac{1}{27}\sqrt{3} \cdot q_0 \cdot l^2 - 0{,}0642 \cdot q_0 \cdot l^2$$

2 Grundlagen der Festigkeitslehre

Die erforderlichen Kenntnisse für den Nachweis von Bruchsicherheit und Gebrauchsfähigkeit vermittelt die Festigkeitslehre.
Die Querschnittsform bzw. die Querschnittsabmessungen sowie die Baustoffe der Bauteile zu bestimmen, das sind die wesentlichen Aufgaben der Festigkeitslehre.

Die Festigkeiten eines Materials werden in Bruchversuchen bestimmt. Die daraus gewonnenen Bruchfestigkeiten werden durch Sicherheitsbeiwerte dividiert und ergeben die in rechnerischen Nachweisen zu berücksichtigenden zulässigen Festigkeiten.

2.1 Sicherheitsbetrachtung

2.1.1 Tragfähigkeitsnachweis nach dem neuen Sicherheitskonzept

Moderne Sicherheitsbetrachtungen beruhen auf der Verwendung von Teilsicherheitsbeiwerten.

Die Einwirkungen wie z.B.

a) Eigenlasten

b) Nutzlasten

c) Schneelasten

d) Windlasten

e) Wasserdruck

f) Erddruck

g) Temperaturänderung

h) Schwinden und Kriechen (z.B. Beton)

i) Relaxation (z.B. Spannstahl)

j) Erdbeben

sind mit dem Lastbeiwert γ_F (Tabelle 2.1) zu vervielfachen.

Tabelle 2.1: Beispiele für Lastbeiwerte γ_F nach Eurocode

Ständige Einwirkungen G	1,35
Ungünstig wirkende veränderliche Einwirkungen Q	1,50

Die Tragwiderstände der verschiedenen Baustoffe sind durch den Widerstandsbeiwert (resistance factor) γ_R (Tabelle 2.3) zu teilen. Als kennzeichnender Wert der Einwirkung S gilt deren 95%-Quantile, die in 95 % der Fälle nicht überschritten wird, und als jener des Tragwiderstandes R dessen 5%-Quantile, die nur in 5 % der Fälle unterschritten wird. Es muss die Bedingung

$\gamma_F \cdot S_{95\%} \leq \frac{R_{5\%}}{\gamma_R}$ erfüllt werden.

Tabelle 2.2: Vorschriften

Die Eurocodes sind als europäische Standards in Bezug auf die Konstruktion von Gebäuden und anderen Ingenieurbauten festgelegt.

Mit den Eurocodes ist ein einheitliches Sicherheitsniveau in der Baubranche garantiert. Sie bilden außerdem eine gemeinsame und transparente Grundlage für einen fairen Wettbewerb. Darüber hinaus erleichtern sie den Austausch von Bauleistungen und erweitern den Einsatz von Materialien und Bauteilen.

Grundlagen der Tragwerksplanung (EN 1990)	Eurocode 0
Einwirkungen auf Tragwerke (EN 1991)	Eurocode 1
Bemessung und Konstruktion von Stahlbetonbauten (EN 1992)	Eurocode 2
Bemessung und Konstruktion von Stahlbauten (EN 1993)	Eurocode 3
Bemessung und Konstruktion von Verbundkonstruktionen aus Stahl und Beton (EN 1994)	Eurocode 4
Bemessung und Konstruktion von Holzbauwerken (EN 1995)	Eurocode 5
Bemessung und Konstruktion von Mauerwerksbauten (EN 1996)	Eurocode 6
Entwurf, Berechnung und Bemessung in der Geotechnik (EN 1997)	Eurocode 7
Auslegung von Bauwerken gegen Erdbeben (EN 1998)	Eurocode 8
Bemessung und Konstruktion von Aluminiumbauten (EN 1999)	Eurocode 9

Nationaler Anhang (NA)

Um den vorhandenen unterschiedlichen Bauweisen im europäischen Ingenieurbau Rechnung tragen zu können und um die damit verbundenen geographischen, klimatischen und landschaftsspezifischen Gegebenheiten zu berücksichtigen, erlauben die Eurocodes nationale Festlegungen in Form von nationalen Anhängen. Das Sicherheitsniveau bleibt jedoch bestehen.

Tabelle 2.3: Beispiele für Widerstandsbeiwerte γ_R nach Eurocode

Stahl DIN EN 1993-1-2 und DIN EN 1993-1-5	$\gamma_M = 1{,}10$	Zur Berechnung der Bemessungswerte der Festigkeiten beim Nachweis der Tragsicherheit
Beton (unbewehrtes Bauteil) DIN EN 1992-1-1	$\gamma_c = 1{,}80$ $\gamma_c = 1{,}55$	Grundkombination Außergewöhnliche Kombination
Stahlbeton-/Spannbetonbauteil DIN EN 1992-1-1	$\gamma_c = 1{,}50$ $\gamma_c = 1{,}30$	Grundkombination Außergewöhnliche Kombination
Betonstahl, Spannstahl DIN EN 1992-1-1	$\gamma_s = 1{,}15$ $\gamma_s = 1{,}00$	Grundkombination Außergewöhnliche Kombination
Mauerwerk DIN EN 1996-3/NA	$\gamma_M = 1{,}50$ $\gamma_M = 1{,}30$	Normale Einwirkungen Außergewöhnliche Einwirkungen
Holz und Holzwerkstoffe DIN EN 1995-1-1/NA	$\gamma_M = 1{,}30$	Für ständige oder vorübergehende Bemessungssituation

2.2 Gebrauchstauglichkeitsnachweis

2.2.1 Allgemeines

Zusätzlich zum Tragfähigkeitsnachweis ist in der Regel ein Nachweis der Gebrauchstauglichkeit z.B. ein Durchbiegungsnachweis zu führen. Durchbiegungsbeschränkungen sind aus konstruktiven Gründen erforderlich.

Da dem Gebrauchstauglichkeitsnachweis der Gebrauchszustand des betrachteten Tragwerks zu Grunde liegt, können die Schnittgrößen mit "elastischen" Berechnungsverfahren ermittelt werden.

Stehen z.B. verformungsempfindliche Bauteile (leichte Trennwände, Verglasungen, Außenwandverkleidungen oder haustechnische Anlagen) auf einer schlanken Stahlbetondecke, können infolge der Deckendurchbiegung in diesen Bauteilen Schäden entstehen, welche die Gebrauchstauglichkeit beeinträchtigen (Abb.2.1a).

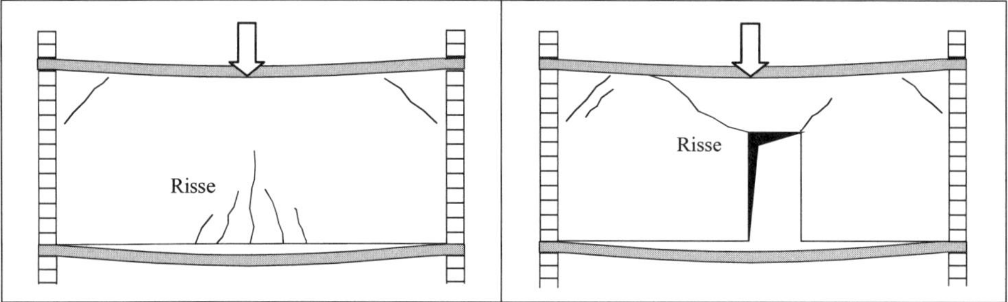

Abb. 2.1a: Rissbilder verformungsempfindlicher Wände

Große Durchbiegungen erzeugen im Auflagerbereich eine übermäßige Verdrehung der Endtangente der Biegelinie und führen evtl. zu klaffenden, horizontalen Rissen an der Außenseite der Wand und zu Putz- und Betonabplatzungen an deren Innenseite (Abb. 2.1b).

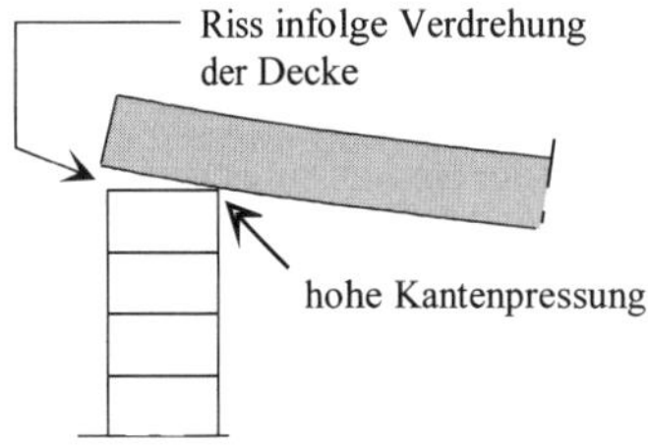

Abb. 2.1b: Verdrehung im Auflagerbereich

Im Einzelnen sind folgende Durchbiegungsbeschränkungen zu beachten:

2.2.2 Stahlbau (Eurocode 3)

Tabelle 2.4: Zulässige Verformungen für trägerartige Bauteile aus Stahl

	l
Dächer	$w \le l/200$
Decken, allgemein	$w \le l/250$
Decken, die Stützen tragen	$w \le l/400$

2.2.3 Holzbau (Eurocode 5)

Im Eurocode 5 wird für den Nachweis der Gebrauchstauglichkeit auch die Schwingungsanfälligkeit berücksichtigt. Dabei ist sicherzustellen, dass häufig zu erwartende Einwirkungen keine Schwingungen verursachen, die die Funktion des Bauwerks beeinträchtigen oder dem Benutzer Unbehagen verursachen.

Tabelle 2.5a: Anteile der Durchbiegung eines Biegeträgers

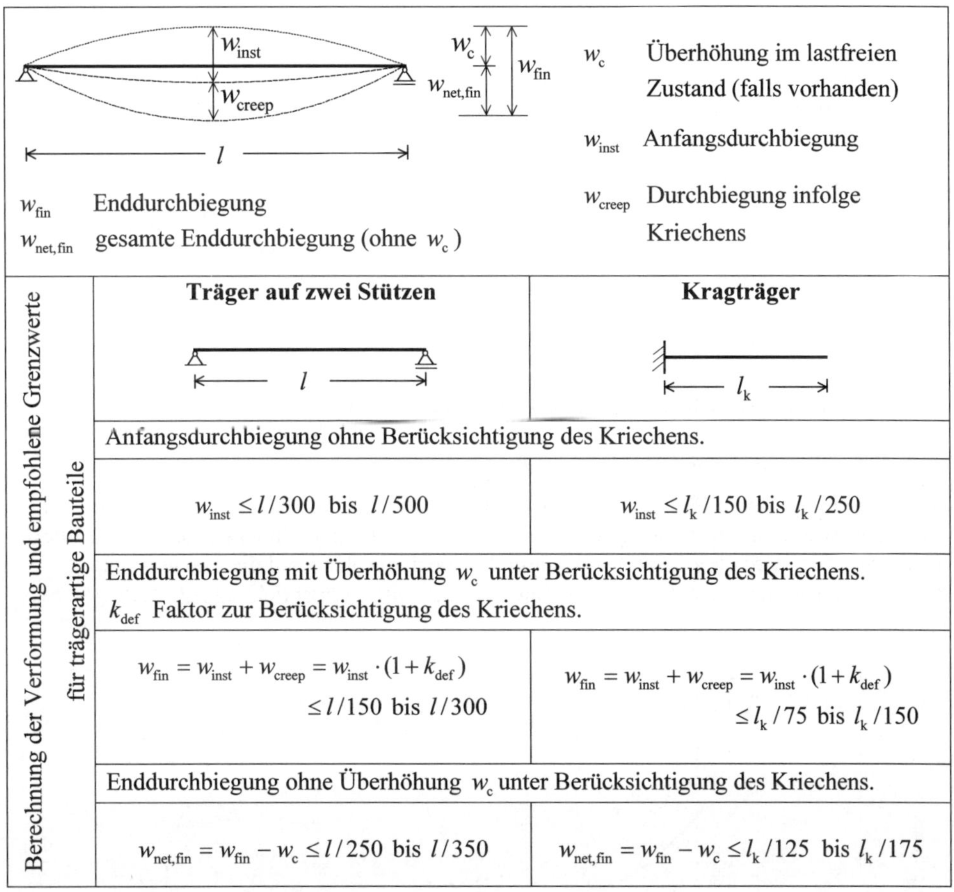

w_c Überhöhung im lastfreien Zustand (falls vorhanden)

w_{inst} Anfangsdurchbiegung

w_{creep} Durchbiegung infolge Kriechens

w_{fin} Enddurchbiegung

$w_{net,fin}$ gesamte Enddurchbiegung (ohne w_c)

Berechnung der Verformung und empfohlene Grenzwerte für trägerartige Bauteile	**Träger auf zwei Stützen**	**Kragträger**
	Anfangsdurchbiegung ohne Berücksichtigung des Kriechens.	
	$w_{inst} \leq l/300$ bis $l/500$	$w_{inst} \leq l_k/150$ bis $l_k/250$
	Enddurchbiegung mit Überhöhung w_c unter Berücksichtigung des Kriechens. k_{def} Faktor zur Berücksichtigung des Kriechens.	
	$w_{fin} = w_{inst} + w_{creep} = w_{inst} \cdot (1 + k_{def}) \leq l/150$ bis $l/300$	$w_{fin} = w_{inst} + w_{creep} = w_{inst} \cdot (1 + k_{def}) \leq l_k/75$ bis $l_k/150$
	Enddurchbiegung ohne Überhöhung w_c unter Berücksichtigung des Kriechens.	
	$w_{net,fin} = w_{fin} - w_c \leq l/250$ bis $l/350$	$w_{net,fin} = w_{fin} - w_c \leq l_k/125$ bis $l_k/175$

Tabelle 2.5b: Nachweis der Eigenfrequenz

Zur Schwingungsvermeidung bei Wohnraumdecken:	
	Balken/ Decke innerhalb einer Nutzungseinheit
	Eigenfrequenzen $f \geq f_{grenz} = 6\text{Hz}$
	Balken/ Decke zwischen fremden Nutzungseinheiten
	Eigenfrequenzen $f \geq f_{grenz} = 8\text{Hz}$

[Holschemacher–12], [Schneider–12].

2.2.4 Stahlbetonbau (Eurocode 2)

Der Nachweis der Verformung im Stahlbetonbau kann erfolgen

- durch vereinfachten Nachweis mit Begrenzung der Biegeschlankheit l_i / d (d = statische Nutzhöhe, l_i = Ersatzstützweite → Tabelle 2.6).
  Die zulässigen Biegeschlankheiten in DIN EN 1992-1-1 (Eurocode 2) berücksichtigen den Einfluss der Belastung über den erforderlichen Längsbewehrungsgrad und die Betonfestigkeit. Damit wird die Festlegung der Plattendicke im Verhältnis zur Spannweite ein iterativer Prozess.

- durch einen rechnerischen Nachweis der Verformungen unter Berücksichtigung des nichtlinearen Materialverhaltens und des zeitabhängigen Betonverhaltens.

Begrenzung der Biegeschlankheit $l_i\,/\,d$

Zur Ermittlung der zulässigen Biegeschlankheit nach Eurocode 2 muss die Längsbewehrung bekannt sein, was im Entwurfsstadium zunächst nicht der Fall ist. Daher eignet sich das Verfahren nur bedingt für eine Vordimensionierung.

Allgemeine Hinweise

Wird der Längsbewehrungsgrad und damit auch die Belastung größer, so wird die Biegeschlankheit kleiner, also die erforderliche Plattendicke größer (Abb.2.1c).
Bei steigender Betonfestigkeit (Biegesteifigkeit) wird die Biegeschlankheit größer, also die erforderliche Plattendicke geringer (Abb.2.1c).

Bei geringer bewehrten Bauteilen können die Biegeschlankheitsgrenzen nach Eurocode 2 auch sehr hohe Werte annehmen. Um konstruktiv unsinnige und unterdimensionierte Plattendicken auszuschließen, wird die Biegeschlankheit im Nationalen Anhang auf die Maximalwerte $l_i\,/\,d \leq 35$ (entspricht $l_{eff}\,/\,d \leq K \cdot 35$) bzw. $l_i\,/\,d \leq 150/l_i$ (entspricht $l_{eff}\,/\,d \leq K^2 \cdot 150\,/\,l_{eff}$) begrenzt.

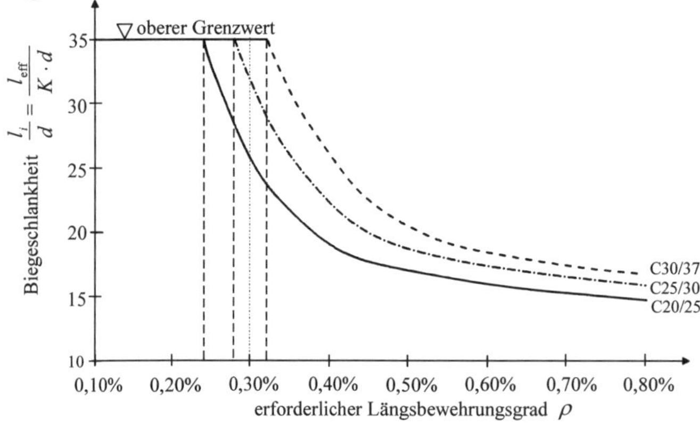

Abb. 2.1c: *Biegeschlankheit $l_i\,/\,d$ in Abhängigkeit von Betongüte und Längsbewehrungsgrad*

Für den üblichen Wohnungsbau und Deckenspannweiten von ca. 4…5 m dürfte i.d.R. ein Längsbewehrungsgrad von 0,30 % ausreichend sein [Schweitzer–13].
Die Deckendicke (Betongüte ab C25/30 und Längsbewehrungsgrad ≤ 0,30 %, s. Abb. 2.1c) kann über Begrenzung der Biegeschlankheit $l_i\,/\,d$ nach DIN 1045-1 (alt) *vordimensioniert* werden.

Stellt sich nach der erfolgten Bemessung des Bauteils heraus, dass die Schlankheit zu groß gewählt wurde, kann eine Korrektur durch die Erhöhung des Bewehrungsgrades erfolgen. Alternativ bzw. gleichzeitig kann die Betonfestigkeitsklasse erhöht werden.

Gemäß DIN 1045-1 ergibt sich für die unterschiedlichen Anforderungen folgende erforderliche statische Nutzhöhe d_{erf} von Stahlbetondecken in Abhängigkeit von der Ersatzstützweite l_i:

$l_i < 4{,}29\,\mathrm{m}$ → JA → $d_{erf} \geq \frac{l_i}{35} = \frac{l_{eff}}{K \cdot 35}$

$l_i < 4{,}29\,\mathrm{m}$ → NEIN → Rissgefährdete Bauteile vorhanden?
- JA → $d_{erf} \geq \frac{l_i^2}{150} = \frac{l_{eff}^2}{K^2 \cdot 150}$
- NEIN → $d_{erf} \geq \frac{l_i}{35} = \frac{l_{eff}}{K \cdot 35}$

Die erforderliche Querschnittshöhe h_{erf} der Stahlbetondecke ergibt sich aus der statischen Nutzhöhe d zuzüglich dem Maß d_1 (Betondeckung und halber Längsstabdurchmesser).

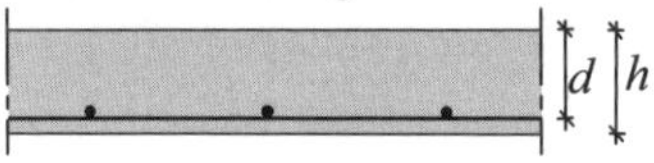

$$h_{erf} = d + c + d_s / 2 \approx d + 3\,\mathrm{cm}$$

Tabelle 2.6: Ersatzstützweite $l_i = \frac{1}{K} \cdot l_{eff} = \alpha \cdot l_{eff}$ mit $\alpha = \frac{1}{K}$

(K = Beiwert zur Berücksichtigung des statischen Systems bei Ermittlung der Ersatzstützweite)

Statisches System	$\alpha = \frac{1}{K}$	$l_i = \alpha \cdot l_{eff}$
Frei drehbar gelagerter Einfeldträger; gelenkig gelagerte einachsig oder zweiachsig gespannte Platte (kleinere Stützweite ist maßgebend). 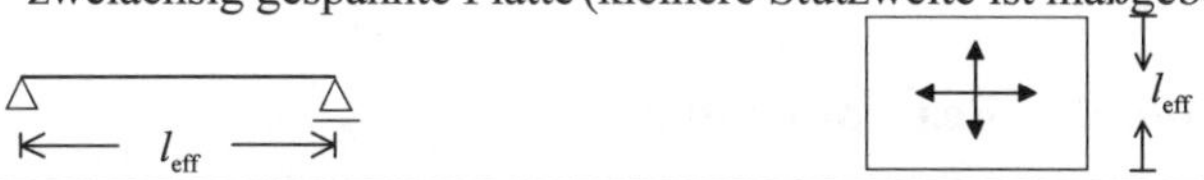 l_{eff}	1,0	$1{,}00 \cdot l_{eff}$
Endfeld eines Durchlaufträgers oder einer einachsig gespannten durchlaufenden Platte; Endfeld einer zweiachsig gespannten Platte, die kontinuierlich über die längere Auflagerseite durchläuft (kleinere Stützweite ist maßgebend). 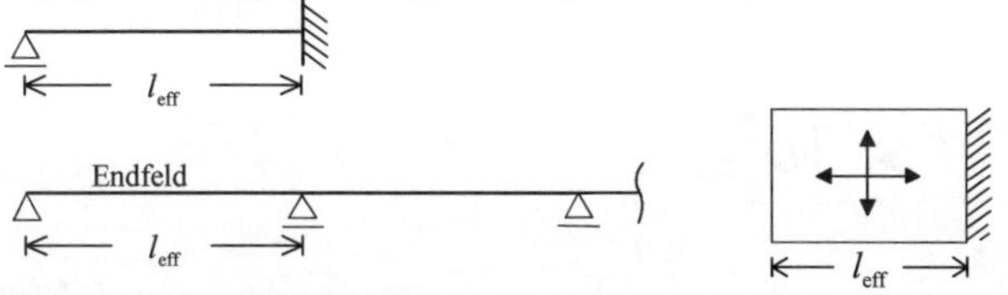 l_{eff} Endfeld	0,77	$0{,}77 \cdot l_{eff}$
Mittelfeld eines Balkens oder einer einachsig oder zweiachsig gespannten Platte (kleinere Stützweite ist maßgebend). 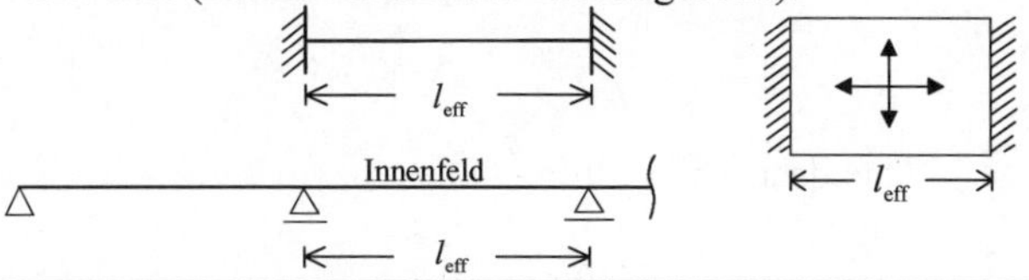 l_{eff} Innenfeld	0,67	$0{,}67 \cdot l_{eff}$
Auskragender Balken oder auskragende Platte 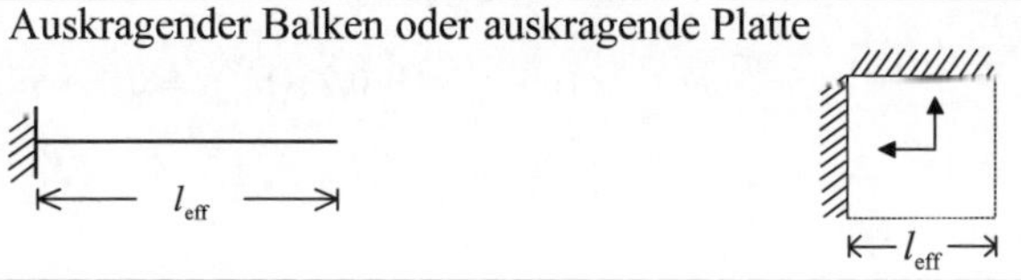 l_{eff}	2,50	$2{,}50 \cdot l_{eff}$

2.3 Zugbeanspruchung

2.3.1 Allgemeines

Die **Beanspruchung** eines Bauteiles wird durch die **Spannungen** σ ausgedrückt.

Äußere Kräfte, die an einem Bauteil ziehend angreifen, dehnen das Bauteil. Es entstehen so im Innern Zugspannungen. Die Resultierende dieser Spannungen (Rechenwert) nennt man Längskraft (Normalkraft). Das Bauteil erfährt eine Zugbeanspruchung.
Greift die Zugkraft F im Schwerpunkt des Stabes an, ist die Spannung gleichmäßig über die Querschnittsfläche A verteilt (vgl. Abb. 2.2). Zugspannungen erhalten ein positives Vorzeichen.

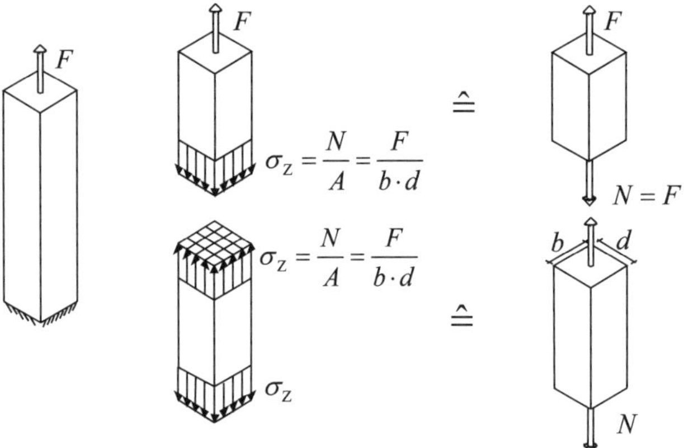

Abb. 2.2: Zugspannungen σ_Z

2.3.2 Dehnung infolge mechanischer Beanspruchung

Bei der mechanischen Beanspruchung eines Körpers durch Normalspannung tritt neben der Längenänderung auch gleichzeitig eine Querverformung auf.
Die Dehnung ε ist definiert als Verhältnis von Längenänderung Δl zu ursprünglicher Länge l_0.
Eine Stabverlängerung ist eine positive Dehnung, eine Stabverkürzung eine negative Dehnung (Stauchung).

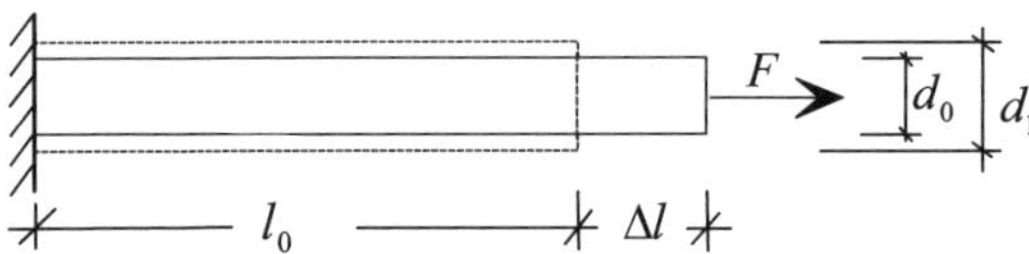

Abb. 2.3: Dehnung und Querdehnung infolge von Zugbeanspruchung

Dehnung: $\varepsilon = \frac{\Delta l}{l_0}$

Querdehnung: $\varepsilon_q = \frac{d_1 - d_0}{d_0}$

Querdehnzahl: $\mu = \frac{\varepsilon_q}{\varepsilon}$

$0 < \mu < 0{,}5$

z.B. $\mu_{Beton} = 0{,}2$; $\mu_{Stahl} = 0{,}3$

2.3.3 Spannungs-Dehnungs-Linie

Um Festigkeitseigenschaften eines Baustoffes zu prüfen, wird eine Zerreißprobe durchgeführt. Hierbei wird z.B. ein Versuchsstab aus Rundstahl in einer Prüfmaschine durch eine langsam anwachsende Zugkraft bis zum Zerreißen belastet. Die aufgewandte Zugkraft F wird auf den ursprünglichen Stabquerschnitt A bezogen. Damit ergibt sich die Zugfestigkeit (Zugspannung σ). Einer jeweiligen Spannung σ, ist eine entsprechende Dehnung ε zugeordnet. In einem Koordinatensystem werden die Spannungen σ auf der senkrechten Achse und die Dehnung ε auf der waagerechten Achse angetragen.
Während des Versuches zeichnet die Prüfmaschine die jeweils wirkenden Spannungen mit den zugehörigen Dehnungen selbsttätig auf. Es entsteht dadurch eine Linie, die Spannungs-Dehnungs-Linie (σ - ε -Linie). Bei nicht zugfesten Baustoffen, wie z.B. Beton oder Mauerwerk wird ein Druckversuch durchgeführt. In der Abb. 2.4 ist eine Spannungs-Dehnungs-Linie für Stahl dargestellt.

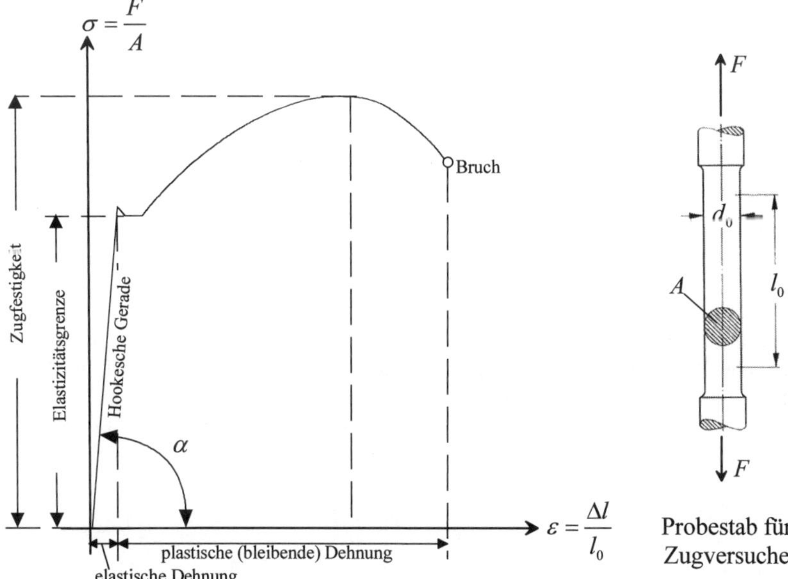

Abb. 2.4: Spannungs-Dehnungs-Linie

Der Stahl verformt sich unter Belastung zunächst linear, d.h. die Spannung ist proportional zur Dehnung. Dieser Bereich wird als „Hookesche Gerade" und die zugehörige Dehnung als „elastische Dehnung" bezeichnet. Im Fall der Entlastung würde der Stahl seine Ausgangslage wieder einnehmen, die Dehnung würde wieder auf das Maß null zurückgehen.

Belastet man jedoch den Stahl weiter, dann verlässt er den elastischen Bereich, und die Dehnung nimmt gegenüber der Spannung nicht mehr proportional zu, der Stahl beginnt zu „fließen". Jetzt bleibt bei Entlastung die Dehnung abzüglich des elastischen Anteils erhalten, es entsteht eine bleibende Verformung. Bei weiterer Belastung fällt die Spannung ab, und der Bruch tritt ein.

Elastizitätsmodul

Der Verhältniswert zwischen Spannung σ und Dehnung ε im elastischen Bereich ist wegen der Proportionalität von Spannung und Dehnung konstant und wird als Elastizitätsmodul E bezeichnet.

$$E = \frac{\sigma}{\varepsilon} = \frac{F/A}{\Delta l / l_0} = \frac{F \cdot l_0}{A \cdot \Delta l}$$

Die Längenänderung eines Stabes beträgt somit: $\Delta l = \dfrac{F \cdot l_0}{E \cdot A}$

Unterschiedliche Baustoffe haben unterschiedliche Elastizitätsmoduln, die in der Regel in N/mm^2 oder in MN/m^2 angegeben werden.

Tabelle 2.7: Elastizitätsmoduln *E* einiger Baustoffe

Baustoff	***E*** in N/mm^2
Stahl	210 000
Aluminium	70 000
Glas	70 000 – 75 000
Holz (in Faserrichtung)	10 000 – 17 000
Beton	22 000 – 45 000
Mauerwerk aus Kalksandsteinen	$950 \cdot f_k$
Mauerwerk aus Mauerziegeln	$1100 \cdot f_k$

f_k : charakteristische Druckfestigkeit des Mauerwerks

2.4 Druckbeanspruchung

Äußere Kräfte, die auf ein Bauteil drücken, verkürzen das Bauteil. Es entstehen so im Innern Druckspannungen. Die Resultierende dieser Spannungen (Rechenwert) nennt man Längskraft (Normalkraft). Das Bauteil erfährt eine Druckbeanspruchung.

Greift die Druckkraft F im Schwerpunkt des Stabes an, ist die Spannung gleichmäßig über die Querschnittsfläche A verteilt (vgl. Abb. 2.5). Druckspannungen erhalten ein negatives Vorzeichen.

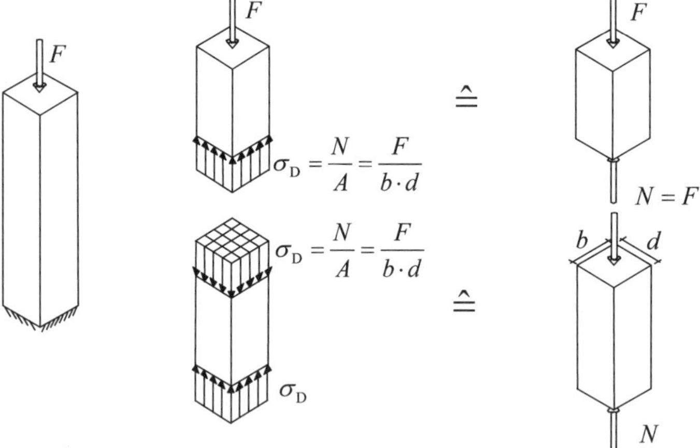

Abb. 2.5: Druckspannungen σ_D

Bei schlanken Traggliedern kann durch eine Druckkraft ein seitliches Ausweichen erfolgen, bevor die Druckfestigkeit des Materials erreicht wird (Stabilitätsproblem), vgl. Abschnitt 3.2.

2.5 Dehnungen infolge Temperatur

2.5.1 Dehnung bei gleichmäßiger Erwärmung

Dehnungen werden nicht nur durch Kräfte, sondern auch durch Temperaturänderungen hervorgerufen. Bei gleichmäßiger Erwärmung eines Stabes ist die Wärmedehnung ε_T proportional zur Temperaturänderung ΔT: $\varepsilon_T = \frac{\Delta l}{l_0} = \alpha_T \cdot \Delta T$

α_T Wärmedehnzahl in 1/°C

ΔT Temperaturänderung in °C

Tabelle 2.8: Wärmedehnzahlen α_T einiger Baustoffe

Baustoff	α_T in 1/°C
Stahl	$1{,}2 \cdot 10^{-5}$
Beton	$1{,}0 \cdot 10^{-5}$
Aluminium	$2{,}3 \cdot 10^{-5}$
Holz (in Faserrichtung)	$2{,}2 ... 3{,}1 \cdot 10^{-5}$
Ziegel	$0{,}5 \cdot 10^{-5}$

Die Längenänderung Δl eines Stabes mit der Ursprungslänge l_0 infolge Temperaturänderung ΔT beträgt:

$\Delta l = \alpha_T \cdot \Delta T \cdot l_0$

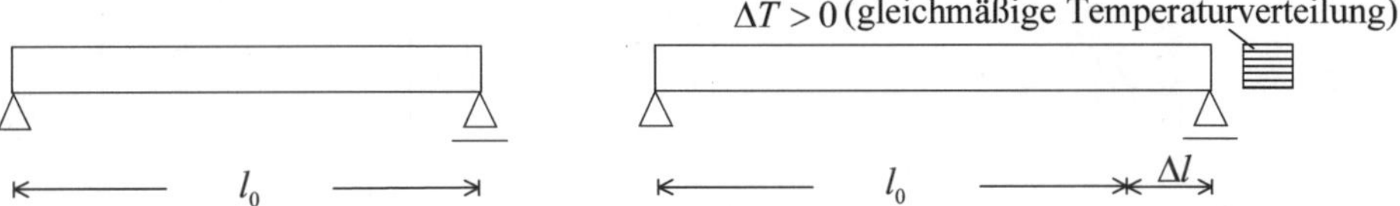

Abb. 2.6: Dehnung eines Stabes bei gleichmäßiger Erwärmung

2.5.2 Dehnung bei ungleichmäßiger Erwärmung

Ist die Temperatur über die Trägerhöhe veränderlich, so dehnen sich die Fasern unterschiedlich aus und der Träger krümmt sich (vgl. Abschnitt 4.2, Beispiel 6).

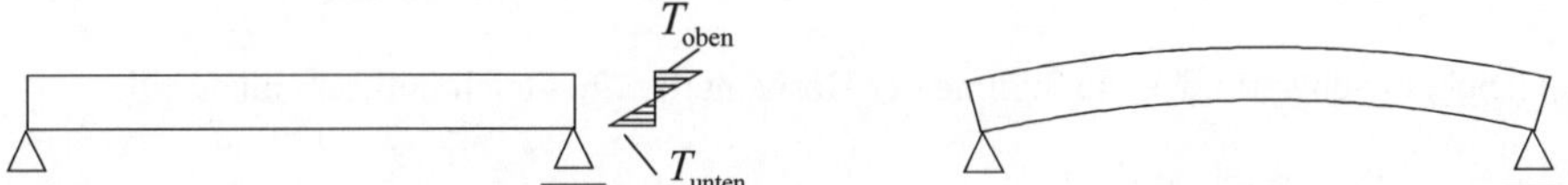

Abb. 2.7: Verformung eines Trägers bei ungleichmäßiger Temperaturverteilung

2.5.3 Zwang bei Temperaturbeanspruchung

Bei statisch unbestimmten Systemen entstehen unter Einwirkung von Temperaturänderungen zusätzliche Schnittgrößen im Tragwerk. Bei statisch bestimmten Systemen führen solche Einwirkungen nur zu Verformungen.

2.6 Biegebeanspruchung

Ein Träger der quer zu seiner Längsachse belastet wird, biegt sich durch.

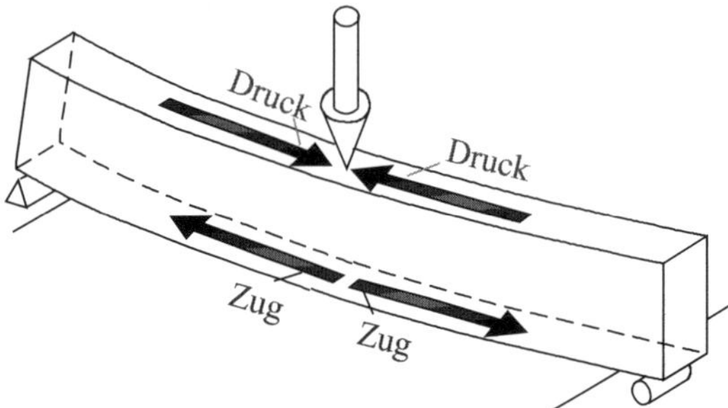

Abb. 2.8: Verformungsfigur eines Trägers auf 2 Stützen

Der untere Trägerbereich wird gedehnt und der obere Trägerbereich wird gestaucht. Dehnungen entstehen bei Zugbeanspruchungen, Stauchungen bei Druckbeanspruchungen. Zwischen Dehnungen und Stauchungen ist eine Übergangszone ohne Formänderungen. Dort wirken auch keine Spannungen, es ist die Spannungsnulllinie. Diese liegt in Höhe der Schwerachse des Trägers. Von dieser Spannungsnulllinie, die auch neutrale Faser (NF) genannt wird, nehmen die Dehnungen und Stauchungen zu den äußeren Rändern stetig zu. Demzufolge sind die Spannungen an den Rändern am größten.

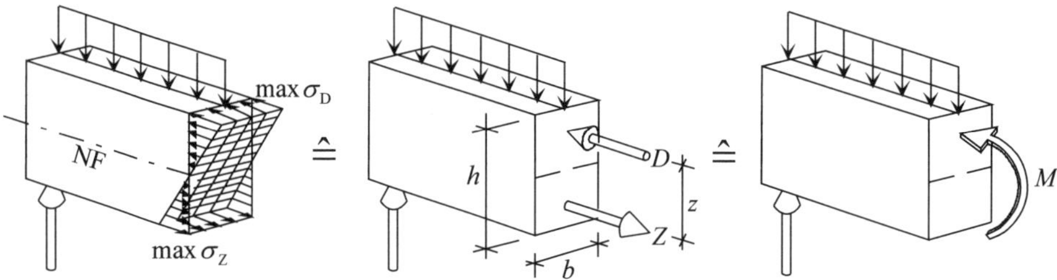

Abb. 2.9: Biegespannungen, Kräftepaar, Biegemoment

Gemäß Abb. 2.9 kann man die Druckspannungen rechnerisch zu einer Resultierenden *D* und die Zugspannungen zu einer Resultierenden *Z* zusammenfassen. *D* und *Z* bilden ein Kräftepaar. Die Momentenwirkung des Kräftepaares kann man durch einen „krummen Pfeil" symbolisch darstellen (Biegemoment *M*).

Da aus Gleichgewichtsgründen die Summe der Horizontalkräfte gleich null sein muss, gilt:

$\Sigma F_{\mathrm{H}} = 0 \quad D = Z$ daraus folgt $\max \sigma_{\mathrm{D}} = \max \sigma_{\mathrm{Z}} = \max \sigma$

Die Resultierenden $D = Z$ ergeben sich zu:

$$D = Z = \max \sigma \cdot b \cdot \frac{h}{2} \cdot \frac{1}{2} = \max \sigma \cdot \frac{b \cdot h}{4}$$

Der Abstand des Kräftepaares D und Z beträgt: $z = \frac{2}{3} \cdot h$

Damit ergibt sich $M = D \cdot z = D \cdot \frac{2}{3} \cdot h = \max\sigma \cdot \frac{b \cdot h}{4} \cdot \frac{2}{3} \cdot h = \max\sigma \cdot \frac{b \cdot h^2}{6}$

$$\max\sigma = \frac{M}{b \cdot h^2 / 6}$$

Der Ausdruck $b \cdot h^2 / 6$ wird als **Widerstandsmoment** W bezeichnet.

Der Wert $W = b \cdot h^2 / 6$ gilt für einen rechteckigen Querschnitt. Für andere Querschnitte ergeben sich andere Werte (s. Tabelle 2.9).

In der Regel erhalten die Zugspannungen ein positives und die Druckspannungen ein negatives Vorzeichen.

Damit ergeben sich die **maximalen Biegespannungen** zu $\boxed{\max\sigma = \pm\frac{M}{W}}$

Biegespannungen über die Querschnittshöhe $\sigma(z)$**:**

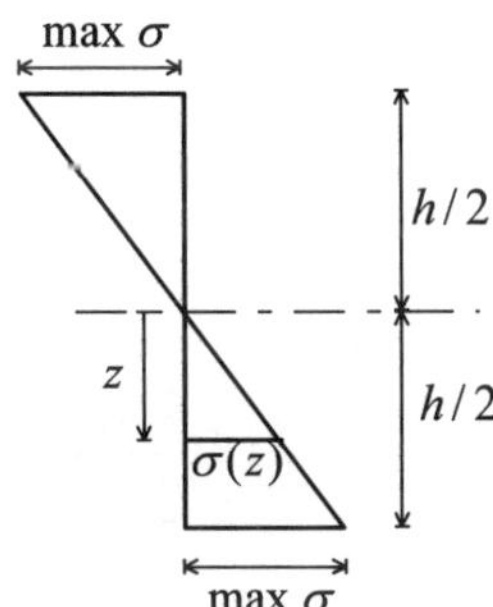

Strahlensatz: $\frac{\sigma(z)}{z} = \frac{\max\sigma}{h/2}$

$$\sigma(z) = \max\sigma \cdot \frac{z}{h/2} = \frac{M}{b \cdot h^2 / 6} \cdot \frac{z}{h/2} = \frac{M}{b \cdot h^3 / 12} \cdot z$$

Der Ausdruck $b \cdot h^3 / 12$ wird als **Flächenmoment 2. Grades** I (früher Trägheitsmoment) bezeichnet.

Der Wert $I = b \cdot h^3 / 12$ gilt für einen rechteckigen Querschnitt. Für andere Querschnitte ergeben sich andere Werte (s. Tabelle 2.9).

Damit ergeben sich die **Biegespannungen über die Querschnittshöhe** zu $\boxed{\sigma(z) = \pm\frac{M}{I} \cdot z}$

Die maximalen Spannungen ergeben sich an den Stellen $z = \frac{h}{2} \quad \Rightarrow \max\sigma = \pm\frac{M}{I} \cdot \frac{h}{2} = \frac{M}{\frac{I}{h/2}}$

Rechteckquerschnitt: $\frac{I}{h/2} = \frac{b \cdot h^3}{12} \cdot \frac{2}{h} = \frac{b \cdot h^2}{6} \quad \Rightarrow \quad \frac{I}{h/2} = W = \frac{b \cdot h^2}{6}$ (vgl. Tabelle 2.9)

Tabelle 2.9: Flächenmomente 2. Grades und Widerstandsmomente

Querschnitt	Flächenmoment 2. Grades		Widerstandsmoment	
	I_y	I_z	W_y	W_z
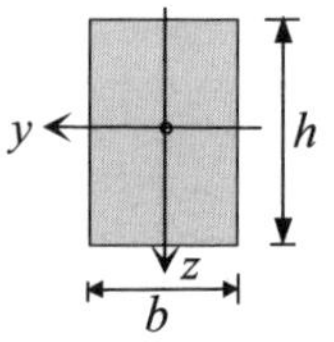 y, z, h, b	$\frac{b \cdot h^3}{12}$	$\frac{h \cdot b^3}{12}$	$\frac{b \cdot h^2}{6}$	$\frac{h \cdot b^2}{6}$
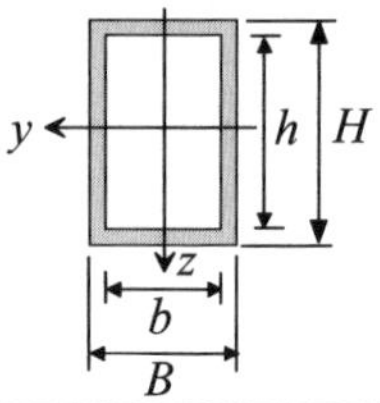 y, z, h, H, b, B	$\frac{B \cdot H^3 - b \cdot h^3}{12}$	$\frac{H \cdot B^3 - h \cdot b^3}{12}$	$\frac{B \cdot H^3 - b \cdot h^3}{6H}$	$\frac{H \cdot B^3 - h \cdot b^3}{6B}$
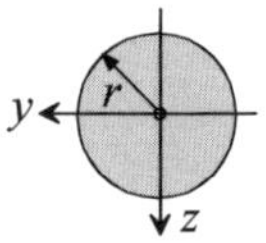 y, z, r	$\frac{\pi \cdot r^4}{4}$	$\frac{\pi \cdot r^4}{4}$	$\frac{\pi \cdot r^3}{4}$	$\frac{\pi \cdot r^3}{4}$
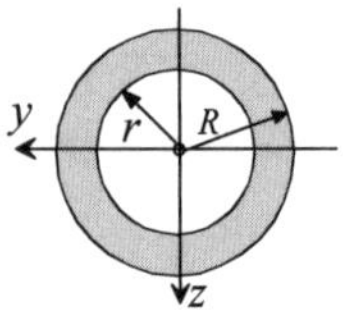 y, z, r, R	$\frac{\pi \cdot (R^4 - r^4)}{4}$	$\frac{\pi \cdot (R^4 - r^4)}{4}$	$\frac{\pi \cdot (R^4 - r^4)}{4 \cdot R}$	$\frac{\pi \cdot (R^4 - r^4)}{4 \cdot R}$
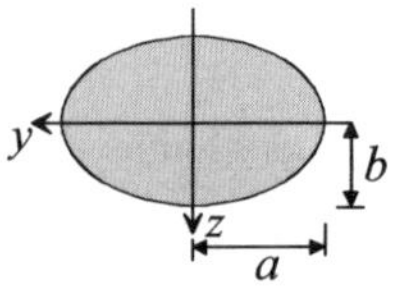 y, z, a, b	$\frac{\pi \cdot a \cdot b^3}{4}$	$\frac{\pi \cdot b \cdot a^3}{4}$	$\frac{\pi \cdot a \cdot b^2}{4}$	$\frac{\pi \cdot b \cdot a^2}{4}$
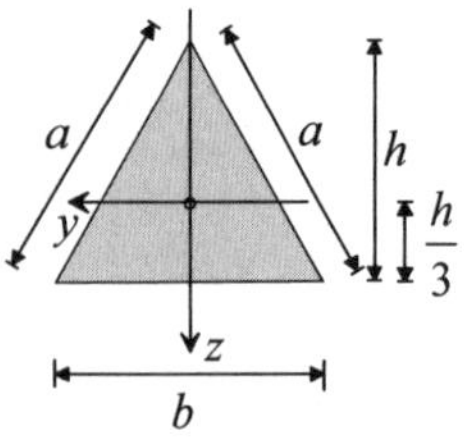 a, a, h, $\frac{h}{3}$, y, z, b	$\frac{b \cdot h^3}{36}$	$\frac{h \cdot b^3}{48}$	$W_o = \frac{b \cdot h^2}{24}$ $W_u = \frac{b \cdot h^2}{12}$	$\frac{h \cdot b^2}{24}$

Weitere Querschnittswerte siehe [Schneider–12].

2.7 Spannungen infolge Überlagerung von Normalkraft und Biegemoment

2.7.1 Druck- und zugfestes Material

Im Folgenden wird vorausgesetzt, dass der vorhandene Baustoff sowohl Druckspannungen als auch Zugspannungen aufnehmen kann, wie z. B. Stahl und Holz. Wird ein Querschnitt aus derartigem Material gleichzeitig von einer Normalkraft und von einem Biegemoment beansprucht, dann werden die jeweiligen Spannungen addiert.

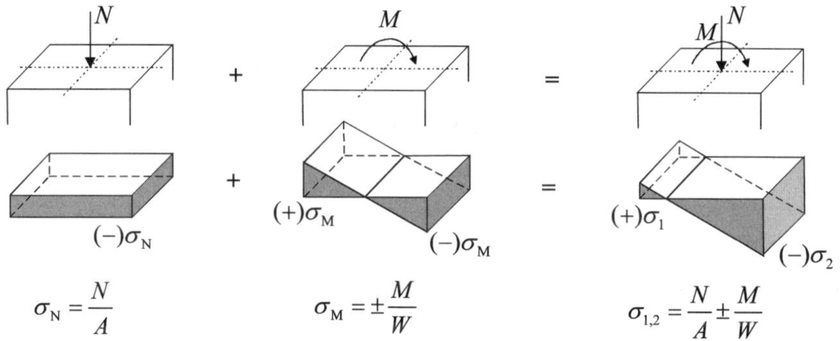

Abb. 2.10: Spannungsverteilung infolge M und N bei druck- und zugfesten Materialien

2.7.2 Nur druckfestes Material (Zugspannungen können nicht aufgenommen werden)[2]

Es existieren Baustoffe – z. B. Mauerwerk, Beton, Erde – die rechnerisch nur Druckspannungen und keine Zugspannungen übertragen können.

Wird beispielsweise ein Fundament von einer kleinen Druckkraft und von einem großen Moment beansprucht, dann wird es sich, da keine Zugspannungen übertragen werden können, einseitig von seiner Bodenaufstandsfläche abheben. Es entsteht eine sogenannte klaffende Fuge. Je nach dem Verhältnis von Moment zu Normalkraft wird sich entscheiden, ob dennoch, unter Ausschluss von Zugspannungen, ein Gleichgewichtszustand möglich ist. Es werden im Folgenden **5** verschiedene Belastungsvarianten betrachtet.

Tabelle 2.10: Randspannungen bei rechteckigen Querschnitten

	Belastungs- und Spannungsschema	Lage der resultierenden Kraft	Randspannungen
1	N, b, d, σ	$e = 0$ (N in der Mitte)	$\sigma = \frac{N}{A} = \frac{N}{b \cdot d}$

[2] In diesem Fall ist es üblich, die Druckspannung mit einem positiven Vorzeichen zu versehen.

Tabelle 2.10 (Fortsetzung)

2	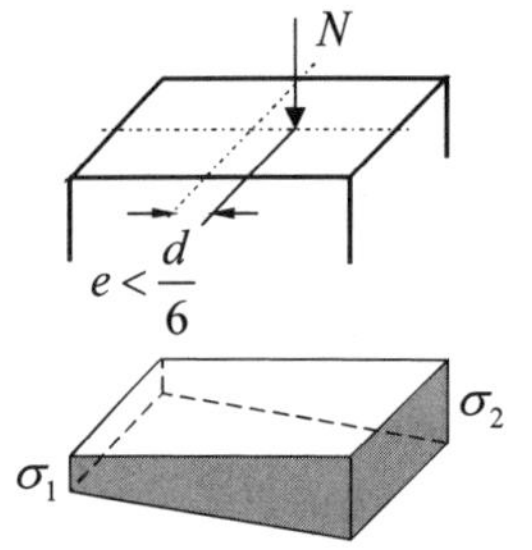	$e < \frac{d}{6}$ N innerhalb des Kerns[3]	$\sigma = \frac{N}{A} \mp \frac{M}{W} = \frac{N}{b \cdot d} \mp \frac{N \cdot e}{b \cdot d^2 / 6}$ $\sigma_1 = \frac{N}{b \cdot d}\left(1 - \frac{6 \cdot e}{d}\right)$ $\sigma_2 = \frac{N}{b \cdot d}\left(1 + \frac{6 \cdot e}{d}\right)$
3	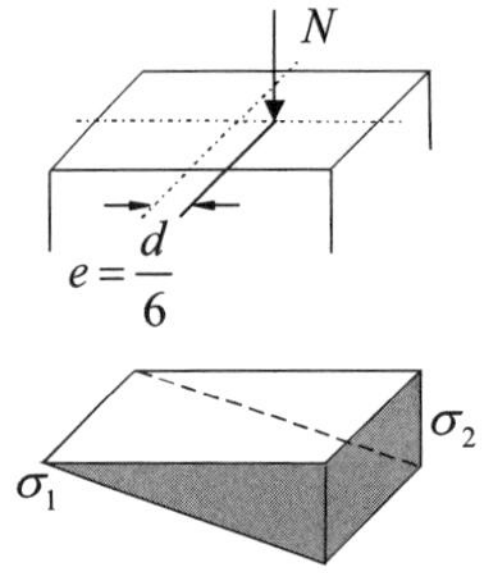	$e = \frac{d}{6}$ N auf dem Kernrand[3]	$\sigma_1 = 0$ $\sigma_2 = \frac{2N}{b \cdot d}$
4	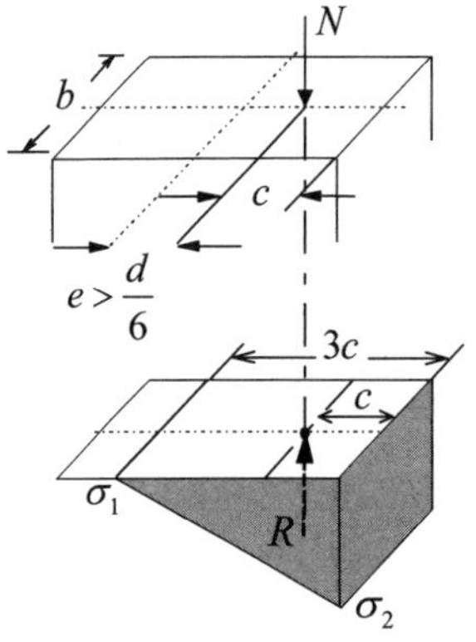	$\frac{d}{6} < e < \frac{d}{3}$ N außerhalb des Kerns[3] Klaffende Fuge!	$\sigma_1 = 0$ Die Größe der resultierenden Kraft R ergibt sich aus dem Volumen des Druckkeils. $\sigma_2 \cdot 3c \cdot b \cdot \frac{1}{2} = R$ Aus Gleichgewichtsgründen gilt: $R = N$. Hieraus folgt die Randspannung: $\sigma_2 = \frac{2 \cdot N}{3 \cdot c \cdot b}$ $\quad c = d/2 - e$
5	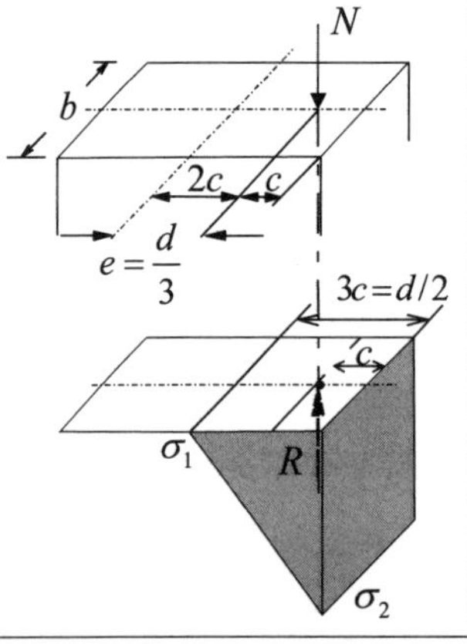	$e = \frac{d}{3}$ Klaffende Fuge! (bis zur Schwerachse)	$\sigma_1 = 0$ $c = \frac{d}{2} - \frac{d}{3} = \frac{d}{6}$ $\sigma_2 = \frac{2N}{3 \cdot \frac{d}{6} \cdot b} = \frac{4N}{b \cdot d}$

[3] Vergleiche Abschnitt 3.2.4.3.

Allgemein gilt:

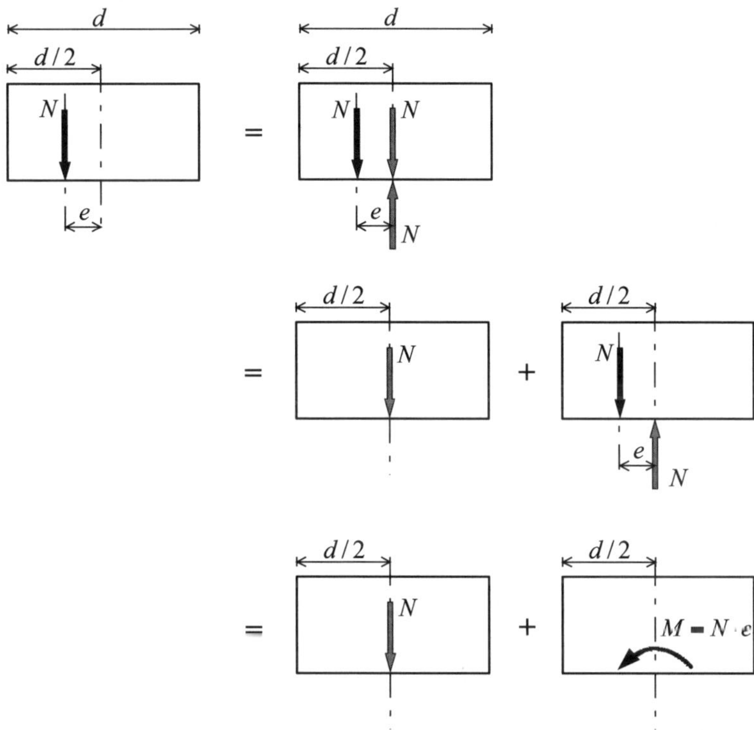

Versetzungsmoment: $M = N \cdot e$

Exzentrizität der Last: $e = \dfrac{M}{N}$

Zahlenbeispiel: Fundament mit ausmittiger Stützenbelastung

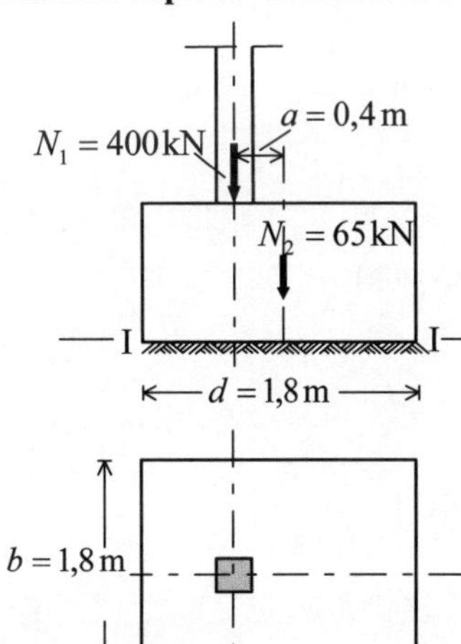

Gegeben:

Belastung aus der Stütze: $N_1 = 400\,\text{kN}$

Eigenlast des Fundamentes: $N_2 = 65\,\text{kN}$

Fundament: $b = 1{,}8\,\text{m} \quad d = 1{,}8\,\text{m}$

Gesucht: a) Exzentrizität der Last in der Fuge I-I

b) Maximale Bodenpressung

Lösung:

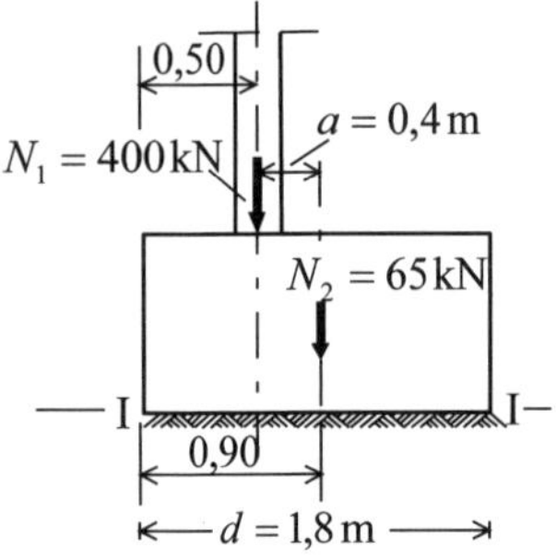

$$R = N_1 + N_2 = 400 + 65 = 465\,\text{kN}$$

Lage von R in der Fuge I-I:

$$N_1 \cdot 0,5 + N_2 \cdot 0,9 = R \cdot x$$

$$x = \frac{N_1 \cdot 0,5 + N_2 \cdot 0,9}{R} = \frac{400 \cdot 0,5 + 65 \cdot 0,9}{465} = 0,56\,\text{m}$$

$R = N_1 + N_2$ = R, M

$x = 0,56\,\text{m}$ $\qquad$ $\frac{d}{2} = 0,90\,\text{m}$

$$M = R \cdot \left(\frac{d}{2} - x\right) = 465 \cdot (0,90 - 0,56) = 158,1\,\text{kNm}$$

Lastexzentrizität in der Gründungsfuge I-I: $e = \frac{M}{R} = \frac{158,1}{465} = 0,34\text{ m}$

$\frac{d}{6} < e < \frac{\mathrm{d}}{3} = 0,60\,\text{m}$ klaffende Fuge

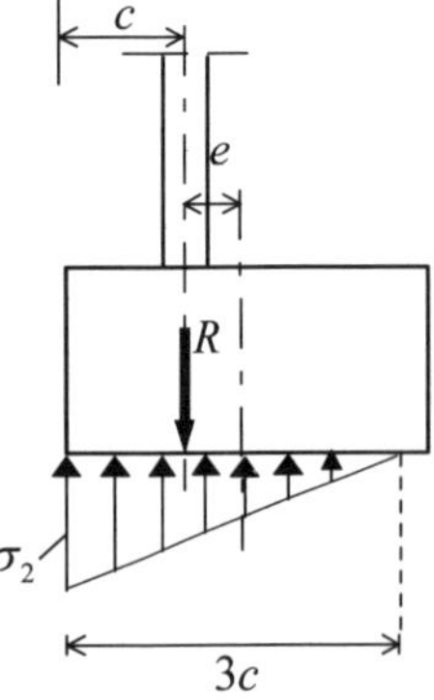

Randspannung (max. Bodenpressung):

$c = x = 0,56\text{ m}$

$$\sigma_2 = \frac{2 \cdot R}{3 \cdot c \cdot b} = \frac{2 \cdot 465}{3 \cdot 0,56 \cdot 1,8} = 307,54\,\frac{\text{kN}}{\text{m}^2}$$

2.7.3 Querschnittskern

Wenn eine Kraft innerhalb des Querschnittskerns angreift, treten im Querschnitt nur Spannungen eines Vorzeichens auf. Diejenige Exzentrizität, bei der die Randspannung null wird, wird die Kernweite k genannt.

Für einen Rechteckquerschnitt ergibt sich somit ein Querschnittskern gemäß Abb.2.11.

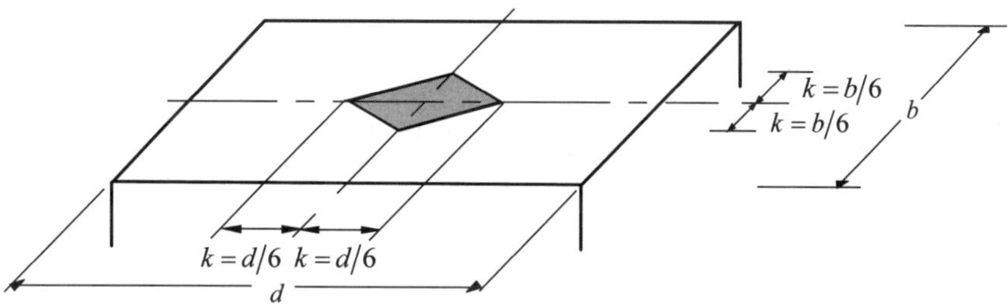

Abb. 2.11: Kernquerschnitt eines Rechteckquerschnitts

Tabelle 2.11: Kernweiten, Kernflächen

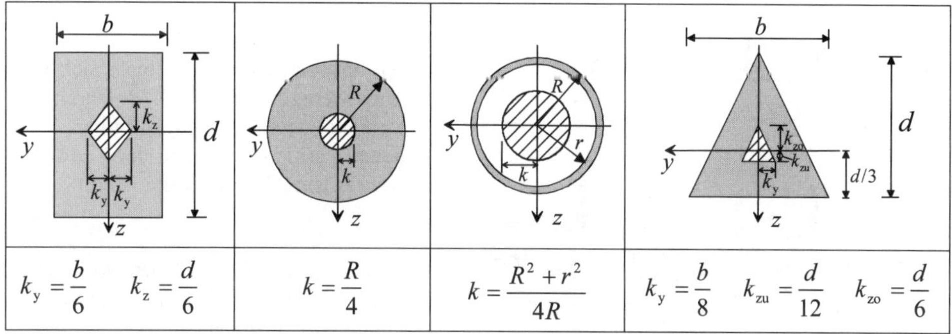

$k_y = \dfrac{b}{6} \quad k_z = \dfrac{d}{6}$	$k = \dfrac{R}{4}$	$k = \dfrac{R^2 + r^2}{4R}$	$k_y = \dfrac{b}{8} \quad k_{zu} = \dfrac{d}{12} \quad k_{zo} = \dfrac{d}{6}$

Weitere Kernweiten und Spannungen siehe [Merz–04], [Dimitrov–71].

2.8 Schubbeanspruchung bei Biegung

2.8.1 Allgemeines

Eine Schubbeanspruchung wird durch Lasten hervorgerufen, die senkrecht zur Stabachse wirken. Die Schubbeanspruchung ist stets mit einer Beanspruchung auf Biegung verbunden.

Aus dem folgenden Experiment wird deutlich, dass in einem biegebeanspruchten Träger auch Schubspannungen in den Längsschnittflächen wirken:

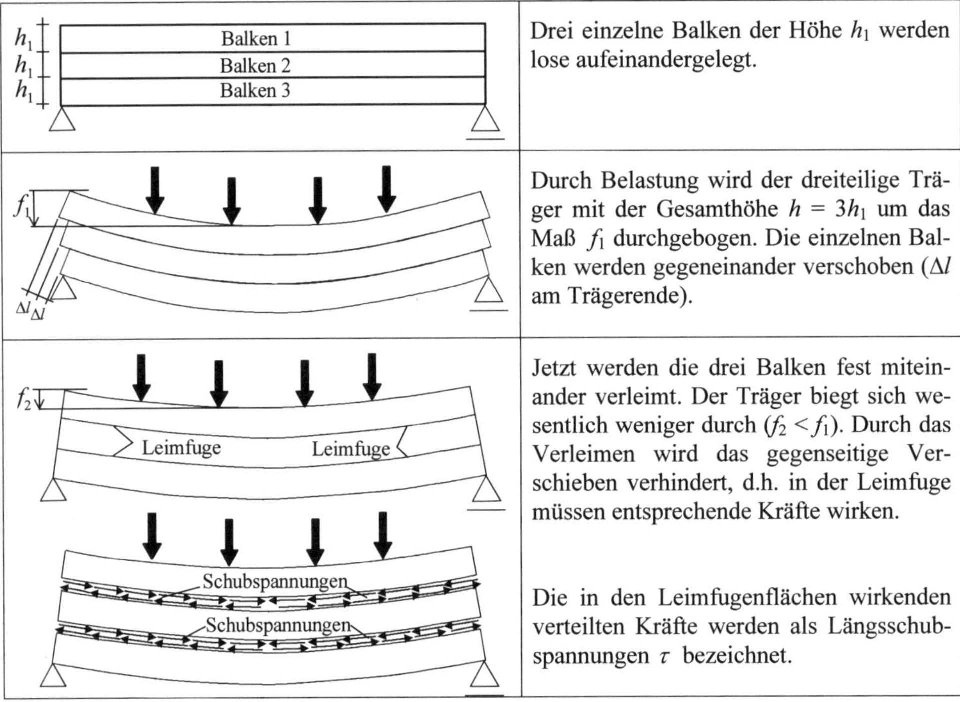

Drei einzelne Balken der Höhe h_1 werden lose aufeinandergelegt.

Durch Belastung wird der dreiteilige Träger mit der Gesamthöhe $h = 3h_1$ um das Maß f_1 durchgebogen. Die einzelnen Balken werden gegeneinander verschoben (Δl am Trägerende).

Jetzt werden die drei Balken fest miteinander verleimt. Der Träger biegt sich wesentlich weniger durch ($f_2 < f_1$). Durch das Verleimen wird das gegenseitige Verschieben verhindert, d.h. in der Leimfuge müssen entsprechende Kräfte wirken.

Die in den Leimfugenflächen wirkenden verteilten Kräfte werden als Längsschubspannungen τ bezeichnet.

Abb. 2.12: Schubtragverhalten bei Biegung

Stellt man sich einen Biegeträger der Höhe h zusammengesetzt aus vielen einzelnen miteinander verbundenen dünnen Schichten der Höhe Δh vor, so führt die Übertragung des Ergebnisses aus dem Experiment zu folgender Erkenntnis:

In einem biegebeanspruchten Träger treten neben den vertikalen Schubspannungen im Querschnitt τ_{quer} auch Schubspannungen im Längsschnitt $\tau_{längs}$ auf. Die Schubspannungen wirken in Richtung der jeweiligen Schnittfläche

$\tau_{längs}$

τ_{quer}

Abb. 2.13: Zugeordnete Schubspannungen

Aus dem Momentengleichgewicht am Trägerelement folgt: $\tau_{längs} = \tau_{quer}$

Die vertikal verlaufenden Schubspannungen im Querschnitt τ_{quer} sind an einer bestimmten Trägerstelle in einer bestimmten Trägerhöhe genauso groß wie die horizontal verlaufenden Schubspannungen im Längsschnitt $\tau_{längs}$ (zugeordnete Schubspannungen).

2.8.2 Schubspannungsverteilung in einem auf Biegung beanspruchten Träger

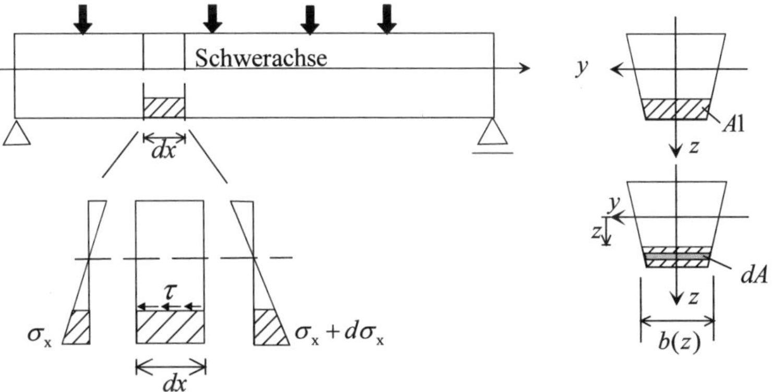

Abb. 2.14: Gleichgewicht am querbelasteten, geraden Trägerelement

$$\sigma_x = \frac{M_y}{I_y} \cdot z \quad \text{(vgl. Abschnitt 2.6)}$$

$$\frac{dM}{dx} = V \quad \text{(vgl. Abschnitt 1.10)}$$

$$\frac{d\sigma_x}{dx} = \frac{dM_y}{dx} \cdot \frac{z}{I_y} = V_z \cdot \frac{z}{I_y}$$

Zur Untersuchung der Kraftwirkung im Längsschnitt wird das Trägerelement in Höhe z gedanklich getrennt. Zur Gewährleistung des Gleichgewichts am oberen bzw. am unteren Elementteil müssen im Längsschnitt Schubspannungen $\tau(z)$ wirken.

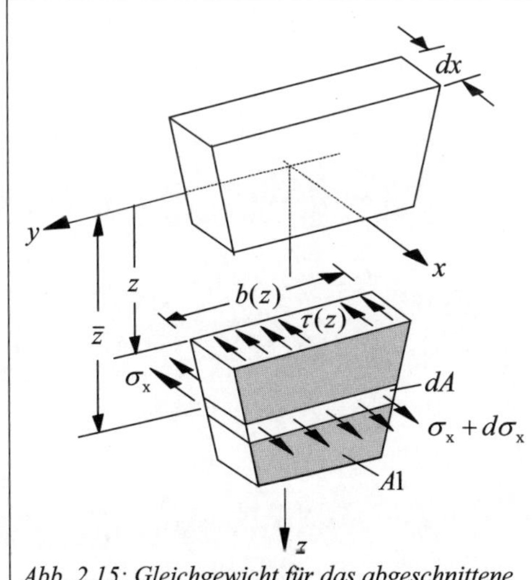

Abb. 2.15: Gleichgewicht für das abgeschnittene Trägerelement

$\sum F_h = 0$

Gleichgewicht in horizontaler Richtung für das abgeschnittene Element mit der Teilfläche $A1$:

$$\tau(z) \cdot b(z) \cdot dx = \int_{A1} (\sigma_x + d\sigma_x)\, dA - \int_{A1} \sigma_x \, dA = \int_{A1} d\sigma_x \, dA$$

$$\tau(z) = \frac{1}{b(z) \cdot dx} \int_{A1} d\sigma_x \, dA = \frac{1}{b(z)} \int_{A1} \frac{d\sigma_x}{dx} \, dA$$

$$= \frac{1}{b(z)} \int_{A1} V_z \frac{z}{I_y} \, dA \quad = \frac{V_z}{I_y \cdot b(z)} \int_{A1} z \, dA$$

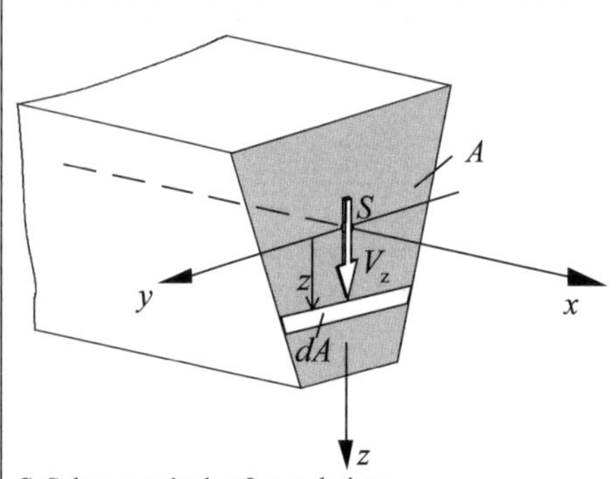

S: Schwerpunkt des Querschnittes

Abb. 2.16: Querschnitt unter Querkraftbeanspruchung in z-Richtung

Der Ausdruck $\int z\, dA$ wird als **Flächenmoment 1. Grades** S_y bezeichnet.

Damit ergibt sich die **Formel der Schubspannung** zu:

$$\tau(z) = \frac{V_z \cdot S_y(z)}{I_y \cdot b(z)}$$

V_z Querkraft an der untersuchten Trägerstelle

$S_y(z) = \int z\, dA$ Flächenmoment 1. Grades des betrachteten Querschnittsteils, bezogen auf die *y*-Achse

$I_y = \int z^2\, dA$ Flächenmoment 2. Grades des ganzen Querschnittes bezogen auf die Schwerachse (früher Trägheitsmoment)

$b(z)$ Breite des Querschnittes in der untersuchten Faser

2.8.3 Beispiel: Schubspannungen im Rechteckquerschnitt

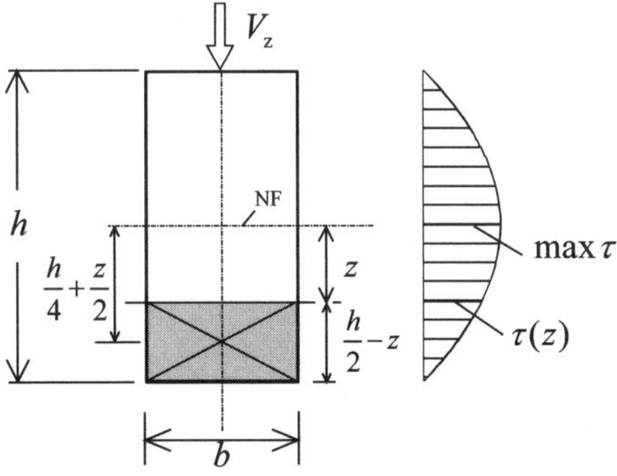

$$S_y(z) = \left(\frac{h}{2} - z\right) \cdot b \cdot \left(\frac{h}{4} + \frac{z}{2}\right) = \frac{b}{8} \cdot (h^2 - 4z^2)$$

Das Flächenmoment 2. Grades des ganzen Querschnittes bezogen auf die Querschnittsschwerachse beträgt: $I_y = \frac{1}{12} b \cdot h^3$ (vgl. Abschnitt 2.6)

$$\tau(z) = \frac{V_z \cdot S_y(z)}{I_y \cdot b(z)} = \frac{V_z \cdot \frac{b}{8} \cdot (h^2 - 4z^2)}{\frac{b \cdot h^3}{12} \cdot b} = \frac{3}{2} \cdot \frac{V_z}{b \cdot h} \cdot \left(1 - \frac{4z^2}{h^2}\right)$$

Mit $z = 0$ ergibt sich der Maximalwert $\max\tau = 1{,}5 \cdot \frac{V_z}{b \cdot h}$

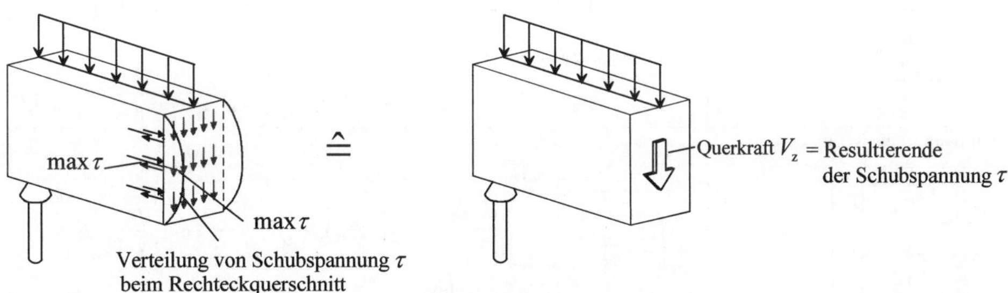

Abb. 2.17: Schubspannungsverteilung beim Rechteckquerschnitt

Die Schubspannungen sind im Rechteckquerschnitt über die Querschnittshöhe so verteilt, dass in Höhe der Querschnittsachse der Größtwert $\max\tau$ entsteht. Zu den Querschnittsrändern hin werden die Schubspannungen kleiner, am Querschnittsrand nehmen sie den Wert null an.

In der folgenden Tabelle sind Formeln für die Schubspannungen einiger Querschnitte dargestellt [Schlechte–67].

2.8.4 Schubspannungen infolge Querkraft V_z bei verschiedenen Querschnitten

Querschnitt	Schubspannungsverlauf	Schubspannung
Rechteckquerschnitt 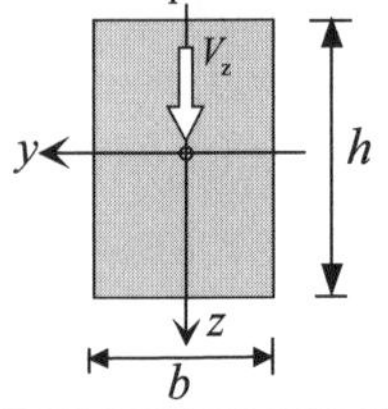	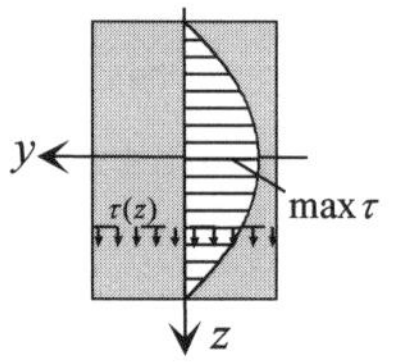	$\tau(z) = \frac{3}{2} \cdot \frac{V_z}{b \cdot h} \cdot \left(1 - \frac{4z^2}{h^2}\right)$ $\max\tau = 1{,}5 \cdot \frac{V_z}{b \cdot h}$
Kreisquerschnitt 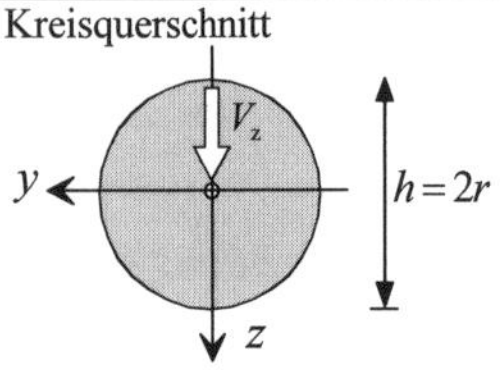	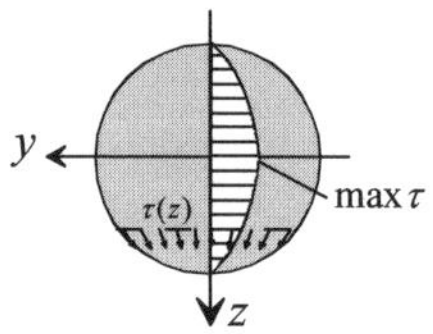	$\tau(z) = \frac{4}{3} \cdot \frac{V_z}{\pi \cdot r^2} \cdot \left(1 - \frac{4z^2}{h^2}\right)$ $\max\tau = \frac{4}{3} \cdot \frac{V_z}{\pi \cdot r^2}$
Dreiecksquerschnitt 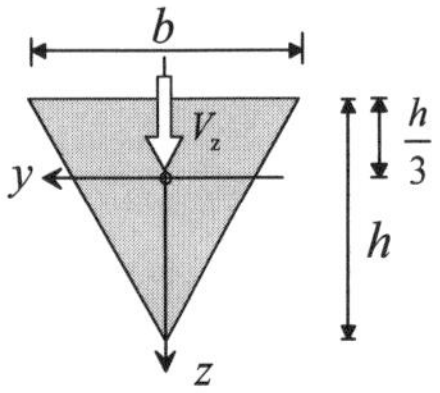	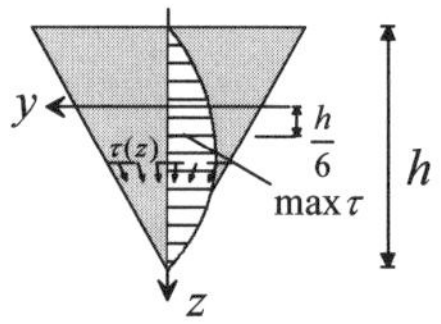	$\tau(z) = 12 \cdot \frac{V_z}{b \cdot h} \cdot \frac{\frac{4}{27} - \frac{z^2}{h^2} + \frac{z^3}{h^3}}{\frac{2}{3} - \frac{z}{h}}$ $\max\tau = \tau\left(z = \frac{h}{6}\right) = 3 \cdot \frac{V_z}{b \cdot h}$
Dünnwandiges I-Profil 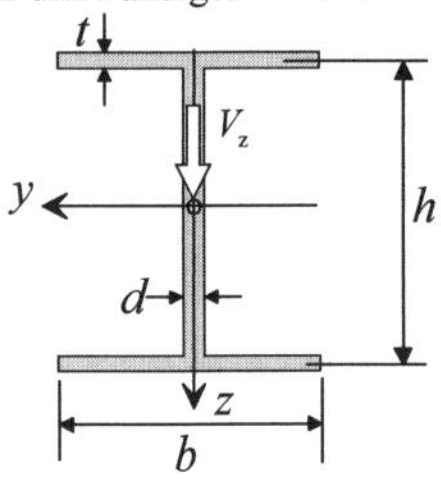	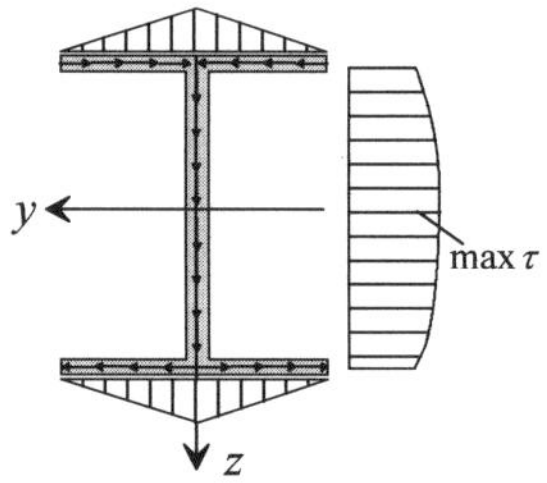	Abkürzung: $k = \frac{b \cdot t}{h \cdot d}$ $\tau(z) = \frac{3}{2} \cdot \frac{V_z}{d \cdot h} \cdot \frac{1 - 4\frac{z^2}{h^2} + 4 \cdot k}{1 + 6 \cdot k}$ $\max\tau = \frac{3}{2} \cdot \frac{V_z}{d \cdot h} \cdot \frac{1 + 4 \cdot k}{1 + 6 \cdot k} \approx \frac{V_z}{d \cdot h}$
Dünnwandiges Rechteckrohr 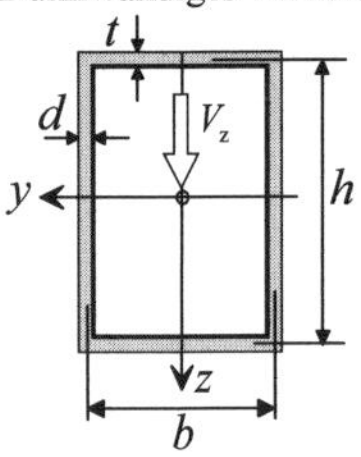	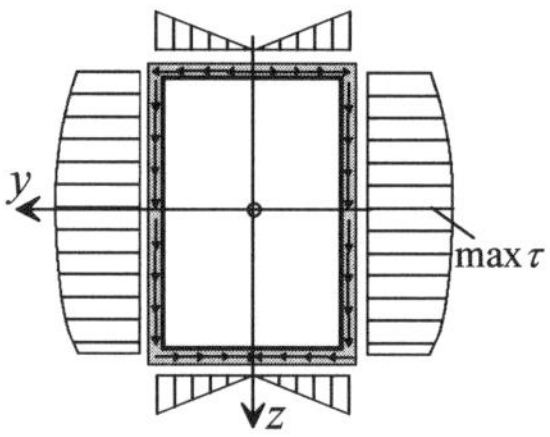	$\tau(z) = \frac{3}{4} \cdot \frac{V_z}{d \cdot h} \cdot \frac{1 - 4\frac{z^2}{h^2} + 2 \cdot k}{1 + 3 \cdot k}$ $\max\tau = \frac{3}{4} \cdot \frac{V_z}{d \cdot h} \cdot \frac{1 + 2 \cdot k}{1 + 3 \cdot k}$
Dünnwandiges Kreisrohr 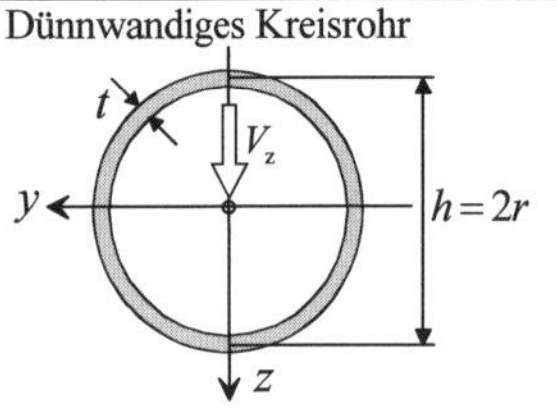	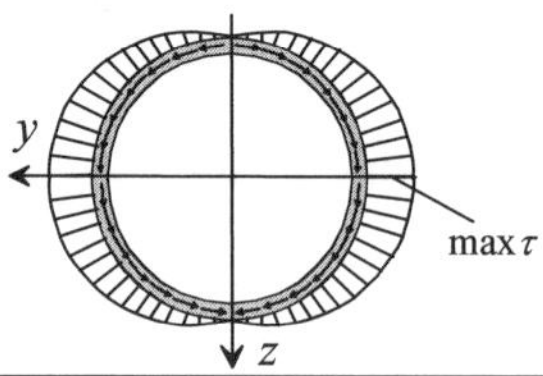	$\tau(z) = \frac{V_z}{\pi \cdot r \cdot t} \cdot \sqrt{1 - \frac{4z^2}{h^2}}$ $\max\tau = \frac{V_z}{\pi \cdot r \cdot t}$

2.9 Torsionsbeanspruchungen

2.9.1 Allgemeine Hinweise/Schubmittelpunkt

Unter Torsion versteht man die Verdrehung eines Stabes um seine eigene Achse.

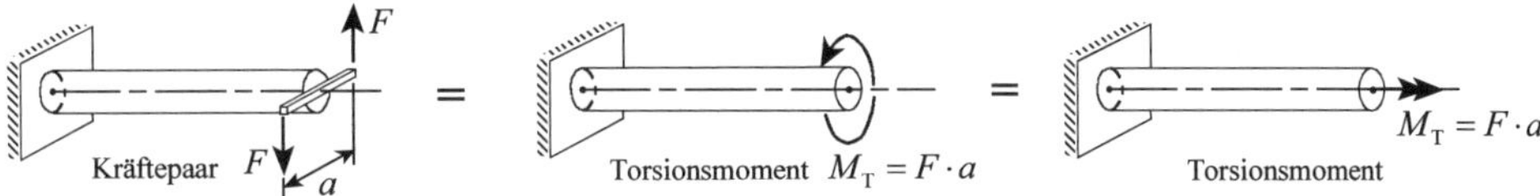

Das Torsionsmoment M_T bewirkt im Stab ein Torsionsschnittmoment M_x.

Aus Gleichgewichtsgründen folgt: $M_x = M_T$ M_x M_T

Der Schubmittelpunkt ist derjenige Punkt des Querschnitts, in dem eine Last angreifen muss, ohne dass hieraus Torsion im Querschnitt entsteht. Bei doppeltsymmetrischen Querschnitten deckt sich der Schubmittelpunkt immer mit dem Schwerpunkt.

Beispiel: Eine Last F greift nicht im Schubmittelpunkt an. Daher entsteht das Torsionsmoment $M_T = F \cdot e$ (s. Abb. 2.18).

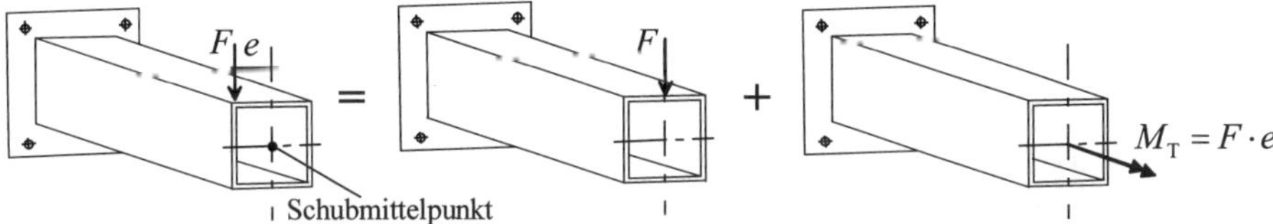

Abb. 2.18: Eingespannter Hohlkasten mit Belastung F außerhalb des Schubmittelpunktes

2.9.2 Arten der Torsion

Es gibt zwei Torsionsarten:
1. Reine Torsion (nach Saint-Venant), bei der nur Schubspannungen auftreten und
2. Wölbkrafttorsion (z.B. bei offenen, dünnwandigen Querschnitten), bei der neben Schubspannungen auch Querschnittsverwölbungen und Wölbnormalspannungen auftreten.

2.9.2.1 Reine Torsion (nach Saint-Venant)

Reine Torsion tritt auf:
a) bei wölbfreien Querschnitten und
b) bei nicht wölbfreien Querschnitten, wenn die mit der Verdrillung des Stabes zwangsläufig verbundene Verwölbung der Stabendquerschnitte nicht behindert wird.

Zu a)
Wölbfrei sind folgende Querschnitte:

Kreis- und Kreisringquerschnitte.	
Querschnitte aus schmalen Rechtecken, deren Mittellinien sich in einem Punkt schneiden.	

Quadratische Hohlquerschnitte mit konstanter Wanddicke und doppeltsymmetrische Rechteckhohlquerschnitte, für die das Verhältnis Breite/Wanddicke für Stege und Gurte gleich ist. a und b auf Blechachsen beziehen.	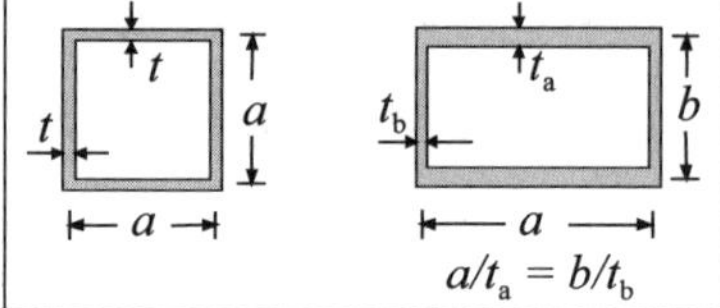

Zu b)

Nicht wölbfreie Querschnitte sind z.B.:	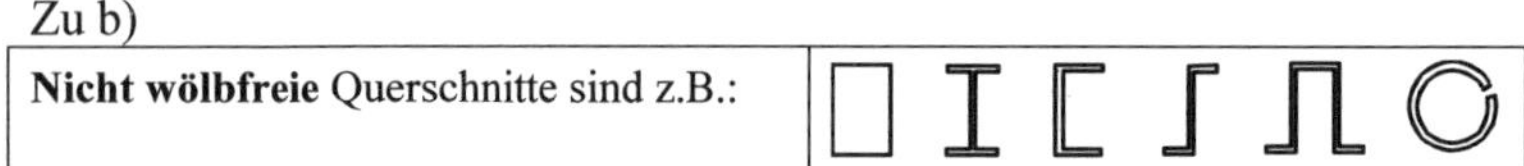

Zu den nicht wölbfreien Querschnitten gehören die meisten bautechnischen Querschnitte. Dieses sind insbesondere die offenen dünnwandigen Stahlbauprofile sowie die allerdings nur gering verwölbenden Vollquerschnitte und dickwandige Hohlquerschnitte des Stahlbetonbaues oder Holzbaues.

Eine Gabellagerung gewährleistet die Aufnahme von Torsionsmomenten an der Lagerstelle und behindert die Verwölbung der Endquerschnitte nicht [Klein–88].

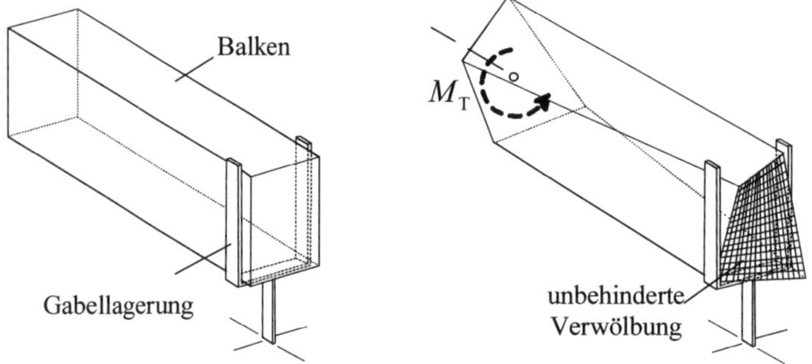

Abb. 2.19a: Gabelgelagerter Balken unter Torsionsbeanspruchung

Beispiel: Aufnahme von einem Torsionsmoment

Das Torsionsmoment M_T in Abb. 2.19b wird bei einer Gabellagerung als horizontales Kräftepaar $K \cdot h$ abgetragen.

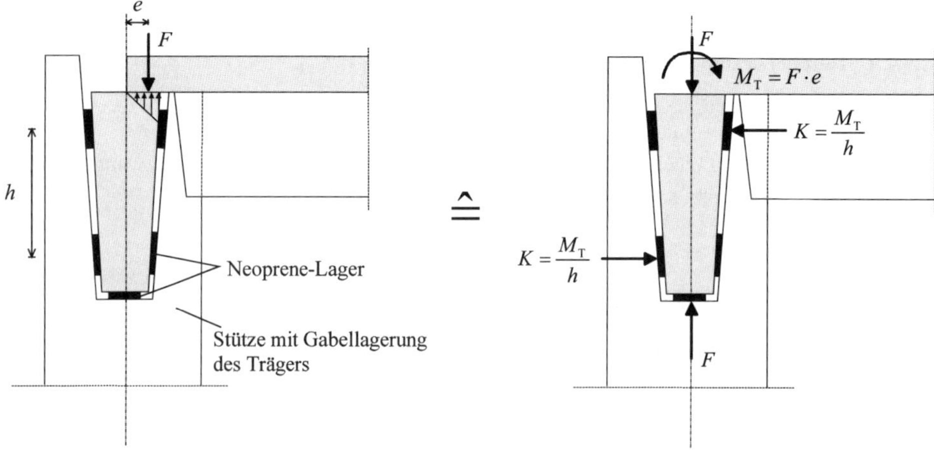

Abb. 2.19b: Aufnahme von einem Torsionsmoment bei einer Gabellagerung

2.9.2.2 Reine Torsion und Wölbkrafttorsion (gemischte Torsion)

Tritt neben Saint-Venantscher Torsion auch Wölbkrafttorsion auf, so spricht man von gemischter Torsion. Die zusätzliche Wölbkrafttorsion tritt auf, wenn ein Stab mit nicht wölbfreiem Querschnitt durch Torsionsmomente beansprucht wird, und wenn die Verwölbung behindert wird, z.B. durch eine Einspannung. Die Behinderung der Querschnittsverwölbung verursacht zusätzliche Normalspannungen (Wölbnormalspannung) im Querschnitt.

Beispiel: Ein Kragträger mit einem [-Querschnitt wird mit einer lotrechten Kraft F belastet, wobei die Wirkungslinie der Kraft durch den Schwerpunkt der Fläche geht. Das Profil wird somit auf Biegung und Torsion beansprucht.

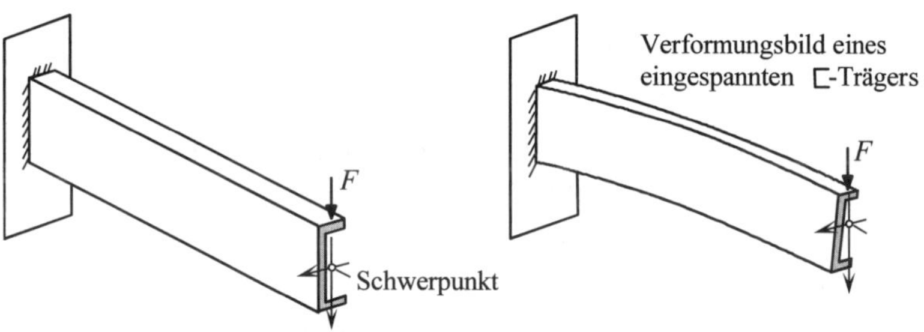

Abb. 2.20: Kragträger mit [-Querschnitt.
Die Belastung F wirkt im Schwerpunkt des Querschnitts und nicht im Schubmittelpunkt.

Versetzt man die Last F parallel bis zum Schubmittelpunkt M (s. Abb. 2.21), muss zusätzlich ein Torsionsmoment $M_{\mathrm{T}} = F \cdot e$ (Torsions-Versetzungsmoment) angebracht werden. Die Last F erzeugt Biegespannungen und Schubspannungen, das Torsionsmoment erzeugt Wölbnormalspannungen und Schubspannungen.

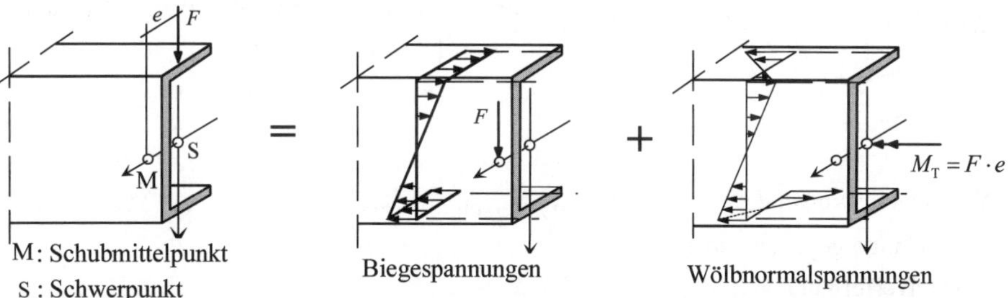

Abb. 2.21: Durch gemischte Torsion beanspruchter Kragträger

Tabelle 2.12: Schubmittelpunkte von einigen dünnwandigen Profilen

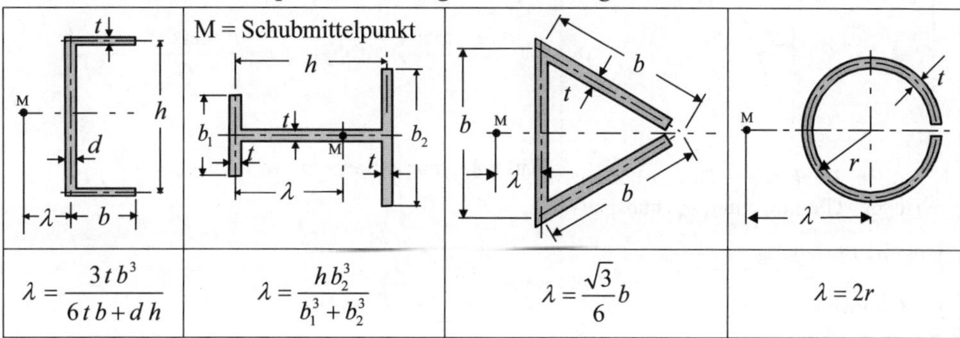

[-Profil	I-Profil	Dreieck	Kreisring
$\lambda = \dfrac{3\,t\,b^3}{6\,t\,b + d\,h}$	$\lambda = \dfrac{h\,b_2^3}{b_1^3 + b_2^3}$	$\lambda = \dfrac{\sqrt{3}}{6}\,b$	$\lambda = 2r$

2.9.3 Torsionsschubspannungen

2.9.3.1 Beispiel: Torsionsschubspannungen eines Stabes mit Kreisquerschnitt

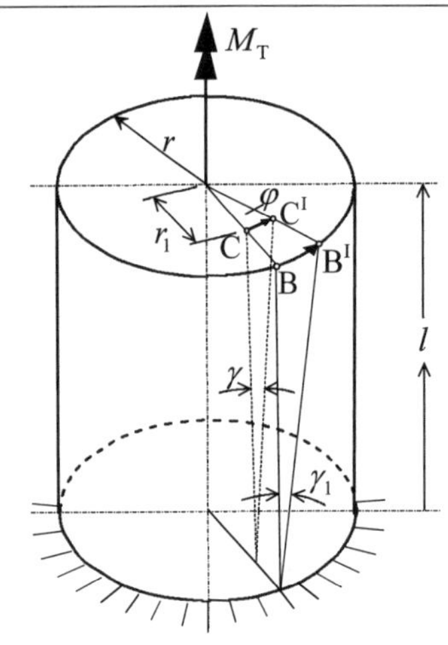

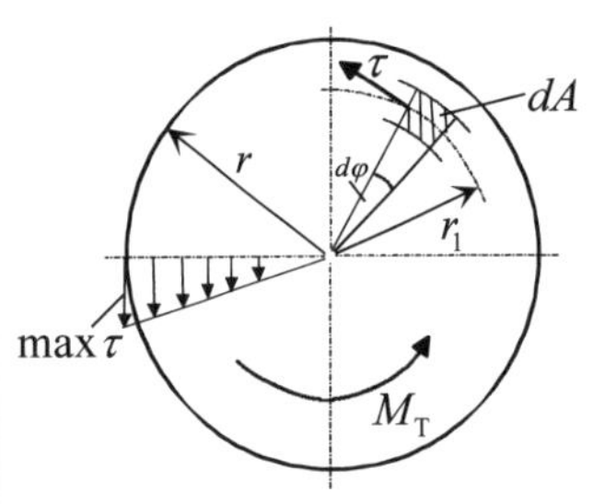

φ Verdrehungswinkel der Querschnitte gegeneinander

γ, γ_1 Winkelverformungen (Gleitwinkel)

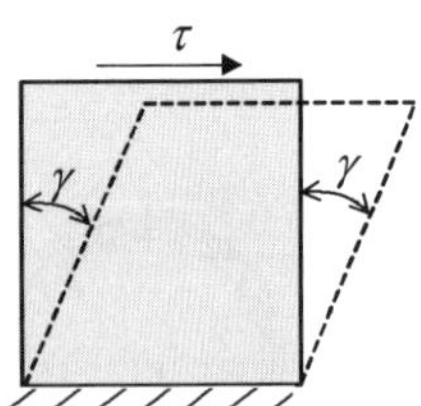

Nach dem *Hooke*schen Gesetz besteht zwischen Gleitung und Schubspannung die Beziehung: $\gamma = \dfrac{\tau}{G}$

γ Gleitwinkel

G Gleitmodul (Schubmodul)

Geometrische Beziehungen:

$$\left.\begin{array}{l}\text{Strecke } CC^I = r_1 \cdot \varphi = l \cdot \gamma \\ \text{Strecke } BB^I = r \cdot \varphi = l \cdot \gamma_1\end{array}\right\} \text{daraus folgt: } \gamma = \frac{r_1}{r} \cdot \gamma_1$$

Aus dem *Hooke*schen Gesetz für Schub folgt:

$$\tau = G \cdot \gamma = G \cdot \gamma_1 \cdot \frac{r_1}{r} = \max\tau \cdot \frac{r_1}{r}$$

Aus der Bedingung, dass das Torsionsmoment gleich dem Moment der inneren Kräfte sein muss, folgt:

$$M_T = \int_A \tau \cdot r_1 \, dA = \int_A \max\tau \cdot \frac{r_1}{r} \cdot r_1 \, dA = \frac{\max\tau}{r} \int_A r_1^2 \, dA$$

Die Größe $\boxed{\int_A r_1^2 \, dA = I_T}$ nennt man das **Torsionsflächenmoment**.

$$M_T = \frac{\max\tau}{r} \cdot I_T \quad \Rightarrow \quad \boxed{\max\tau = \frac{M_T}{I_T} \cdot r}$$

Das Torsionsflächenmoment für einen Kreisquerschnitt: $I_T = \int_A r_1^2 \, dA = 0{,}5 \cdot \pi \cdot r^4$

Damit wird die maximale Schubspannung für den Kreisquerschnitt: $\max\tau = \dfrac{M_T}{I_T} \cdot r = \dfrac{M_T}{0{,}5 \cdot \pi \cdot r^3}$

Bestimmung des **Verdrehungswinkels** φ:

$$\text{Strecke } BB^I = r \cdot \varphi = l \cdot \gamma_1 \quad \Rightarrow \quad \varphi = \frac{l}{r} \cdot \gamma_1$$

mit $\gamma_1 = \dfrac{\max\tau}{G}$ folgt: $\varphi = \dfrac{l}{r} \cdot \dfrac{\max\tau}{G} = \dfrac{M_T \cdot l}{G \cdot I_T}$

Wirkt M_T nur entlang dx, so folgt $d\varphi = \dfrac{M_T}{G \cdot I_T} dx$

oder $\boxed{\dfrac{d\varphi}{dx} = \dfrac{M_T}{G \cdot I_T}}$

2.9.3.2 Torsionsschubspannungen bei dünnwandigen Hohlquerschnitten

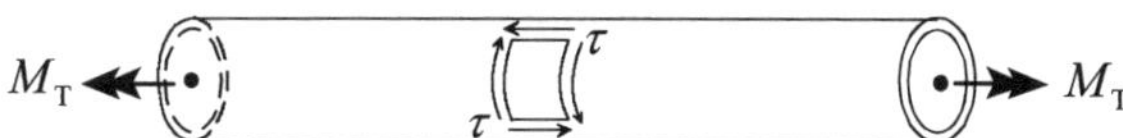

Erste Bredtsche Formel

$$\tau = \frac{M_T}{2 \cdot A_m \cdot t}$$

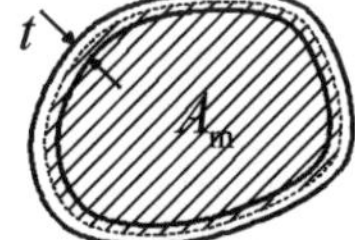

$$\max \tau = \frac{M_T}{2 \cdot A_m \cdot \min t}$$

M_T	Torsionsmoment
A_m	Fläche, die von der Mittellinie der Wandlung eingeschlossen ist
t	Dicke des Querschnitts an der betrachteten Stelle
$\max \tau$	max. Schubspannung, sie tritt an der dünnsten Stelle $\min t$ auf

Zweite Bredtsche Formel

$$\varphi' = \frac{d\varphi}{dx} = \frac{M_T}{G \cdot I_T}$$

$$I_T = \frac{4 \cdot A_m^2}{\int_s \frac{1}{t} ds}$$

φ'	Verdrillung
G	Schubmodul
I_T	Torsionsflächenmoment [Schneider–12]

2.9.3.3 Torsionsschubspannungen bei dünnwandigen offenen Querschnitten [Schneider–12]

Für aus Rechtecken zusammengesetzte Querschnitte gilt:

$\tau = \frac{M_T \cdot t}{I_T}$	$I_T = \frac{1}{3} \sum_{i=1}^{n} t_i^3 \cdot h_i$	t_1, h_2, h_1, t_2

2.9.3.4 Torsionsschubspannungen bei dickwandigen Querschnitten [Schneider–12]

$$\tau_T = \frac{M_T}{W_T}$$

W_T Torsionswiderstandsmoment

Tabelle 2.13: Maximale Torsionsschubspannungen für verschiede Querschnitte

Querschnitt	Maximale Torsionsschubspannung
Rohr 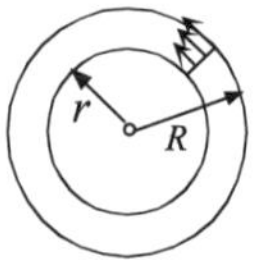 r, R	$\max \tau = \dfrac{M_T}{0{,}5 \cdot \pi \cdot \dfrac{R^4 - r^4}{R}}$
Runder Vollstab 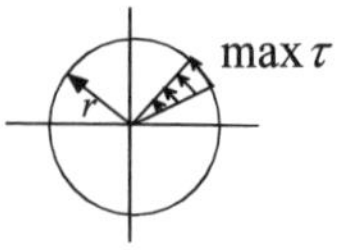 $\max \tau$, r	$\max \tau = \dfrac{M_T}{0{,}5 \cdot \pi \cdot r^3}$
Elliptischer Vollstab 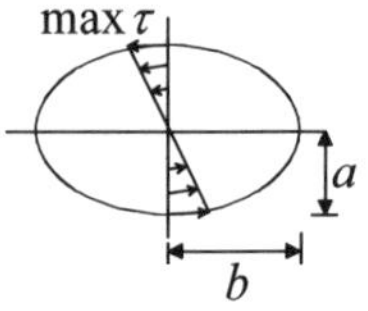 $\max \tau$, a, b	$\max \tau = \dfrac{M_T}{0{,}5 \cdot \pi \cdot b \cdot a^2}$
Dünnes Quadratrohr 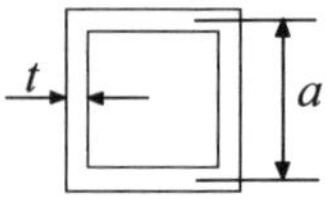 t, a	$\max \tau = \dfrac{M_T}{2 \cdot a^2 \cdot t}$
Quadratischer Vollstab 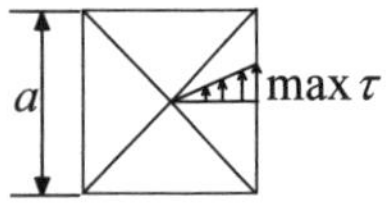 a, $\max \tau$	$\max \tau = \dfrac{M_T}{0{,}208 \cdot a^3}$
Rechteckiger Vollstab 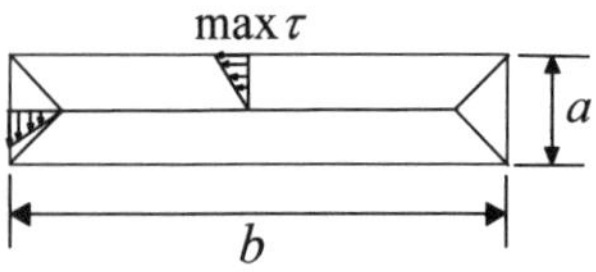 $\max \tau$, a, b	$b >> a$ $\max \tau = \dfrac{M_T}{\dfrac{1}{3} \cdot a^2 \cdot b}$
Winkelprofil 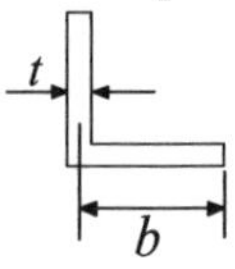 t, b	$\max \tau = \dfrac{M_T}{\dfrac{2}{3} \cdot t^2 \cdot b}$

3 Stabilitätsprobleme

3.1 Allgemeine Hinweise

Ein System befindet sich in einem stabilen Gleichgewichtszustand, wenn nach einer beliebigen Störung dieses von selbst wieder in seine Ausgangslage zurückkehrt.

Unter dem Begriff „Instabilität" werden Versagensformen wie z.B. Knicken, Biegedrillknicken (Kippen) oder Beulen verstanden.

Stabilitätsgefahr besteht immer, sobald schlanke Bauteile auf Druck beansprucht werden. Unter einer ganz bestimmten Belastungsintensität wird der Gleichgewichtszustand instabil, das Gleichgewicht verzweigt und die Struktur knickt, kippt oder beult.

Begriffe:

Knicken: Ausweichen eines Stabes mit einer Längsdruckkraft rechtwinklig zu einer der beiden Hauptachsen des Querschnitts, wobei keine Torsionsverdrehungen auftreten.

Biegedrillknicken: als Biegedrillknicken wird das seitliche Ausweichen der gedrückten Gurte von Biegeträgern bezeichnet. Dabei kann diese Versagensart sowohl bei Biegung mit Querbelastung als auch bei Normalkraft auftreten, im allgemeinen Fall treten seitliche Verschiebungen und Torsionsverdrehungen gleichzeitig auf. Dieser Fall wurde früher Kippen (ohne Normalkraft) und Biegedrillknicken (mit Normalkraft) genannt. Heute verwendet man für beide Fälle nur den Begriff Biegedrillknicken.

Beulen: Ausweichen einer meist dünnen Platte (auch Schale) rechtwinklig zu ihrer Ebene durch Druckbeanspruchung in Plattenebene; es entsteht zusätzlich eine Biegebeanspruchung, während die Längsdruckkräfte abgebaut werden.

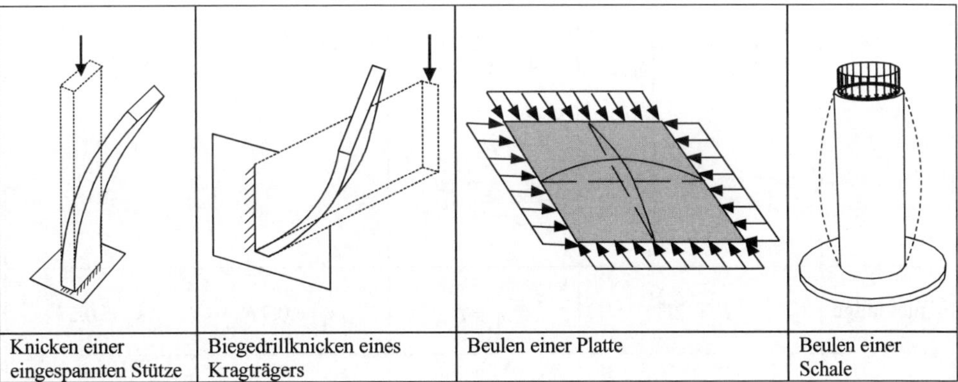

Abb. 3.1: Stabilitätsformen

Im Rahmen dieser Einführung wird nur auf das Knicken eingegangen.

3.2 Knicken

Die Grundlagen des Knickens eines zentrisch gedrückten Stabes wurden erstmal von *Leonhard Euler* (1707–1783) veröffentlicht, der ein ideal-elastisches Materialverhalten und eine perfekte gerade Stabachse voraussetzte. In der Realität treten jedoch nur imperfektionsbehaftete Systeme auf. Imperfektionen können eine Vorverformung der Systemachse, Ungenauigkeiten der Lasteinleitung, Eigenspannungen, inhomogenes Materialverhalten, Montageungenauigkeit usw. sein.

Nach *Euler* (1744) gibt es 4 Sonderfälle für das Knicken des elastischen Stabes mit mittig wirkender Druckkraft und speziellen Randbedingungen.
Die Bruchlast (Knicklast) F_{ki} ist abhängig von der Länge des Stabes, seiner Biegesteifigkeit EI und seiner Lagerungsart. Auf eine Herleitung wird hier verzichtet.

$$F_{\text{ki}} = \pi^2 \frac{EI}{{s_{\text{k}}}^2}$$

I Flächenmoment 2. Grades (früher Trägheitsmoment) bezüglich der Achse rechtwinklig zur Verformungsachse
E Elastizitätsmodul
s_{k} Knicklänge (die Länge zwischen den Wendepunkten der Knickbiegelinie)

Tabelle 3.1: Knicklängen, Knicklasten

Euler-Fall	1	2	3	4
System	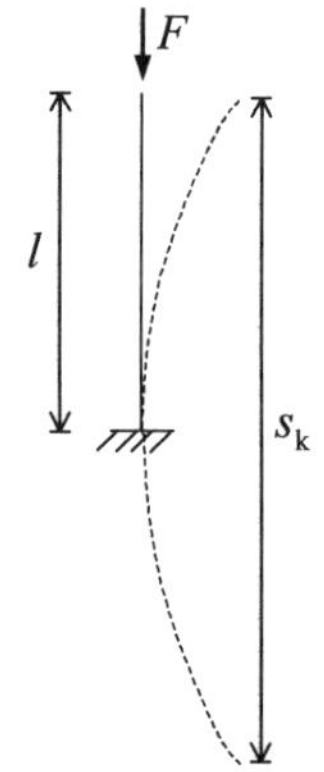 F, l, s_{k}	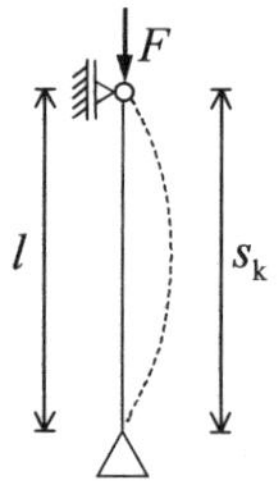 F, l, s_{k}	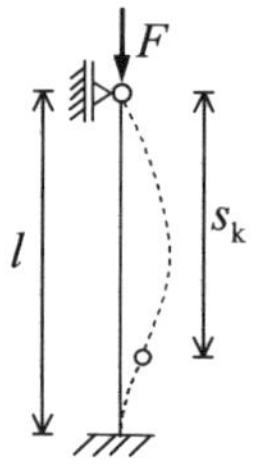 F, l, s_{k}	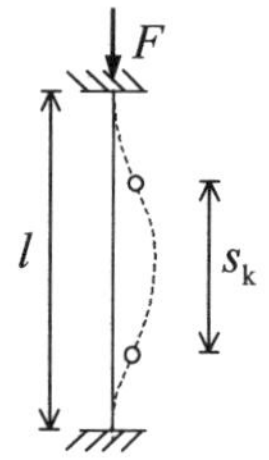 F, l, s_{k}
Knicklänge	$s_{\text{k}} = 2l$	$s_{\text{k}} = l$	$s_{\text{k}} = 0{,}7l$	$s_{\text{k}} = 0{,}5l$
Knicklast	$F_{\text{ki}} = \pi^2 \frac{EI}{(2l)^2}$	$F_{\text{ki}} = \pi^2 \frac{EI}{l^2}$	$F_{\text{ki}} = \pi^2 \frac{EI}{(0{,}7l)^2}$	$F_{\text{ki}} = \pi^2 \frac{EI}{(0{,}5l)^2}$
Verhältnis	$\frac{F_{\text{ki1}}}{F_{\text{ki2}}} = \frac{1}{4}$	$\frac{F_{\text{ki2}}}{F_{\text{ki2}}} = 1$	$\frac{F_{\text{ki3}}}{F_{\text{ki2}}} = 2$	$\frac{F_{\text{ki4}}}{F_{\text{ki2}}} = 4$

3.3 Knicklängen von Rahmenstielen

3.3.1 Grundsätzliches

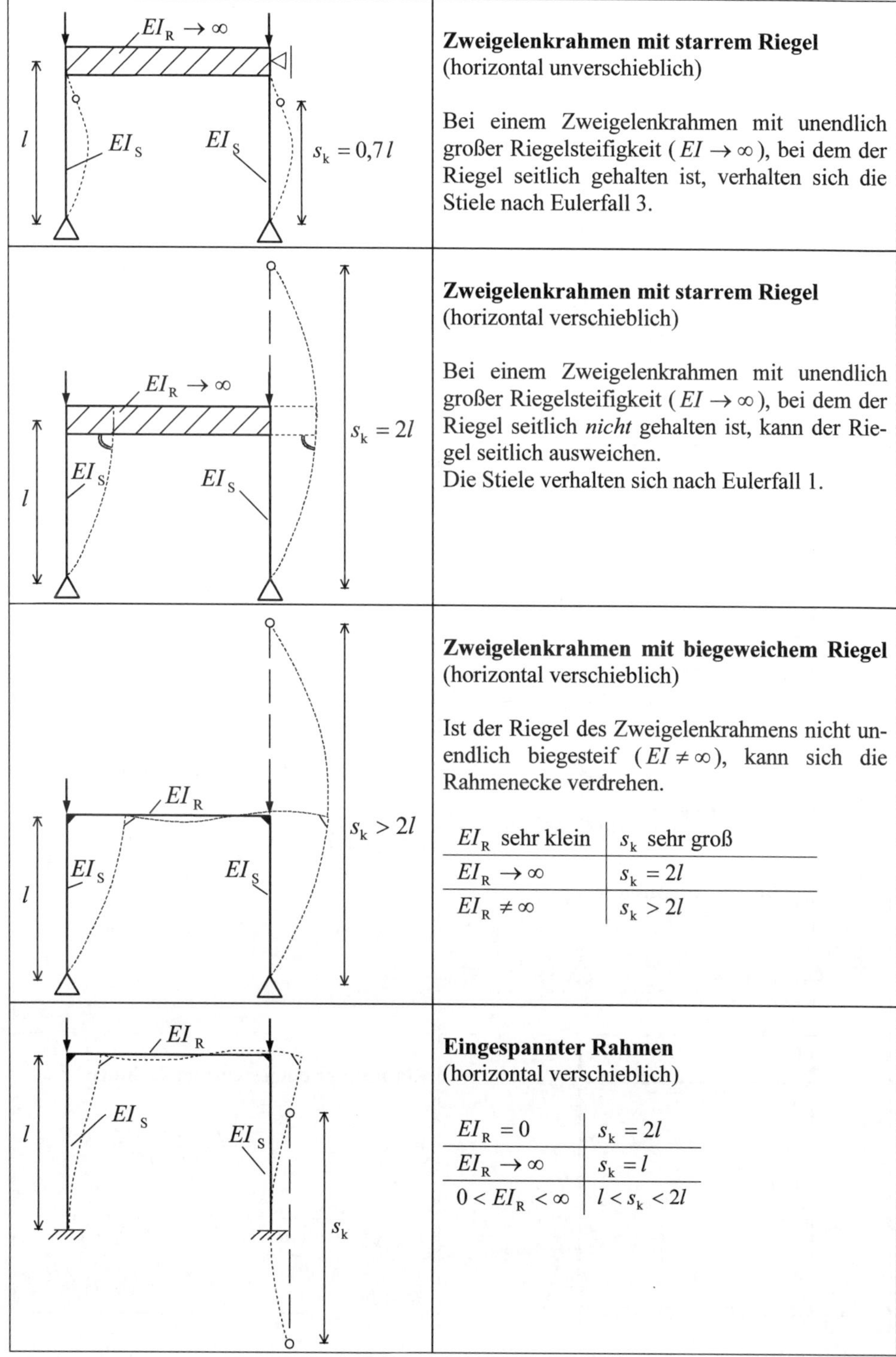

Zweigelenkrahmen mit starrem Riegel
(horizontal unverschieblich)

Bei einem Zweigelenkrahmen mit unendlich großer Riegelsteifigkeit ($EI \rightarrow \infty$), bei dem der Riegel seitlich gehalten ist, verhalten sich die Stiele nach Eulerfall 3.

Zweigelenkrahmen mit starrem Riegel
(horizontal verschieblich)

Bei einem Zweigelenkrahmen mit unendlich großer Riegelsteifigkeit ($EI \rightarrow \infty$), bei dem der Riegel seitlich *nicht* gehalten ist, kann der Riegel seitlich ausweichen.
Die Stiele verhalten sich nach Eulerfall 1.

Zweigelenkrahmen mit biegeweichem Riegel
(horizontal verschieblich)

Ist der Riegel des Zweigelenkrahmens nicht unendlich biegesteif ($EI \neq \infty$), kann sich die Rahmenecke verdrehen.

EI_R sehr klein	s_k sehr groß
$EI_R \rightarrow \infty$	$s_k = 2l$
$EI_R \neq \infty$	$s_k > 2l$

Eingespannter Rahmen
(horizontal verschieblich)

$EI_R = 0$	$s_k = 2l$
$EI_R \rightarrow \infty$	$s_k = l$
$0 < EI_R < \infty$	$l < s_k < 2l$

3.3.2 Beispiele: Eingeschossige Rahmen

Tabelle 3.2: Knicklängenbeiwerte β der Stiele verschieblicher Rechteckrahmen
(Der Einfluss der Längskräfte auf die Rahmenwirkung wird vernachlässigt)

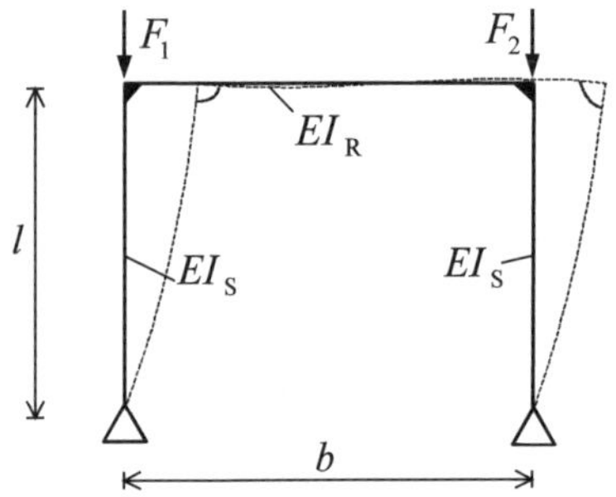

System	Beiwerte
	Zweigelenkrahmen $m = \frac{F_2}{F_1} \leq 1 \qquad c = \frac{I_S \cdot b}{I_R \cdot l} \leq 10$ $\beta = \sqrt{0{,}5 \cdot (1+m)} \cdot \sqrt{4 + 1{,}4 \cdot c + 0{,}02 \cdot c^2}$ $s_k = \beta \cdot l$
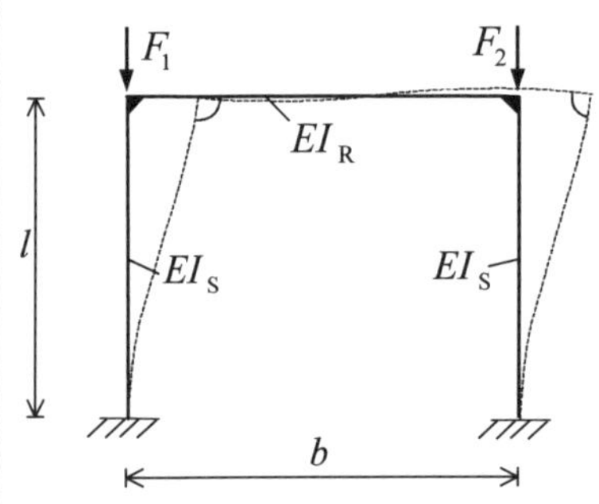	**Eingespannter Rahmen** $m = \frac{F_2}{F_1} \leq 1 \qquad c = \frac{I_S \cdot b}{I_R \cdot l} \leq 10$ $\beta = \sqrt{0{,}5 \cdot (1+m)} \cdot \sqrt{1 + 0{,}35 \cdot c - 0{,}017 \cdot c^2}$ $s_k = \beta \cdot l$
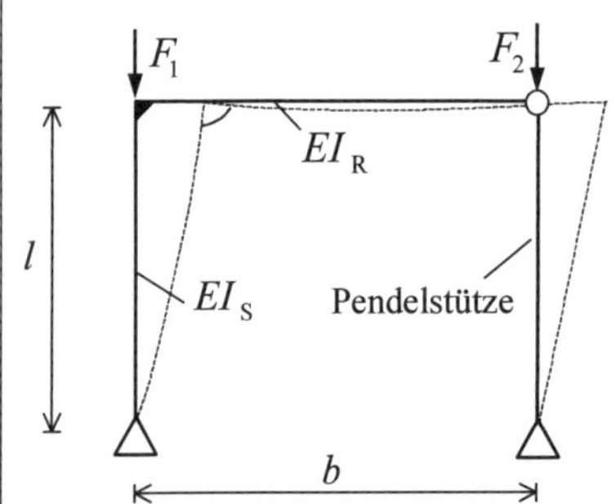	**Einhüftiger gelenkiger Rahmen** $n = \frac{F_2}{F_1} \leq 2 \qquad c = \frac{I_S \cdot b}{I_R \cdot l} \leq 5$ $\beta = \sqrt{1 + 0{,}96 \cdot n} \cdot \sqrt{4 + 2{,}8 \cdot c + 0{,}08 \cdot c^2}$ $s_k = \beta \cdot l$
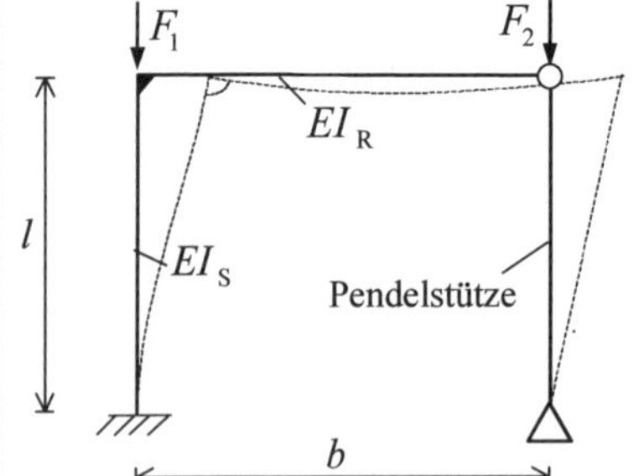	**Einhüftiger eingespannter Rahmen** $n = \frac{F_2}{F_1} \leq 2 \qquad c = \frac{I_S \cdot b}{I_R \cdot l} \leq 5$ $\beta = \sqrt{1 + 0{,}86 \cdot n} \cdot \sqrt{1 + 0{,}7 \cdot c - 0{,}068 \cdot c^2}$ $s_k = \beta \cdot l$

3.3.3 Beispiele: Stockwerkrahmen

Knickbiegelinie (Prinzipskizzen)

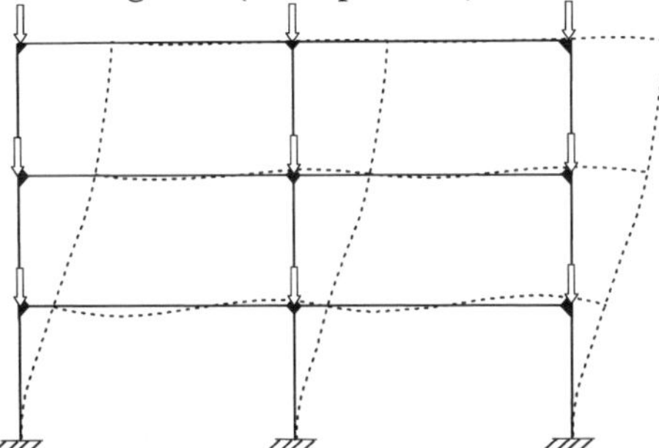

Abb. 3.2: Knickbiegelinie von einem verschieblichen, mehrgeschossigen Rahmen

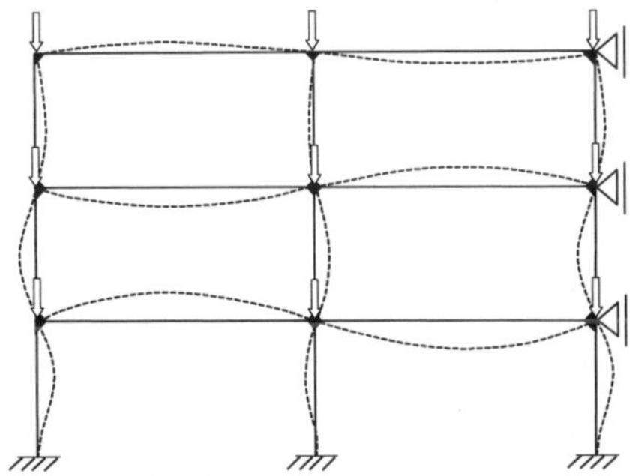

Abb. 3.3: Knickbiegelinie von einem unverschieblichen, mehrgeschossigen Rahmen

Konkretes Beispiel

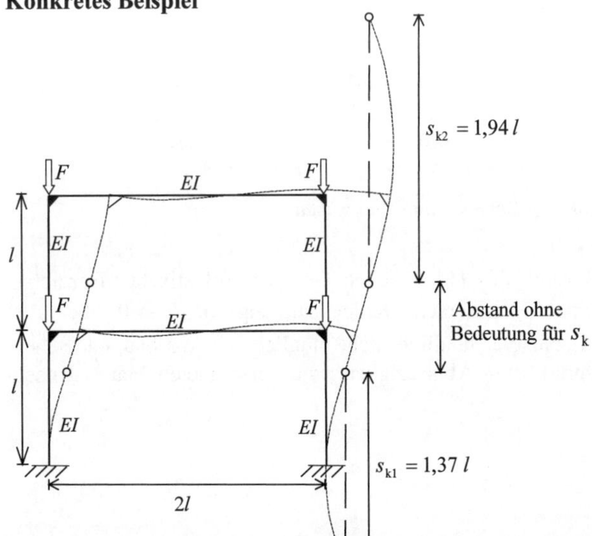

Abb. 3.4.: Knicklängen von einem verschieblichen, zweigeschossigen Rahmen

Weitere Knicklängen siehe [Petersen–82], [Lohse–00].

3.4 Knickspannung nach Leonhard Euler

Knickspannung = Knicklast F_{ki} / Querschnittsfläche A

$$\sigma_{ki} = \frac{F_{ki}}{A} = \pi^2 \frac{EI}{s_k^2 \cdot A} = \pi^2 \frac{E}{s_k^2} \cdot \left(\sqrt{\frac{I}{A}}\right)^2$$

und mit dem Trägheitsradius $i = \sqrt{\frac{I}{A}}$ ergibt sich

$$\sigma_{ki} = \pi^2 \frac{E \cdot i^2}{s_k^2}$$

Mit dem Schlankheitsgrad

$$\lambda = \frac{s_k}{i} \text{ bzw. } \frac{1}{\lambda} = \frac{i}{s_k} \text{ und } \frac{1}{\lambda^2} = \frac{i^2}{s_k^2}$$

erhält man die ideelle Eulersche Knickspannung:

$$\sigma_{ki} = \pi^2 \frac{E}{\lambda^2} = E \cdot \left(\frac{\pi}{\lambda}\right)^2$$

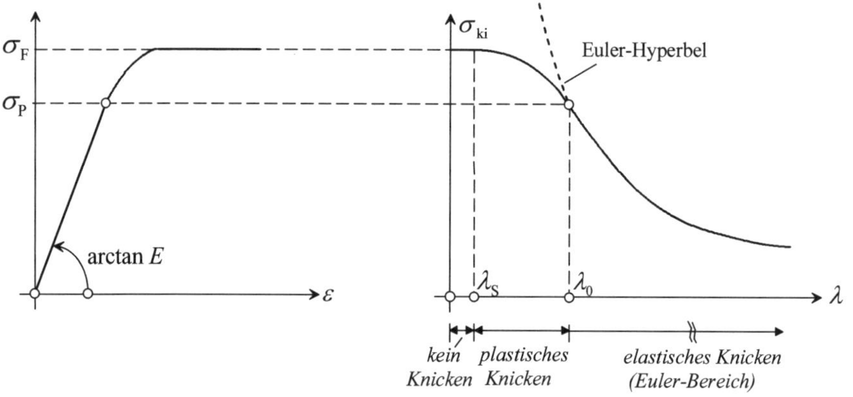

Abb. 3.5: Zusammenhang zwischen Spannung, Dehnung und Schlankheit

Die Euler-Hyperbel gilt nur im Bereich des Hookeschen Gesetzes (elastischer Bereich), d.h. für $\sigma_{ki} < \sigma_P$. Theoretisch wächst die Eulersche Knickspannung für $\lambda \to 0$ über alle Grenzen, was bei realen Materialien selbstverständlich nicht möglich ist. Aus baupraktischen Gründen wird der zul. Schlankheitsgrad λ in Abhängigkeit vom verwendeten Material nach oben begrenzt.

$$\sigma_{ki} = E \cdot \left(\frac{\pi}{\lambda}\right)^2 < \sigma_P \quad \to \quad \lambda \geq \pi \cdot \sqrt{\frac{E}{\sigma_P}} \qquad (*)$$

Für Stahl St 37 (S235) mit $\sigma_P = 19{,}2 \text{ kN/cm}^2$ und für Stahl St 52 (S355) mit $\sigma_P = 28{,}8 \text{ kN/cm}^2$ errechnen sich mit der Gleichung (*) und dem Elastizitätsmodul $E = 21000 \text{ kN/cm}^2$ folgende Grenzschlankheitsgrade λ_0:

$$\lambda_0^{\mathrm{St37}} = \pi \cdot \sqrt{\frac{E}{\sigma_{\mathrm{P}}^{\mathrm{St37}}}} = \pi \cdot \sqrt{\frac{21000}{19{,}2}} = 104 \quad \text{und} \quad \lambda_0^{\mathrm{St52}} = \pi \cdot \sqrt{\frac{E}{\sigma_{\mathrm{P}}^{\mathrm{St52}}}} = \pi \cdot \sqrt{\frac{21000}{28{,}8}} = 85$$

Für $\lambda < \lambda_0$ wird $\sigma_{\mathrm{ki}} > \sigma_{\mathrm{P}}$ und damit ungültig; es liegt dann Knicken im *plastischen Bereich* vor.

Für Schlankheiten $\lambda < \lambda_0$ entwickelte *F. Engeßer* (1889) für den Stahlbau eine Theorie der Knickuntersuchung. *L. Tetmajer* führte ungefähr zur gleichen Zeit Knickversuche an Holzstäben durch.

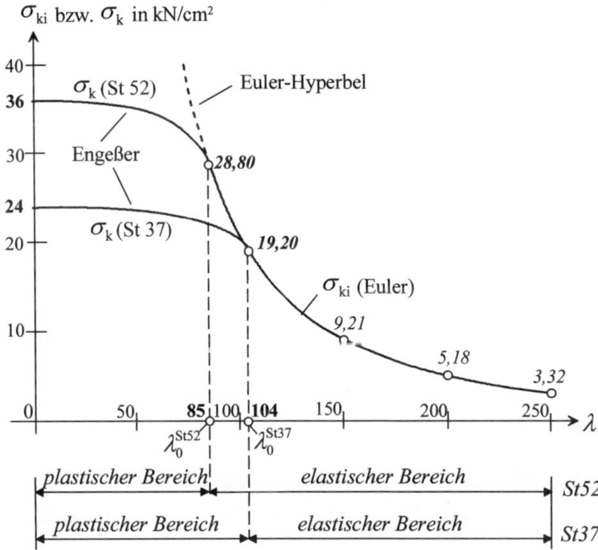

Abb. 3.6: Zusammenhang zwischen Spannung und Schlankheit für Stahl St 37 und St 52

Es ist in Abb. 3.6 zu erkennen, dass im elastischen Bereich hinsichtlich der Tragfähigkeit zwischen Stahl S235 (St 37) und S355 (St 52) kein Unterschied besteht, denn der Elastizitätsmodul E ist für beide Stähle gleich groß. Es bringt also keine Vorteile, im elastischen Bereich einen Stahl höherer Festigkeit (teurerer Stahl) einzusetzen.

3.5 Knicksicherheitsnachweis (Hinweis)

Eine Möglichkeit des Knicksicherheitsnachweises war früher im Stahl- und Holzbau das sog. ω-Verfahren. Ein ähnliches Verfahren gibt es im Stahlbau nach Eurocode 3 [Schneider–12] und im Holzbau nach Eurocode 5 [Schneider–12].
Das allgemeine Verfahren für den Knicksicherheitsnachweis ist die Berechnung nach der Theorie 2. Ordnung (Gleichgewicht am verformten System) [Rubin–96].

4 Ermittlung von Verformungen mit Hilfe des „Prinzips der virtuellen Kräfte“

4.1 Prinzip der virtuellen Kräfte (PdvK)

Mit dem Prinzip der virtuellen Kräfte kann man an beliebiger Stelle eines Tragwerks beliebige Verformungen berechnen, indem man an der gewünschten Stelle eine virtuelle Belastung mit der Größe „1“ anbringt und dann die Arbeitsgleichung anwendet und die virtuelle Arbeit durch Integration ermittelt.

Ist die Belastung „1“ eine Kraft, so ist die Verformung δ eine Verschiebung in Richtung der angenommenen Kraft. Ist die Belastung „1“ ein Moment, ist δ eine Verdrehung.

Prinzip der virtuellen Kräfte für beliebige Verschiebungsgröße δ:

Obenliegender Querstrich bedeutet Schnittgröße infolge einer virtuellen Kraftgröße

$1 \cdot \delta = \int \frac{M \cdot \overline{M}}{E I} dx$ Momentenverformung, $E I$: Biegesteifigkeit

$+ \int \frac{N \cdot \overline{N}}{E A} dx$ Längskraftverformung, $E A$: Längssteifigkeit

$+ \int \frac{V \cdot \overline{V}}{G A_{\mathrm{w}}} dx$ Querkraftverformung, $G A_{\mathrm{w}}$: Schubsteifigkeit. (Die Verformungsanteile der Querkräfte sind in der Regel vernachlässigbar klein.)

$+ \int \frac{M_{\mathrm{T}} \cdot \overline{M}_{\mathrm{T}}}{G I_{\mathrm{T}}} dx$ Torsionsverformung, $G I_{\mathrm{T}}$: Torsionssteifigkeit

$+ \int T_{\mathrm{S}} \cdot \alpha_{\mathrm{T}} \cdot \overline{N} \, dx$ Temperaturdehnungen, α_{T}: Wärmedehnzahl

$+ \int \frac{T_{\mathrm{u}} - T_{\mathrm{o}}}{h} \cdot \alpha_{\mathrm{T}} \cdot \overline{M} \, dx$

$+ \frac{F_{\mathrm{F}} \cdot \overline{F}_{\mathrm{F}}}{C_{\mathrm{F}}}$ F_{F} wirkliche Federkraft; $\overline{F}_{\mathrm{F}}$ virtuelle Federkraft; C_{F} Federsteifigkeit

$+ \frac{M_{\mathrm{F}} \cdot \overline{M}_{\mathrm{F}}}{C_{\mathrm{M}}}$ M_{F} wirkliches Federmoment; $\overline{M}_{\mathrm{F}}$ virtuelles Federmoment; C_{M} Drehfedersteifigkeit

Die Berechnung der Integrale kann mittels „Integraltafel“ erfolgen (Tabelle 4.1).

Tabelle 4.1: Tafel zur Berechnung der Integrale $\int M \cdot \overline{M}\, dx$

	a	b	c	d	e	f
1	$\int M \cdot \overline{M}\, dx$	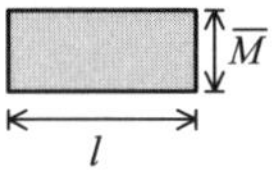 $\overline{M}$ l	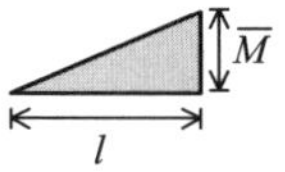 $\overline{M}$ l	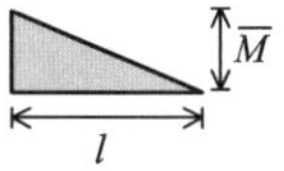 $\overline{M}$ l	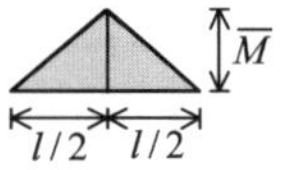 $\overline{M}$ $l/2$ $l/2$	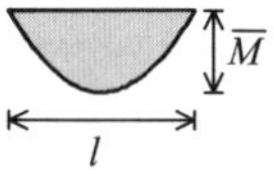 $\overline{M}$ l quadrat. Parabel
2	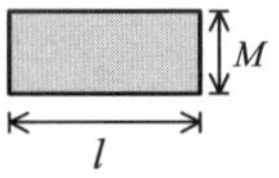 M l	$M \cdot \overline{M} \cdot l$	$\frac{1}{2} \cdot M \cdot \overline{M} \cdot l$	$\frac{1}{2} \cdot M \cdot \overline{M} \cdot l$	$\frac{1}{2} \cdot M \cdot \overline{M} \cdot l$	$\frac{2}{3} \cdot M \cdot \overline{M} \cdot l$
3	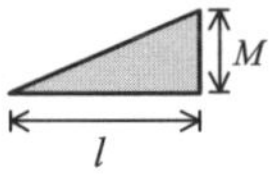 M l	$\frac{1}{2} \cdot M \cdot \overline{M} \cdot l$	$\frac{1}{3} \cdot M \cdot \overline{M} \cdot l$	$\frac{1}{6} \cdot M \cdot \overline{M} \cdot l$	$\frac{1}{4} \cdot M \cdot \overline{M} \cdot l$	$\frac{1}{3} \cdot M \cdot \overline{M} \cdot l$
4	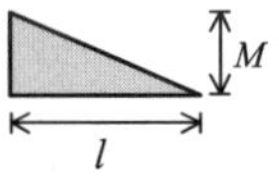 M l	$\frac{1}{2} \cdot M \cdot \overline{M} \cdot l$	$\frac{1}{6} \cdot M \cdot \overline{M} \cdot l$	$\frac{1}{3} \cdot M \cdot \overline{M} \cdot l$	$\frac{1}{4} \cdot M \cdot \overline{M} \cdot l$	$\frac{1}{3} \cdot M \cdot \overline{M} \cdot l$
5	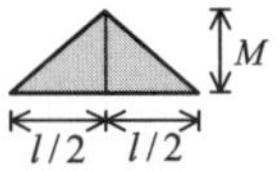 M $l/2$ $l/2$	$\frac{1}{2} \cdot M \cdot \overline{M} \cdot l$	$\frac{1}{4} \cdot M \cdot \overline{M} \cdot l$	$\frac{1}{4} \cdot M \cdot \overline{M} \cdot l$	$\frac{1}{3} \cdot M \cdot \overline{M} \cdot l$	$\frac{5}{12} \cdot M \cdot \overline{M} \cdot l$
6	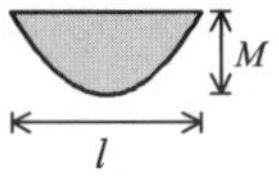 M l quadrat. Parabel	$\frac{2}{3} \cdot M \cdot \overline{M} \cdot l$	$\frac{1}{3} \cdot M \cdot \overline{M} \cdot l$	$\frac{1}{3} \cdot M \cdot \overline{M} \cdot l$	$\frac{5}{12} \cdot M \cdot \overline{M} \cdot l$	$\frac{8}{15} \cdot M \cdot \overline{M} \cdot l$
7	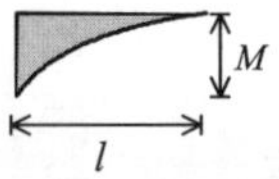 M l quadrat. Parabel	$\frac{1}{3} \cdot M \cdot \overline{M} \cdot l$	$\frac{1}{12} \cdot M \cdot \overline{M} \cdot l$	$\frac{1}{4} \cdot M \cdot \overline{M} \cdot l$	$\frac{7}{48} \cdot M \cdot \overline{M} \cdot l$	$\frac{1}{5} \cdot M \cdot \overline{M} \cdot l$

Alle Werte M und $\overline{M}$ sind mit Vorzeichen einzusetzen!

Weitere Hilfstafeln siehe z.B. [Holschemacher–12], [Schneider–12].

4.2 Zahlenbeispiele

Beispiel 1: Träger auf 2 Stützen mit Gleichstreckenlast

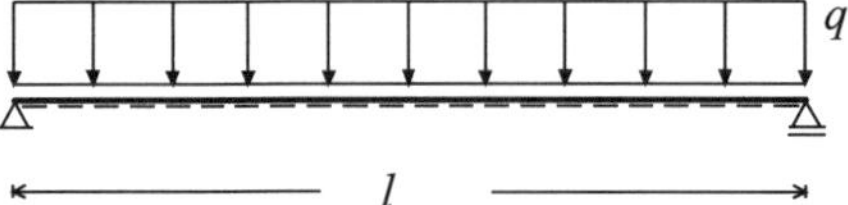

Gegeben: l, q, EI = konstant

Gesucht:

a) Die Durchbiegung bei $l/2$ mit Hilfe des Prinzips der virtuellen Kräfte (PdvK)

b) Trägerverdrehung am linken Lager

a) Berechnung der Trägerdurchbiegung bei $l/2$

Berechnung der Durchbiegung mit Hilfe des Prinzips der virtuellen Kräfte (PdvK).

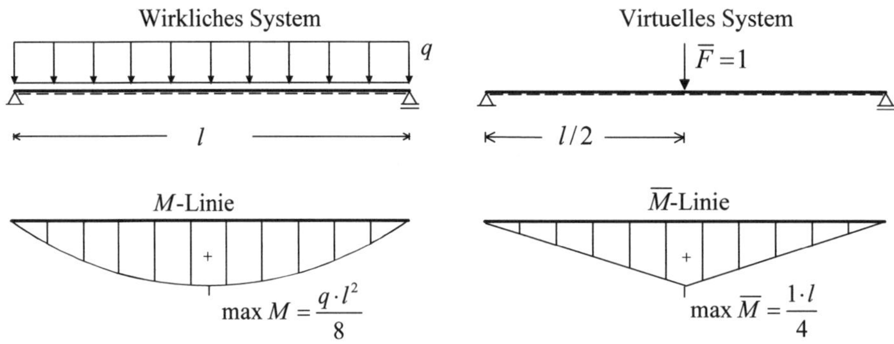

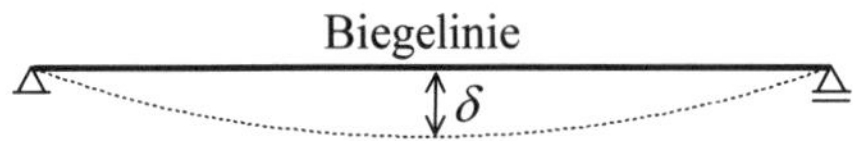

$$1 \cdot \delta = \int_0^l \frac{M \cdot \overline{M}}{EI} dx = \frac{1}{EI} \int_0^l M \cdot \overline{M}\, dx$$

Auswertung mit Hilfe der Integraltafel (Tabelle 4.1):

$$\delta = \frac{1}{EI} \int_0^l M \cdot \overline{M}\, dx = \frac{1}{EI} \int \left[\frac{q \cdot l^2}{8}\right] \left[\frac{l}{4}\right] = \frac{1}{EI} \cdot \frac{5}{12} \cdot \frac{q \cdot l^2}{8} \cdot \frac{l}{4} \cdot l = \frac{5 \cdot q \cdot l^4}{384 \cdot EI}$$

b) Berechnung der Trägerverdrehung am linken Lager

Berechnung der Trägerverdrehung mit Hilfe des Prinzips der virtuellen Kräfte (PdvK).

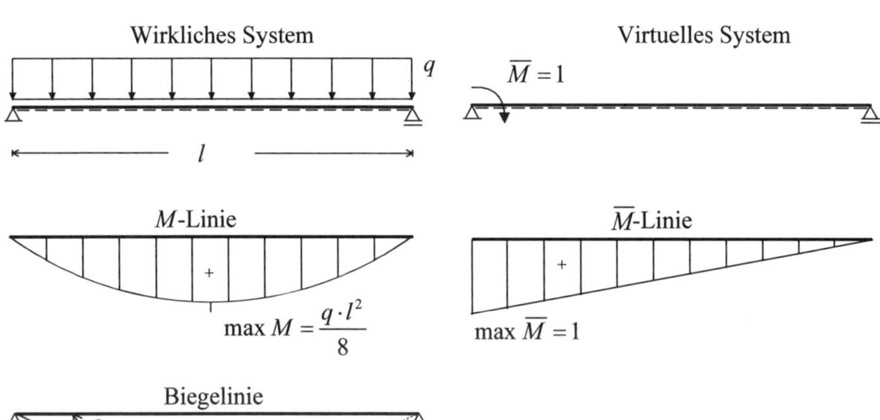

$$1 \cdot \delta = \int_0^l \frac{M \cdot \overline{M}}{EI} dx = \frac{1}{EI} \int_0^l M \cdot \overline{M}\, dx$$

Auswertung mit Hilfe der Integraltafel (Tabelle 4.1):

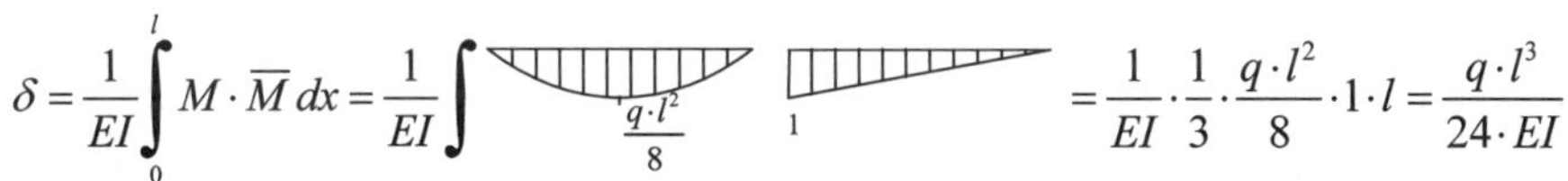

$$\delta = \frac{1}{EI} \int_0^l M \cdot \overline{M}\, dx = \frac{1}{EI} \int \quad = \frac{1}{EI} \cdot \frac{1}{3} \cdot \frac{q \cdot l^2}{8} \cdot 1 \cdot l = \frac{q \cdot l^3}{24 \cdot EI}$$

Beispiel 2: Träger auf 2 Stützen mit Einzelmoment (z.B. aus Kragarm)

Gegeben: l, M, EI = konstant

Gesucht: Trägerverdrehung am linken Lager

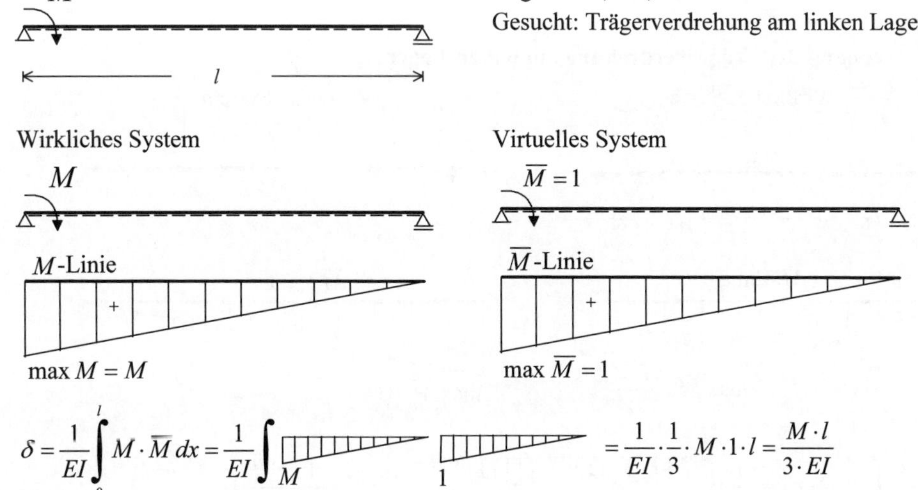

$$\delta = \frac{1}{EI} \int_0^l M \cdot \overline{M}\, dx = \frac{1}{EI} \int \quad = \frac{1}{EI} \cdot \frac{1}{3} \cdot M \cdot 1 \cdot l = \frac{M \cdot l}{3 \cdot EI}$$

Beispiel 3: Träger auf 2 Stützen mit Einzellast

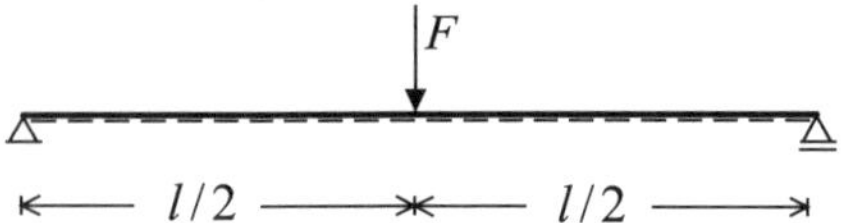

Gegeben: l, F, EI = konstant
Gesucht:
a) Die Durchbiegung bei $l/2$
b) Trägerverdrehung am linken Lager

a) Berechnung der Trägerdurchbiegung bei $l/2$
Berechnung der Durchbiegung mit Hilfe des Prinzips der virtuellen Kräfte (PdvK).

Wirkliches System

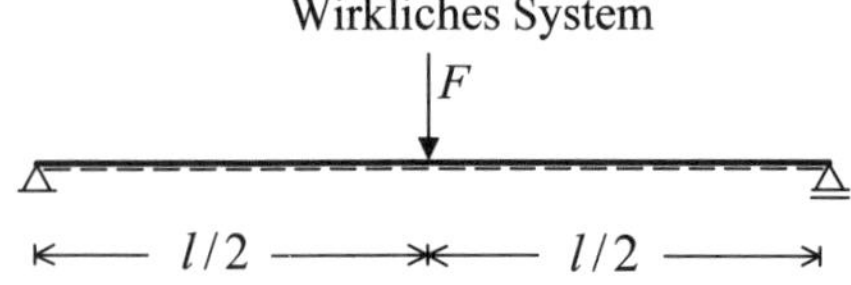

Virtuelles System

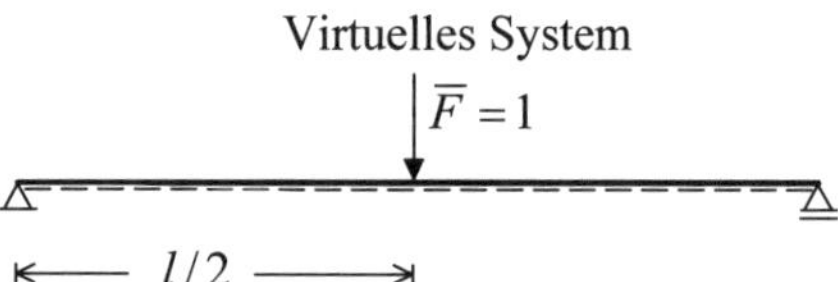

M-Linie

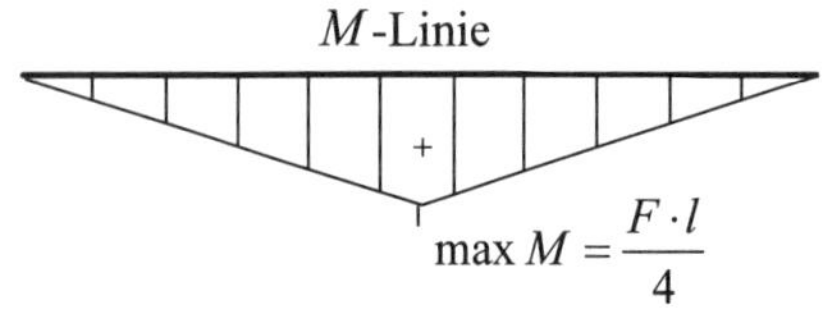

$\max M = \dfrac{F \cdot l}{4}$

$\overline{M}$-Linie

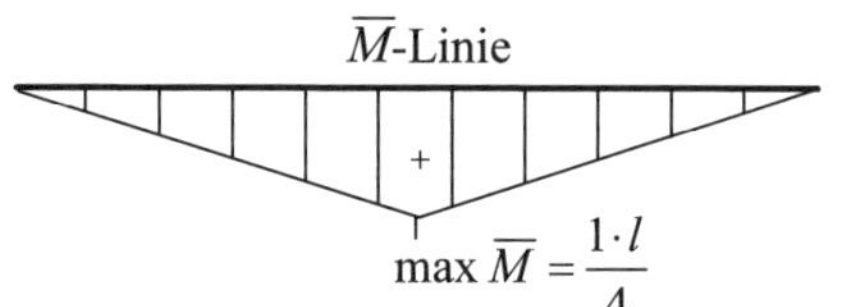

$\max \overline{M} = \dfrac{1 \cdot l}{4}$

$$1 \cdot \delta = \int_0^l \frac{M \cdot \overline{M}}{EI} dx = \frac{1}{EI} \int_0^l M \cdot \overline{M}\, dx$$

Auswertung mit Hilfe der Integraltafel (Tabelle 4.1):

$$\delta = \frac{1}{EI} \int_0^l M \cdot \overline{M}\, dx = \frac{1}{EI} \int \frac{F \cdot l}{4} \quad \frac{l}{4} \quad = \frac{1}{EI} \cdot \frac{1}{3} \cdot \frac{F \cdot l}{4} \cdot \frac{l}{4} \cdot \frac{l}{2} \cdot 2 = \frac{F \cdot l^3}{48 \cdot EI}$$

b) Berechnung der Trägerverdrehung am linken Lager

Wirkliches System

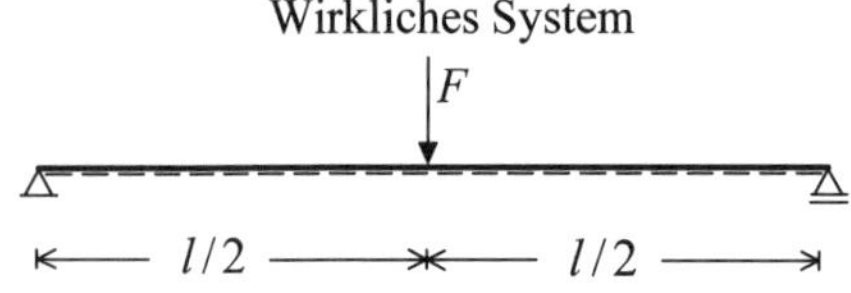

Virtuelles System

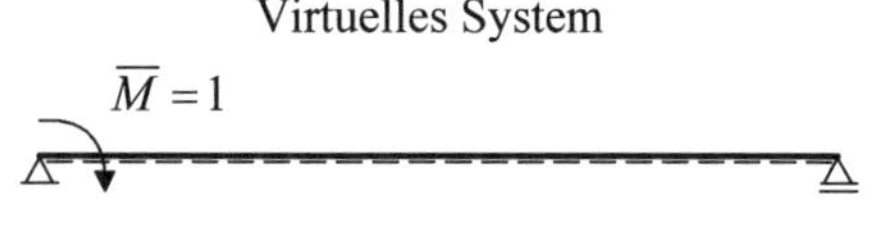

M-Linie

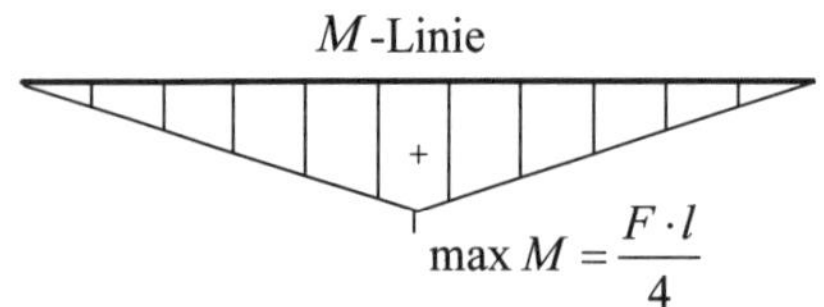

$\max M = \dfrac{F \cdot l}{4}$

$\overline{M}$-Linie

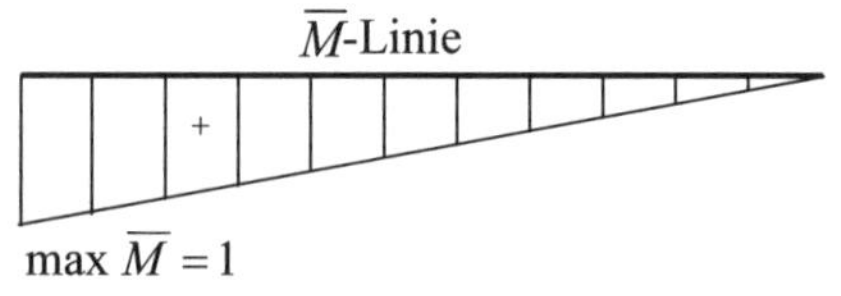

$\max \overline{M} = 1$

$$\delta = \frac{1}{EI} \int_0^l M \cdot \overline{M}\, dx = \frac{1}{EI} \int \frac{F \cdot l}{4} \quad 1 \quad = \frac{1}{EI} \cdot \frac{1}{4} \cdot \frac{F \cdot l}{4} \cdot 1 \cdot l = \frac{F \cdot l^2}{16 \cdot EI}$$

Beispiel 4: Träger mit Zugstange

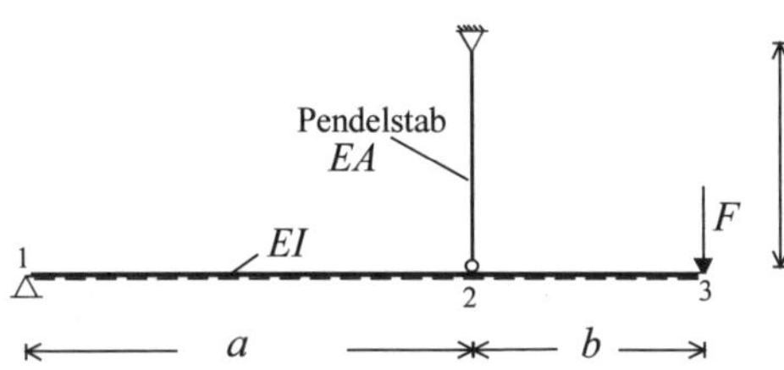

Gegeben:

Träger $a = 4{,}0$ m, $b = 2{,}0$ m

$F = 3$ kN, $EI = 9000000$ kNcm^2

Pendelstab $l = 2{,}5$ m, $EA = 3000$ kN

Gesucht:

Die Vertikalverschiebung δ_3 des Punktes 3

Berechnung der Verschiebung mit Hilfe des Prinzips der virtuellen Kräfte (PdvK).

Wirkliches System

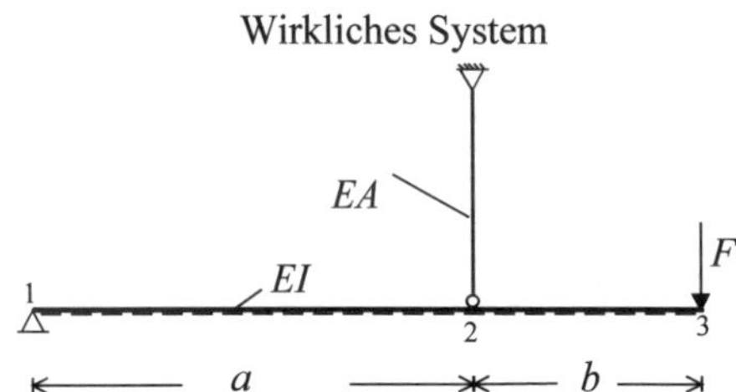

Virtuelles System

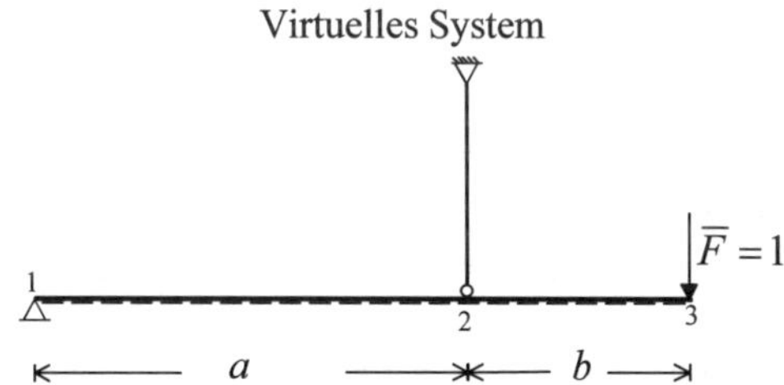

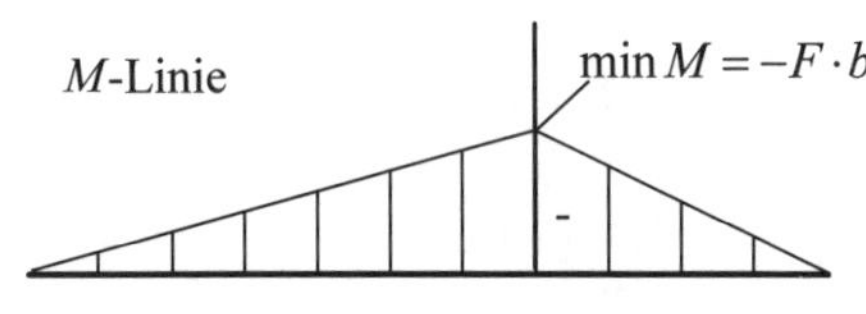

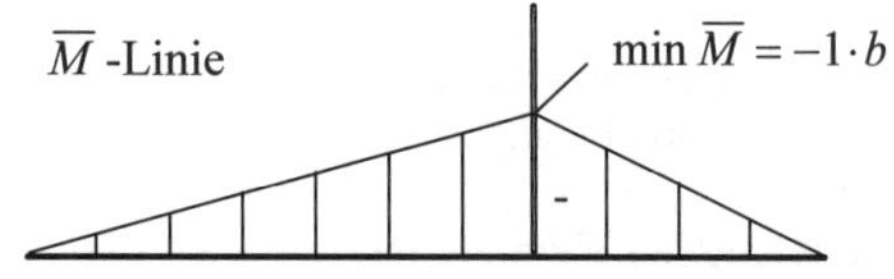

N-Linie

$N = F \cdot \dfrac{a+b}{a}$

+

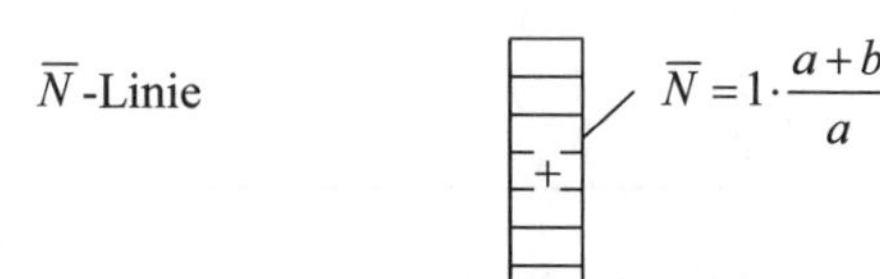

$$1 \cdot \delta_3 = \frac{1}{EI}\int_0^a M \cdot \overline{M}\, dx + \frac{1}{EI}\int_0^b M \cdot \overline{M}\, dx + \frac{1}{EA}\int_0^l N \cdot \overline{N}\, dx$$

Auswertung mit Hilfe der Integraltafel (Tabelle 4.1):

$$\delta_3 = \frac{1}{EI}\int [-F \cdot b;\ a,\ b] \cdot [-1 \cdot b;\ a,\ b] + \frac{1}{EA}\int \left[F \cdot \frac{a+b}{a};\ l\right] \cdot \left[1 \cdot \frac{a+b}{a};\ l\right]$$

$$\delta_3 = \frac{1}{EI}\frac{1}{3}F \cdot b \cdot b \cdot a + \frac{1}{EI}\frac{1}{3}F \cdot b \cdot b \cdot b + \frac{1}{EA}F \cdot \frac{a+b}{a} \cdot \frac{a+b}{a} \cdot l$$

$$\delta_3 = \frac{F}{3EI}(a \cdot b^2 + b^3) + \frac{F}{EA} \cdot \left(\frac{a+b}{a}\right)^2 \cdot l = 2{,}67 + 0{,}56 = 3{,}23 \text{ cm}$$

Beispiel 5: Träger auf starrer und elastischer Lagerung

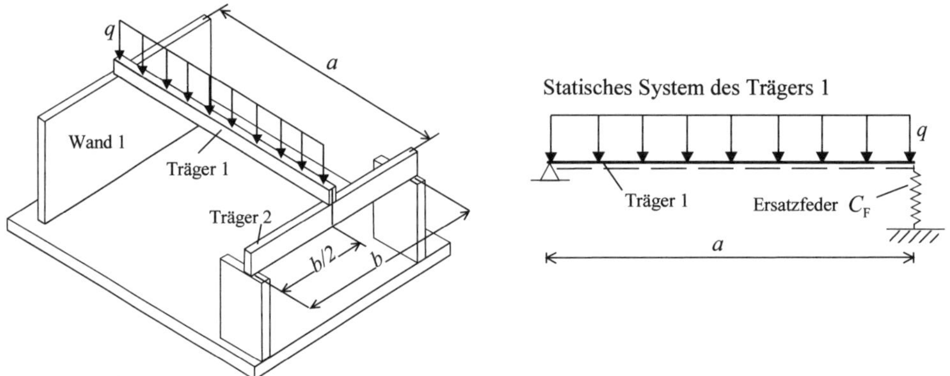

Gegeben:
Linienlast $q = 3\text{ kN/m} = 0{,}03\text{ kN/cm}$

Träger 1: Länge $a = 400\text{ cm}$, Biegesteifigkeit $EI_1 = 1520640\text{ kNcm}^2$

Träger 2: Länge $b = 300\text{ cm}$, Biegesteifigkeit $EI_2 = 880000\text{ kNcm}^2$

Gesucht:
Durchbiegung des Trägers 1 bei $a/2$ mit Hilfe des Prinzips der virtuellen Kräfte (PdvK)

Träger 1 lagert starr auf der Wand 1 auf, aber elastisch auf dem Träger 2, da sich dieser unter Belastung durchbiegt.

Ermittlung der Ersatzfedersteifigkeit des Trägers 2:

Durchbiegung des Trägers 2 infolge Einzellast F an der Stelle $b/2$:

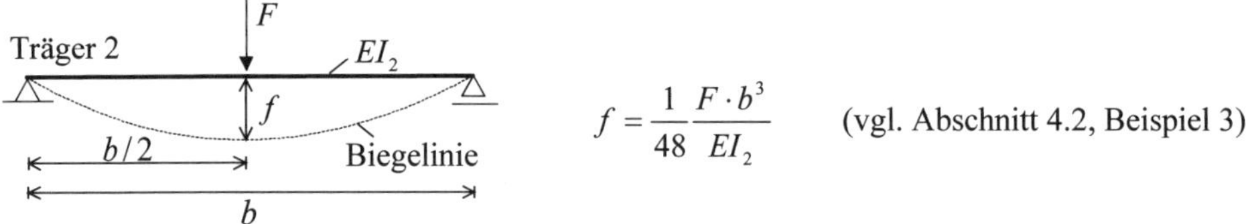

$$f = \frac{1}{48}\frac{F \cdot b^3}{EI_2}$$ (vgl. Abschnitt 4.2, Beispiel 3)

Die Längenänderung einer linearen Feder mit der Steifigkeit C_F infolge Einzellast F:

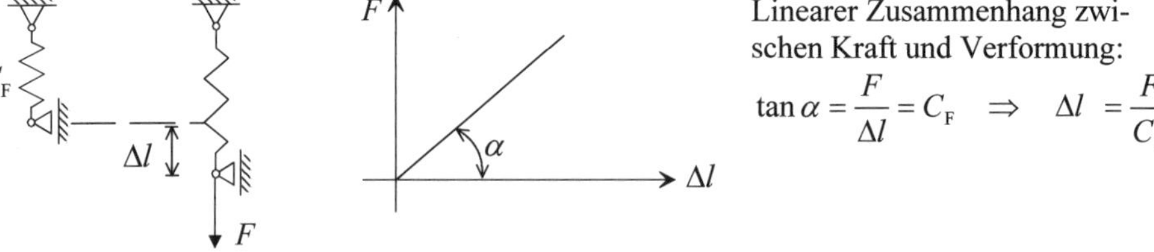

Linearer Zusammenhang zwischen Kraft und Verformung:

$$\tan\alpha = \frac{F}{\Delta l} = C_F \quad \Rightarrow \quad \Delta l = \frac{F}{C_F}$$

Die Ersatzfedersteifigkeit C_F des Biegebalkens wird aus der Bedingung $f = \Delta l$ bestimmt:

$$f = \Delta l \quad \Rightarrow \quad \frac{1}{48}\frac{F \cdot b^3}{EI_2} = \frac{F}{C_F} \quad \Rightarrow \quad C_F = \frac{48EI_2}{b^3}$$

Berechnung der Trägerdurchbiegung bei $a/2$ (Träger 1)

Berechnung der Durchbiegung mit Hilfe des Prinzips der virtuellen Kräfte (PdvK).

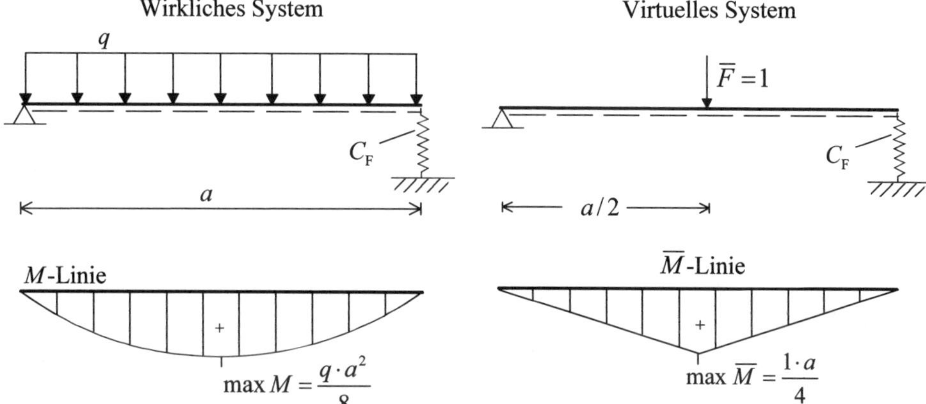

Wirkliche Federkraft: $F_F = \frac{q \cdot a}{2}$

Virtuelle Federkraft: $\overline{F}_F = \frac{\overline{F}}{2} = \frac{1}{2}$

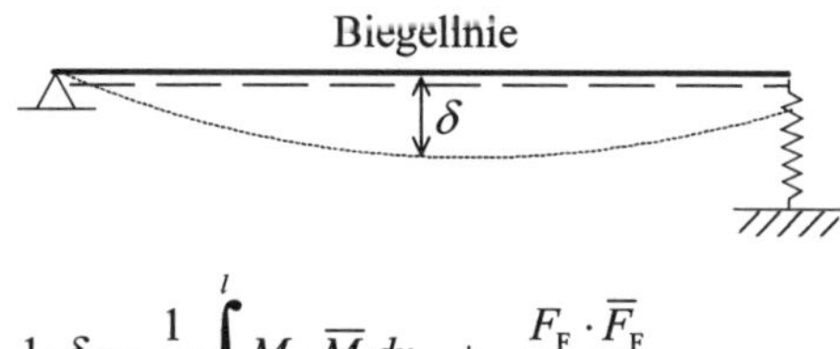

$$1 \cdot \delta = \frac{1}{EI_1} \int_0^l M \cdot \overline{M}\, dx \quad + \quad \frac{F_F \cdot \overline{F}_F}{C_F}$$

Auswertung mit Hilfe der Integraltafel (Tabelle 4.1):

$$\delta = \frac{1}{EI_1} \int \left[\text{Parabel: } \frac{q \cdot a^2}{8}\right] \left[\text{Dreieck: } \frac{a}{4}\right] \quad + \quad \frac{q \cdot a}{2} \cdot \frac{1}{2} \cdot \frac{1}{C_F}$$

$$\delta = \frac{1}{EI_1} \cdot \frac{5}{12} \cdot \frac{q \cdot a^2}{8} \cdot \frac{a}{4} \cdot a \quad + \quad \frac{q \cdot a}{2} \cdot \frac{1}{2} \cdot \frac{1}{C_F}$$

$$\delta = \frac{5 \cdot q \cdot a^4}{384 \cdot EI_1} + \frac{q \cdot a}{4} \cdot \frac{1}{C_F}$$

mit $C_F = \frac{48 EI_2}{b^3}$ folgt: $\delta = \frac{5 \cdot q \cdot a^4}{384 \cdot EI_1} + \frac{q \cdot a}{4} \cdot \frac{b^3}{48 \cdot EI_2} = \frac{5 \cdot q \cdot a^4}{384 \cdot EI_1} + \frac{q \cdot a \cdot b^3}{192 \cdot EI_2}$

$$\delta = \frac{5 \cdot 0{,}03 \cdot 400^4}{384 \cdot 1520640} + \frac{0{,}03 \cdot 400 \cdot 300^3}{192 \cdot 880000} = 6{,}58 + 1{,}92 = 8{,}5\,\text{cm}$$

Wird der Träger 2 als unendlich steif angenommen ($EI_2 \to \infty$) so folgt $\delta = 6{,}58\,\text{cm}$.

Beispiel 6: Fassadenstütze bei ungleichmäßiger Erwärmung

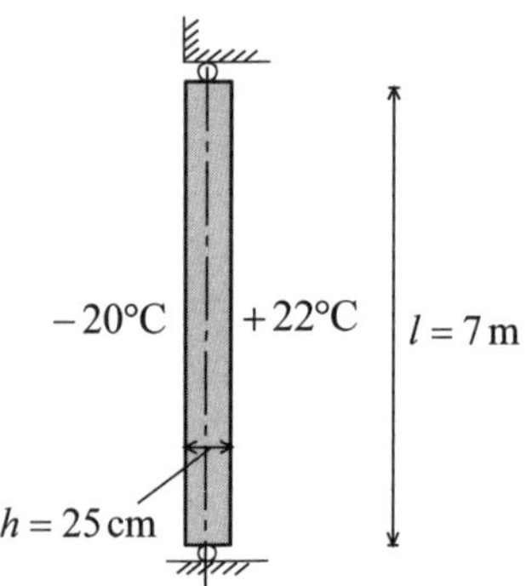

Berechne die max. Durchbiegung einer Fassadenstütze aus Stahl von 7 m Höhe, 25 cm Querschnittshöhe unter den Wintertemperaturen von +22 °C im Innern und –20 °C im Freien.

Wärmedehnzahl $\alpha_T = 1{,}2 \cdot 10^{-5} \dfrac{1}{°C}$

Wirkliches System

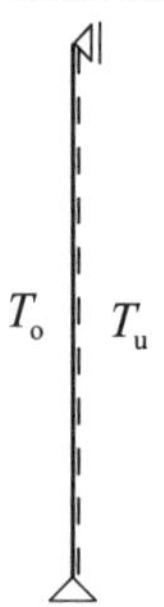

Virtuelles System

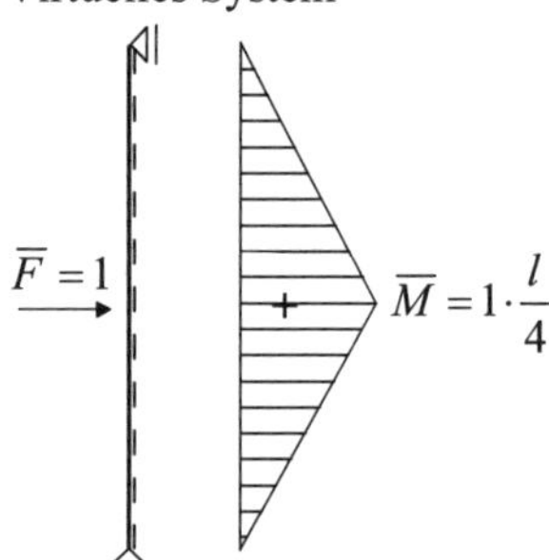

$$1 \cdot \delta = \int \frac{T_u - T_o}{h} \cdot \alpha_T \cdot \overline{M}\, dx$$

$$\delta = \int \frac{T_u - T_o}{h} \cdot \alpha_T \quad \frac{l}{4} \quad = \frac{T_u - T_o}{h} \cdot \alpha_T \cdot \frac{1}{2} \cdot \frac{l}{4} \cdot l$$

$$\delta = \frac{22 + 20}{25} \cdot 1{,}2 \cdot 10^{-5} \cdot \frac{1}{2} \cdot \frac{700}{4} \cdot 700 = 1{,}23\,\text{cm}$$

Beispiel 7: Durchbiegungen bei Fachwerken

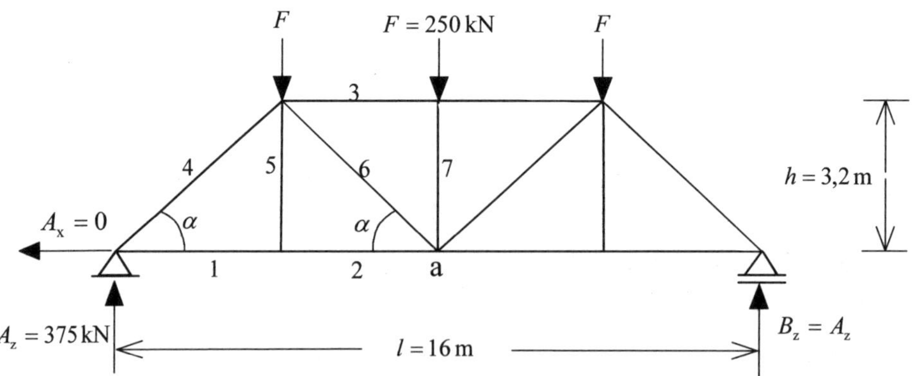

Gegeben: $l = 16\,\text{m}$ $\quad h = 3{,}2\,\text{m}$ $\quad F = 250\,\text{kN}$ $\quad E_S = 210000\ \text{MN/m}^2$

$\tan\alpha = \frac{h}{l/4} = \frac{3.2}{4} = 0{,}8 \qquad \sin\alpha = 0{,}625 \qquad \cos\alpha = 0{,}781$

Gesucht: Durchbiegung des Knotens a

Normalkräfte des wirklichen Systems (vgl. Beispiel 1, Abschnitt 1.8.2)

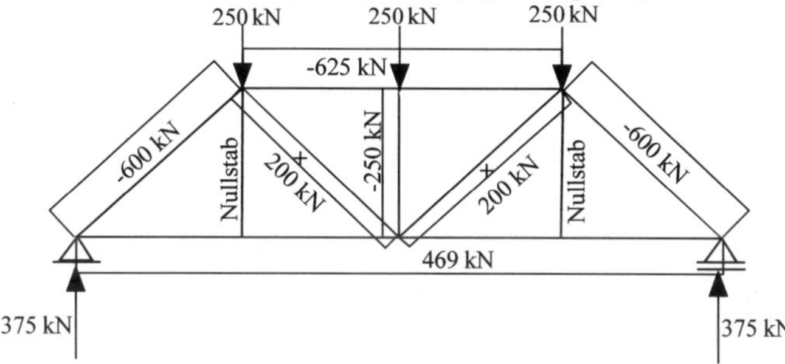

Normalkräfte des virtuellen Systems

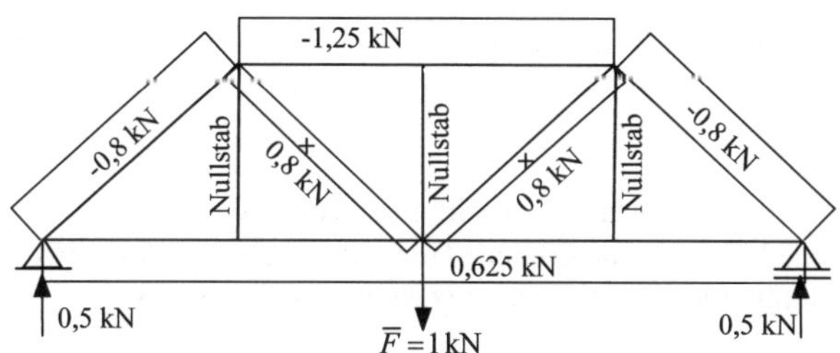

$$1 \cdot \delta_a = \int_0^l \frac{N \cdot \overline{N}}{EA} dx = \sum_{i=1}^{n} \frac{N_i \cdot \overline{N}_i}{EA_i} s_i$$

δ_a Durchbiegung eines Knotenpunktes a

N_i Stabkräfte des Fachwerks infolge des gegebenen Belastungszustandes

$\overline{N}_i$ Stabkräfte des Fachwerks infolge der virtuellen Last $\overline{F} = 1$

s_i Stablängen

EA_i Dehnsteifigkeiten der Stäbe

Stab	N	$\overline{N}$	A	s	$\frac{N \cdot \overline{N}}{A} s$
	kN		m²	m	MN/m
1	469	0,625	0,0030	4,00	391
2	469	0,625	0,0030	4,00	391
3	–625	–1,250	0,0060	4,00	521
4	–600	–0,800	0,0060	5,12	410
5	0	0	0,0010	3,20	0
6	200	0,800	0,0025	5,12	328
7	–250	0	0,0025	3,20	0
Σ	halber Fachwerkträger				2041

Durchbiegung des Knotens a

$$\delta_a = \frac{1}{E_S} \sum \frac{N_i \cdot \overline{N}_i}{A_i} s_i$$

$$\delta_a = \left(\frac{2041}{210000}\right) \cdot 2 = 19{,}44 \cdot 10^{-3}\ \text{m} = 19{,}44\,\text{mm}$$

5 Statisch unbestimmte Systeme

5.1 Statische Unbestimmtheit

Statisch bestimmte Systeme

Die Schnittgrößen folgen allein aus den Gleichgewichtsbedingungen und aus eventuellen Nebenbedingungsgleichungen (z.B. $M = 0$ an einem Gelenk). Vgl. Beispiele unter 1.5.4.

Vorteile:

- Das Tragwerk ist unempfindlich gegenüber Zwangbeanspruchungen, wie z. B. Lagersenkungen oder Temperaturbeanspruchungen.

Nachteile:

- Die Verformungen sind in der Regel größer als bei statisch unbestimmten Systemen.
- Statisch bestimmte Systeme besitzen geringe Tragreserven, das Versagen eines Bauteils führt in der Regel zum Versagen des gesamten Tragwerks.

Statisch unbestimmte Systeme

Statisch unbestimmte Systeme (z.B. Träger auf 3 Stützen) lassen sich nicht alleine mit Gleichgewichtsbedingungen und Nebenbedingungsgleichungen (z.B. $M = 0$ an einem Gelenk) berechnen. Man benötigt zusätzliche Gleichungen, sog. Verformungsbedingungen.

Vorteile:

- Die Verformungen sind geringer als bei statisch bestimmten Systemen.
- Statisch unbestimmte Systeme besitzen eine größere Tragreserve. Der Ausfall einzelner Tragwerksteile führt in der Regel nicht zum Gesamtversagen des Tragwerks.

Nachteile:

- Das Tragwerk ist empfindlich gegenüber Zwangbeanspruchungen, wie z. B. Lagersenkungen oder Temperaturbeanspruchungen.

Beispiel: Träger auf 3 Stützen

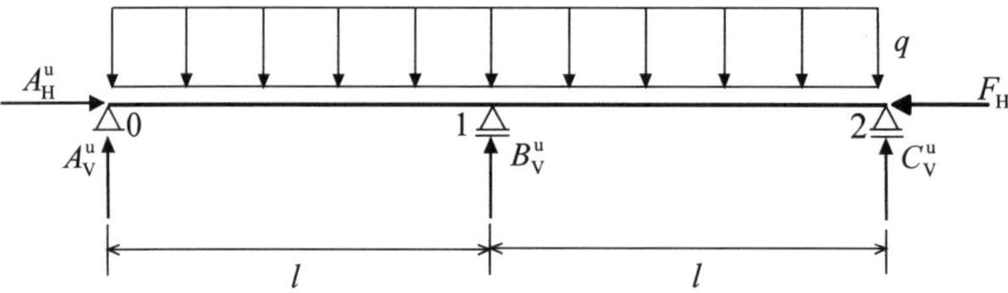

Abb. 5.1: Zweifeldträger als Durchlaufträger

Bei einem Zweifeldträger können bei entsprechender Belastung vier Auflagereaktionen auftreten. Es stehen jedoch nur 3 Gleichungen zur Verfügung ($\sum M = 0;\quad \sum F_V = 0;\quad \sum F_H = 0$).

Es fehlt also eine zusätzliche Gleichung. Das vorliegende System ist einfach statisch unbestimmt. Wie man diese zusätzliche Gleichung ermittelt, wird in den folgenden Beispielen gezeigt.

5.2 Anwendungsbeispiele

5.2.1 Auflagerkraft *B* als Statisch Unbestimmte

Man benötigt bei einem Zweifeldträger **eine** zusätzliche Gleichung, um das System berechnen zu können. Man entfernt z.B. das Mittelauflager *B* und erhält so ein statisch bestimmtes Grundsystem mit der Stützweite $2l$. Die Statisch Unbestimmte X_1 ist dann die Auflagerkraft an dieser Stelle ($X_1=B$).

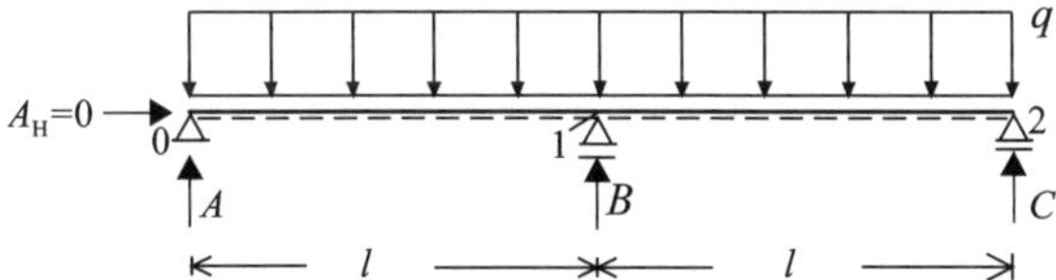

Da die gesuchte Auflagerkraft *B* noch unbekannt ist, wird sie zunächst gleich 1 gesetzt ($X_1=1$). Aus der Bedingung, dass die Durchbiegung an der Stelle 1 des wirklichen Systems gleich null sein muss, ergibt sich die fehlende Gleichung zur Ermittlung von X_1.

$$\delta_{10}+X_1\cdot\delta_{11}=0 \quad \text{oder} \quad X_1=-\frac{\delta_{10}}{\delta_{11}}$$

δ_{10} ist die Durchbiegung an der Stelle 1, infolge der Belastung q am statisch bestimmten Grundsystem:

$$\delta_{10}=\frac{5\cdot q\cdot(2\cdot l)^4}{384\cdot EI}=\frac{5\cdot q\cdot l^4}{24\cdot EI} \quad \text{(vgl. Beispiel 1, Abschnitt 4.2)}$$

δ_{11} ist die Durchbiegung an der Stelle 1, infolge der Belastung $X_1=1$ am statisch bestimmten Grundsystem:

$$\delta_{11}=-\frac{1\cdot(2\cdot l)^3}{48\cdot EI}=-\frac{l^3}{6\cdot EI} \quad \text{(vgl. Beispiel 3, Abschnitt 4.2)}$$

$$\boxed{X_1=-\frac{\delta_{10}}{\delta_{11}}=-\left(\frac{\frac{5\cdot q\cdot l^4}{24\cdot EI}}{-\frac{l^3}{6\cdot EI}}\right)=1{,}25\cdot q\cdot l=B}$$

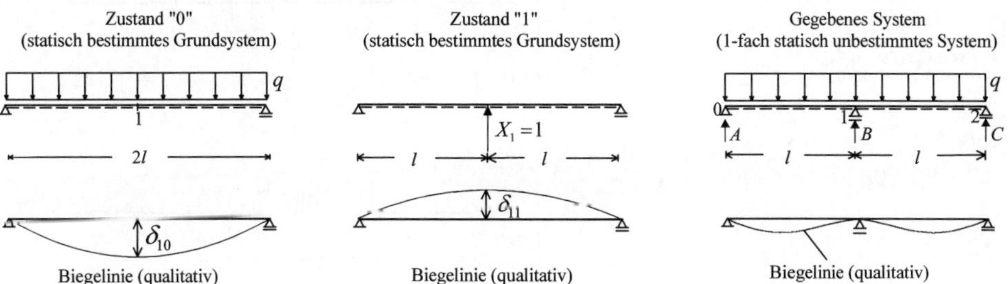

Die Auflagerkräfte A und B sowie alle Schnittgrößen lassen sich nun mit Hilfe von Gleichgewichtsbedingungen berechnen.

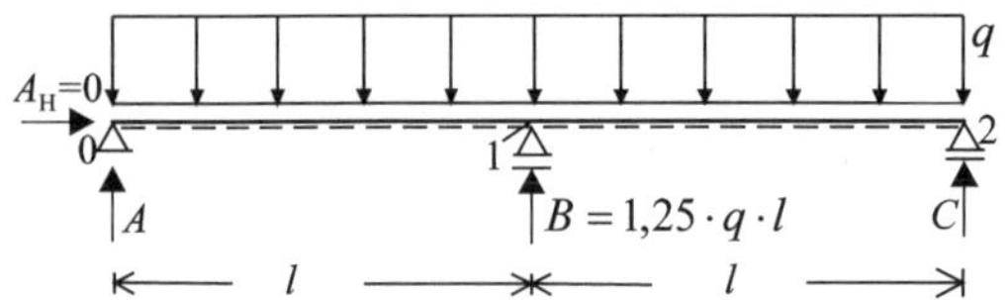

$$\sum M_2 = 0:$$
$$-A \cdot 2l + q \cdot 2l \cdot l - B \cdot l = 0$$
$$A = \frac{1}{2l}(2 \cdot q \cdot l^2 - 1{,}25 \cdot q \cdot l^2)$$
$$A = 0{,}375 \cdot q \cdot l$$

$$\sum F_v = 0:$$
$$-A - B - C + q \cdot 2l = 0$$
$$C = 0{,}375 \cdot q \cdot l$$

Schnittgrößen an der Stelle 1_l:

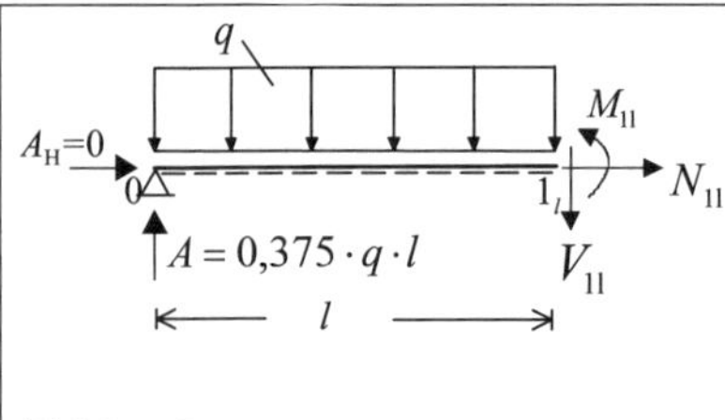

$$\sum M_{11} = 0:$$
$$-0{,}375 \cdot q \cdot l \cdot l + q \cdot l \cdot \frac{l}{2} + M_{11} = 0$$
$$\boxed{M_{11} = -0{,}125 \cdot q \cdot l^2 = -\frac{q \cdot l^2}{8}}$$

$$\sum F_v = 0:$$
$$-A + q \cdot l + V_{11} = 0$$
$$V_{11} = A - q \cdot l = 0{,}375 \cdot q \cdot l - q \cdot l$$
$$\boxed{V_{11} = -0{,}625 \cdot q \cdot l}$$

$$\sum F_h = 0:$$
$$A_H + N_{11} = 0$$
$$N_{11} = -A_H = 0$$

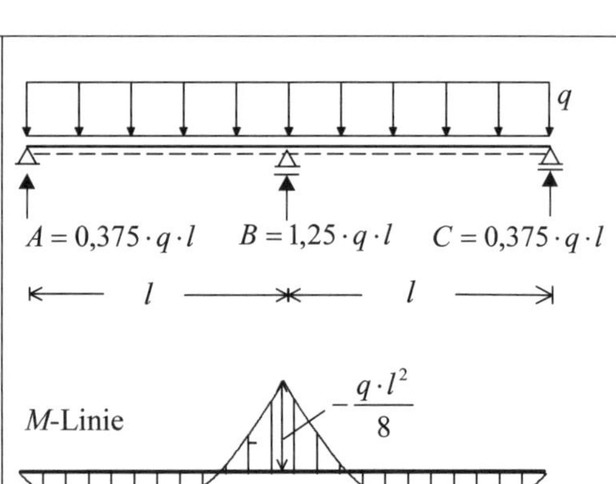

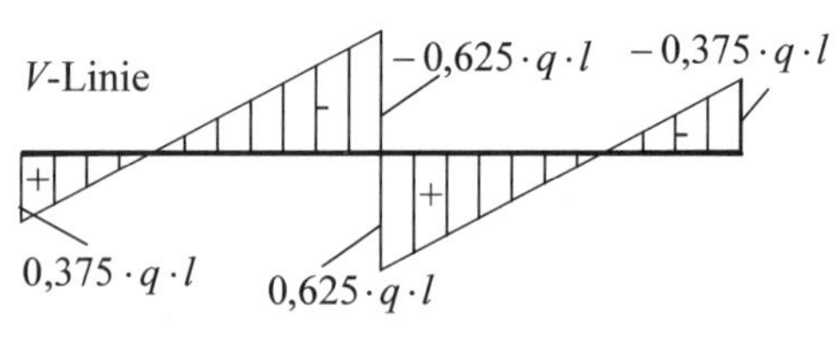

N-Linie

Maximales Feldmoment und Stelle des Momentennullpunktes

Schnittgrößen an der Stelle „x"

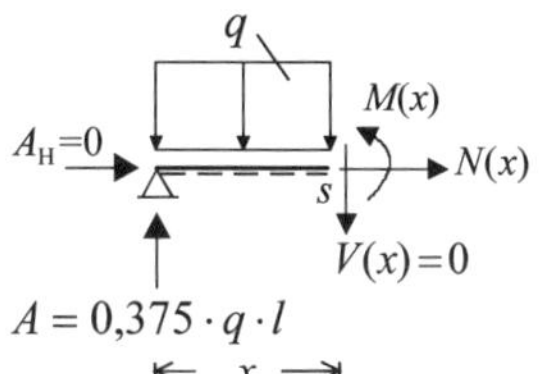

$\sum F_V = 0: \quad q \cdot x - A_V + V(x) = 0$

Das maximale Moment tritt an der Stelle auf, an der die Querkraft V gleich Null ist.
Mit $V(x) = 0$

$$\rightarrow \boxed{x = \frac{A_V}{q} = 0{,}375 \cdot l}$$

x = Stelle des maximalen Feldmomentes

$\sum M_s = 0: \qquad M(x) + q \cdot x \cdot x/2 - A_V \cdot x = 0 \quad \rightarrow M(x) = A_V \cdot x - q \cdot x^2/2$

Maximales Feldmoment $\rightarrow M(x = 0{,}375 \cdot l) = 0{,}375 \cdot q \cdot l \cdot 0{,}375 \cdot l - q \cdot (0{,}375 \cdot l)^2 / 2$

$$\rightarrow \boxed{\max M_{\text{Feld}} = M(x = 0{,}375 \cdot l) = 0{,}070 \cdot q \cdot l^2}$$

Stelle des Momentennullpunktes

Schnittgrößen an der Stelle „x_n"

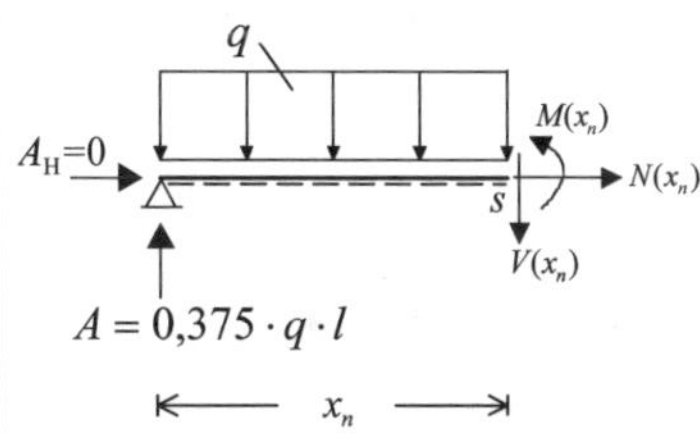

Momentengleichgewicht an der Stelle x_n

$\sum M_s = 0:$

$M(x_n) + q \cdot x_n \cdot x_n / 2 - A_V \cdot x_n = 0$

$$M(x_n) = 0 \quad \rightarrow \quad q \cdot (x_n)^2 / 2 - A_V \cdot x_n = 0$$

$$\rightarrow \boxed{x_n = \frac{2 \cdot A_V}{q} = 2 \cdot x}$$

$$\boxed{x_n = \frac{2 \cdot 0{,}375 \cdot q \cdot l}{q} = 0{,}75 \cdot l}$$

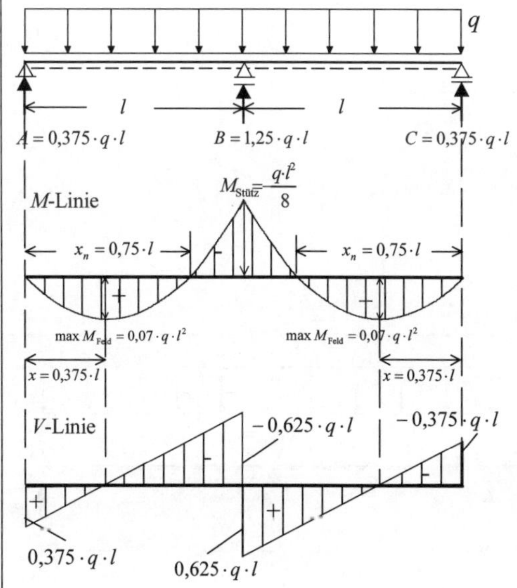

Zahlenbeispiel:

$q = 10\,\text{kN/m} \quad l = 3{,}0\,\text{m}$

$\boxed{A = C = 0{,}375 \cdot q \cdot l} \rightarrow A = C = 11{,}25\,\text{kN}$

$\boxed{B = 1{,}25 \cdot q \cdot l} \rightarrow B = 37{,}5\,\text{kN}$

$\boxed{\max M_{\text{Feld}} = 0{,}07 \cdot q \cdot l^2}$ $\boxed{x = 0{,}375 \cdot l}$

$\rightarrow \max M_{\text{Feld}} = 6{,}30\,\text{kNm}; \ x = 1{,}125\,\text{m}$

Stelle des Momentennullpunktes

$\boxed{x_n = 0{,}75 \cdot l} \rightarrow x_n = 2{,}25\,\text{m}$

$\boxed{M_{\text{Stütz}} = -\frac{q \cdot l^2}{8}} \rightarrow M_{\text{Stütz}} = -11{,}25\,\text{kNm}$

$\boxed{V_{1l} = -0{,}625 \cdot q \cdot l} \rightarrow V_{1l} = -18{,}75\,\text{kN}$

$\boxed{V_{1r} = +0{,}625 \cdot q \cdot l} \rightarrow V_{1r} = +18{,}75\,\text{kN}$

5.2.2 Stützmoment M_1 als Statisch Unbestimmte

Man bringt am Mittelauflager ein Gelenk an, um das System statisch bestimmt zu machen. Die Statisch Unbestimmte X_1 ist dann das Stützmoment an dieser Stelle.

Aus der Bedingung, dass beim wirklichen System an der Stelle 1 kein Knick in der Biegelinie auftreten kann, ergibt sich die fehlende Gleichung zur Ermittlung von X_1.

$$\delta_{10} + X_1 \cdot \delta_{11} = 0 \quad \text{oder} \quad X_1 = -\frac{\delta_{10}}{\delta_{11}}$$

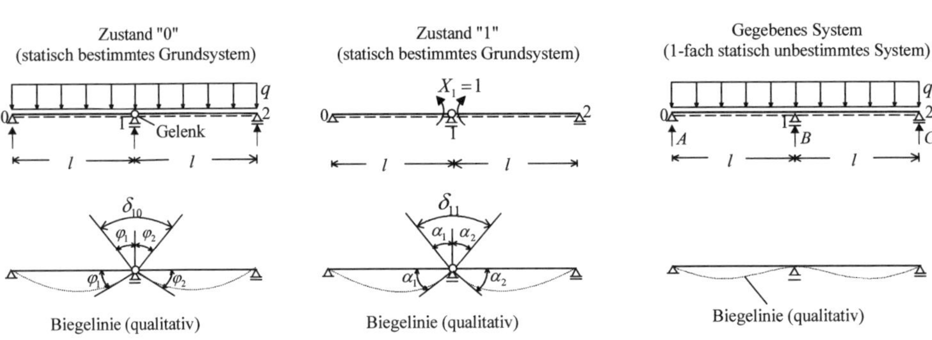

$\delta_{10} = \varphi_1 + \varphi_2$ ist die relative Verdrehung an der Stelle 1, infolge der Belastung q am statisch bestimmten Grundsystem.

Berechnung von δ_{10} mit Hilfe des Prinzips der virtuellen Arbeit.

$$\delta_{10} = \varphi_1 + \varphi_2 = 2 \cdot \frac{q \cdot l^3}{24 \cdot EI} = \frac{q \cdot l^3}{12 \cdot EI} \quad \text{(vgl. Beispiel 1, Abschnitt 4.2)}$$

$\delta_{11} = \alpha_1 + \alpha_2$ ist die relative Verdrehung an der Stelle 1, infolge der Belastung $X_1 = 1$ am statisch bestimmten Grundsystem.

$$\delta_{11} = \alpha_1 + \alpha_2 = 2 \cdot \frac{1 \cdot l}{3 \cdot EI} = \frac{2 \cdot l}{3 \cdot EI} \quad \text{(vgl. Beispiel 2, Abschnitt 4.2)}$$

$$X_1 = -\frac{\delta_{10}}{\delta_{11}} = -\left(\frac{\frac{q \cdot l^3}{12 \cdot EI}}{\frac{2 \cdot l}{3 \cdot EI}} \right) = -\frac{q \cdot l^2}{8} = M_1$$

Belastet man das statisch bestimmte Grundsystem mit q und $M_1 = X_1$, so ist es in statischer Hinsicht mit dem gegebenen System identisch. Alle Berechnungen können also am statisch bestimmten System durchgeführt werden.

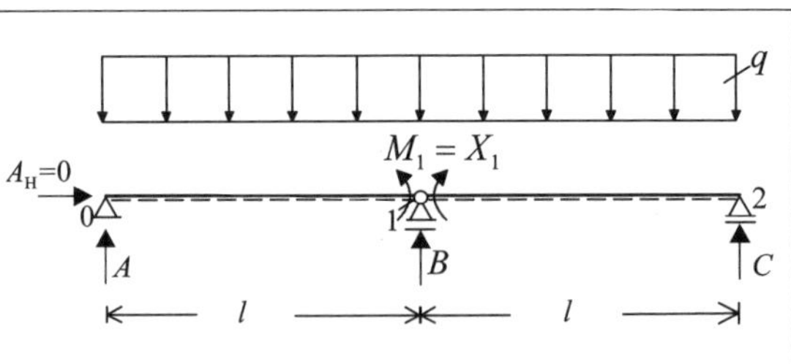

Berechnung der Auflagerreaktionen:

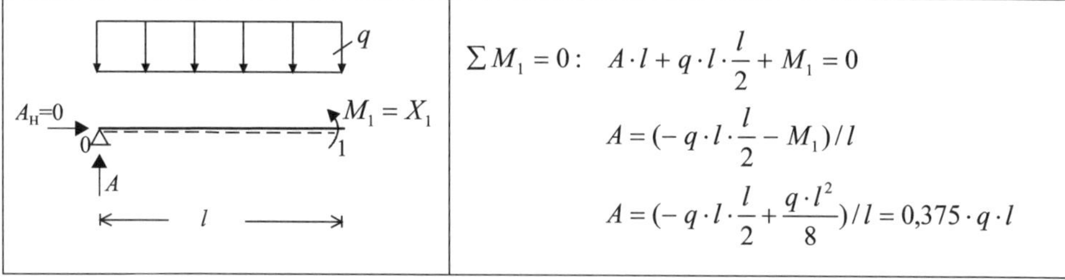

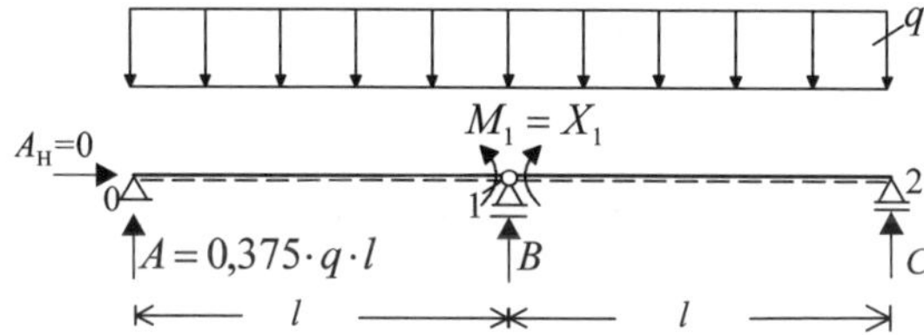

Aus Symmetriegründen ist: $C = A = 0{,}375 \cdot q \cdot l$

$$\Sigma F_V = 0: \quad A + B + C - q \cdot 2l = 0$$
$$2A + B - q \cdot 2l = 0$$
$$B = -2A + q \cdot 2l = -2 \cdot 0{,}375 \cdot q \cdot l + 2 \cdot q \cdot l = 1{,}25 \cdot q \cdot l$$

5.2.3 Verformungen von statisch bestimmten und statisch unbestimmten Systemen

Hier wird der Unterschied bezüglich der Verformung (Durchbiegung) und der quantitativen Größe der Auflagerkräfte von statisch bestimmten und statisch unbestimmten Systemen qualitativ dargestellt werden.

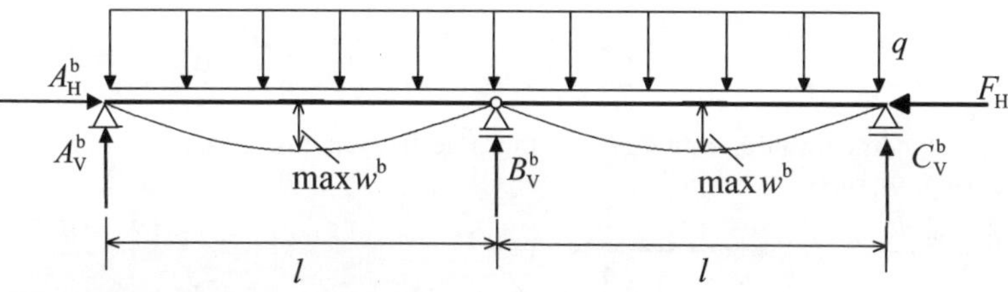

Abb. 5.2: Statisch bestimmter Träger über zwei Felder

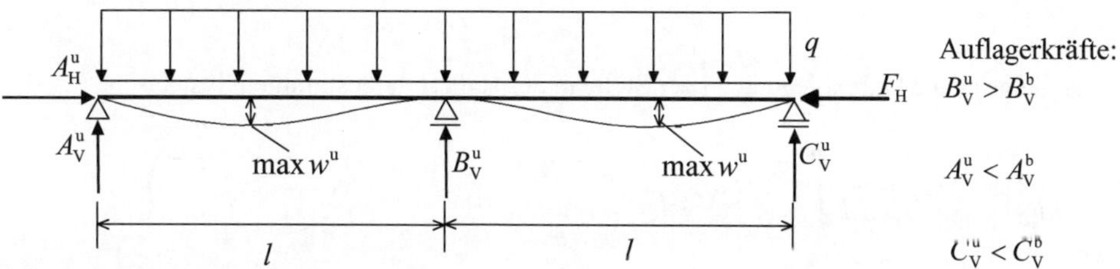

Abb. 5.3: Statisch unbestimmter Träger über zwei Felder

Für die maximale Durchbiegung gilt: $\max w^b > \max w^u$

5.3 Reduktionssatz

Der Reduktionssatz besagt, dass die virtuelle Einheitslast an einem statisch bestimmten Teilsystem angebracht werden darf.

Beispiel zur Anwendung des Reduktionssatzes

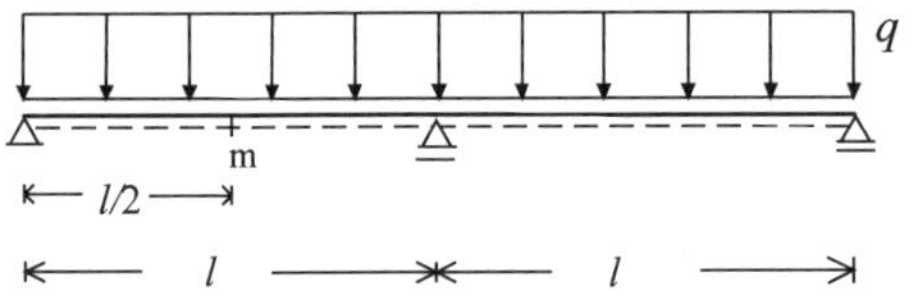

q m $l/2$ l $\quad$ l	Gegeben: q, l, EI = konstant Gesucht: Die Durchbiegung δ_m an der Stelle m
Wirklicher Kraftzustand Statisch unbestimmtes System mit gegebener Belastung q l $\quad$ l M-Linie am statisch unbestimmten System infolge gegebener Belastung $\frac{q\cdot l^2}{8}$ $\quad$ $-\frac{q\cdot l^2}{8}$ $\quad$ $\frac{q\cdot l^2}{8}$	Virtueller Kraftzustand Statisch bestimmtes System mit virtueller Kraft $\overline{F}=1$ $\overline{F}=1$ $\quad$ Gelenk m $l/2$ l $\quad$ l $\overline{M}$-Linie am statisch bestimmten System infolge $\overline{F}=1$ + $\quad$ $\frac{1\cdot l}{4}$

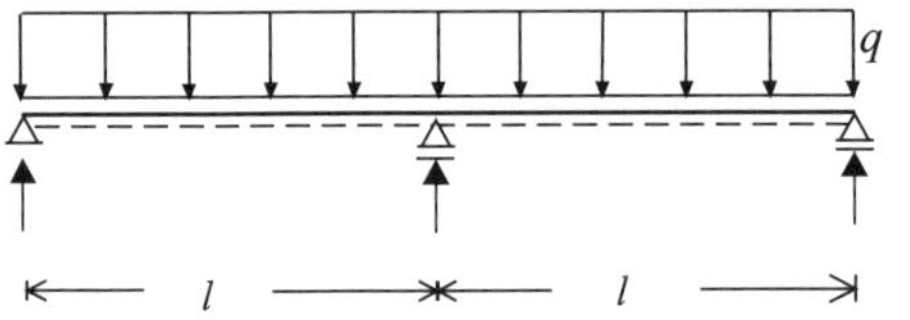

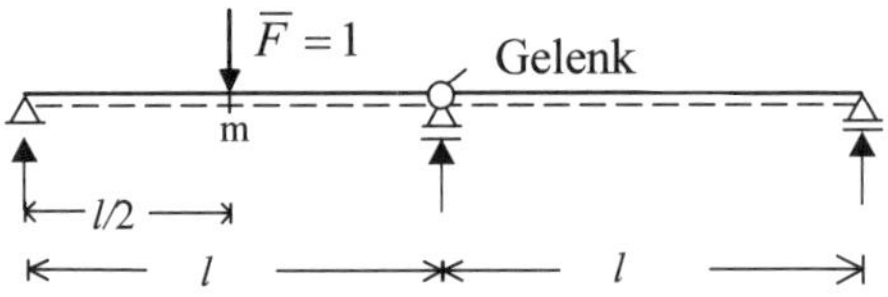

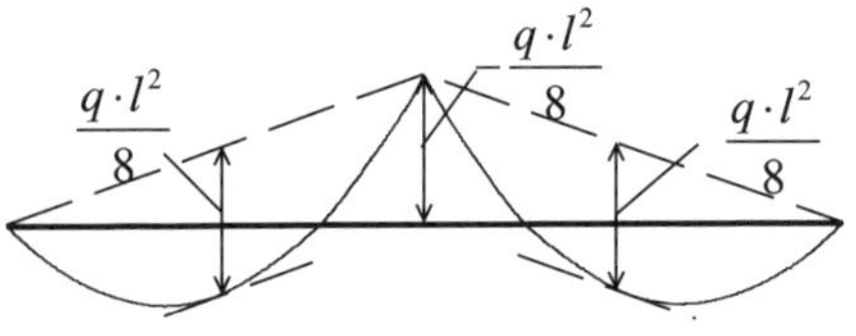

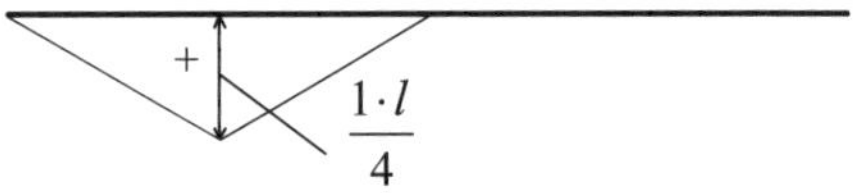

Die M-Linie ist nicht in der Integraltafel enthalten, sie muss deshalb in eine quadratische Parabel und ein Dreieck zerlegt werden.

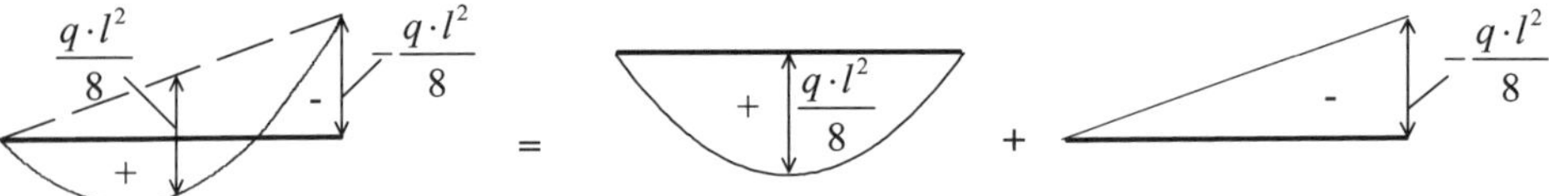

δ_m ist die gesuchte Durchbiegung an der Stelle m des statisch unbestimmten Systems

$$\delta_m = \frac{1}{EI}\int_0^l M\cdot\overline{M}\,dx = \frac{1}{EI}\int\left(\; + \; \frac{q\cdot l^2}{8} \quad \frac{l}{4} \quad + \quad - \quad -\frac{q\cdot l^2}{8} \quad \frac{l}{4} \right)$$

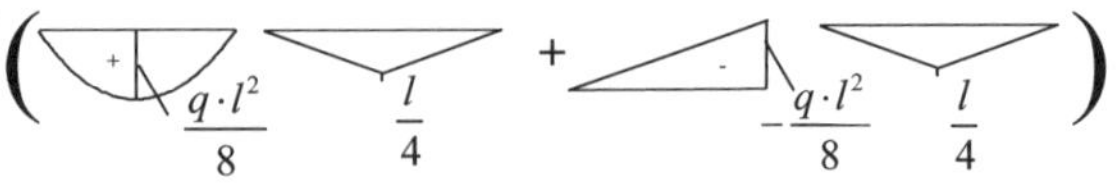

$$= \frac{1}{EI}\cdot\left(\frac{1}{2{,}4}\cdot\frac{q\cdot l^2}{8}\cdot\frac{l}{4}\cdot l \; + \; \frac{1}{4}\cdot\frac{-q\cdot l^2}{8}\cdot\frac{l}{4}\cdot l\right) = \frac{1}{192}\cdot\frac{q\cdot l^4}{EI}$$

5.4 Ersatzstützweite l_i

Der Momentennullpunkt ist Wendepunkt der Biegelinie, in diesem Punkt wechselt das Biegemoment sein Vorzeichen. Für die Bemessung im Stahlbetonbau ist der Momentennullpunkt von Bedeutung, die Lage der Bewehrung hängt von dem Vorzeichen des Biegemomentes ab.
Die Ersatzstützweite entspricht dem Abstand benachbarter Wendepunkte der Biegelinie bzw. dem Abstand der Momentennullpunkte, sie wird für den vereinfachten Nachweis der Verformungsbegrenzung von Stahlbetonbauteilen nach DIN 1045-1 und EC2-1-1, 7.4.2 verwendet.

Ersatzstützweite l_i bei Zweifeld-Durchlaufträger (vgl. Abschnitt 5.2.1)

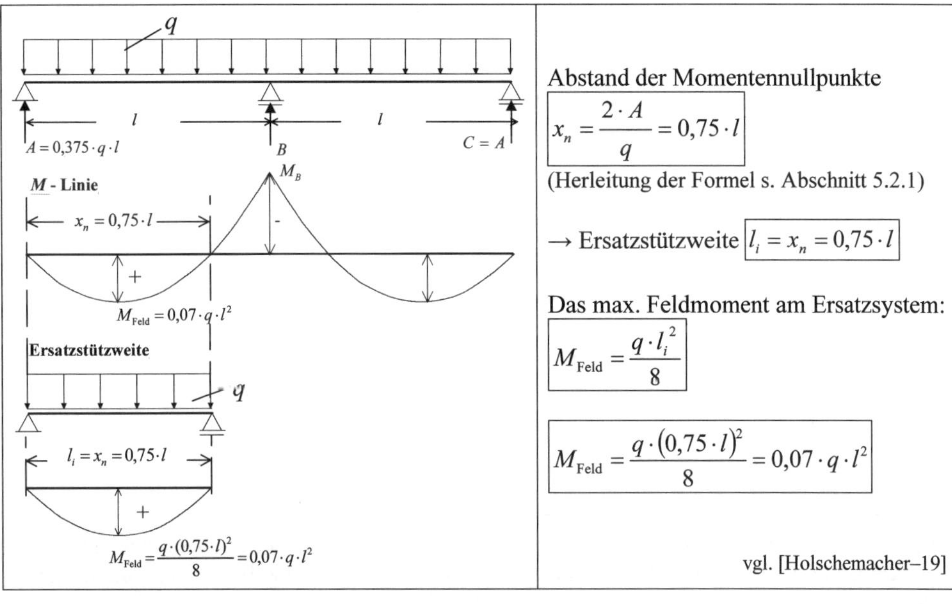

Ersatzstützweite l_i bei Dreifeld-Durchlaufträger

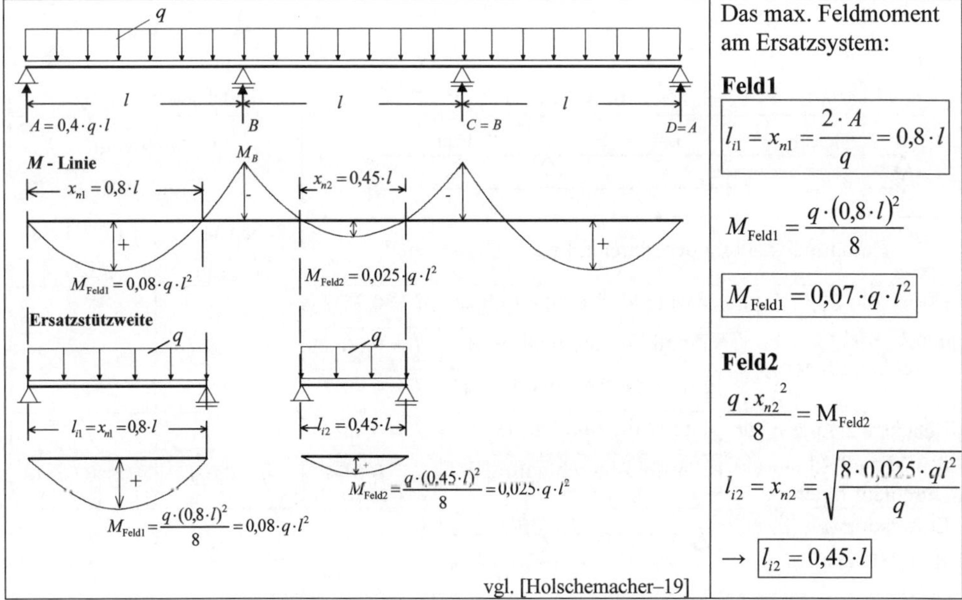

Ersatzstützweite l_i bei Fünffeld-Durchlaufträger

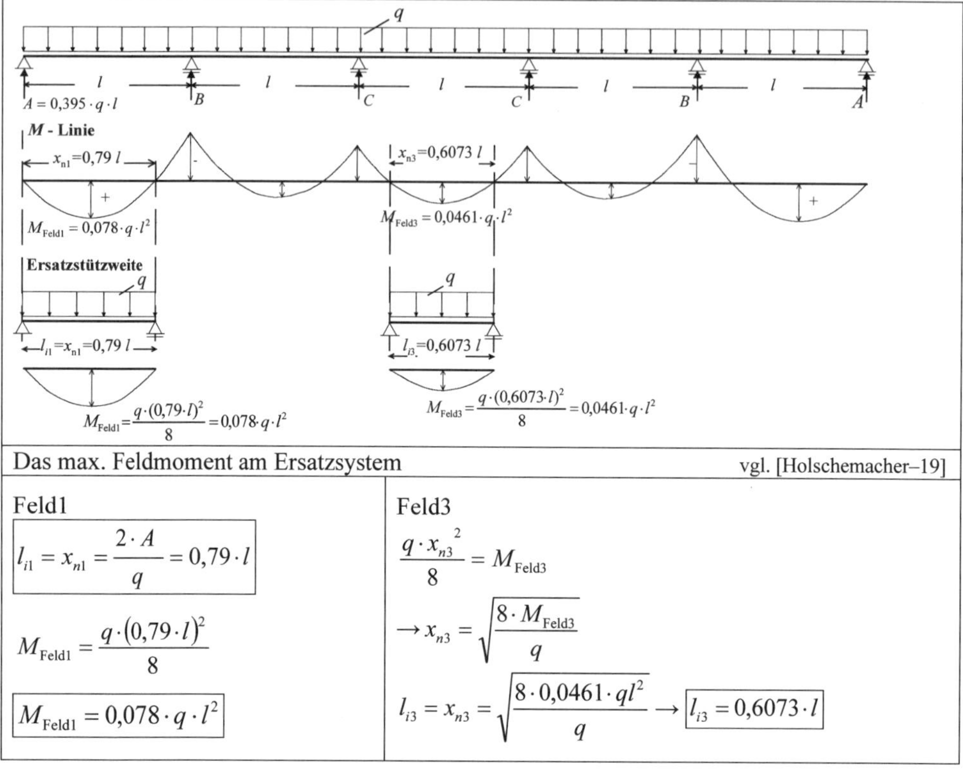

Der Nachweis zur Begrenzung von Durchbiegungen bei biegebeanspruchten Stahlbetonbauteilen darf nach Eurocode2 bzw. DIN 1045-1 (alt) vereinfacht durch eine Begrenzung der Biegeschlankheit l_i/d geführt werden (vgl. Abschnitt 2.2.4).

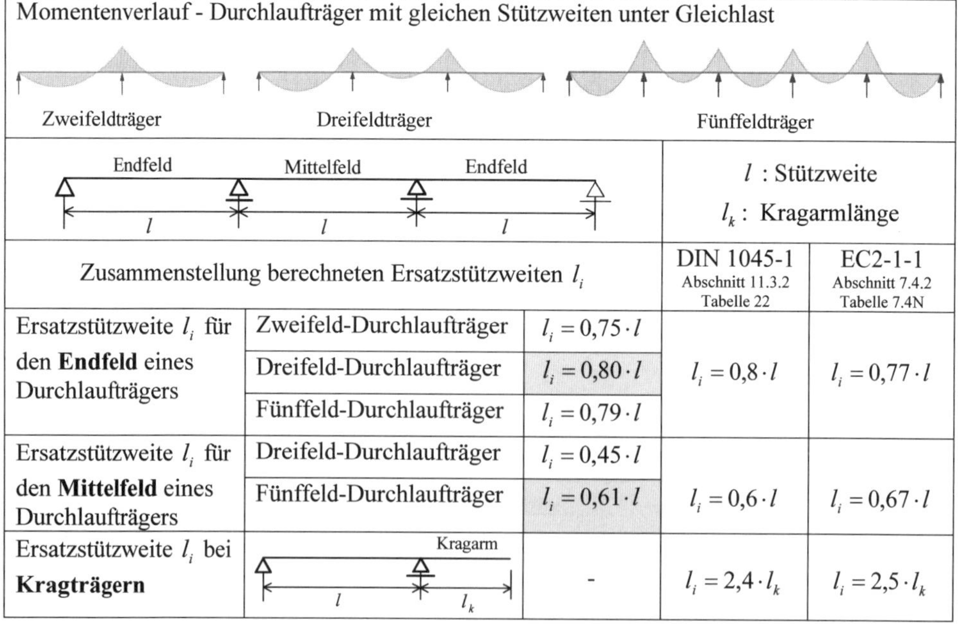

Momentenverlauf - Durchlaufträger mit gleichen Stützweiten unter Gleichlast				
Zweifeldträger / Dreifeldträger / Fünffeldträger				
Endfeld – Mittelfeld – Endfeld (l, l, l)			l : Stützweite l_k : Kragarmlänge	
Zusammenstellung berechneten Ersatzstützweiten l_i			DIN 1045-1 Abschnitt 11.3.2 Tabelle 22	EC2-1-1 Abschnitt 7.4.2 Tabelle 7.4N
Ersatzstützweite l_i für den **Endfeld** eines Durchlaufträgers	Zweifeld-Durchlaufträger	$l_i = 0{,}75 \cdot l$	$l_i = 0{,}8 \cdot l$	$l_i = 0{,}77 \cdot l$
	Dreifeld-Durchlaufträger	$l_i = 0{,}80 \cdot l$		
	Fünffeld-Durchlaufträger	$l_i = 0{,}79 \cdot l$		
Ersatzstützweite l_i für den **Mittelfeld** eines Durchlaufträgers	Dreifeld-Durchlaufträger	$l_i = 0{,}45 \cdot l$	$l_i = 0{,}6 \cdot l$	$l_i = 0{,}67 \cdot l$
	Fünffeld-Durchlaufträger	$l_i = 0{,}61 \cdot l$		
Ersatzstützweite l_i bei **Kragträgern**	Kragarm (l, l_k)	-	$l_i = 2{,}4 \cdot l_k$	$l_i = 2{,}5 \cdot l_k$

Ersatzstützweite l_i für Durchlaufträger mit beliebigen Stützweiten

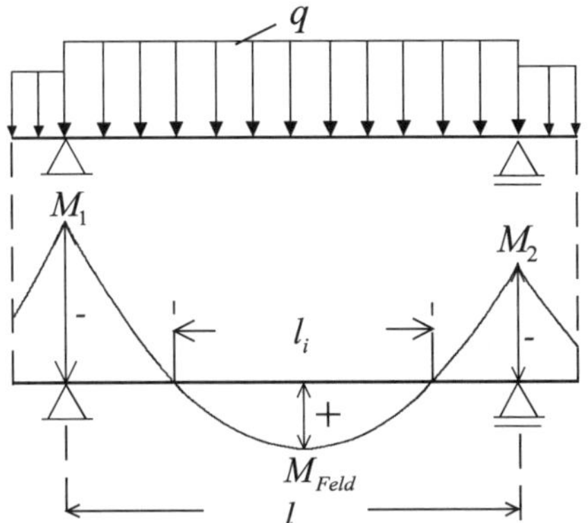

Gleichgewicht am Ersatzsystem

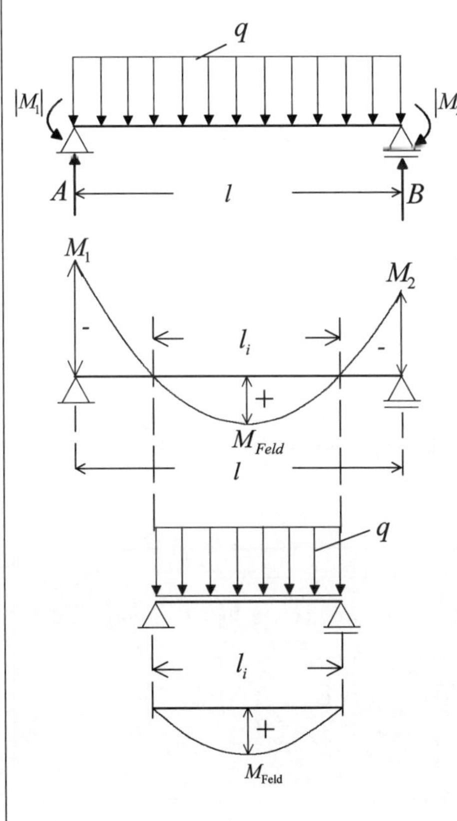

Auflagerreaktion A

$\sum M_B = 0$:

$$-A \cdot l + q \cdot l \cdot \frac{l}{2} + |M_1| - |M_2| = 0$$

$$A = q \cdot \frac{l}{2} + \frac{|M_1|}{l} - \frac{|M_2|}{l}$$

$$A = q \cdot l \cdot \left(\frac{1}{2} + \frac{|M_1|}{q \cdot l^2} - \frac{|M_2|}{q \cdot l^2} \right)$$

mit $\boxed{|m_1| = \frac{|M_1|}{q \cdot l^2}}$ und $\boxed{|m_2| = \frac{|M_2|}{q \cdot l^2}}$

m_1 und m_2 sind auf $q \cdot l^2$ bezogene Stützmomente des betrachteten Feldes.

Da M_1 und M_2 im allgemein negative Werte sind, sind auch m_1 und m_2 im allgemein negativ!

$$\rightarrow \boxed{A = q \cdot l \cdot (\frac{1}{2} + |m_1| - |m|_2)}$$

Maximales Feldmoment

$$\rightarrow \boxed{M_{Feld} = \frac{q \cdot l_i^2}{8}} \quad (1)$$

Maximales Feldmoment

Schnittgrößen an der Stelle „x“

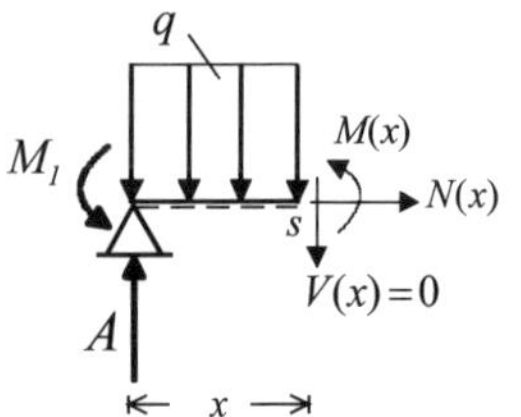

$\Sigma F_V = 0: \quad q \cdot x - A + V(x) = 0$

Das maximale Moment tritt an der Stelle auf, an der die Querkraft V gleich Null ist.
Mit $V(x) = 0$

$$\rightarrow \boxed{x = \frac{A}{q} = l \cdot (\frac{1}{2} + |m_1| - |m_2|)}$$

x = Stelle des maximalen Feldmomentes

$\Sigma M_A = 0: \qquad M(x) - q \cdot x \cdot x/2 + |M_1| = 0 \;\rightarrow\; M(x) = q \cdot x^2/2 - |M_1|$

Maximales Feldmoment $\rightarrow \boxed{M_{\text{Feld}} = \frac{q \cdot l^2}{2} \cdot (\frac{1}{2} + |m_1| - |m_2|)^2 - |M_1|}$ (2)

Durch Einsetzen der Gleichung (1) in die Gleichung (2) folgt:

$$\frac{q \cdot l_i^2}{8} = \frac{q \cdot l^2}{2} \cdot (\frac{1}{2} + |m_1| - |m_2|)^2 - |M_1| \quad |: \frac{q \cdot l^2}{8}$$

$$\left(\frac{l_i}{l}\right)^2 = 4 \cdot (\frac{1}{2} + |m_1| - |m_2|)^2 - 8 \frac{|M_1|}{q \cdot l^2}$$

$$\alpha^2 = \left(\frac{l_i}{l}\right)^2 = 4 \cdot (\frac{1}{2} + |m_1| - |m_2|)^2 - 8 \cdot |m_1|$$

$$\rightarrow \alpha = \left(\frac{l_i}{l}\right) = \sqrt{4 \cdot (\frac{1}{2} + |m_1| - |m_2|)^2 - 8 \cdot |m_1|}$$

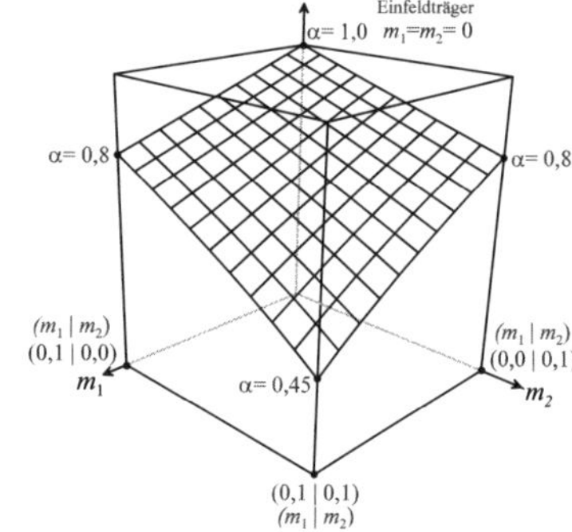

$$\boxed{\alpha = \left(\frac{l_i}{l}\right) = 2\sqrt{\left(\frac{1}{2} + |m_1| - |m_2|\right)^2 - 2 \cdot |m_1|}} \quad \boxed{l_i == \alpha \cdot l} \quad \text{für } |m_1| = |m_2| \rightarrow \boxed{\alpha == \sqrt{1 - 8 \cdot |m_1|}}$$

Für das **Endfeld** eines Durchlaufträgers gilt:

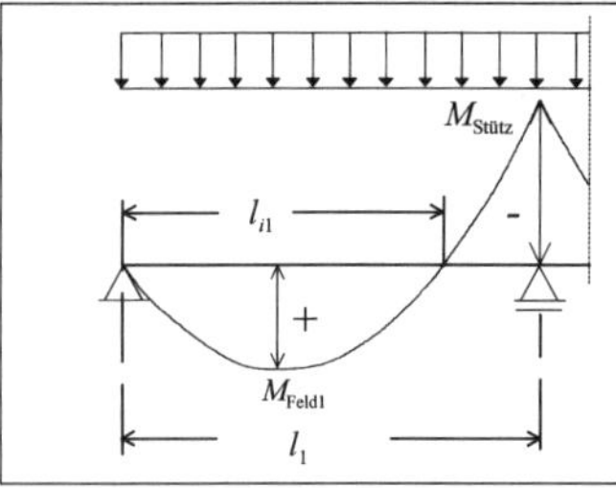

$$\boxed{\alpha = \left(\frac{l_i}{l_1}\right) = 2\sqrt{\left(\frac{1}{2} + |0| - |m_{\text{Stütz}}|\right)^2 - 2 \cdot |0|} = 1 - 2 \cdot |m_{\text{Stütz}}|}$$

mit $\boxed{|m_{\text{Stütz}}| = \frac{|M_{\text{Stütz}}|}{q \cdot l_1^2}} \rightarrow \boxed{l_{i1} == \alpha \cdot l_1}$

Die Ersatzstützweite für Durchlaufträger mit beliebigen Stützweiten lässt sich auch *näherungsweise* mit Hilfe des Verfahrens im **Heft 240 DAfStb** ermitteln.

$$\boxed{\alpha = \frac{1 - 4{,}8 \cdot (|m_1| + |m_2|)}{1 - 4{,}0 \cdot (|m_1| + |m_2|)}} \rightarrow \boxed{l_i = \alpha \cdot l}$$

Zahlenbeispiel: Durchlaufträger über 3 Felder mit unterschiedlichen Stützweiten

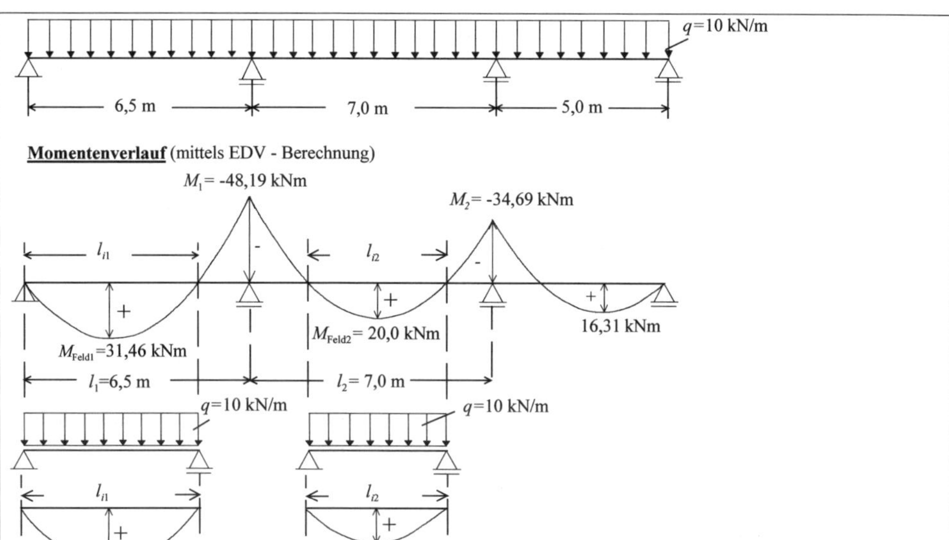

Berechnung der Ersatzstützweite mit der hergeleiteten Formel (exakte Lösung)

Mittelfeld

$$|m_1| = \frac{|M_1|}{q \cdot l_2^2} = \frac{48{,}19}{10 \cdot 7^2} = 0{,}0983 \qquad |m_2| = \frac{|M_2|}{q \cdot l_2^2} = \frac{34{,}69}{10 \cdot 7^2} = 0{,}0708$$

$$\alpha = 2\sqrt{\left(\frac{1}{2} + |m_1| - |m_2|\right)^2 - 2 \cdot |m_1|} = 2\sqrt{\left(\frac{1}{2} + 0{,}0983 - 0{,}0708\right)^2 - 2 \cdot 0{,}0983} = 0{,}5714$$

$$l_{i2} = \alpha \cdot l_2 = 0{,}5714 \cdot 7\,\mathrm{m} = 4{,}0\,\mathrm{m} \quad \rightarrow \quad M_{\mathrm{Feld2}} = \frac{q \cdot l_{i2}^{\,2}}{8} = \frac{10 \cdot 4{,}0^2}{8} = 20\,\mathrm{kNm}$$

Endfeld

$$|m_{\mathrm{Stütz}}| = \frac{|M_{\mathrm{Stütz}}|}{q \cdot l_1^2} = \frac{48{,}19}{10 \cdot 6{,}5^2} = 0{,}1141 \quad \rightarrow \quad \alpha = 1 - 2 \cdot |m_{\mathrm{Stütz}}| = 0{,}7719 \quad \rightarrow \quad l_{i1} == \alpha \cdot 6{,}5 = 5{,}0174\mathrm{m}$$

$$M_{\mathrm{Feld1}} = \frac{q \cdot l_{i1}^{\,2}}{8} = \frac{10 \cdot 5{,}0174^2}{8} = 31{,}46\,\mathrm{kNm}$$

Berechnung der Ersatzstützweite mittels **Heft 240** DAfStb (Näherungslösung)

Mittelfeld

$$\alpha = \frac{1 - 4{,}8 \cdot (|m_1| + |m_2|)}{1 - 4{,}0 \cdot (|m_1| + |m_2|)} = \frac{1 - 4{,}8 \cdot (0{,}0983 + 0{,}0708)}{1 - 4{,}0 \cdot (0{,}0983 + 0{,}0708)} = 0{,}582 \quad \rightarrow \quad l_{i2} = \alpha \cdot 7\,\mathrm{m} = 4{,}07\,\mathrm{m}$$

(Abweichung ~1,75%)

$$M_{\mathrm{Feld2}} = \frac{q \cdot l_{i2}^{\,2}}{8} = \frac{10 \cdot 4{,}07^2}{8} = 20{,}71\,\mathrm{kNm}$$ (Abweichung ~3,5%)

Endfeld $$\alpha == \frac{1 - 4{,}8 \cdot (0 + 0{,}1141)}{1 - 4{,}0 \cdot (0 + 0{,}1141)} = 0{,}832 \quad \rightarrow \quad l_{i1} = \alpha \cdot 6{,}5\,\mathrm{m} = 5{,}408\,\mathrm{m}$$ (Abweichung ~6%)

$$M_{\mathrm{Feld1}} = \frac{q \cdot l_{i1}^{\,2}}{8} = \frac{10 \cdot 5{,}408^2}{8} = 36{,}56\,\mathrm{kNm}$$ (Abweichung ~16,2%)

5.5 Ungünstigste Laststellung

Die **Nutzlast** ist eine veränderliche oder bewegliche Einwirkung auf ein Bauteil, zum Beispiel infolge von Personen, Einrichtungsgegenständen, Lagerstoffen, Maschinen oder Fahrzeugen.

Bei den Einfeldträgern mit Kragarmen und auch bei den Durchlaufträgern ergeben sich die Maximal- und Minimalwerte der Durchbiegungen, Auflagerreaktionen und Schnittgrößen aus bestimmten Anordnungen der Nutzlasten (ungünstigste Laststellung).

Beispiel 1: Einfeldträger mit Kragarm

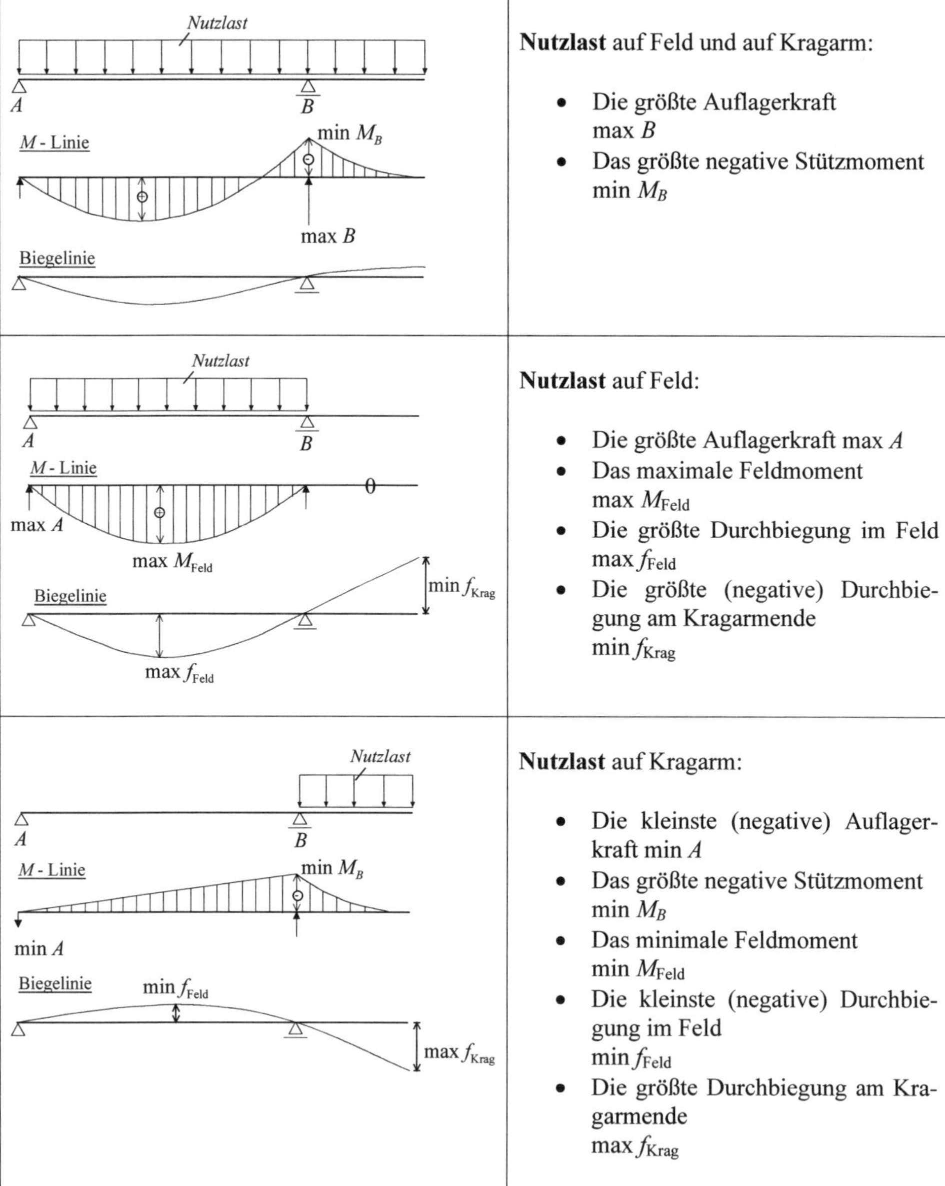

Nutzlast auf Feld und auf Kragarm:

- Die größte Auflagerkraft max B
- Das größte negative Stützmoment min M_B

Nutzlast auf Feld:

- Die größte Auflagerkraft max A
- Das maximale Feldmoment max M_{Feld}
- Die größte Durchbiegung im Feld max f_{Feld}
- Die größte (negative) Durchbiegung am Kragarmende min f_{Krag}

Nutzlast auf Kragarm:

- Die kleinste (negative) Auflagerkraft min A
- Das größte negative Stützmoment min M_B
- Das minimale Feldmoment min M_{Feld}
- Die kleinste (negative) Durchbiegung im Feld min f_{Feld}
- Die größte Durchbiegung am Kragarmende max f_{Krag}

Beispiel 2: Durchlaufträger mit 3 gleichen Stützweiten unter Gleichlast (vgl. [Holschemacher–19])

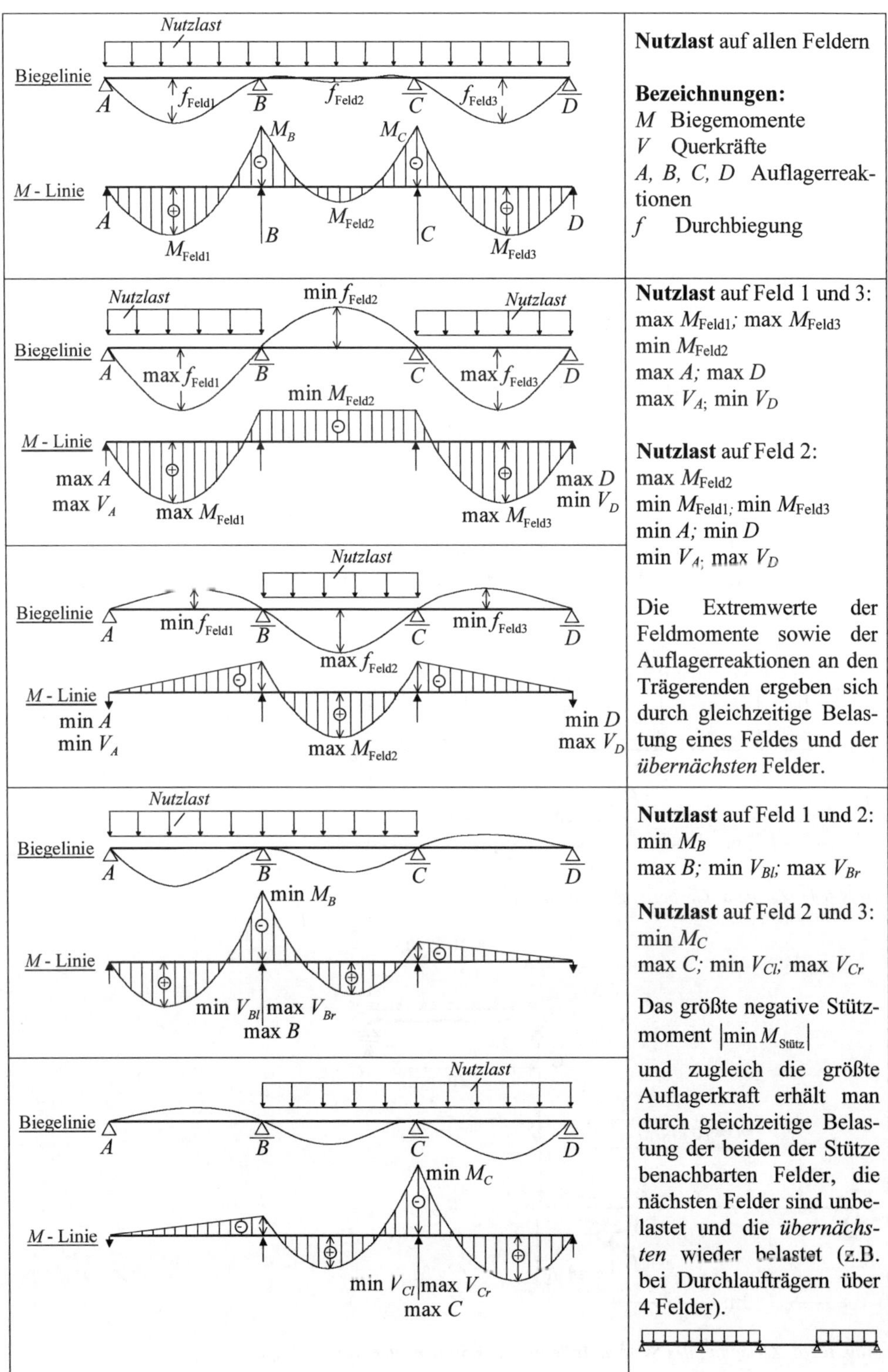

6 Gerberträger (Gelenkträger)

Der Träger ist nach dem deutschen Ingenieur *Heinrich Gottfried Gerber* (1832-1912) benannt.
Ein Gerberträger ist ein über mehrere Auflager durchlaufender Träger, der durch die Anordnung von Momentengelenken so unterteilt wird, dass er statisch bestimmt wird. Die Momentengelenke übertragen Quer- und Normalkräfte, das Biegemoment ist an dieser Trägerstelle gleich Null.
Die Schnittgrößen können bei einem statisch bestimmten Tragsystem einfacher berechnet werden, außerdem ist das Bauwerk unempfindlich gegenüber Zwangbeanspruchungen, wie z. B. Setzungen oder Temperaturbeanspruchung.
Durchlaufträger werden häufig aus Transport- und Montagegründen mit Momentengelenken ausgebildet.
Die Ausbildung und Wartung der Gelenke sind aufwändig, weitere Folgen sind größere Verformungen und geringere Tragreserven als beim statisch unbestimmten Durchlaufträger.

6.1 Zweifeld-Gerberträger

Beispiel 1: Zweifeld-Gerberträger mit einem Gelenk unter Gleichlast q
Man ermittle die Auflagerreaktionen, das Stützmoment und max. Feldmoment

Zur Berechnung der Auflagerreaktionen stehen drei Gleichgewichtsbedingungen ($\sum F_V = 0$; $\sum F_H = 0$; $\sum M_i = 0$) zur Verfügung und weiter noch die Bedingung, dass das Biegemoment M_G im Momentengelenk G den Wert Null haben muss. Diese zusätzliche 4. Bedingung lautet also $M_G = 0$

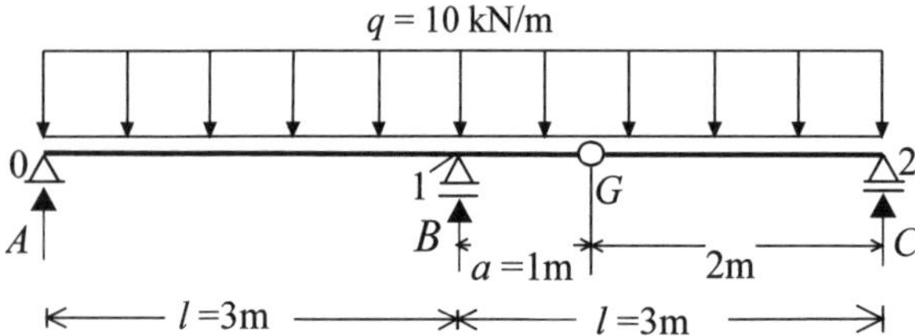

Abb. 6.1: Zweifeld -Gerberträger mit einem Gelenk

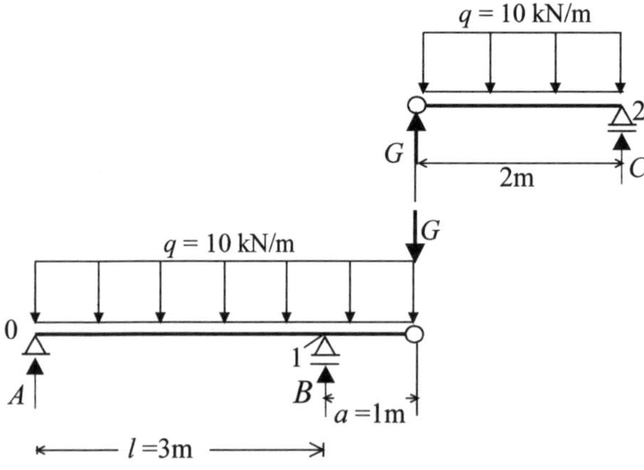

Abb. 6.1a: Zerlegung des System, Aufteilung des Systems in einfache Träger

Berechnen der **Auflagerreaktion** C und **Gelenkkraft** G am rechten Teilsystem

$$\sum M_G = 0 = C \cdot 2 - q \cdot \frac{2^2}{2}$$

$$C = \frac{10 \cdot 2}{2} = 10\,\text{kN}$$

$$\sum V = 0 = -G - C + q \cdot 2$$

$$G = -C + q \cdot 2$$

$$G = -10 + 20 = 10\,\text{kN}$$

$$\max M_{\text{Feld}} = \frac{q \cdot l^2}{8} = \frac{10 \cdot 2^2}{8} = 5\,\text{kNm}$$

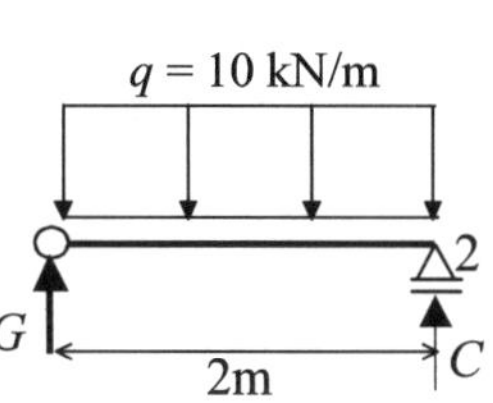

Berechnen der **Auflagerreaktionen** A und B am linken Teilsystem unter Berücksichtigung der Gelenkkraft G

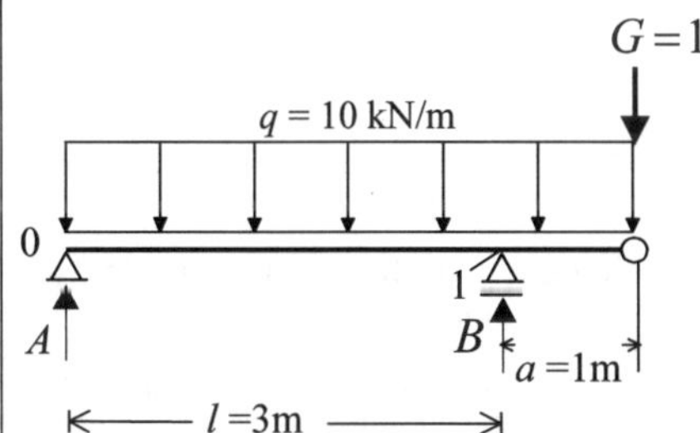

$$\sum M_A = 0 = B \cdot 3 - G \cdot 4 - q\frac{4^2}{2}$$

$$B = \frac{10 \cdot 4 + 10\frac{4^2}{2}}{3} = 40\,\text{kN}$$

$$\sum V = 0 = -A - B + G + q \cdot (l + a)$$

$$A = -B + G + q \cdot 4 = -40 + 10 + 10 \cdot 4 = 10\,\text{kN}$$

Berechnen des **Stützmomentes** am linken Teilsystem (rechtes Schnittufer)

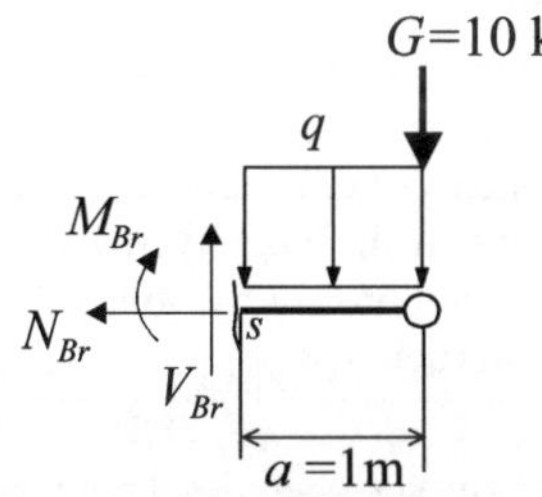

$$\sum M_S = 0 = -G \cdot a - q\frac{a^2}{2} - M_{Br}$$

$$M_{Br} = -G \cdot a - q\frac{a^2}{2}$$

$$M_{Br} = -10 \cdot 1 - 10 \cdot \frac{1^2}{2} = -15\,\text{kNm}$$

Berechnen des **maximalen Feldmomentes** am linken Teilsystem (linkes Schnittufer)

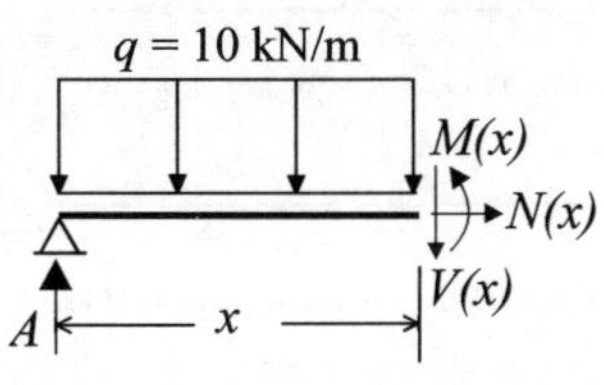

Schnittgrößen an der Stelle x

$\sum F_V = 0: \quad q \cdot x - A + V(x) = 0 \quad$ mit $V(x) = 0$

$\rightarrow \; x = \frac{A}{q} = \frac{10}{10} = 1\,\text{m}$ (Stelle des max. Feldmomentes)

$\sum M_x = 0: \quad M(x) + q \cdot x \cdot x/2 - A \cdot x = 0$

$$M(x) = A \cdot x - q \cdot x^2/2$$

$$M(x = 1\text{m}) = 10 \cdot 1 - 10\frac{1^2}{2} = 5\,\text{kNm} = \max M$$

Momentenverlauf

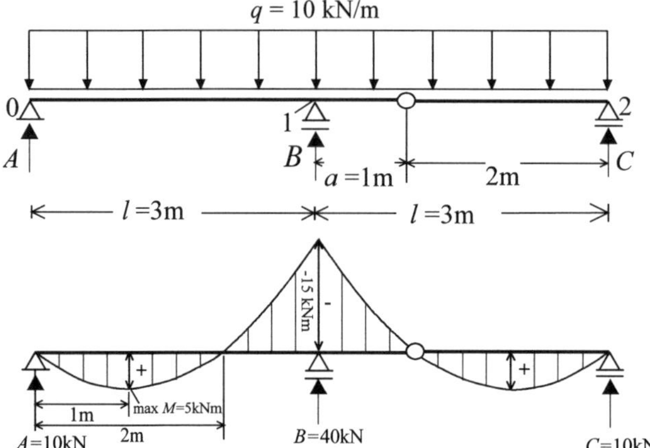

Mögliche Gelenkanordnungen

Beispiel: Fünffeld-Gerberträger

Anzahl der Innenstützen=4→ Anzahl der Gelenke=4

Durchlaufträger über 5 Felder

Schleppträger — *Kragarmträger* — *Einhängeträger* — *Kragarmträger* — *Schleppträger*

Kragarmträger — *Einhängeträger* — *Kragarmträger* — *Einhängeträger* — *Kragarmträger*

Kragarmträger — *Koppelträger* — *Koppelträger* — *Koppelträger* — *Schleppträger*

G G G G

Die Anzahl der Gelenke entspricht der Anzahl der Innenstützen.

Endfelder dürfen höchstens ein Gelenk besitzen.

Innenfelder dürfen höchstens zwei Gelenke besitzen.

Nachbarfelder von Innenfeldern mit zwei Gelenken müssen frei von Gelenken sein.

Im Brückenbau sollen ungünstigste Laststellungen keine negativen Auflagerreaktionen verursachen. Im Hochbau können die negativen Auflagerreaktionen konstruktiv gut aufgenommen werden.

Hinweis: Teilversagen des Gerberträgers soll möglichst nicht zum Gesamtversagen des Trägers führen und die Verformungen eines Feldes sollen sich so wenig wie möglich auf andere Felder auswirken.

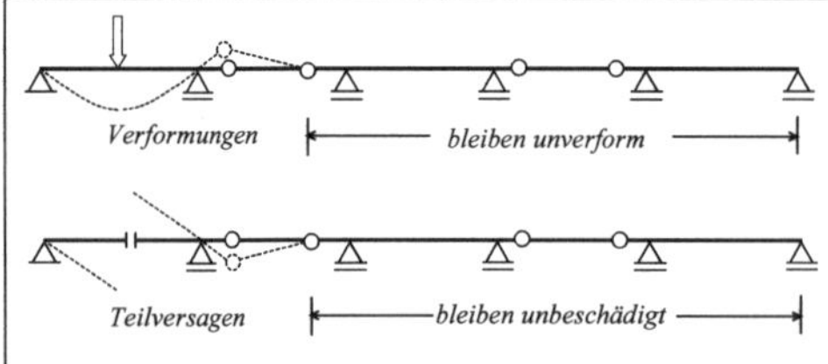

Bei dieser Anordnung von Momentengelenken müssen die Kragarmträger zuerst eingebaut werden, die Einhängeträger können danach montiert werden.
Eine fortlaufende Montage ist hier nicht möglich.

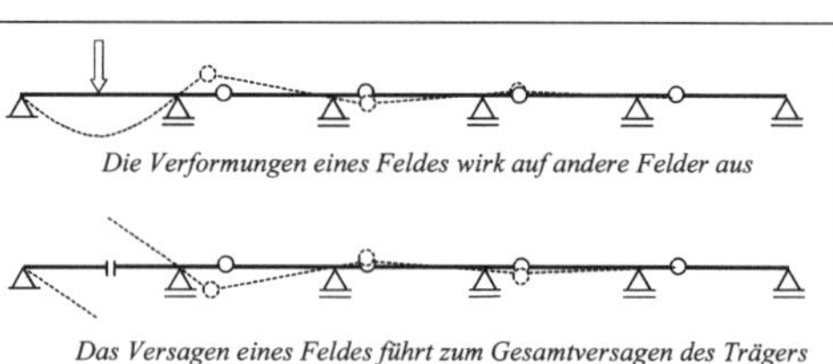

Die Montage bei dieser Anordnung von Momentengelenken kann fortlaufen von links nach rechts erfolgen.

Durch günstige Anordnung der Momentengelenke können Schnittgrößen und die Durchbiegungen der Gelenkträger beeinflusst werden. Die Momentengelenke werden so angeordnet, dass die Stützmomente abgemindert und die Feldmomente vergrößert werden. Oft wird ein Momentenausgleich gewählt, der gleiche Beträge der Feld- und Stützmomente erzielt, damit eine gute Ausnutzung der Baustoffe vorhanden ist.

Beispiel 2: Zweifeld-Gerberträger mit einem Gelenk unter Gleichlast q

Man ermittle die Gelenkposition e, bei der das maximale Feld- und Stützmoment betragsmäßig gleich groß werden.

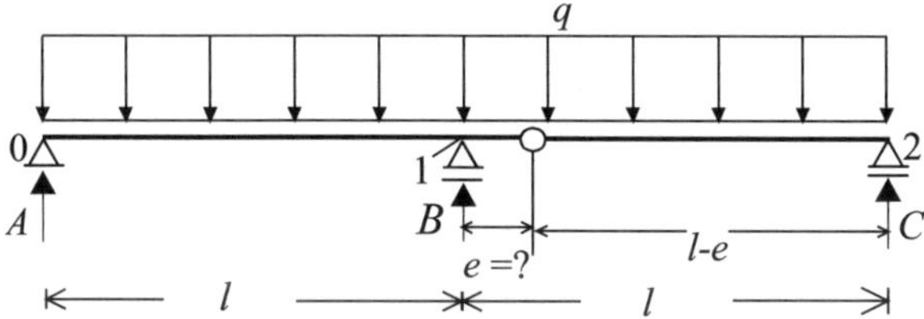

Abb. 6.2: Zweifeld-Gerberträger mit einer günstigen Gelenklage e

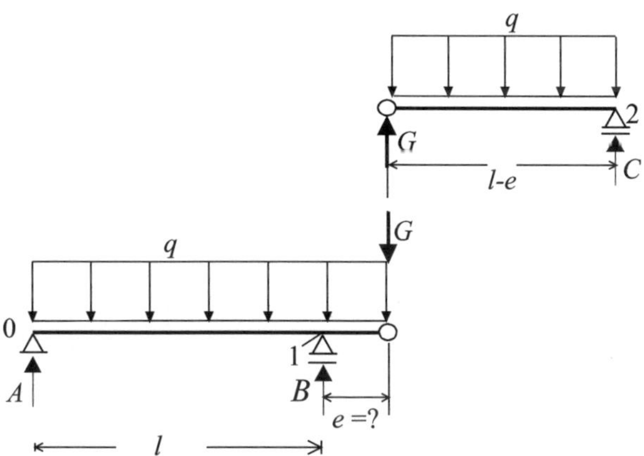

Abb. 6.2a: Zerlegung des System, Aufteilung des Systems in einfache Träger

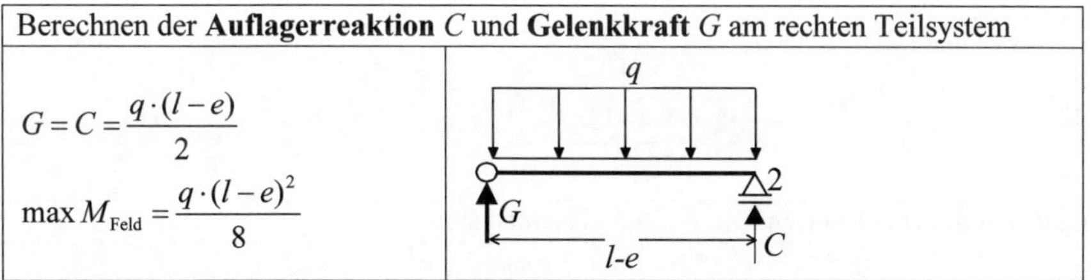

Berechnen der **Auflagerreaktion** C und **Gelenkkraft** G am rechten Teilsystem	
$G = C = \dfrac{q \cdot (l-e)}{2}$ $\max M_{\text{Feld}} = \dfrac{q \cdot (l-e)^2}{8}$	q, G, 2, C, l-e

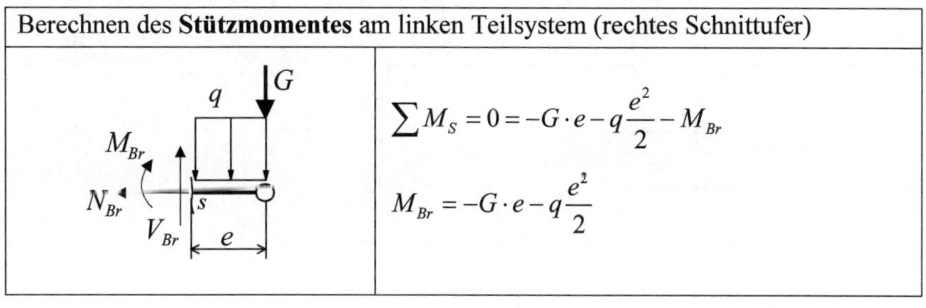

Berechnen des **Stützmomentes** am linken Teilsystem (rechtes Schnittufer)	
q, G, M_{Br}, N_{Br}, V_{Br}, s, e	$\sum M_S = 0 = -G \cdot e - q\dfrac{e^2}{2} - M_{Br}$ $M_{Br} = -G \cdot e - q\dfrac{e^2}{2}$

$\max M_{\text{Feld}} = \frac{q \cdot (l-e)^2}{8}$ (max. Feldmoment); $M_{Br} = -G \cdot e - q\frac{e^2}{2}$ (Stützmoment)

Das Stütz- und max. Feldmoment soll betragsmäßig gleich groß sein!

$$\rightarrow \max M_{\text{Feld}} = |M_{Br}|$$

$$\frac{q \cdot (l-e)^2}{8} = \left| -G \cdot e - q\frac{e^2}{2} \right| \quad \text{mit} \quad G = \frac{q \cdot (l-e)}{2}$$

$$\rightarrow \quad \frac{q \cdot (l-e)^2}{8} = \frac{q \cdot (l-e)}{2} e + q\frac{e^2}{2} \quad |:q$$

$$\frac{(l-e)^2}{8} = \frac{(l-e)}{2} e + \frac{e^2}{2} \quad \rightarrow \quad \frac{l^2 - 2l \cdot e + e^2}{8} = \frac{l \cdot e}{2} - \frac{e^2}{2} + \frac{e^2}{2} \quad \rightarrow \quad \boxed{e^2 - 6l \cdot e + l^2 = 0}$$

Zum Lösen quadratischer Gleichungen kann z.B. die pq-Formel verwendet werden.

$x^2 + \text{p}x + \text{q} = 0$	$e^2 - 6l \cdot e + l^2 = 0 \quad \text{p} = -6l$ und $\text{q} = l^2$
$x_1 = -\frac{\text{p}}{2} + \sqrt{\left(\frac{\text{p}}{2}\right)^2 - q}$	$e_1 = -\frac{(-6l)}{2} + \sqrt{\left(\frac{-6l}{2}\right)^2 - l^2} = 5{,}828 \cdot l$ (nicht maßgebend)
$x_2 = -\frac{\text{p}}{2} - \sqrt{\left(\frac{\text{p}}{2}\right)^2 - q}$	$e_2 = -\frac{(-6l)}{2} - \sqrt{\left(\frac{-6l}{2}\right)^2 - l^2} = 0{,}1716 \cdot l$ (maßgebend)

$$\max M_{\text{Feld}} = \frac{q \cdot (l-e)^2}{8} = \frac{q \cdot (l - 0{,}1716 \cdot l)^2}{8}$$

$$\rightarrow \boxed{\max M_{\text{Feld}} = 0{,}0858 \cdot ql^2}$$

$$M_{Br} = -G \cdot e - q\frac{e^2}{2} = -\frac{q(l-e)}{2} e - q\frac{e^2}{2} = -\frac{q(l - 0{,}1716 \cdot l)}{2}(0{,}1716 \cdot l) - q\frac{(0{,}1716 \cdot l)^2}{2}$$

$$M_{Br} = -0{,}071 \cdot q \cdot l^2 - 0{,}0147 \cdot q \cdot l^2$$

$$\rightarrow \boxed{M_{Br} - 0{,}0858 \cdot q \cdot l^2}$$

$$C = \frac{q \cdot (l-e)}{2} = \frac{q \cdot (l - 0{,}1716 \cdot l)}{2} \quad \rightarrow \quad \boxed{C = 0{,}4142 \cdot q \cdot l}$$

Berechnen der **Auflagerreaktionen** A und B am Gesamtsystem

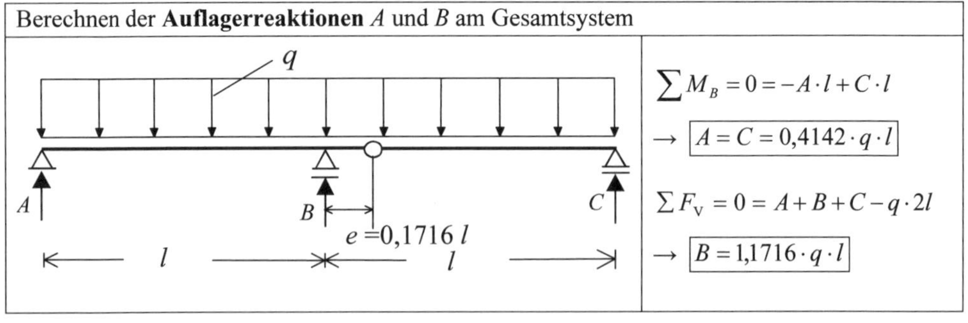

$$\sum M_B = 0 = -A \cdot l + C \cdot l$$

$$\rightarrow \boxed{A = C = 0{,}4142 \cdot q \cdot l}$$

$$\sum F_V = 0 = A + B + C - q \cdot 2l$$

$$\rightarrow \boxed{B = 1{,}1716 \cdot q \cdot l}$$

Zusammenstellung der Berechnungsformeln für den Zweifeld-Gerberträger

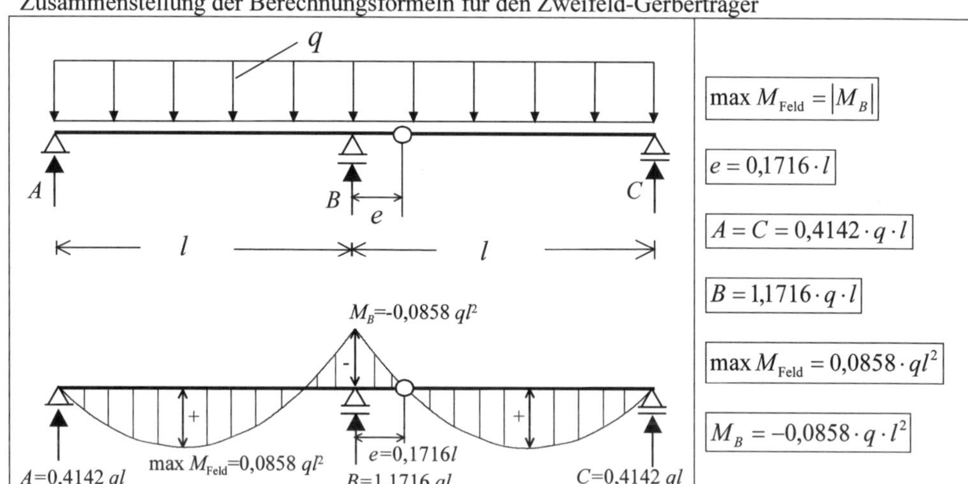

Zahlenbeispiel

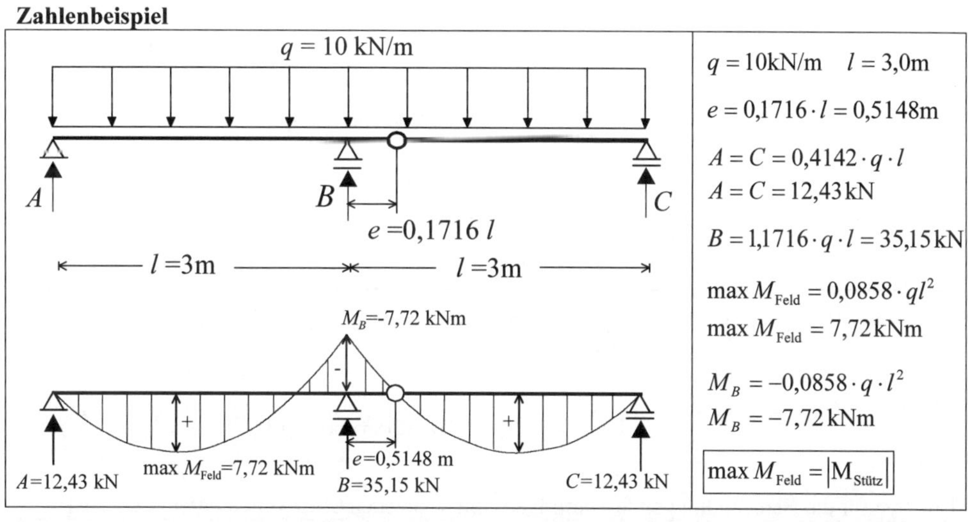

Biege- und Momentenlinie für Zweifeld-Gerberträger und Vergleich mit Zweifeld-Durchlaufträger (s. Abschnitt 5.2.1)

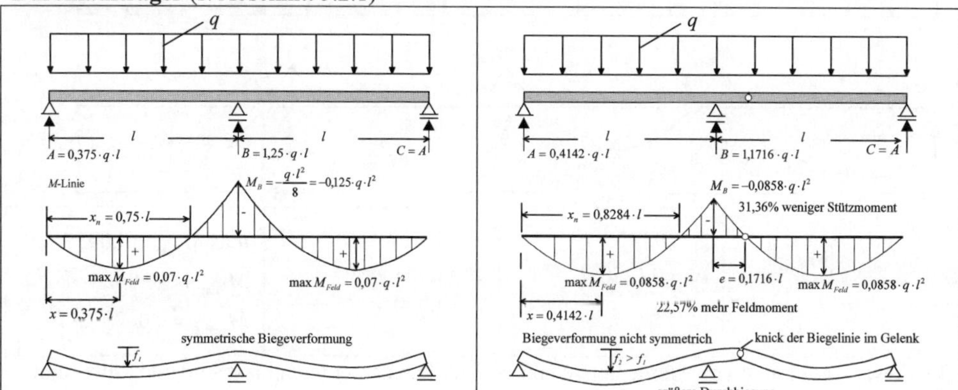

Tabellen für die Berechnung von Gerberträgern mit 3 gleichen Stützweiten unter Gleichlast

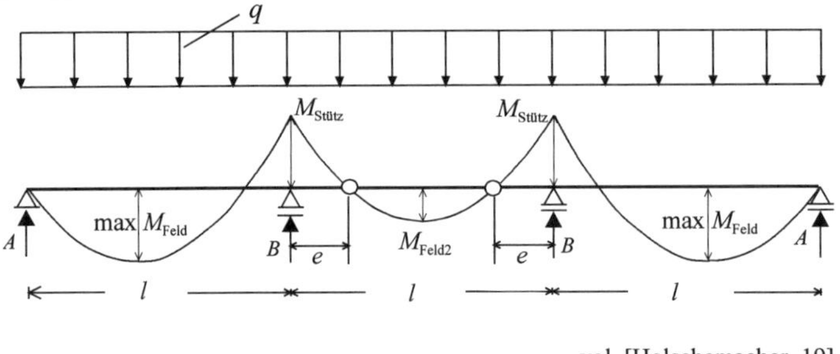

vgl. [Holschemacher–19]

$\boxed{\max M_{\text{Feld}} = |M_{\text{Stütz}}|}$

$e = 0{,}22 \cdot l$

$A = 0{,}4142 \cdot q \cdot l$

$B = 1{,}086 \cdot q \cdot l$

$\max M_{\text{Feld}} = 0{,}0858 \cdot ql^2$

$M_{\text{Stütz}} = -0{,}0858 \cdot q \cdot l^2$

$M_{\text{Feld2}} = 0{,}0392 \cdot q \cdot l^2$

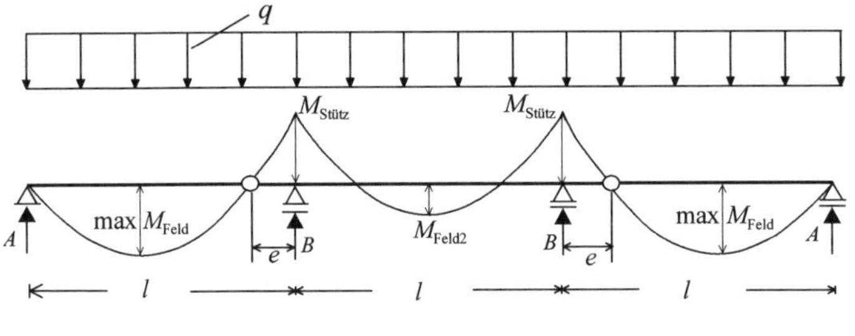

vgl. [Holschemacher–19]

$\boxed{\max M_{\text{Feld}} = |M_{\text{Stütz}}|}$

$e = 0{,}1716 \cdot l$

$A = 0{,}414 \cdot q \cdot l$

$B = 1{,}086 \cdot q \cdot l$

$\max M_{\text{Feld}} = 0{,}0858 \cdot ql^2$

$M_{\text{Stütz}} = -0{,}0858 \cdot q \cdot l^2$

$M_{\text{Feld2}} = 0{,}0392 \cdot q \cdot l^2$

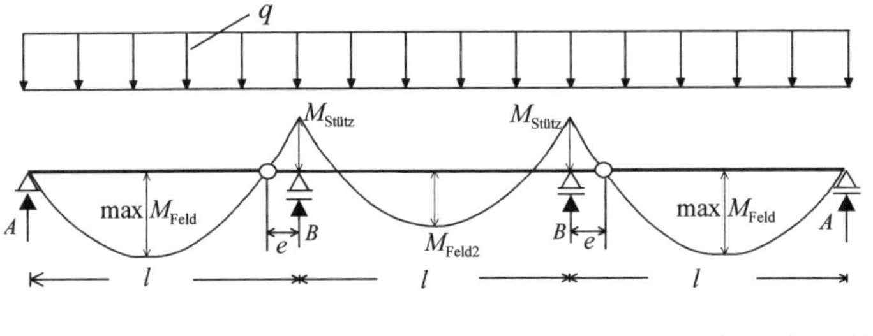

vgl. [Holschemacher–19]

$\boxed{M_{\text{Feld2}} = |M_{\text{Stütz}}|}$

$e = 0{,}125 \cdot l$

$A = 0{,}438 \cdot q \cdot l$

$B = 1{,}063 \cdot q \cdot l$

$\max M_{\text{Feld}} = 0{,}0957 \cdot ql^2$

$M_{\text{Stütz}} = -0{,}0625 \cdot q \cdot l^2$

$M_{\text{Feld2}} = 0{,}0625 \cdot q \cdot l^2$

Tabellen für die Berechnung von Gerberträgern mit 4 gleichen Stützweiten unter Gleichlast

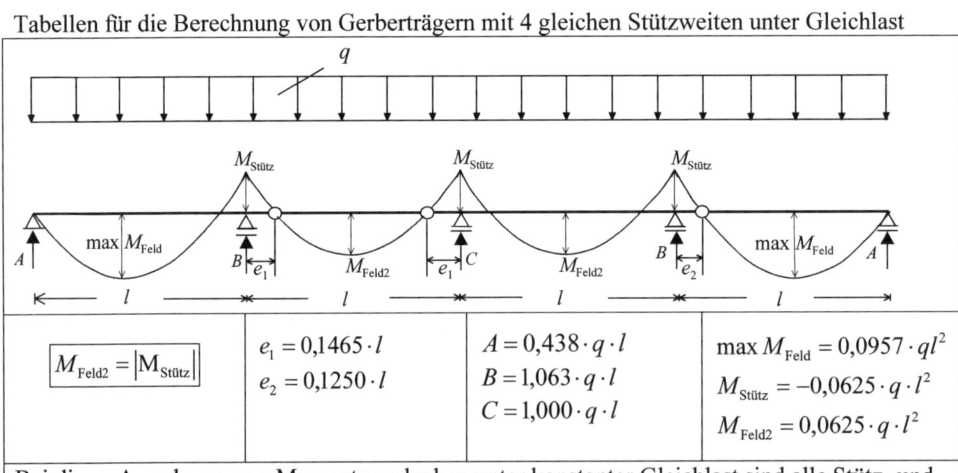

$\boxed{M_{\text{Feld2}} = \lvert M_{\text{Stütz}}\rvert}$	$e_1 = 0{,}1465 \cdot l$ $e_2 = 0{,}1250 \cdot l$	$A = 0{,}438 \cdot q \cdot l$ $B = 1{,}063 \cdot q \cdot l$ $C = 1{,}000 \cdot q \cdot l$	$\max M_{\text{Feld}} = 0{,}0957 \cdot ql^2$ $M_{\text{Stütz}} = -0{,}0625 \cdot q \cdot l^2$ $M_{\text{Feld2}} = 0{,}0625 \cdot q \cdot l^2$

Bei dieser Anordnung von Momentengelenken unter konstanter Gleichlast sind alle Stütz- und maximale Innenfeldmomente betragsmäßig gleich groß. vgl. [Holschemacher–19]

6.2 Konstruktive Ausbildung von Gerbergelenken

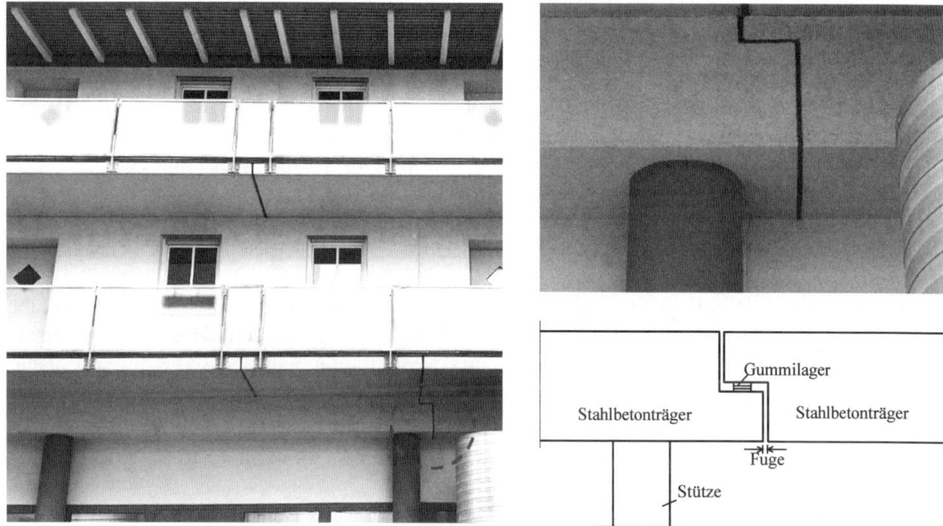

Abb. 6.3: Konsolgelenk mit Gummilager(Stahlbetonträger), Wohnhaus in Regensburg

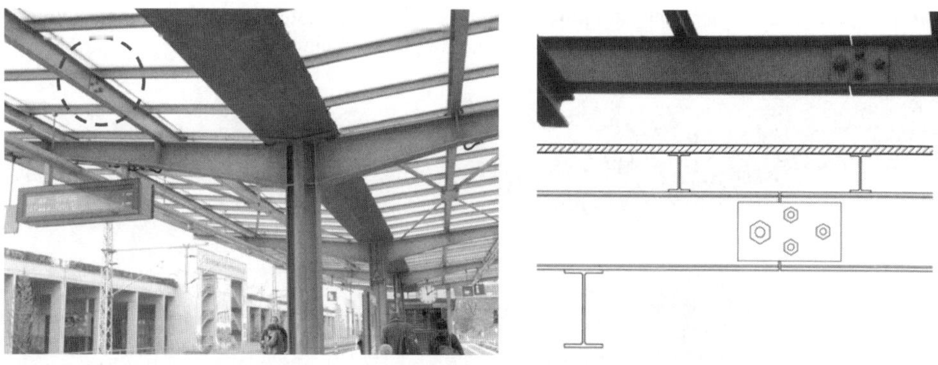

Abb. 6.4: Gelenkpfette im Stahlbau, S-Bahnhof Landsberger Allee in Berlin

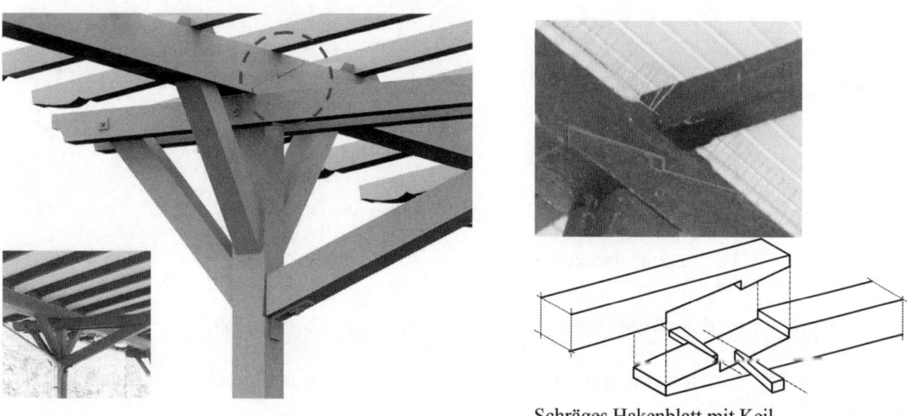

Abb.6.5: Gelenkpfette im Holzbau, S-Bahnhof Eichborndamm in Berlin

7 Statische Systeme/Tragwerksidealisierung/Modellbildung

7.1 Allgemeines

In der Statischen Berechnung wird das reale Tragwerk durch ein idealisiertes (wirklichkeitsnahes) Modell abgebildet. Man spricht hier von dem "statischen System". Dabei wird z.B. ein Stab durch eine Linie ersetzt, die mit der Stabachse identisch ist.
Die Stabachse ist die Verbindungslinie aller Querschnittsschwerpunkte eines Stabes.

Ein „gutes" statisches System verhält sich in seinem Trag- und Verformungsverhalten ähnlich wie das reale Tragwerk.

Tragwerke sind in Wirklichkeit dreidimensionale Objekte. In vielen Fällen kann jedoch ihr räumliches Tragverhalten auf ebene Tragwerksmodelle reduziert werden, deren zweidimensionales Verhalten entkoppelt voneinander betrachtet werden kann. Mit der Reduktion auf ebene Tragwerksmodelle, kann die Berechnung eines Tragwerks einfacher und schneller durchgeführt werden, die Ergebnisse sind übersichtlicher und leichter zu beurteilen.

7.2 Beispiele

Beispiel 1: Bahnsteigüberdachung

Das Haupttragsystem der Bahnsteigüberdachung (Abb. 7.1) besteht aus einer eingespannten Stütze und zwei Kragträgern. Alle drei Tragelemente liegen in einer Ebene.

Statisches System

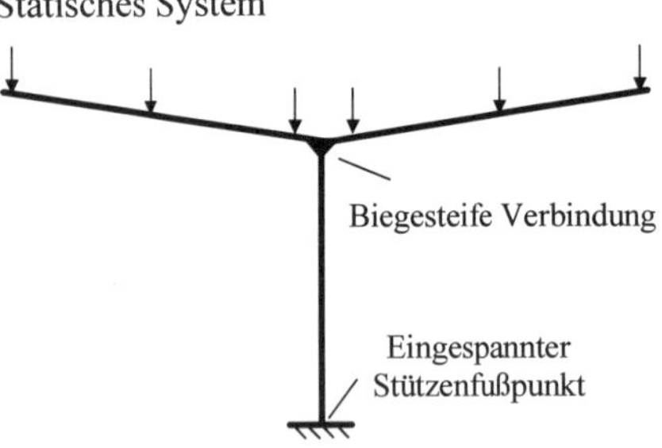

Abb. 7.1: Tragwerk der Bahnsteigüberdachung (S-Bahnhof Humboldthain) in Berlin

Zur Aufnahme des Volleinspannmomentes am Stützenfuß ist ein entsprechend dimensioniertes Fundament erforderlich.

Beispiel 2: Bühnenüberdachung

Das Haupttragsystem der Bühnenüberdachung (Abb. 7.2) besteht aus einer eingespannten Stütze und drei Kragträgern. Die Stäbe liegen nicht in einer Ebene, es handelt sich um ein räumliches statisches System.

Abb. 7.2: Tragwerk der Bühnenüberdachung in Chemnitz (Entwurf: Baupiloten Berlin, Projektleitung: Susanne Hofmann)

Beispiel 3: Stahlbetondecke auf drei Stützen

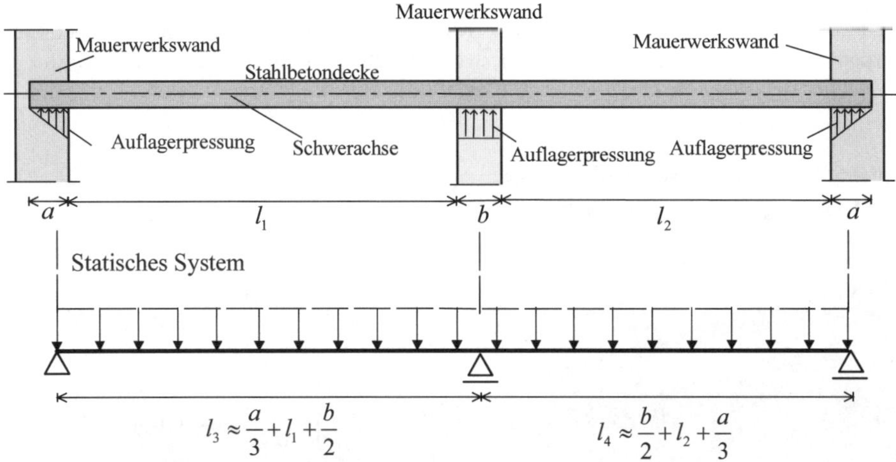

Abb. 7.3a: Stahlbetondecke auf Mauerwerkswänden

In Abbildung 7.3a ist ein baupraktisch übliches statisches System für die Bemessung einer auf Mauerwerkswänden gelagerten Stahlbetondecke dargestellt. Hier wird bei der Schnittgrößenermittlung die Einspannwirkung der Decke in die Mauerwerkswände vernachlässigt. Die Einspannwirkung wird durch konstruktive obere Bewehrung abgedeckt (s. Abb. 7.3b).

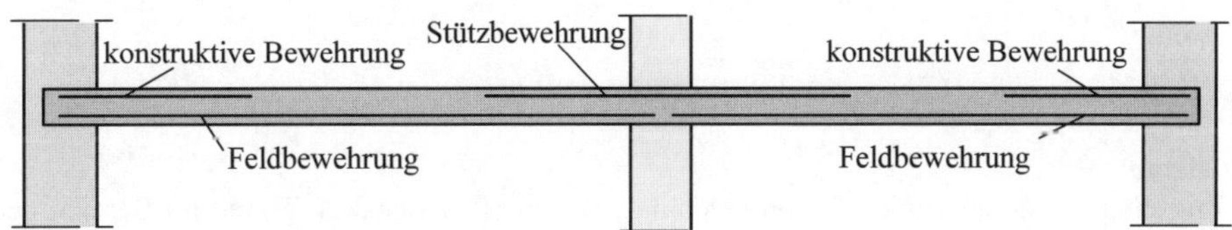

Abb. 7.3b: Bewehrung einer Stahlbetondecke

Beispiel 4: Träger auf starrer und elastischer Lagerung

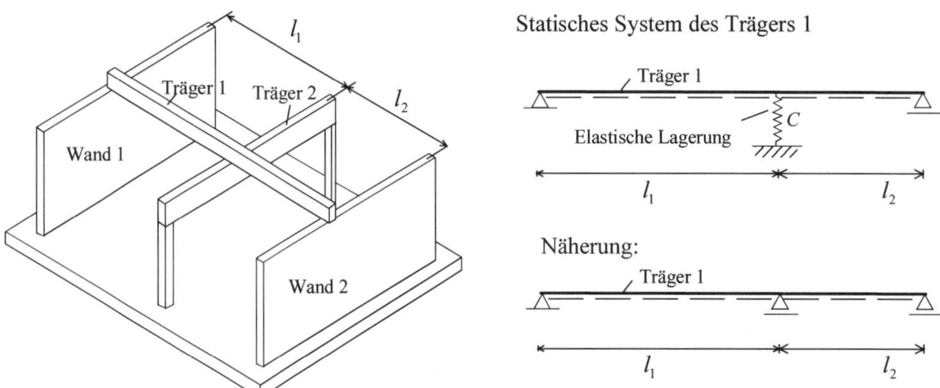

Abb. 7.4: Träger auf starrer und elastischer Lagerung

Träger1 lagert starr auf den Wänden 1 und 2 auf, aber elastisch auf dem Träger 2, da sich dieser unter Belastung durchbiegt.
Die Berechnung des Trägers 1 kann vereinfacht als ebenes System durchgeführt werden, dafür muss die Ersatzfedersteifigkeit c des Trägers 2 zuerst bestimmt werden. Beispiel für die Ermittlung der Ersatzfedersteifigkeit s. Abschnitt 4.2, Beispiel 5.
In der Praxis wird in der Regel ein statisches System mit 3 Lagern (ohne Feder) angenommen. Außerdem nimmt man ein festes Lager und zwei bewegliche (in horizontaler Richtung) an, da bei vertikaler Belastung die horizontalen Auflagerkräfte ohnehin gleich null sind.

Beispiel 5: Stahlbetonbrücke mit Zugstangen

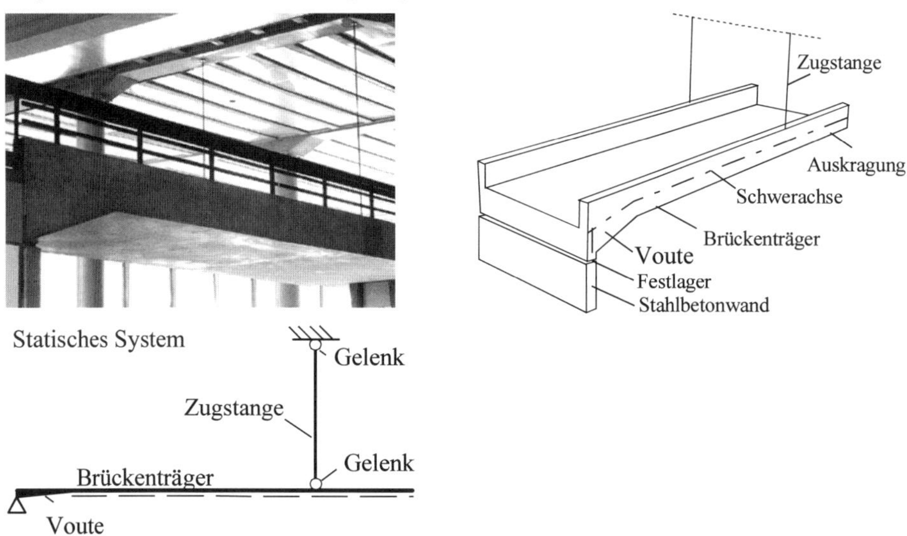

Abb. 7.5: Verbindungsbrücke im Architekturgebäude der TU-Berlin

Pendelstab

Die Zugstangen sind an beiden Enden gelenkig gelagert (Pendelstäbe). Treten im Bereich der Zugstangen keine Querlasten auf, so werden diese nur durch Zugkräfte beansprucht.

Hallen mit Kranbahn

Bei leichten Kranen werden die Kranbahnen über Konsolen an den Hallenstützen befestigt (Abb.7.6a), während bei höheren Lasten eine direkte Einleitung in die Stütze bevorzugt wird (Abb. 7.6b) [Dubas–88], [Seeßelberg–06].

Beispiel 6a: Rahmen mit Kranbahnträger auf Konsolen

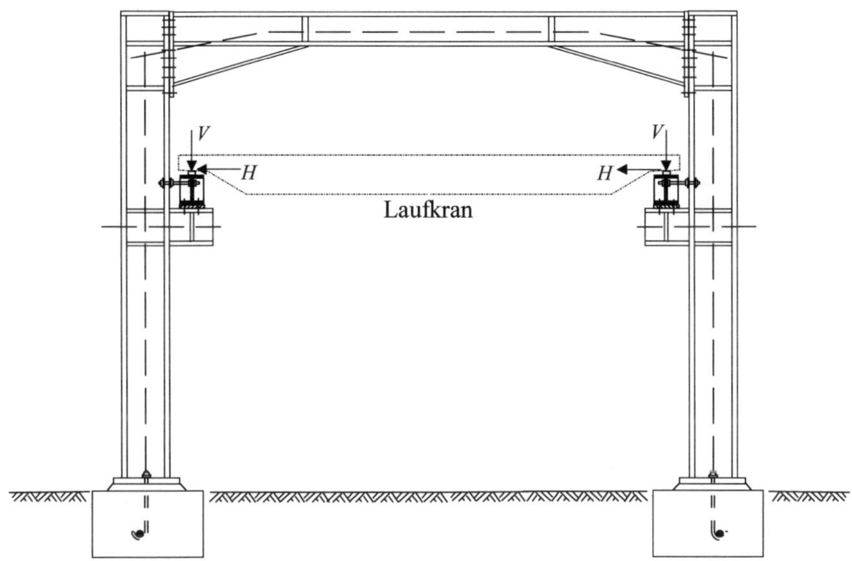

Statisches System

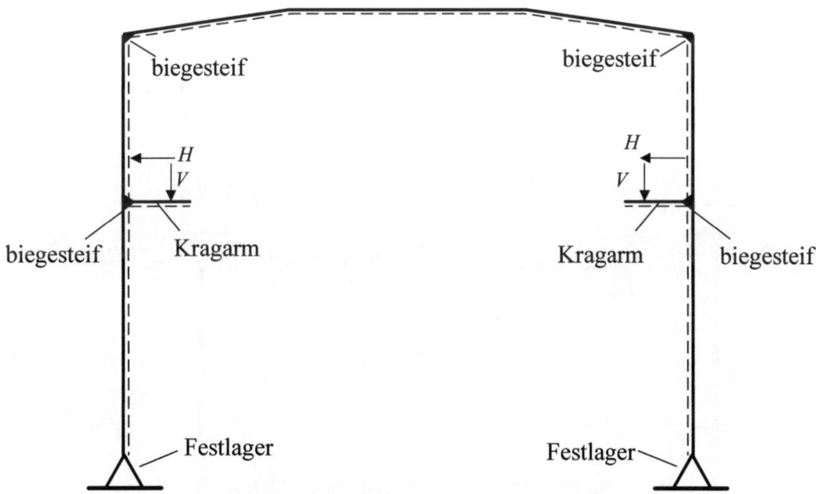

Abb. 7.6a: Rahmen mit Kranbahnträger

Beispiel 6b: Auflagerung der Kranbahn auf abgesetzten Hallenstützen

Bei Krananlagen mit höheren Hublasten stellen manchmal die Beanspruchungen aus Kranbetrieb den überwiegenden Teil der Stützenlast dar. In solchen Fällen kann es zuweilen sinnvoll sein, die Stütze oberhalb der Kranbahn mit einem geringeren Querschnitt weiterzuführen (Abb. 7.6b). Die Auflagerung erfolgt dann auf der abgesetzten Stütze [Seeßelberg–06].

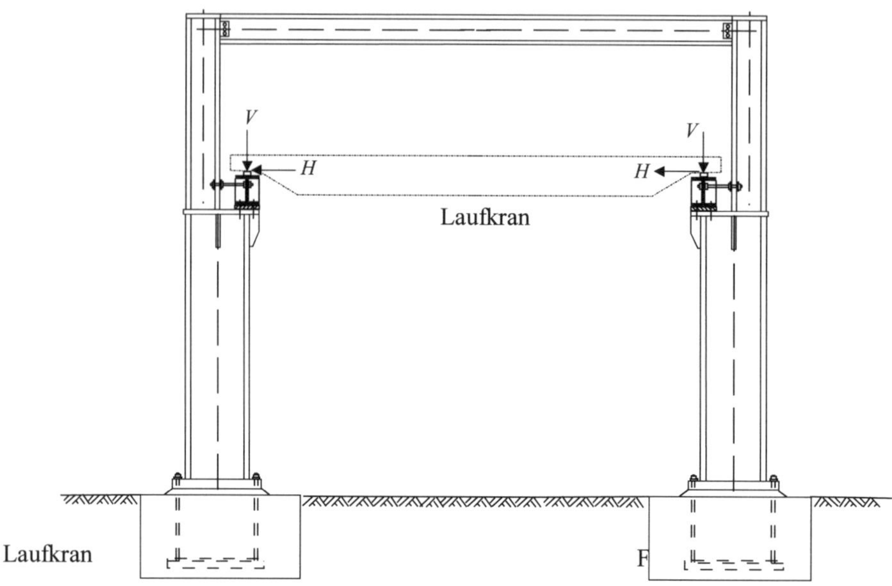

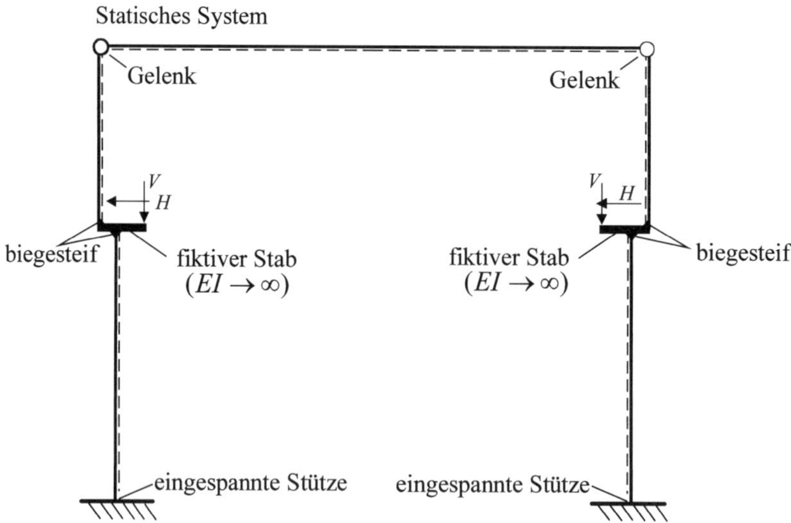

Abb. 7.6b: Abgesetzte Kranbahnstützen

Beispiel 7: Eingespannte Treppenstufen

Abbildung 7.7 zeigt die Möglichkeit der Übertragung eines Kräftepaares (Einspannmoment).

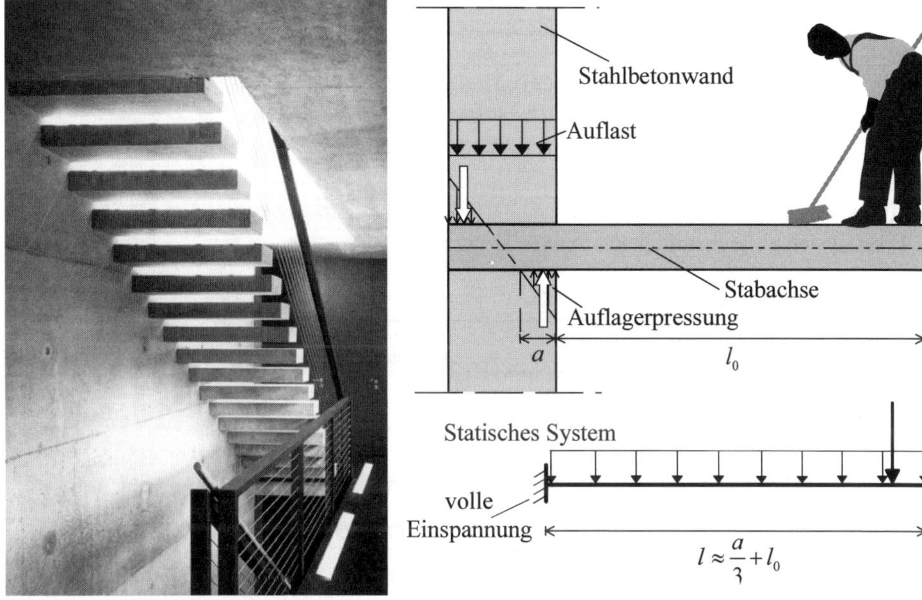

Abb. 7.7: Eingespannte Treppenstufen

Beispiel 8: Streifenfundament elastisch gelagert

Das Bettungszifferverfahren ist eine Möglichkeit zur Berechnung des elastisch gelagerten Fundaments.

Bettungszifferverfahren

Beim Bettungszifferverfahren wird der elastische Boden durch eine Vielzahl von Federn ersetzt (Abb. 7.8). Es wird bei diesem Verfahren angenommen, dass die Setzung s an jeder Stelle des Fundaments proportional ist zu der an der gleichen Stelle vorhandenen Sohlnormalspannung σ_0 [Dimitrov–71]. Der Proportionalitätsfaktor k_s wird Bettungsziffer genannt.

Die Bettungsziffer k_s ist kein Bodenkennwert, sondern abhängig von den Baugrundeigenschaften, den Bauwerkslasten und der Fundamentgeometrie [Rübener–85].

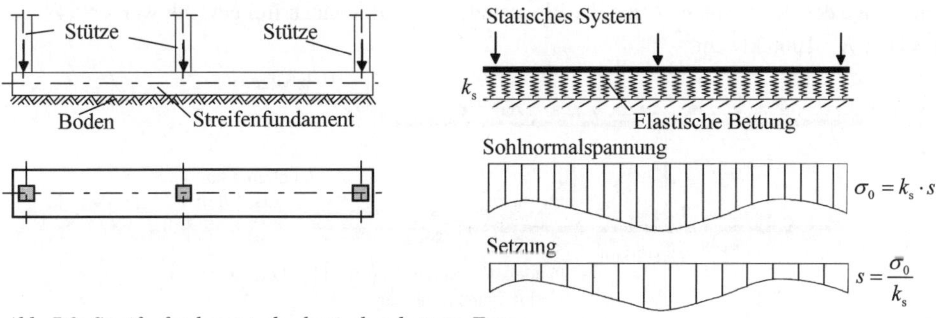

Abb. 7.8: Streifenfundament als elastisch gebetteter Träger

Beispiel 9: Holzbalken mit schwimmenden Verstärkungen aus Stahl

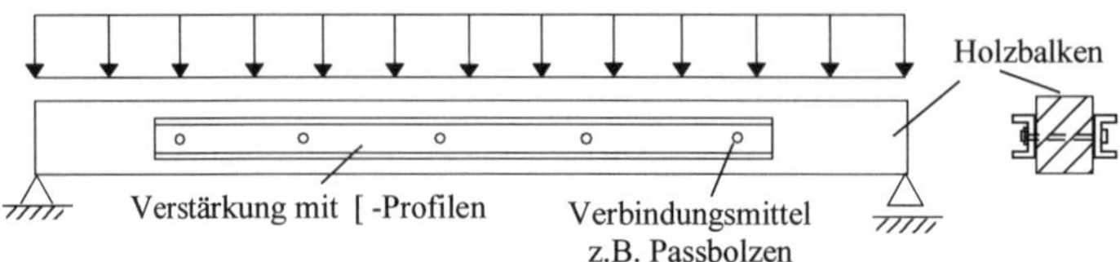

Abb. 7.9: Holzbalken mit schwimmenden Verstärkungen aus Stahl

Für die Kopplung des Holzbalkens mit den schwimmenden Verstärkungen können verschiedene Ersatzsysteme (Rechenmodelle) verwendet werden.

a) Ersatzsystem mit Federelementen

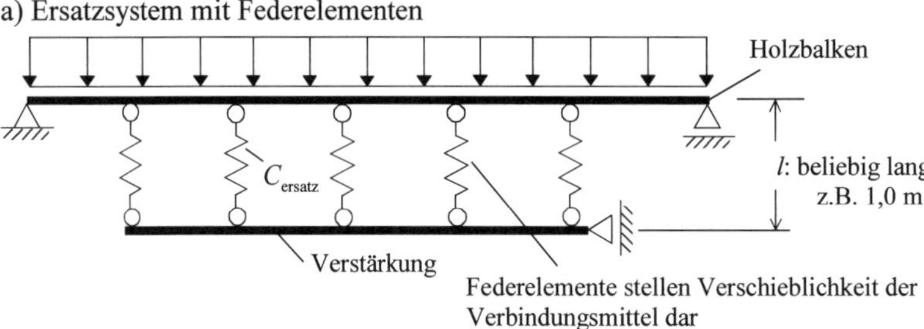

Abb. 7.9 a: Statisches Ersatzsystem mit Federelementen für „schwimmende" Verstärkung

Die Ersatzfedersteifigkeit C_{ersatz} kann aus dem Verschiebungsmodul K der Verbindungsmittel bestimmt werden. $\boxed{C_{ersatz} = n \cdot K}$

n = Anzahl der Verbindungsmittel je Anschluss (z.B. $n = 1$ bei der Verwendung von Passbolzen, $n = 2$ bei der Verwendung von Dübeln).

K = Verschiebungsmodul nach EC5, Teil 1-1

b) Ersatzsystem mit elastischen Pendelstäben

Abhängig vom verwendeten Stabwerkprogramm können die Federelemente auch durch elastische Pendelstäbe ersetzt werden (Abb. 6.9 b).

Aus der Beziehung $\boxed{C_{ersatz} = \frac{E \cdot A_{ersatz}}{l}}$ folgt: $\boxed{A_{ersatz} = \frac{C_{ersatz} \cdot l}{E} = \frac{n \cdot K \cdot l}{E}}$

A = Querschnittsfläche des Pendelstabes

Die Länge des Pendelstabes l und der Elastizitätsmodul E können frei gewählt werden z.B.: $l = 1\,\text{m}$; $E = 1000\ \text{kN/cm}^2$

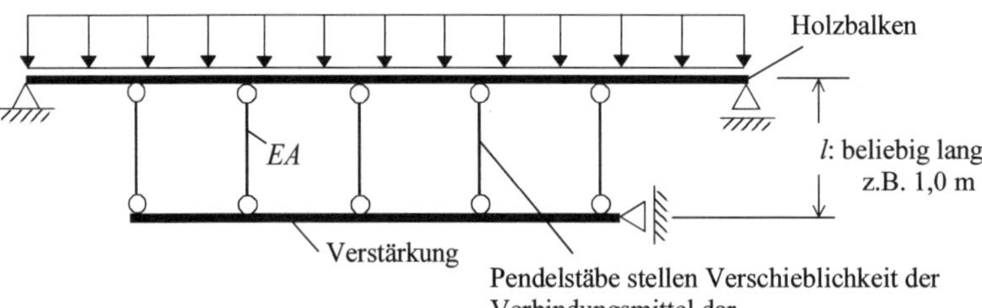

Abb. 7.9 b: Statisches Ersatzsystem mit elastischen Pendelstäben für „schwimmende" Verstärkung

8 Lastweiterleitung in Tragwerken

8.1 Vertikale Lastweiterleitung

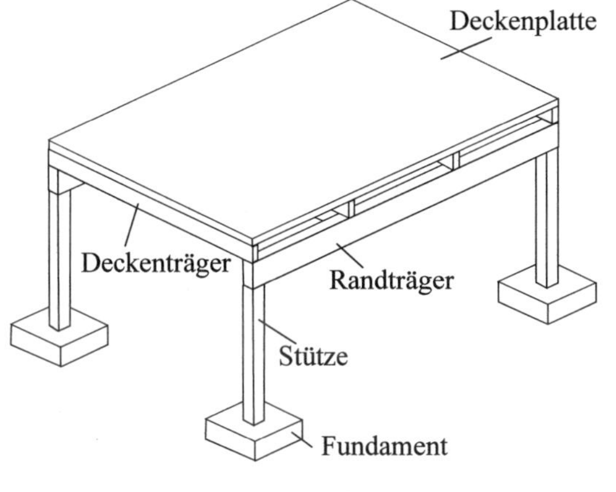

Die vertikale Belastung eines Bauwerks wird durch unterschiedliche Konstruktionsteile von der Dachdecke bis in die Fundamente geleitet.

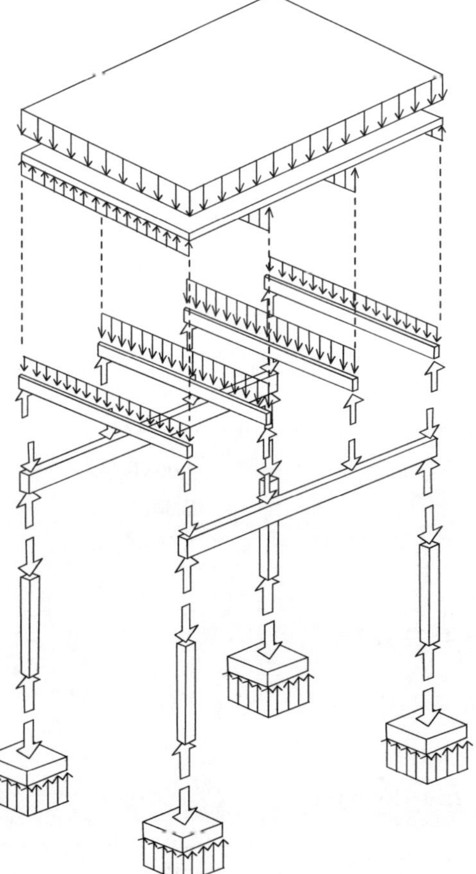

Deckenplatte, flächenbelastet z.B. in kN/m^2 durch Eigenlast und Nutzlast.

Deckenträger, linienbelastet z.B. in kN/m aus Auflager der Deckenplatte.

Die Deckenträger übertragen ihre Linienlasten und Eigenlasten auf die Randträger als Einzellasten z.B. in kN.

Die Randträger leiten ihre Belastungen und Eigenlasten auf die Stützen als Einzellasten z.B. in kN.

Durch die Stützen werden die Einzellasten und Eigenlasten der Stützen in die Fundamente geleitet.

Die Fundamente leiten alle von oben kommenden Lasten in den Baugrund.

Abb. 7.1: Vertikale Lastabtragung

Zahlenbeispiel: Verfolgung von vertikalen Deckenlasten

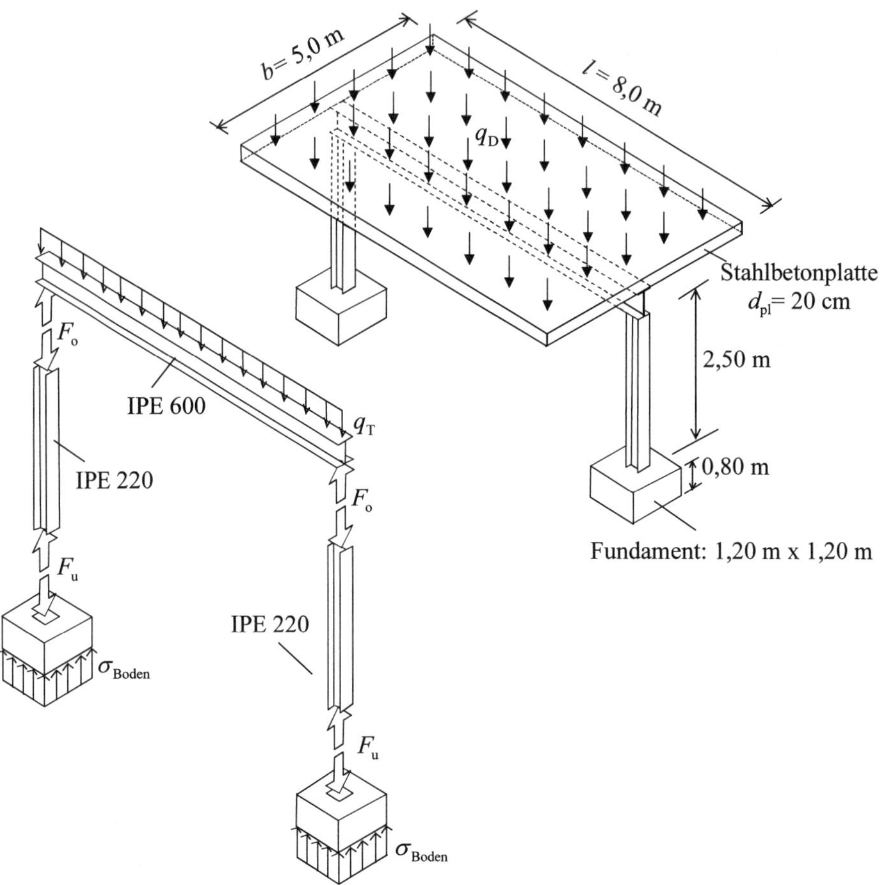

Deckenlast

Aus Eigenlast der Decke	$g_D = \gamma_{Stahlbeton} \cdot d_{pl} = 25 \cdot 0{,}2 = 5{,}00 \text{ kN/m}^2$
Estrich + Dämmung	$1{,}00 \text{kN/m}^2$
Nutzlast	$2{,}00 \text{kN/m}^2$
	$q_D = 8{,}00 \text{kN/m}^2$

Deckenträger:

$q_T = q_D \cdot b + \text{Eigenlast IPE 600} = 8 \cdot 5 + 1{,}22 = 41{,}22 \text{ kN/m}$

Stütze:

$F_o = q_T \cdot l/2 = 41{,}22 \cdot 8/2 = 164{,}88 \text{kN}$

$F_u = F_o + \text{Eigenlast IPE 220} = 164{,}88 + 0{,}262 \cdot 2{,}50 = 165{,}54 \text{kN}$

Bodenpressung:

$$\sigma_{Boden} = \frac{F_u}{A_{Fundament}} + \text{Eigenlast Fundament} = \frac{165{,}54}{1{,}2 \cdot 1{,}2} + 25 \cdot 0{,}8 = 134{,}95 \text{ kN/m}^2$$

8.2 Weiterleitung von horizontalen Lasten

Horizontale Lasten werden über horizontale Aussteifungselemente (z.B. Deckenscheiben) in vertikale Aussteifungselemente (z.B. Wände) geleitet. Die Lasten in den Wänden werden weiter in die Fundamente geleitet und somit in den Baugrund. Weitere Details sind den folgenden Beispielen 1 und 2 zu entnehmen.

Beispiel 1: Horizontallastabtrag bei Belastung durch w_1

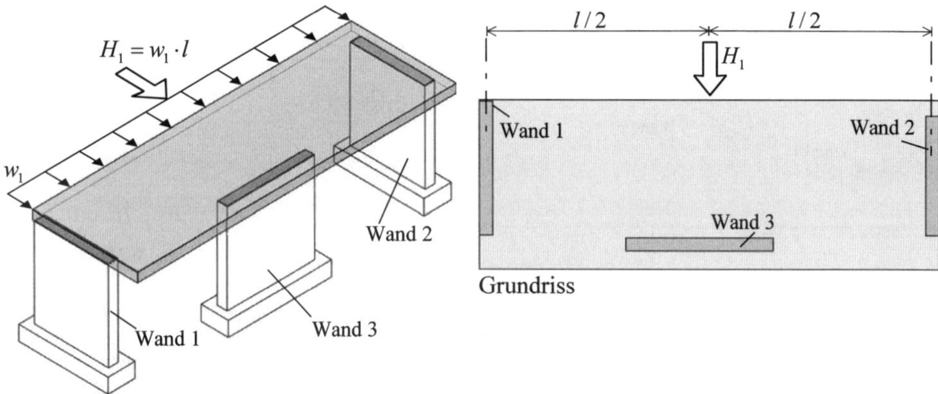

Annahmen für die Berechnung der Horizontallastverteilung:

- Betrachtung der Decken als starre Scheiben
- gelenkige Lagerung zwischen Aussteifungselementen und Deckenscheiben
- Berücksichtigung der Biegesteifigkeiten der Aussteifungselemente nur in der Hauptrichtung
- Vernachlässigung der Schub- und Torsionssteifigkeit in den Aussteifungselementen

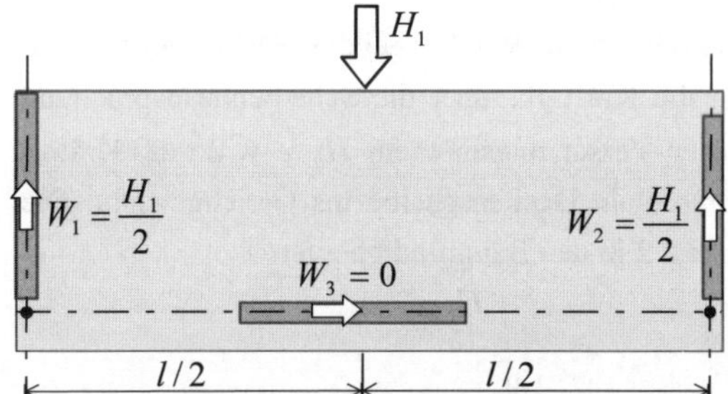

$$\Sigma F_H = 0: \quad W_3 = 0$$

$$\Sigma F_V = 0: \quad W_1 = W_2 = \frac{H_1}{2}$$

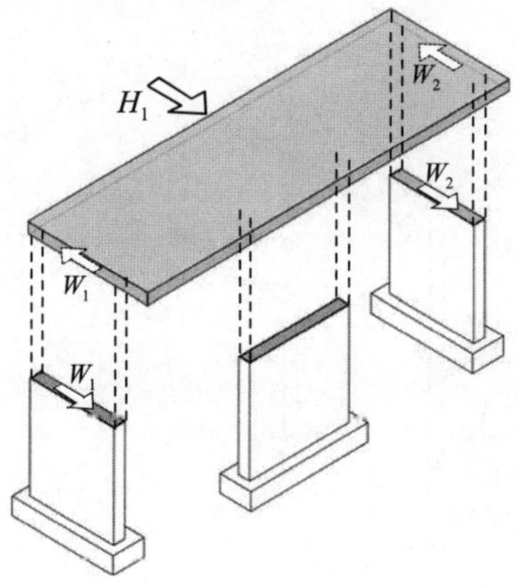

Beispiel 2: Horizontallastabtrag bei Belastung durch w_2

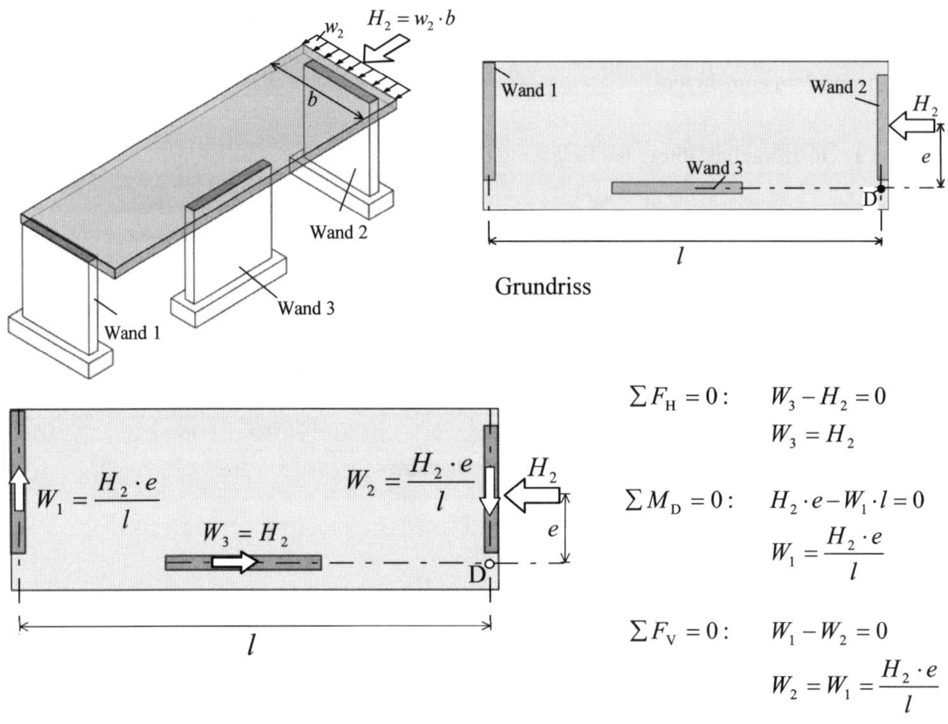

Die Horizontallast H_2 wird durch die Deckenscheibe in Wand 3 geleitet. Dabei entsteht ein Versetzungsmoment $H_2 \cdot e$. Die Wand 3 führt die Kraft W_3 über die Scheibenbeanspruchung der Wand in den Baugrund ab. Dem entstandenen Versetzungsmoment $H_2 \cdot e$ wirkt das Kräftepaar W_1 und W_2 entgegen. Es bringt die horizontale Deckenscheibe ins Gleichgewicht. Die Kräfte W_1 und W_2 werden durch die Wände 1 und 2 in den Baugrund geleitet.

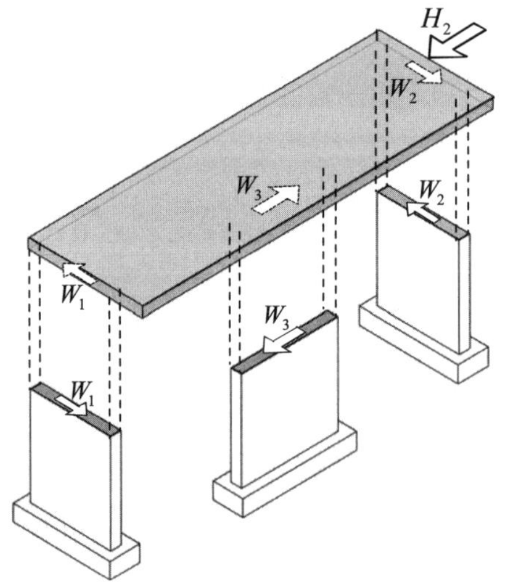

9 Aussteifung von Bauwerken

9.1 Allgemeines

Ein Bauwerk ist ausgesteift, wenn es horizontal angreifende Lasten sicher und ohne große Verformungen in den Baugrund ableiten kann.

Dies wird erreicht, wenn in einem Bauwerk eine ausreichende Anzahl von vertikalen und horizontalen Aussteifungselementen (z.B. Wandscheiben und Deckenscheiben) vorhanden sind. Es sind mindestens drei vertikale Aussteifungselemente erforderlich, von denen höchstens zwei parallel zueinander verlaufen dürfen. Außerdem dürfen sich die Wirkungslinien der vertikalen Aussteifungselemente nicht in einem Punkt schneiden.

Die horizontalen Lasten werden planmäßig durch Wind, durch einseitigen Erddruck, im Industriebau auch durch Brems- und Beschleunigungskräfte aus Kranbahnen und Anpralllasten aus Fahrzeugen verursacht. In bestimmten Gebieten können Horizontalkräfte auch durch Erdbeben hervorgerufen werden.

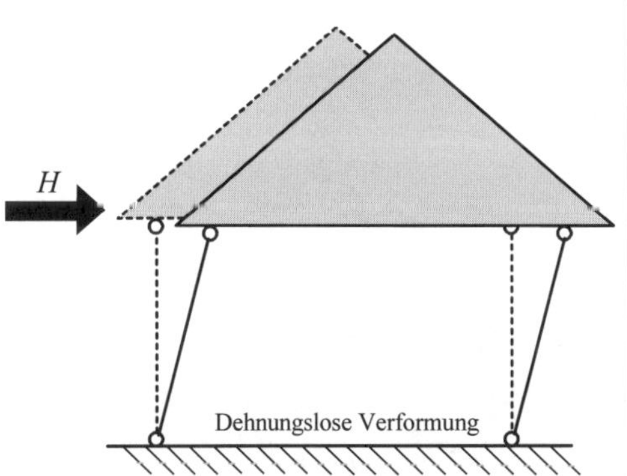

Das System ist nicht ausgesteift und kann deshalb der horizontalen Last keinen Widerstand entgegensetzen. Es kann also die angreifende Horizontallast H nicht ins Fundament leiten.

Nicht ausreichend ausgesteiftes Haus.

Das System versagte schon bei geringen horizontalen Lasten.

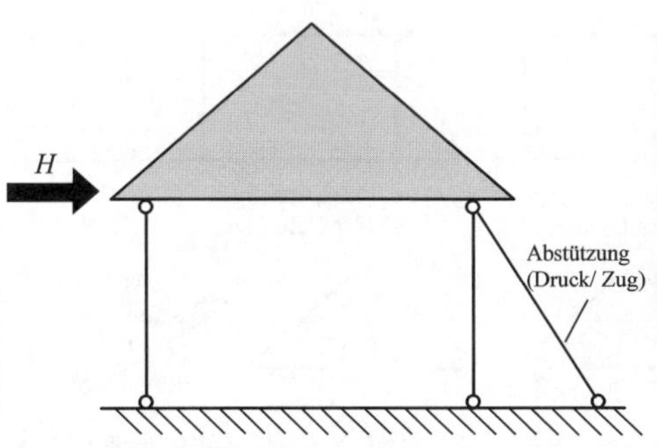

Eine mögliche Lösung um das nicht ausgesteifte System zu stabilisieren ist z. B. der Einsatz von Druck-/ Zugstäben.

Ein Bewohner versucht hier sein nicht ausreichend ausgesteiftes Haus mit Hilfe von Druckstäben zu stabilisieren.

Die folgenden Abbildungen zeigen weitere Aussteifungsvarianten in der Systemebene.

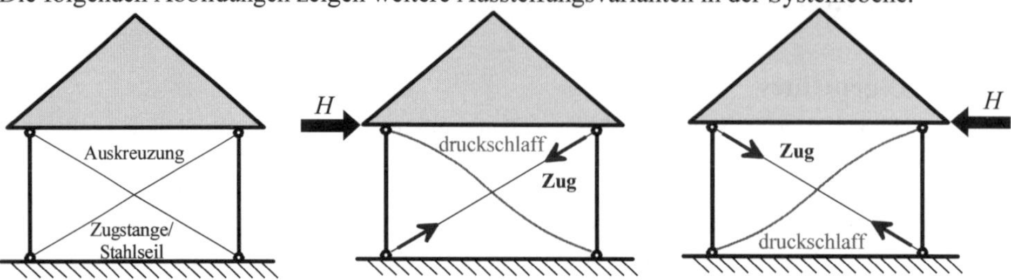

Auskreuzungen werden üblicherweise aus Stahlrundstäben, Stahlseilen oder -bändern hergestellt. Diese können nur Zugkräfte aufnehmen, deshalb sind immer beide Diagonalen notwendig. Je nach Richtung der angreifenden Last H erhält eine Diagonale die Zugkraft und leitet diese in das Fundament. Die andere Diagonale bleibt unbelastet (druckschlaff).

Die horizontalen Verformungen können durch Vorspannung der diagonalen Stahlseile reduziert werden. Die Vorspannkräfte sollten nach Möglichkeit so gewählt werden, dass auch unter ungünstigsten Lastverteilungen keine schlaffen Seile entstehen, dabei werden die Druckkräfte durch die an sich druckschlaffen Seile aufgenommen, solange die darin mittels Vorspannung eingeprägten Zugkräfte nicht vollständig abgebaut werden. In den Stützen und Riegeln werden durch die Vorspannung zusätzliche Druckkräfte erzeugt.

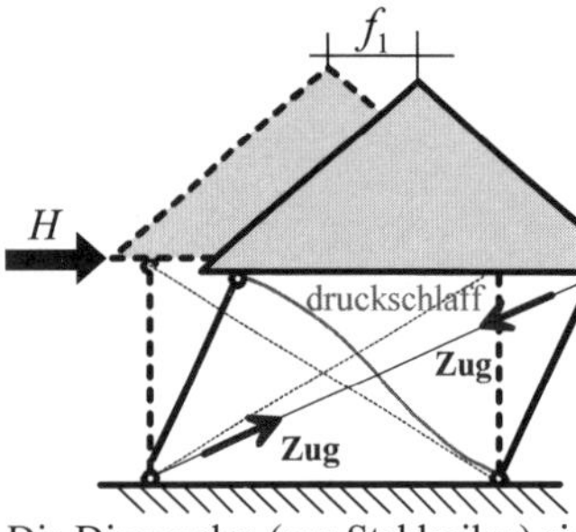

f_1 $f_2 < f_1$

H   druckschlaff   Zug   Zug   H   Zug   Zug   Zug   Zug

Die Diagonalen (aus Stahlseilen) sind *nicht* vorgespannt, große Horizontalverformung f_1.

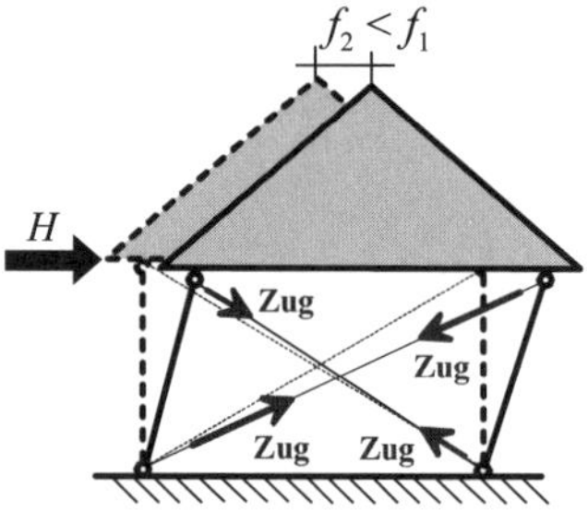

Die Diagonalen sind vorgespannt, kleine Horizontalverformung $f_2 < f_1$.

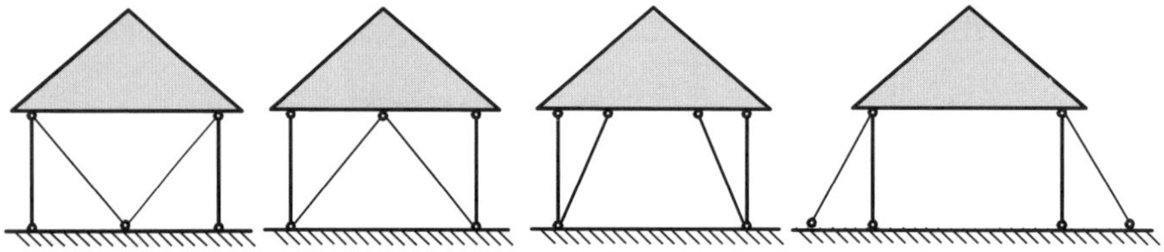

Streben, fallend (Stahl/ Holz)

Streben, steigend (Stahl/ Holz)

Streben, steigend (Stahl/ Holz)

Abspannung (Stahlseil/ Zugstange)

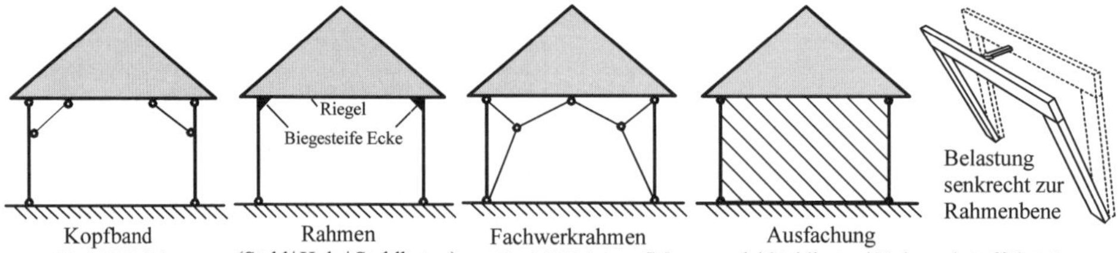

Riegel

Biegesteife Ecke

Belastung senkrecht zur Rahmenebene

Kopfband (Stahl/ Holz)

Rahmen (Stahl/ Holz/ Stahlbeton)

Fachwerkrahmen (Stahl/ Holz)

Ausfachung (Mauerwerk/ Stahlbeton/ Holzwerkstoffplatte)

Die aussteifende Wirkung von Scheiben, Fachwerken, Abspannungen und Rahmen beschränkt sich auf ihre Ebene. Werden sie senkrecht zu ihrer Ebene beansprucht, so werden sie als aussteifendes Element unwirksam.
Vergleich des Verformungsverhaltens:

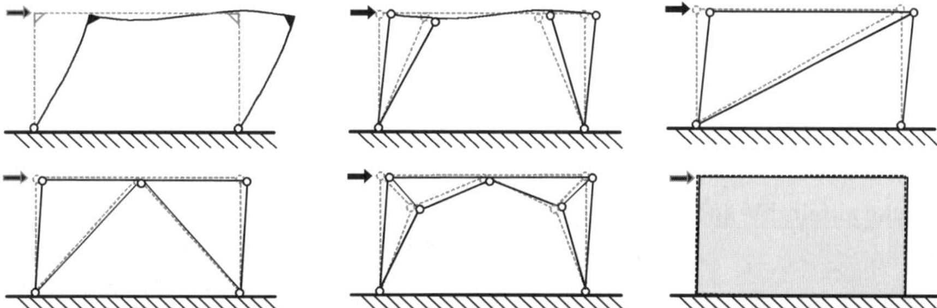

Bei dem Rahmen wird die Horizontallast über Biegung abgeleitet. Dazu muss eine biegesteife Ecke ausgebildet werden. Die horizontale Verformung ist relativ groß, deshalb ist eine Aussteifung mit Rahmen nur für Gebäude bis maximal 2 Geschosse sinnvoll.
Die horizontalen Verformungen bei den anderen Systemen sind relativ gering.

9.2 Grundprinzip der Aussteifung

Aussteifung von Gebäuden mit vertikalen Aussteifungselementen und horizontaler starrer Scheibe (z.B. Geschossdecke)

Eine Geschossdecke hat primär die Aufgabe, Vertikallasten abzutragen. Als starre Scheibe ausgebildet wirkt sie zusätzlich als horizontales Aussteifungselement. Hierfür muss sie kraftschlüssig mit sämtlichen vertikalen Aussteifungselementen angeschlossen werden. So können die Horizontallasten auf die vertikalen Aussteifungselemente verteilt werden. Bei den im Hochbau üblichen Geschossdecken aus Stahlbeton ist diese Voraussetzung erfüllt. Aber auch Trägerdecken aus Holzbalken oder Stahlträger können z.B. durch Schalung, Diagonalen (Fachwerk), Holzwerkstoffplatten usw. als starre Scheiben ausgebildet werden.

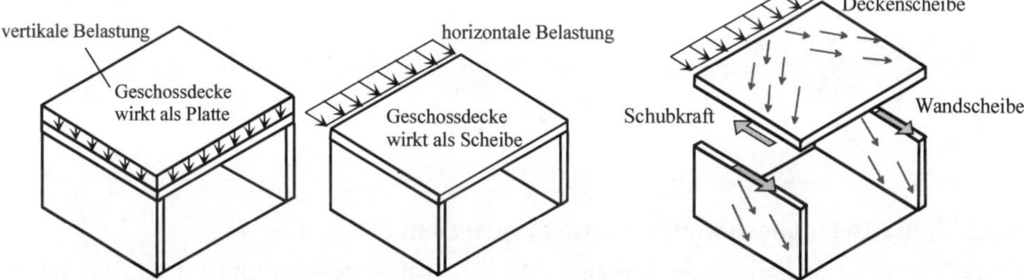

Die Wandscheiben müssen ausreichende **Auflast** erhalten, um dem Kippmoment der Bauteile aus Horizontallasten entgegenzuwirken.

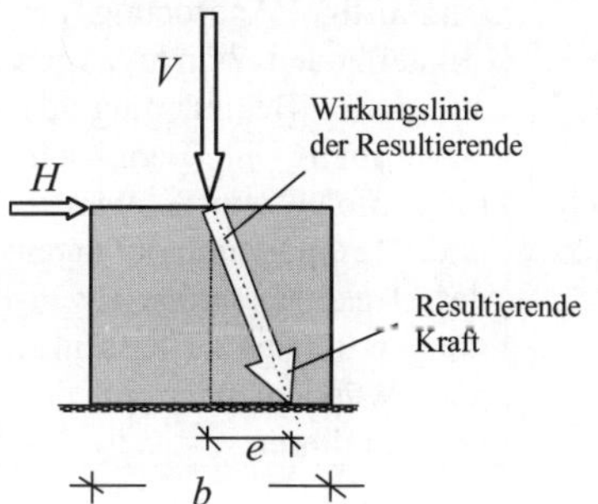

Die Standsicherheit der Scheibe ist gegeben, wenn die Exzentrizität der resultierenden Kraft $e \leq b/3$ ist. Damit ist die vorgeschriebene Kippsicherheit von 1,5 gegeben.

9.3 Anordnung von vertikalen Aussteifungselementen

9.3.1 Statisch bestimmtes Aussteifungssystem

- Drei Aussteifungselemente (z.B. Wandscheiben), deren Systemlinien sich nicht in einem Punkt schneiden.
- Die Verteilung der horizontalen Lasten auf die einzelnen Wandscheiben wird mit den drei Gleichgewichtsbedingungen ermittelt.

$$\sum F_{\mathrm{H}} = 0; \quad \sum F_{\mathrm{V}} = 0; \quad \sum M = 0$$

Geschossdecke auf drei Wänden gelagert.

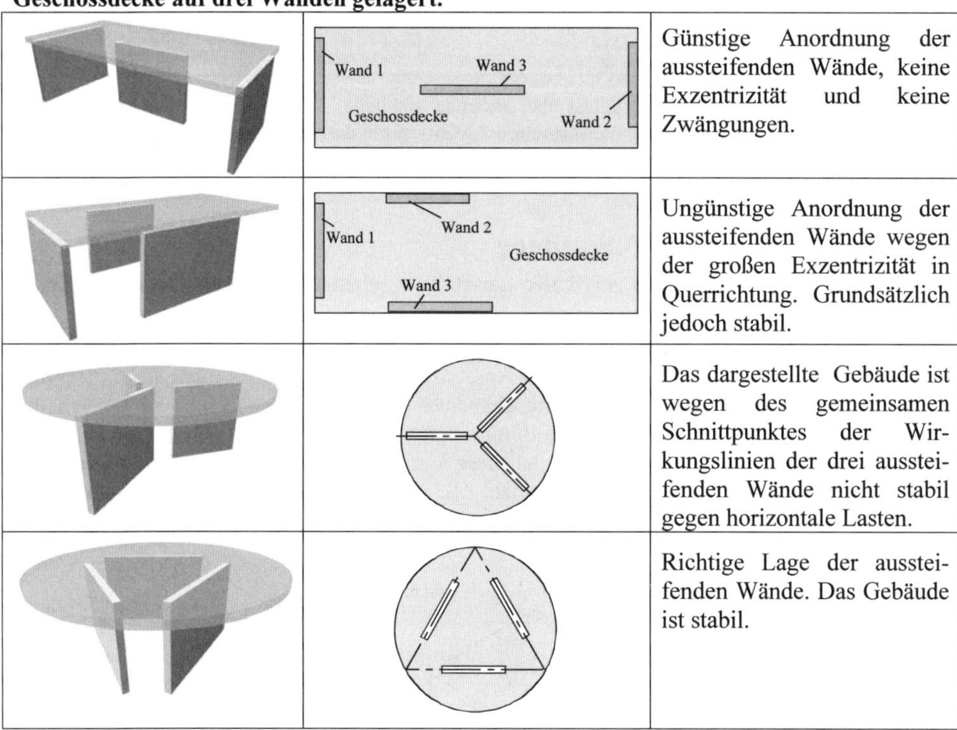

9.3.2 Statisch unbestimmtes Aussteifungssystem

- Die Verteilung der horizontalen Lasten auf die einzelnen Wandscheiben wird mit den Gleichgewichtsbedingungen und den Verformungsbedingungen (Verträglichkeitsbedingungen) ermittelt.

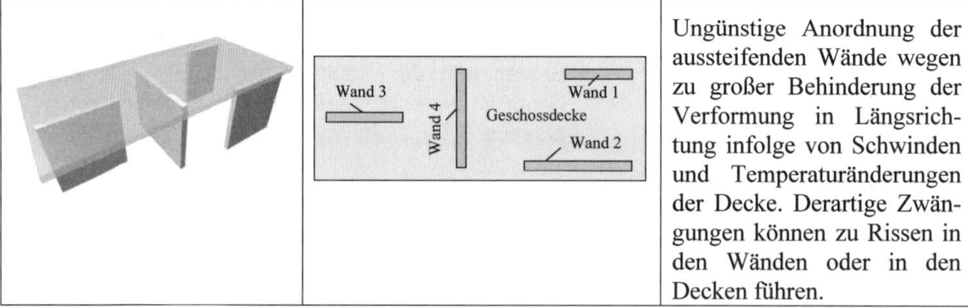

9.4 Vertikale Aussteifung

9.4.1 Vertikale Aussteifungselemente

Für die Ausbildung der vertikalen Aussteifungselemente stehen verschiedene Möglichkeiten zur Verfügung, z.B.: a) eingespannte Stützen, b) Rahmen, c) Verbände und d) Wandscheiben. Alle Systeme sind in ihrer Ebene stabil.

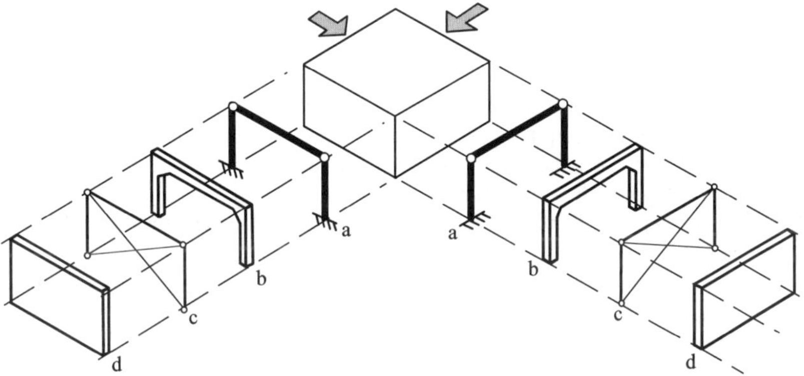

9.4.2 Eingespannte Stützen als vertikale Aussteifung

Soll ein Bauwerk mittels eingespannter Stützen ausgesteift werden, ist die gesamte Horizontallast auf möglichst viele Stützen zu verteilen.

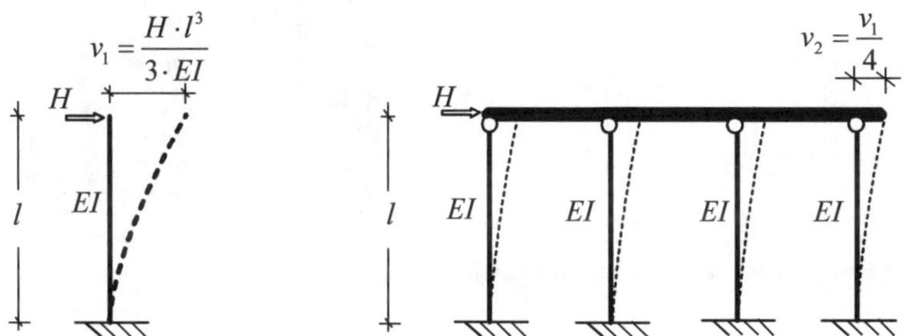

Da die horizontalen Verschiebungen v der Deckenscheiben mit der 3. Potenz der Stützenlänge zunehmen, kommt diese Lösung der Aussteifung mit eingespannten Stützen nur für ein-, höchstens zweigeschossige Bauwerke in Frage.

Beispiel: Die neue Nationalgalerie in Berlin (Architekt: Mies van der Rohe)

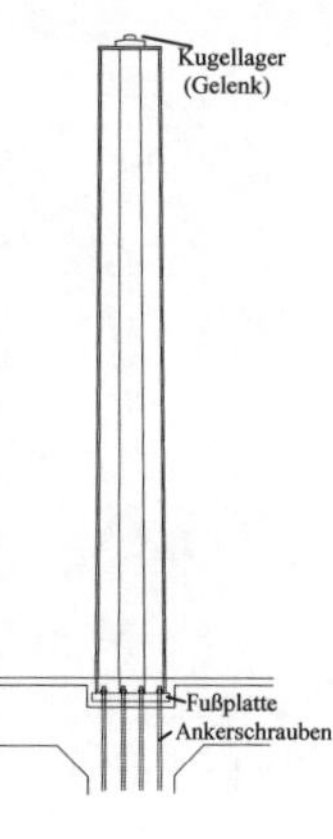

Das Dach (Stahlträgerrost) lagert gelenkig auf acht Stahlstützen; die auf die umlaufende Fassade wirkenden Windlasten werden über den Trägerrost an die acht eingespannten Stahlstützen abgegeben.

9.4.3 Rahmen als vertikale Aussteifung

Grundsätzlich können folgende Grundrahmen zur Aussteifung verwendet werden:

Dreigelenkrahmen, Zweigelenkrahmen und eingespannter Rahmen.

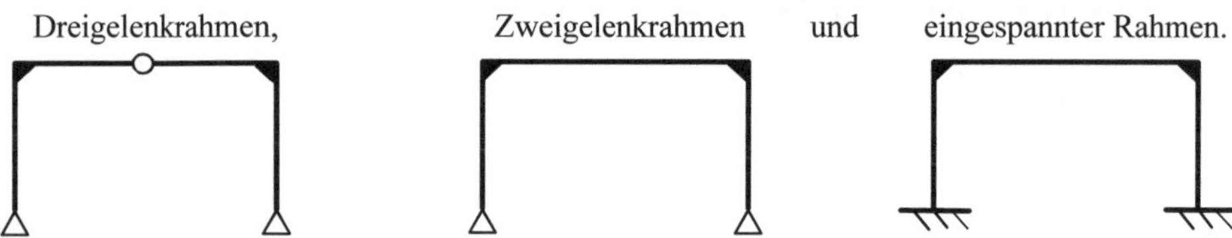

Während Dreigelenkrahmen statisch bestimmt sind, handelt es sich bei Zweigelenk- und eingespannten Rahmen um statisch unbestimmte Systeme. Statisch unbestimmte Rahmen sind steifer als statisch bestimmte Rahmen, zu beachten ist jedoch, dass unterschiedliche Setzungen und Temperaturdifferenzen zu zusätzlichen Beanspruchungen der Konstruktion führen. Bei dem eingespannten Rahmen müssen die Fundamente zur Einleitung von Biegemomenten massiver ausgebildet werden.

Die Wahl des Rahmensystems in statischer Hinsicht hängt also von der Materialwahl, den Baugrundverhältnissen sowie dem Gesamtkonzept des Bauwerks ab. Die Rahmenkonstruktion wird bei mehrgeschossigen Gebäuden sehr massiv ausfallen.

Beispiel: Das UNESCO-Gebäude Paris (Architekt: Pier Luigi Nervi)

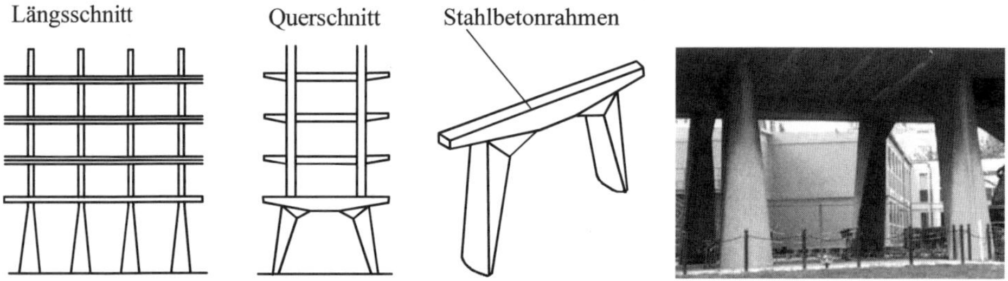

Die Stahlbetonrahmenkonstruktionen des UNESCO-Gebäudes steifen das Gebäude in Längs- und Querrichtung aus.

Beispiel: Stahlhalle

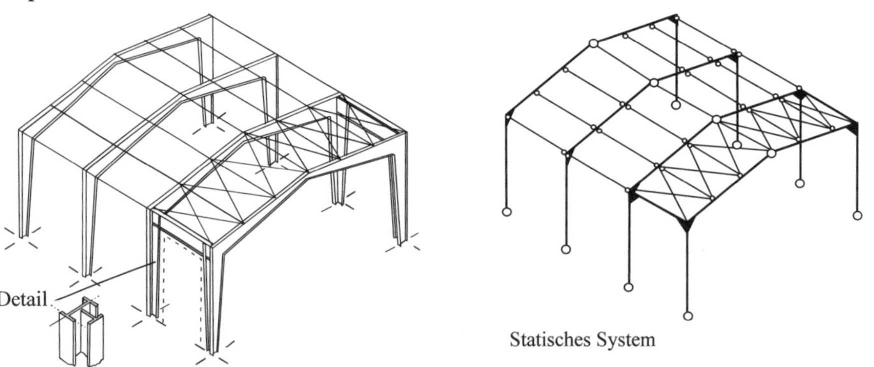

Die Aussteifung in Hallenquerrichtung erfolgt über Dreigelenkrahmen, in Hallenlängsrichtung über Zweigelenkrahmen.

9.4.4 Fachwerke (Verbände) als vertikale Aussteifung

Nach statischen Gesichtspunkten kann die Anordnung von Diagonalen wie folgt unterschieden werden:

Diagonalen als Auskreuzungen

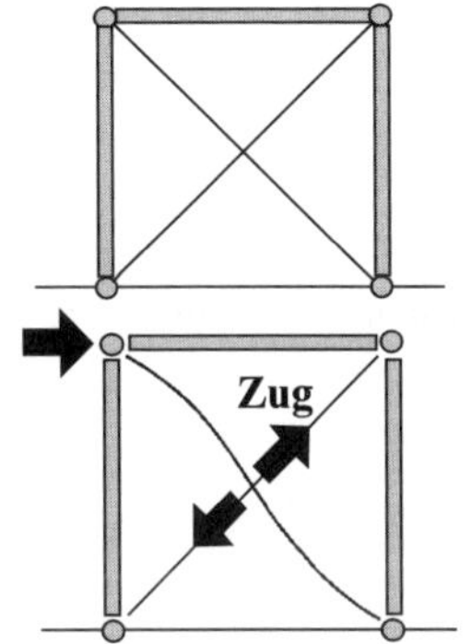

Auskreuzungen werden häufig zur Aussteifung verwendet.

Unter Einwirkung von Horizontallasten wird eine der diagonalen Auskreuzung die Zugkraft aufnehmen, die andere Diagonale wird schlaff. Da die elastischen Verformungen der Zugdiagonalen relativ groß sind, werden bei dieser Aussteifungsvariante auch die Gesamtverformungen dementsprechend groß. Die Zugdiagonalen dürfen bei der elastischen Verformung der Stützen nicht schlaff werden. Hierzu werden die Zugdiagonalen so vorgespannt, dass auch unter maximaler Horizontallast in den beiden Diagonalen noch eine Zugkraft verbleibt. Dadurch wird die Gesamtsteifigkeit des Systems deutlich erhöht, aber in den Stützen und Riegeln werden durch die Vorspannung zusätzliche Druckkräfte erzeugt.

Diagonalen als Streben

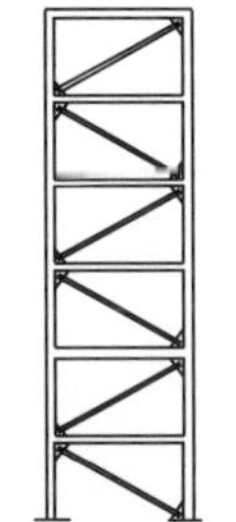

Die Aussteifung mit Streben erzeugt in den Streben, in Abhängigkeit von der Richtung der angreifenden Horizontallasten, Zug- oder Druckkräfte. Entsprechend sind die Streben zur Aufnahme der Druckkräfte auch als Knickstäbe auszubilden.

Eventuell zusätzliche Druckkräfte in den Diagonalen aus der elastischen Verformung der Stützen müssen bei der statischen Berechnung berücksichtigt werden.

Diagonalen aus K- und V- Verbänden

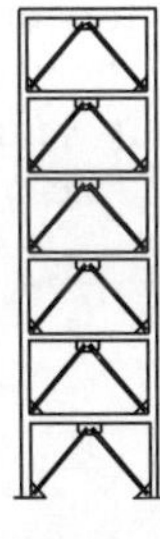

K-Verband

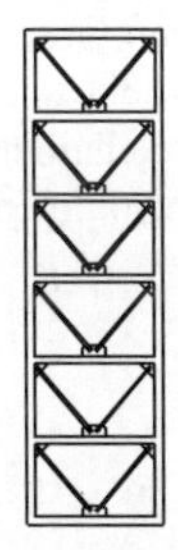

V-Verband

Mithilfe von K- und V-Verbänden lassen sich nicht nur Horizontallasten aufnehmen, sondern diese Verbände reduzieren auch die Biegebeanspruchung in den Rahmenriegeln durch die vorhandenen Riegelunterstützungen.

Bei den K-Verbänden werden die Riegel durch Druckdiagonalen unterstützt.

Im Fall einer Abhängung der Deckenträger (Riegel) durch den V-Verband ergibt sich eine Art Vorspannung der Diagonalen durch die ständigen Lasten, durch welche die bemessungsrelevanten Druckkräfte aus den Horizontallasten reduziert werden.

Auch hier ist bei der Planung die elastische Verkürzung der Stützen zu berücksichtigen. Jedoch ziehen Diagonalen aus K- bzw. V-Verbänden auf Grund der relativen Biegeweichheit der Deckenträger nicht in dem Umfang Vertikallasten an, wie die Stützen sich infolge der vertikalen Belastung verkürzen.

Ein weiterer Vorteil von druckbeanspruchten K- und V-Verbänden gegenüber Diagonalen als Streben ist die geringere Knicklänge.

9.4.5 Wandscheiben als vertikale Aussteifung

Für die zur Horizontalaussteifung erforderlichen vertikalen Aussteifungselemente können Wandscheiben aus Mauerwerk, Beton, Stahlbeton, ausgesteifte Stahlbleche oder Holztafelelemente verwendet werden.

Wände besitzen nur die für die Aussteifung eines Bauwerks erforderliche Steifigkeit in ihrer Ebene.

Versetzte Vertikalscheiben bei mehrgeschossigen Gebäuden

Eine versetzte Anordnung von aussteifenden Scheiben in Vertikalrichtung ist möglichst zu vermeiden. Schon geringe Exzentrizitäten der Tragelemente sind kostenintensiv und konstruktiv ungünstig.

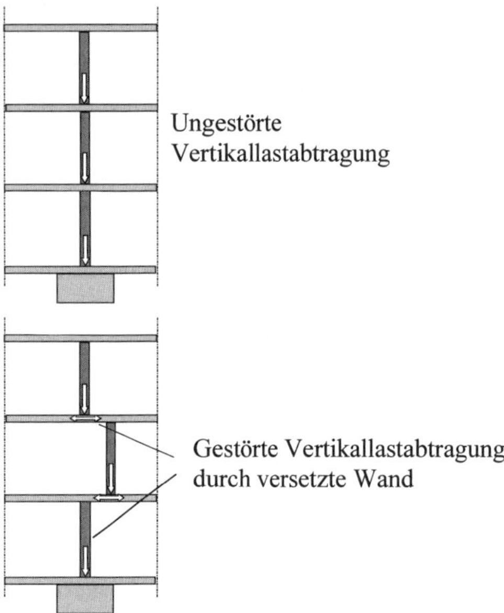

Sind die aussteifenden Wandscheiben entwurfsbedingt in den einzelnen Geschossen **horizontal versetzt,** muss die Horizontallast aus dem obersten Geschoss über Druck- und Zugkräfte in den Geschossdecken bis zum nächstmöglichen Weiterleitungspunkt der Scheiben geführt werden. Diese Lösung ist unwirtschaftlich und kann größere horizontale Verformungen verursachen.

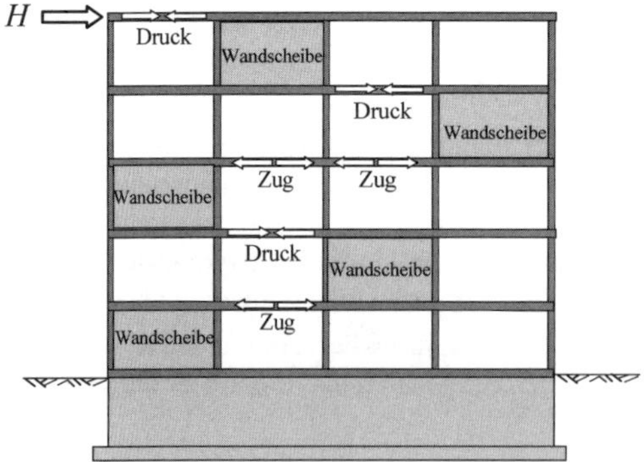

Öffnungen in den aussteifenden Wandscheiben

Öffnungen für Fenster, Türen sowie für die Durchführung von Ver- und Entsorgungsleitungen sind in den aussteifenden Wandscheiben möglich. Die verbleibenden Teile zwischen den Öffnungen müssen ausreichend steif sein. Die Öffnungen sollten möglichst regelmäßig verteilt sein.

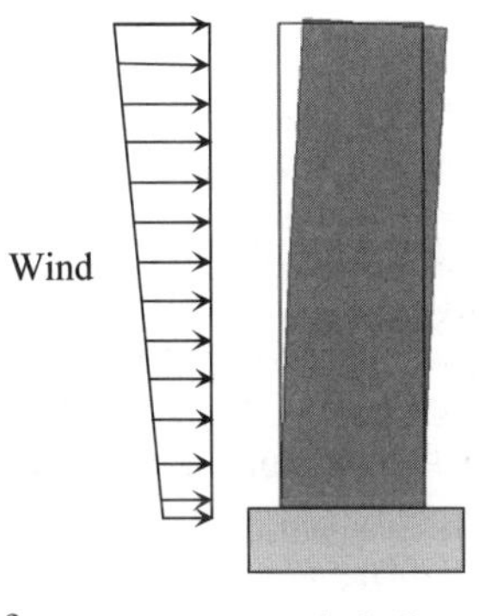

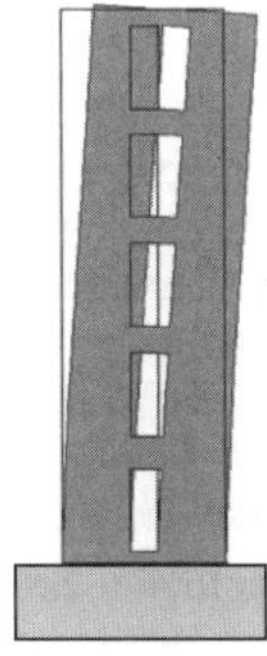

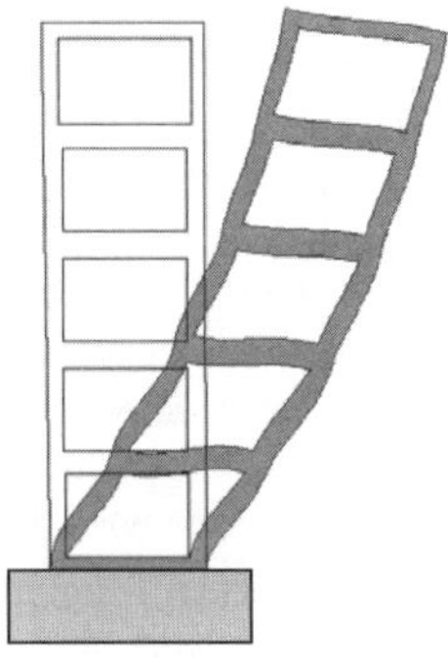

Verformungen — Wandscheibe ohne Öffnungen — Wandscheibe mit kleinen Öffnungen — Wandscheibe mit großen Öffnungen

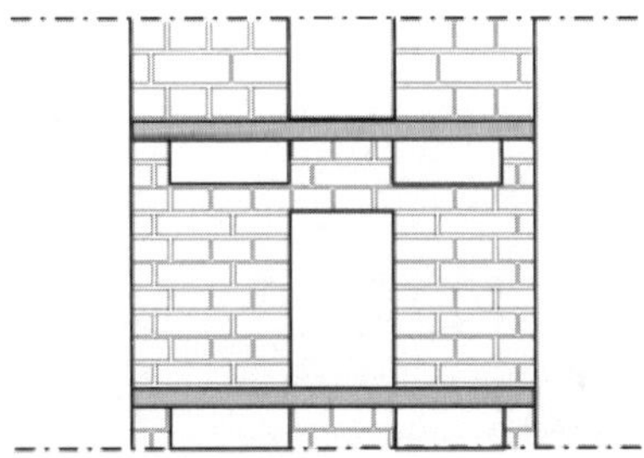

Die nebenstehende Mauerwerkswand ist durch große Tür- und Installationsöffnungen geschwächt. Sie kann deswegen nicht zur Aussteifung herangezogen werden. Eine andere ungeschwächte Wand muss diese Aufgabe übernehmen.

9.5 Horizontale Aussteifung

9.5.1 Deckenkonstruktionen als Horizontalaussteifung

Deckenkonstruktionen, die zur Horizontalaussteifung herangezogen werden, müssen als Scheibe wirken. Die klassische Form einer derartigen Scheibenkonstruktion ist eine Stahlbetondecke. Aber auch andere Deckenkonstruktionen können bei entsprechender konstruktiver Ausbildung als Scheiben wirken. Z.B. eine Decke aus aneinandergereihten Stahlbetonfertigteilen kann eine „Scheibenwirkung" ausüben, wenn der sich einstellende Druckbogen ein „Zugband" durch einen Ringanker erhält (vgl. Abb. unten).

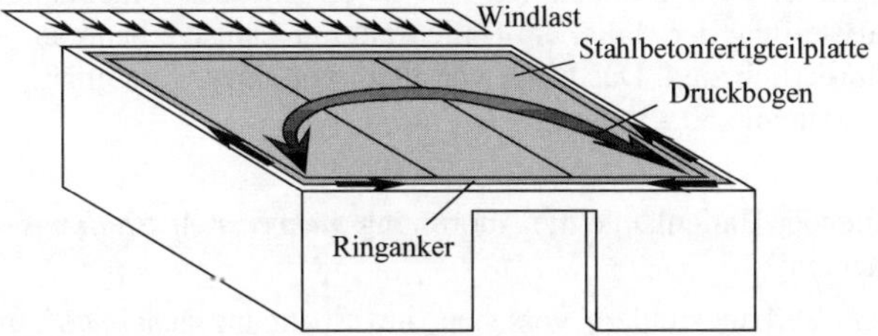

Kräfteverlauf in Deckenscheiben unter Windlast.
Der Ringanker bildet das Zugband (Druckbogen-Zugbandmodell).

9.5.2 Fachwerke (Verbände) als Horizontalaussteifung

Fachwerke (Verbände) sind ebenfalls als horizontale Aussteifungselemente möglich. Insbesondere bei Hallen finden diese „leichten" Aussteifungselemente Anwendung. Weitere Einzelheiten s. unter 9.6.

9.5.3 Ringbalken

Unter Decken ohne Scheibenwirkung, wie z.B. Holzbalkendecken, müssen zur horizontalen Wandaussteifung Ringbalken angeordnet werden, weil sonst eine obere Wandhalterung fehlt. Ein Ringbalken ist auch für Mauerwerkswände unter Flachdächern aus Stahlbeton erforderlich, wenn die Decke auf den Außenwänden gleitend gelagert ist, um Schäden infolge des unterschiedlichen Dehnungsverhaltens von Stahlbeton und Mauerwerk zu vermeiden. Ist die Stahlbetondecke durch eine Gleitschicht von der Wand getrennt, kann die Decke nicht mehr die Funktion der horizontalen aussteifenden Scheibe übernehmen, weil eine Reibungskraftübertragung ausgeschlossen wird. **Der Ringbalken ersetzt also die Scheibenwirkung der Decke**.

In der Regel werden Ringbalken aus Stahlbeton ausgeführt. Ausführungen in Holz, Stahl oder bewehrtem Mauerwerk sind auch möglich. Der Ringbalken wird auf Biegung beansprucht.

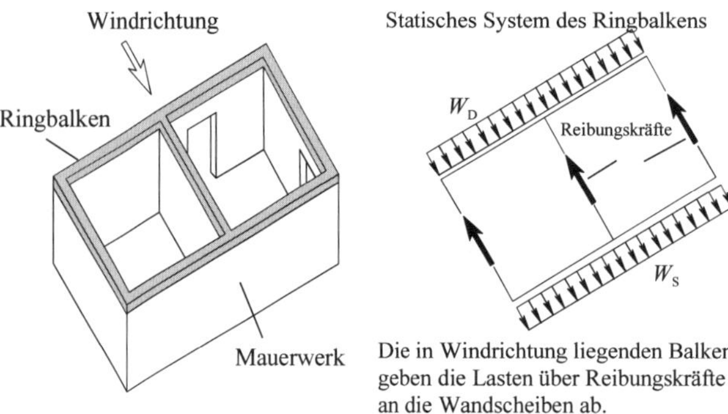

Die in Windrichtung liegenden Balken geben die Lasten über Reibungskräfte an die Wandscheiben ab.

9.6 Beispiel: Aussteifung einer Halle

9.6.1 Hallenaussteifung in Längsrichtung

Beim Entwurf einer Hallenkonstruktion ist zunächst festzulegen, wo Horizontal- und wo Vertikalverbände angeordnet werden sollen. Diese Aussteifungsverbände haben die Aufgabe, die Krafteinwirkungen zu den Fundamenten abzuleiten (z.B. Windlasten auf Giebelwände oder Bremskräfte eines Hallenlaufkrans).

Die Lastableitungswege sollten möglichst kurz gehalten werden. In diesem Zusammenhang muss überlegt werden, ob für die Aussteifung der Halle, ein Hallenfeld mit Längsverband ausreicht oder ob mehrere Verbände erforderlich sind. Das hängt vor allem von ihrer Gesamtlänge ab (im Holzbau ca. alle 25 m, im Stahlbau alle 50 –100 m).

Wenn die Längsstabilität bei zunehmender Hallenlänge die Anordnung *mehrerer Aussteifungsfelder* erfordert, ist Folgendes zu beachten:

- Dehnungsfugen zwischen den Verbandsfeldern vorsehen, um Spannungsausgleich zu ermöglichen.

- Aussteifungsfelder im Mittelbereich anordnen und **nicht** in den Endfeldern (an den Giebelseiten), um eine zwängungsarme Konstruktion zu gewährleisten. Bei Laufkranbetrieb sind die zentralen Aussteifungsverbände günstig, weil die Kranbremskräfte vor allem im Mittelbereich der Hallen auftreten. Diese Verbandsanordnung hat aber auch Nachteile. Die Windlasten, die an den Giebelwänden angreifen, müssen über mehrere Felder hinweg die halbe Hallenlänge durchlaufen, bevor sie über die Mittelverbände abgeleitet werden. Dadurch werden die betroffenen Pfetten und Traufenriegel zusätzlich beansprucht, mit dem Nachteil größerer Stahlprofile und höheren Eigengewichts.

Kostenvergleiche haben gezeigt, dass die zentralen Aussteifungsverbände bei den meisten Hallenkonstruktionen nicht nur die wirtschaftlichste, sondern auch fachlich beste Lösung bieten.

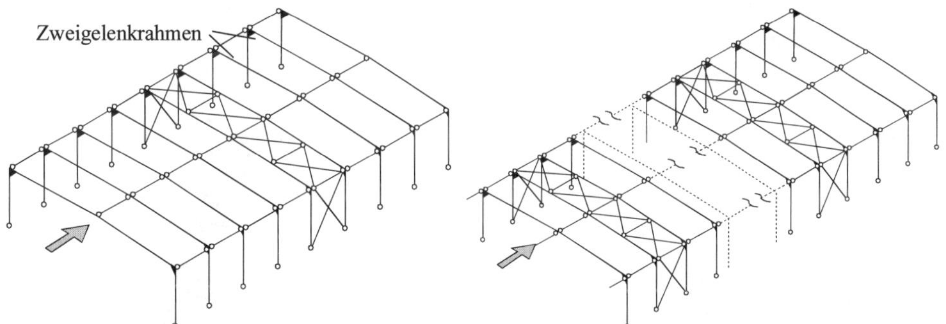

Zweigelenkrahmen mit Mittelverband

Halle mit mehreren Aussteifungsfeldern

9.6.2 Hallenaussteifung in Querrichtung

Die Aussteifung einer Hallenkonstruktion in Querrichtung geschieht in der Regel mit Hilfe von Rahmen.

Alternativlösung:

Für kleinere Stahlhallen wählt man häufig eine Konstruktion aus Pendelstützen (d.h. am Stützenkopf und am Stützenfuß gelenkig angeschlossene Stützen). Die angreifenden Horizontallasten werden über Dachlängsverbände auf die beiden Giebelwände abgeleitet.

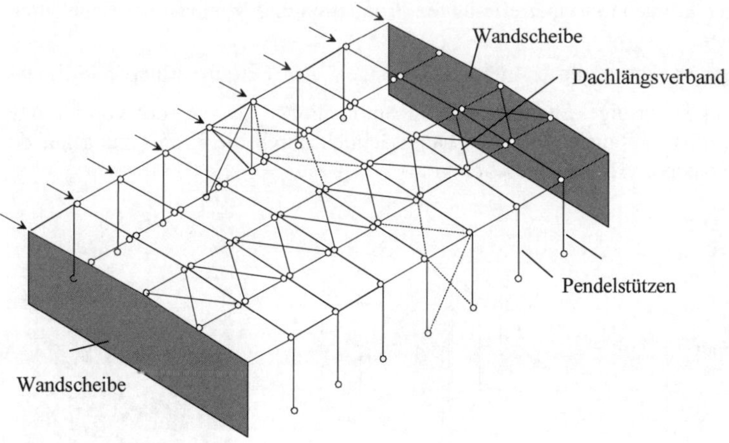

9.7 Aussteifungskerne

9.7.1 Bauwerke mit klassischen Aussteifungskernen

Häufig werden mehrere aussteifende Scheiben zu Aussteifungskernen zusammengefasst und mit den vertikalen Erschließungsschächten wie Treppenhäusern, Aufzugs- und Installationsschächten kombiniert. Die Kerne verlaufen vom untersten bis zum obersten Geschoss meist mit konstantem Querschnitt. Sie können als in das Fundament eingespannte Kragträger ausgebildet werden. Aus Brandschutzgründen bilden die Treppenhäuser in der Regel einen Brandabschnitt (Fluchtweg), deshalb sind sie ohnehin mit massiven Wänden zu umschließen.

Schachtartige Kerne bilden im Idealfall einen „Hohlkasten-Querschnitt". Sie sind daher biege- und torsionssteif. Die Geschossdecken wirken dabei als starre Scheibe. Der oft große Anteil an Öffnungen auf einer Kernseite (z.B. durch Aufzugstüren), reduziert die Steifigkeit und den Tragwiderstand erheblich.

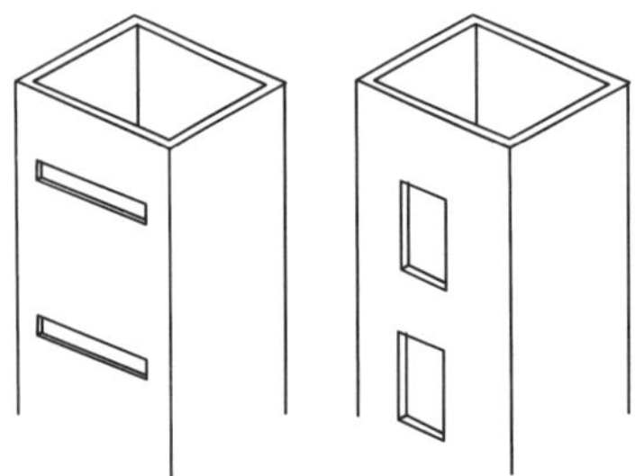

Kleine Öffnungen in der Kernwand vermindern kaum die Torsionssteifigkeit gegenüber Hohlkasten-Querschnitt.

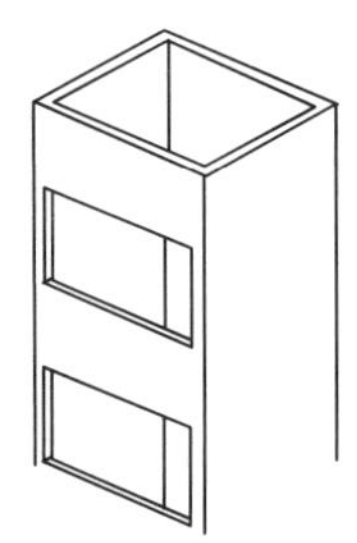

Geringe Torsionssteifigkeit aufgrund großer Wandöffnungen.

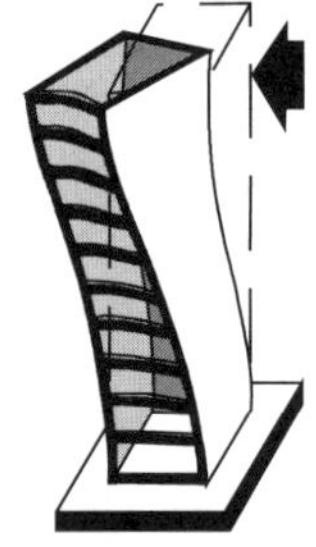

Verformungsbild eines Kerns mit großen Wandöffnungen.

Vorgefertigte Tragwerkskerne

Der Vorteil vorgefertigter Tragwerkskerne gegenüber einer Ausführung in Ortbeton liegt hauptsächlich in der Qualität der Oberflächen, der kürzeren Bauzeit und den besseren Möglichkeiten der Organisation der Arbeitsabläufe zur Montage der Fertigteilkonstruktion.

Der Nachteil liegt in den komplizierten Verbindungen der einzelnen Bauelemente. Diese komplizierten Verbindungen können mit einer effizienten Produktion und Montage der Bauelemente in Widerspruch stehen.

Für vorgefertigte Tragwerkskerne gibt es mehrere Lösungen: Am Ort zu verbindende Einzelwände, C-, L-, T- oder U-förmige Elemente bzw. Kombinationen davon oder vorgefertigte Raumzellen. Der Einsatz von Raumzellen wird hauptsächlich durch die Kranleistung auf der Baustelle oder durch Transportprobleme beschränkt.

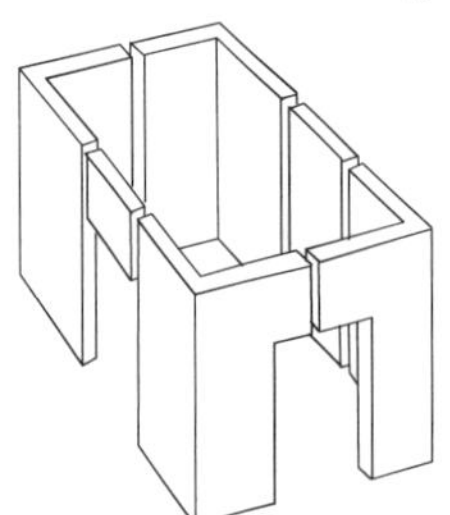

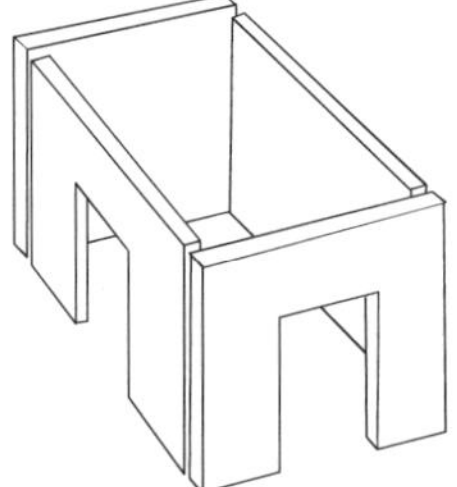

Anordnung der Tragwerkskerne

Grundsätzlich können Tragwerkskerne an verschiedenen Stellen angeordnet werden.

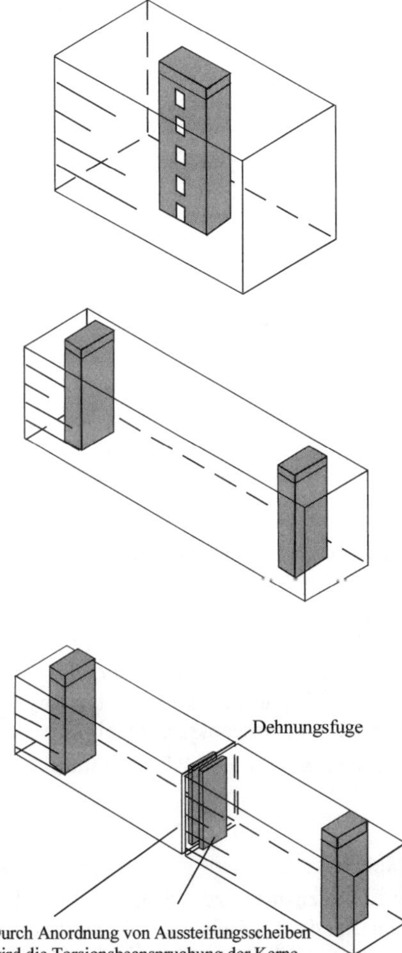

Der Tragwerkskern sollte jedoch möglichst zentral im Gebäudegrundriss liegen, damit Torsionsbeanspruchungen aus der Horizontalbelastung minimiert werden. Darüber hinaus sollte der Massenschwerpunkt der einzelnen Deckenscheiben in der vertikalen Achse des Kerns liegen. So erhält der Aussteifungskern aus den vertikalen Lasten der Deckenscheiben eine ausreichende Auflast.

Zwängungen zwischen Decken und Kernen

Zwangskräfte entstehen vor allem in Decken, deren Verformungen (aus Temperatur- und Schwinddifferenzen) durch zwei oder mehr steife Kerne behindert werden.

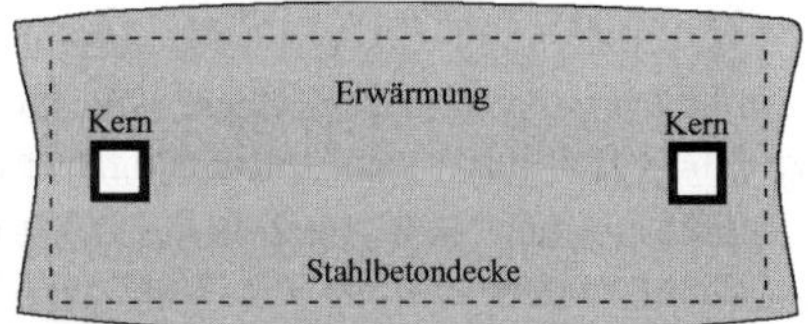

Verformungsbild der Deckenscheibe ohne Dehnungsfuge bei einer Deckenerwärmung (Verformungsbehinderung der Deckenscheibe zwischen den Kernen).

Dehnungsfugen

Dehnungsfugen haben die Aufgabe, die im Wesentlichen aus Temperaturänderungen (einschließlich Brandeinwirkung) entstehenden Verformungen weitgehend zwangsfrei zu ermöglichen.

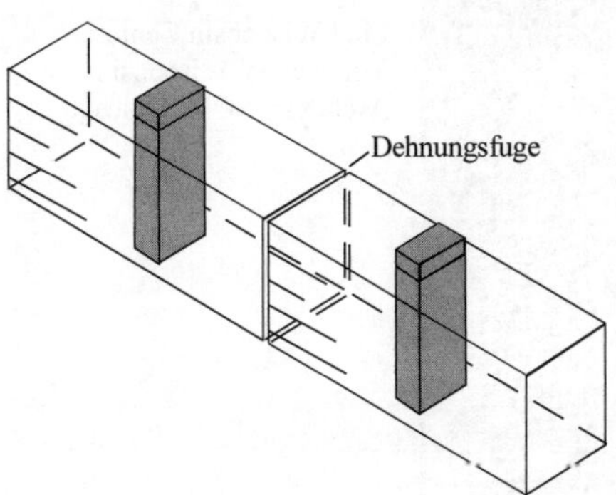

Ist das Bauwerk durch Fugen in mehrere Abschnitte unterteilt, muss jeder Bauwerksabschnitt für sich selbständig ausgesteift sein.

Der Dehnungsfugenabstand beträgt je nach System und Baustoff zwischen 20 und 50 m.

Eine mittige Anordnung der aussteifenden Kerne je Bauwerksabschnitt ist am günstigsten.

9.7.2 Tragwerkskerne mit Outriggersystem (Auslegersystem)

Eine Steigerung der Leistungsfähigkeit des Tragwerkskerns kann durch eine schubsteife Verbindung des Kerns mit den vertikalen Stützgliedern an den Rändern des Gebäudes ermöglicht werden. Hierbei wird ein steifer Abfangträger, das Outriggersystem, mit dem Kern und den außen liegenden Stützen gelenkig verbunden.

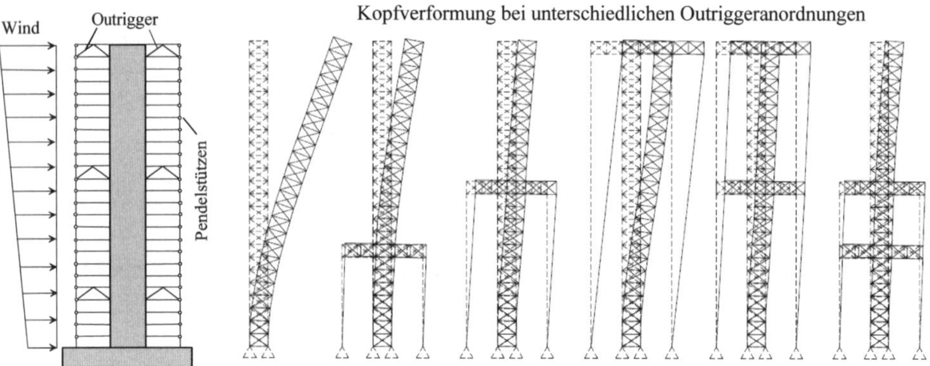

Durch ein Outriggersystem vergrößert sich der innere Hebelarm der Konstruktion und dementsprechend die Effektivität des Aussteifungstragwerks.

Aus architektonischer Sicht beeinflusst das Outriggersystem das Gebäudeinnere und beeinträchtigt damit gegebenenfalls die Nutzung des Gebäudes. Aus diesem Grund werden die Outriggersysteme meistens im Bereich der Technikgeschosse des Gebäudes untergebracht, bei der sich die zur Verfügung stehende größere Geschosshöhe als günstig für die Verbindungskonstruktion erweist. Das Outriggersystem kann auch über mehrere Geschosse ausgebildet werden.

Dies ist statisch besonders sinnvoll, wenn die Outriggersysteme in halber bis zweidrittel Höhe des Gebäudes angeordnet werden.

Tragwerkskern mit Outriggersystem und Randträgern

Zusätzlich zu den direkt mit dem Outriggersystem verbundenen Stützen können bei der Tragverformung weiterhin auch die restlichen Stützen am Rande des Gebäudes aktiviert werden. Dies kann durch einen um das Tragwerk herumlaufenden Randfachwerkträger in der Ebene des Outriggersystems erreicht werden.

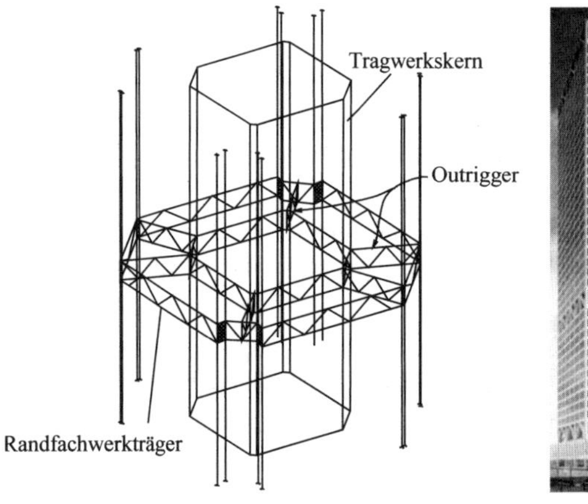

First Wisconsin Center,
Milwaukee, Wisconsin
Architekt: SOM, Chicago

9.7.3 Röhrentragwerke

Bei einem Röhrentragwerk werden, wie bei einem Tragwerkskern, die **Außenwände** schubsteif miteinander verbunden. Dazu werden die außen liegenden Vertikalelemente (d.h. die Fassadenstützen) möglichst vollständig zur Tragwirkung herangezogen. Röhrentragwerke werden üblicherweise zur Aussteifung von Hochhäusern eingesetzt.

Mögliche Ausführungsformen:

Stockwerksrahmenröhre

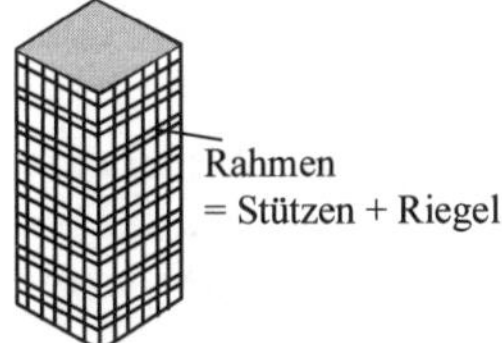

Eng stehende Fassadenstützen im Abstand des Ausbaurasters sind mit den Trägern im Brüstungsbereich biegesteif zu Rahmen verbunden. Die Geschossdecken wirken als Querscheiben.

Durch Herunterführung der Fassadenstützen von oben bis ins Erdgeschoss werden unzumutbare kleine Öffnungen entstehen. Die Eingänge erfordern deutlich größere lichte Öffnungen und es werden Abfangkonstruktionen notwendig oder die Fassadenstützen müssen gesammelt werden.

Fachwerkröhre

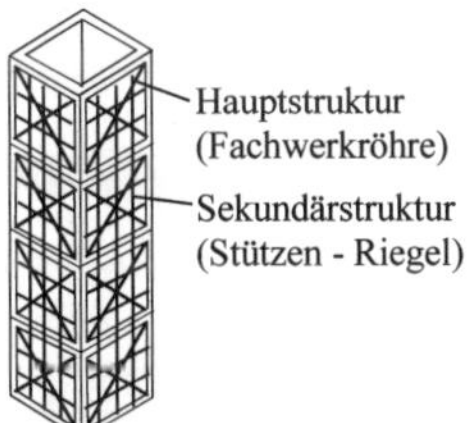

Eine andere Möglichkeit zur Erzielung einer hohen Steifigkeit der Fassadenscheiben, ohne bedeutende Reduktion der Fensterflächen, besteht in der Eingliederung eines Fachwerks.

Bei dieser Bauweise werden die Eckstützen sehr stark beansprucht. Der Vorteil dieser Bauweise liegt in der möglichen Trennung in eine Primär- und Sekundär-Struktur. Für letztere besteht eine größere Freiheit in der Gestaltung, weil aus statischen Gründen nur eine leichtere Struktur erforderlich ist.

Gitterröhre

Röhren als Gitterstruktur sind effiziente und materialsparende Tragstrukturen. Dies führt allerdings zu einer ungewohnten Ausbildung der Fensterflächen. Die ebenen Gitterstrukturen der Tragebenen können als Fachwerke mit enger Stabvernetzung betrachtet werden. Die Diagonalen des Systems bilden erst durch ihre Verbindung mit den Deckenscheiben bzw. mit horizontalen Randträgern geschlossene Fachwerkdreiecke. Die Diagonalen haben neben der Aussteifung auch stützende Funktion für den Vertikallastabtrag. Bei dieser Bauweise sind stets kräftige Eckstützen erforderlich.

Rohr-in-Rohr

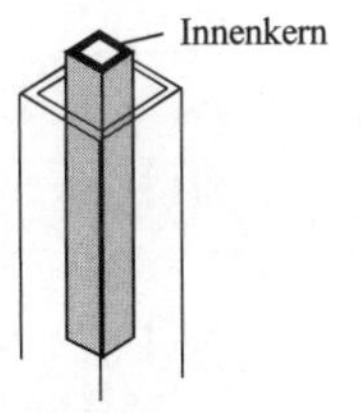

Bei größeren Gebäudebreiten werden zur Aufnahme der Vertikallasten zusätzlich Innenwände angeordnet, die in ihrer Gesamtheit als „Innenkern" wirken. Die Kopplung von einem inneren Kern und einem Röhrentragwerk durch starre Deckenscheiben kann die Effektivität und die Tragfähigkeit des Hochhaussystems steigern.

Wird der Innenkern in Rahmenbauweise ausgebildet, so kann in der Regel dessen Mitwirkung zur Aufnahme von Horizontallasten (aufgrund geringer Schub- und Biegesteifigkeit) vernachlässigt werden.

Gebündelte Röhre

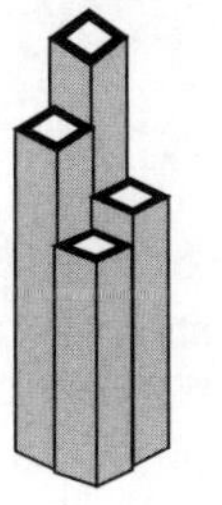

Das gebündelte Röhrentragwerk besteht aus mehreren vertikalen Röhrentragwerken, wobei jedes mindestens eine Tragebene mit einem anderen Tragwerk gemeinsam hat. Durch die Bündelung erhöht sich die horizontale Biegesteifigkeit des Tragwerks erheblich.

Die einzelnen Röhrentragwerke können rechteckig, quadratisch, drei-, vier- oder mehreckig ausgebildet werden. Die quadratischen Querschnittsformen sind statisch am effektivsten, die dreieckigen am wenigsten effektiv.

9.8 Sonderlösungen für Bauwerksaussteifungen

9.8.1 Freistehendes Mauerwerk mit Vorspannung

Mauersteine und Mörtel haben nur eine geringe Zugfestigkeit, Wände aus Mauerwerk, sind daher empfindlich gegen Horizontalbelastung normal zu ihrer Wandebene. Freistehende, nicht ausgesteifte Mauerwerkswände dürfen deshalb wegen der Kippgefahr nur eine relativ geringe Höhe haben.

Eine Erhöhung der Standfestigkeit kann durch vertikale Vorspannung der Mauerwerkswand erzielt werden.

Vertikale Vorspannung ermöglicht die gezielte Ausnutzung der Druckfestigkeit von Mauerwerk zur Aufnahme sonst nicht möglicher Schub- oder Biegebeanspruchungen in Mauerwerkswänden. Sie ersetzt die fehlende vertikale Auflast und wirkt somit der Rissbildung, bei gleichzeitiger Erhöhung der Biege- und Schubtragfähigkeit des Mauerwerks, entgegen.

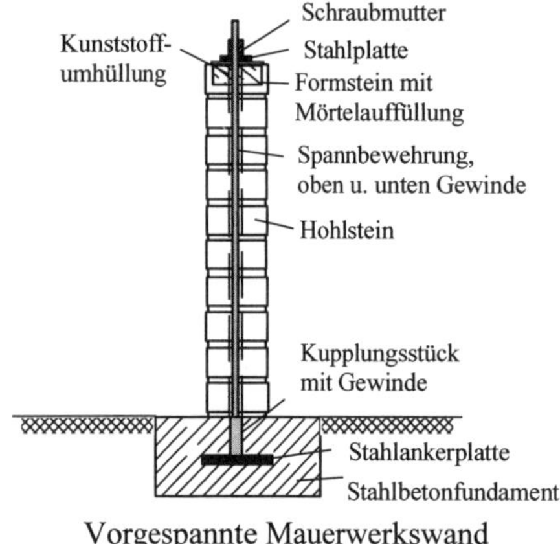

Vorgespannte Mauerwerkswand

Beispiel: Wohnhaus in Phoenix, Arizona, 1995 (Architekt: Wendell Burnette)

Dach- und Geschossdecken des lang gestreckten Baukörpers sind mit in zwei parallele Reihen von gleichsam aus dem Boden auskragenden vorgespannten Wänden aus Betonformsteinen biegesteif verbunden. Einige Wände stehen aus der Reihe abgerückt und kragen ca. 8 m aus.

9.8.2 Wandreihe mit Rahmenwirkung

Beispiel: Dreigeschossige Reihenhäuser in Kaiserslautern, 2000 (Planung: AV1 Architekten)

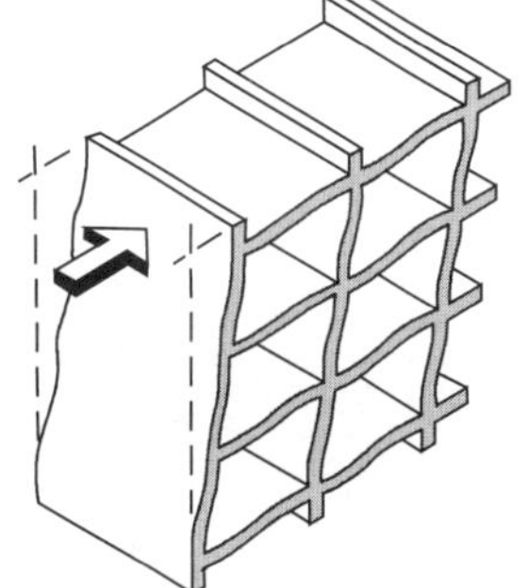

Verformung unter Windbelastung

Durch biegesteife Verbindung zwischen Stahlbetonwänden und Stahlbetondecken kann eine Rahmenwirkung aktiviert werden. Dies ist besonders effektiv, wenn mehrere Wände parallel nebeneinander stehen. Dadurch kann die horizontale Verformung auch ohne Längswände minimiert werden.

9.8.3 Aussteifung mit außen stehenden Verbänden

Beispiel: Dreigeschossiges Haus in Minato-ku, Tokyo, 2000 (Architekt: Shigeru Ban)

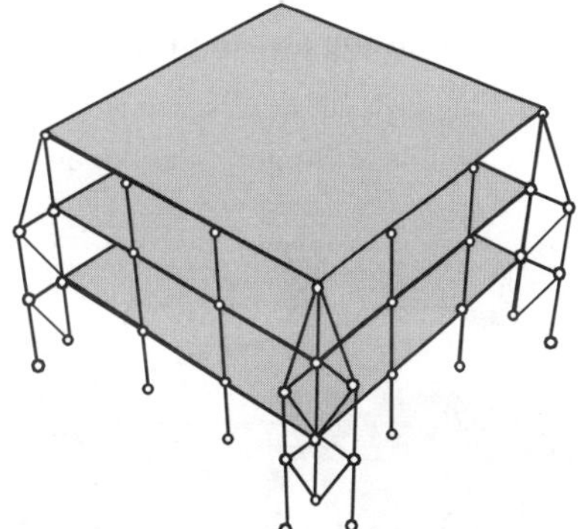

Die Deckenplatten des dreigeschossigen Hauses sind von gelenkig angeschlossenen Trägern und Stützen getragen. Die Aussteifung erfolgt durch Anordnung von Verbänden außerhalb der Fassade. Die Deckenplatten wirken als starre Horizontalscheiben.

Die gelenkigen Innenstützen tragen nur die vertikalen Lasten. Die Fassaden sind frei von störenden aussteifenden Elementen.

Die außen stehenden Verbände sollten so angeordnet werden, um zwängungsfreie Verformungen der Deckenscheiben infolge von Temperaturveränderungen bzw. Schwinden zu ermöglichen.

9.8.4 Gebäudeaussteifung durch Seilabspannung

Beispiel: Haus in Koganei, Tokyo, 1991 (Architekt: Shigeru Ban)

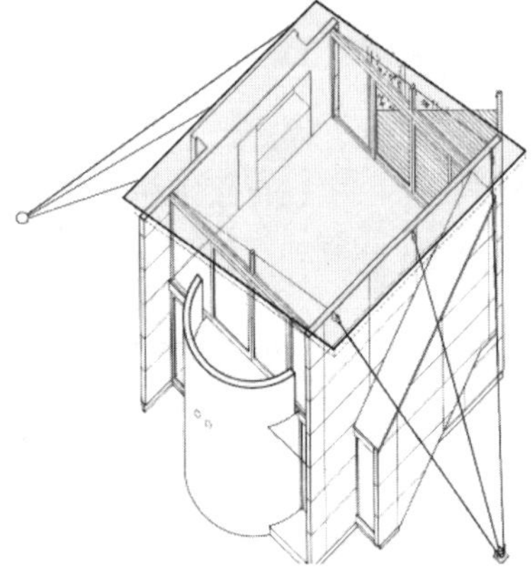

Seilabspannung (beidseitig)

Die Deckenkonstruktionen lagern auf zwei parallel stehenden Wänden. Die Seilabspannungen an den beiden Wandseiten zusammen mit den Deckenscheiben ersetzen die fehlende Aussteifung quer zur Wandfläche.

9.8.5 Anbindung an ein ausgesteiftes Gebäude

Beispiel: Flugdach des nordischen Botschaftsgebäudes in Berlin, 1999
(Architekt: Berger + Parkkinen)

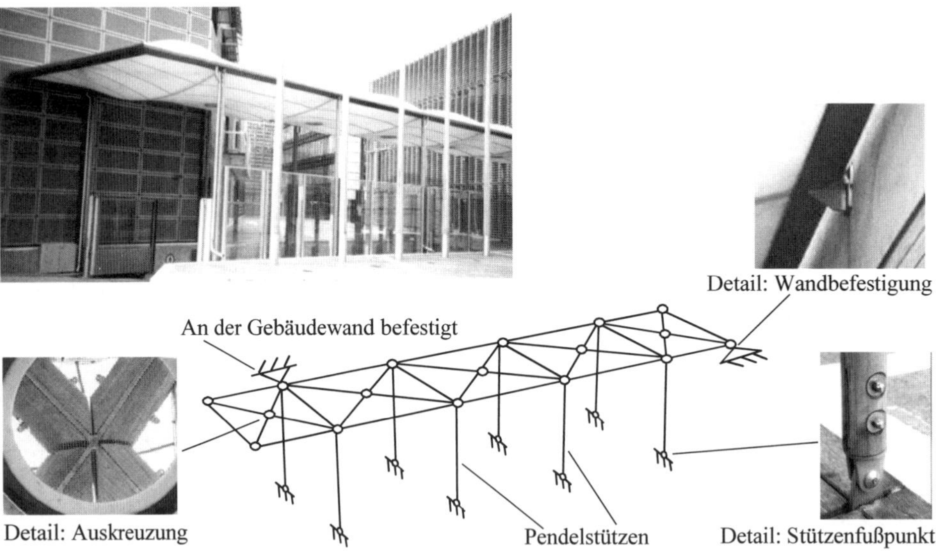

Die steife Dachscheibe lagert auf Pendelstützen. Die Aussteifung erfolgt durch Anbindung der Dachscheibe an die Gebäudewände. Das dynamisch geformte Volumen des textilen Flugdaches bildet nachts eine Art "Licht-Wolke" über dem Eingangsbereich.

9.8.6 Bogen-Seilnetz-Symbiose

Beispiel: Eissporthalle im Münchener Olympiagelände, 1983

(Architekt: Ackermann und Partner, München Tragwerk: Schlaich und Partner, Stuttgart)

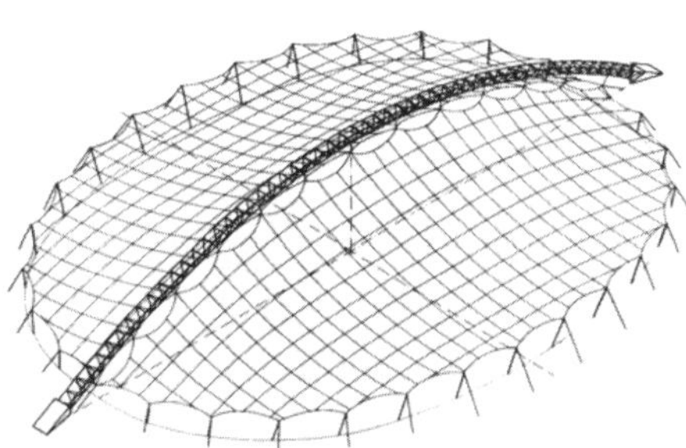

Die Lastabtragung ist gekennzeichnet durch das interaktive Zusammenwirken der Haupttragwerksteile:

- Der Fachwerkbogen ist ein im Wesentlichen druckbeanspruchtes Element, der durch das Seilnetz seitlich gehalten und stabilisiert wird.
- Das Seilnetz ist ein rein zugbeanspruchtes Element, dessen Geometrie durch Bogen und Randstützen gewährleistet wird.

9.8.7 Bogen-Gitterschalen-Symbiose

Beispiel: Rotterdam Blaak Station, 1993 (Architekt: Harry C.H. Reijnders)

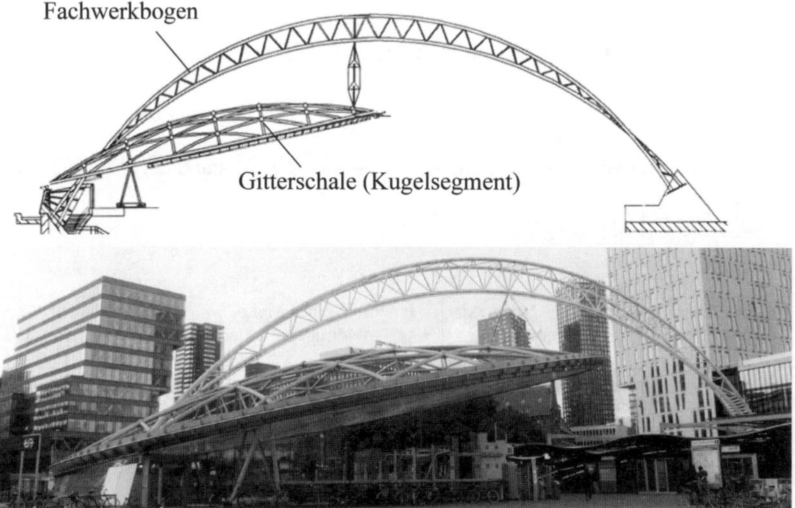

Das Dach ist eine Gitterschalenkonstruktion (Durchmesser 35 m) aus Stahl, die mit transparenten Scheiben abgedeckt ist. Das Kugelsegment ist an einem Bogen mit 62,5 m Spannweite aufgehängt und lagert an zwei Punkten auf dem Haupttreppenhaus auf.

Das Kugelsegment hängt zwar am Bogen, aber weil der Bogen nahe den Auflagern Torsionsgelenke hat, würde er ohne die Verbindung mit dem Kugelsegment umstürzen. Der Bogen wird also seitlich durch das Kugelsegment gestützt, das als torsionssteife Schalenkonstruktion wirkt.

10 Faustformeln zur Vorbemessung

10.1 Lastannahmen

10.1.1 Stahlbeton-Geschossdecken

	Gesamtlast in kN/m²
Wohnungsbau	8–9
Büro, Schulräume, Cafés, Lesesäle	10–11
Hörsäle, Konzertsäle, Warenhäuser	12–13

Gesamtlast =
Eigenlast + Nutzlast

$1\,\text{kN} \approx 100\,\text{kg}$

10.1.2 Holzbalkendecke

	Gesamtlast in kN/m²
Wohnräume	4–5

10.1.3 Flachdächer

	Gesamtlast in kN/m²
Stahlbeton Warmdach	7–8
Stahlbeton mit Gründach	9–11
Stahlkonstruktion	2–3
Holzkonstruktion	2–3

10.2 Ersatzstützweite l_i nach Eurocode 2 (vgl. Abschnitt 2.2.4 und Abschnitt 5.4)

Maßgebend für die Wahl der Bauteildicke bei Stahlbetondecken ist Ersatzstützweite l_i.

Die Länge l_i wird über den Beiwert α bestimmt und gibt in etwa den Abstand der Wendepunkte der Biegelinie an (Abstand der Momenten-Nullpunkte).

$$l_i = \alpha \cdot l_{eff}$$

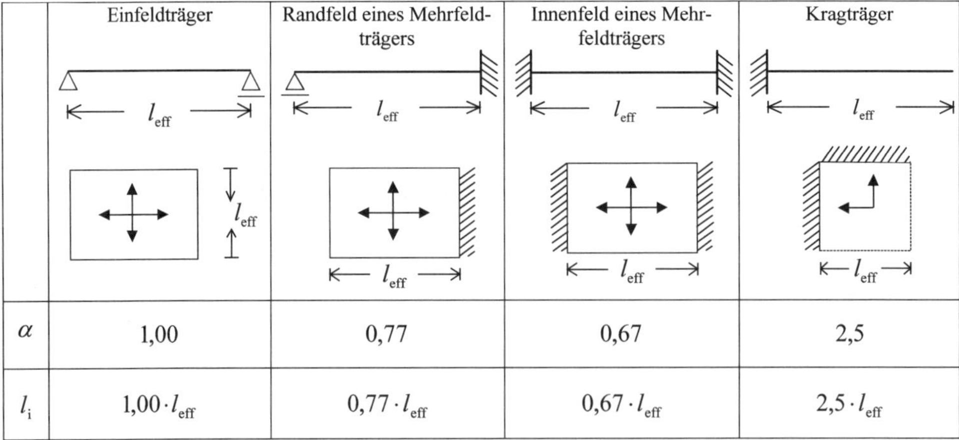

	Einfeldträger	Randfeld eines Mehrfeldträgers	Innenfeld eines Mehrfeldträgers	Kragträger
	l_{eff}	l_{eff}	l_{eff}	l_{eff}
α	1,00	0,77	0,67	2,5
l_i	$1{,}00 \cdot l_{eff}$	$0{,}77 \cdot l_{eff}$	$0{,}67 \cdot l_{eff}$	$2{,}5 \cdot l_{eff}$

10.3 Tragwerke im Geschossbau

10.3.1 Holzdächer

Sparrendach

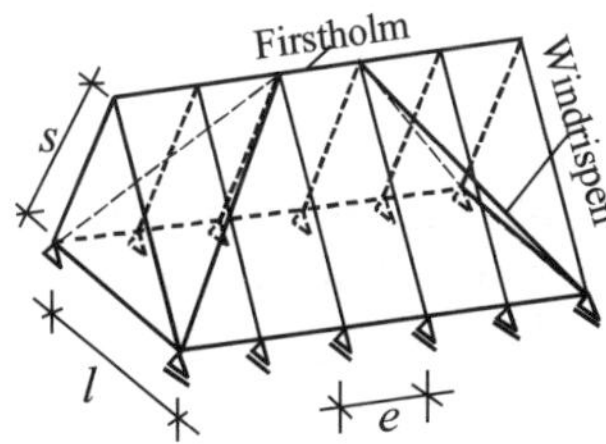

Sparrenabstand
$60 \le e \le 90\,\text{cm}$

Sparrenhöhe
$$d \approx \frac{s}{24} + 2\ (\text{cm})$$
$$\ge d_{\text{Dämmung}}$$

Sparrenbreite
$$b \approx \frac{e}{10} \ge 8\,\text{cm}$$

Dachneigung $30° \le \alpha \le 45°$
Spannweite $l < 10\,\text{m}$ mit Vollholz möglich.
Bei $l > 10\,\text{m}$ Sonderkonstruktion wählen; z.B. DSB (Dreieck-Streben-Bauträger).

Längsaussteifung mittels Windrispen:
Aus Holz 40/100 mm an Unterseite der Sparren genagelt.
Aus Stahl (Windrispenband) 2/40 mm auf die Oberseite der Sparren genagelt.

Kehlbalkendach

verschieblich

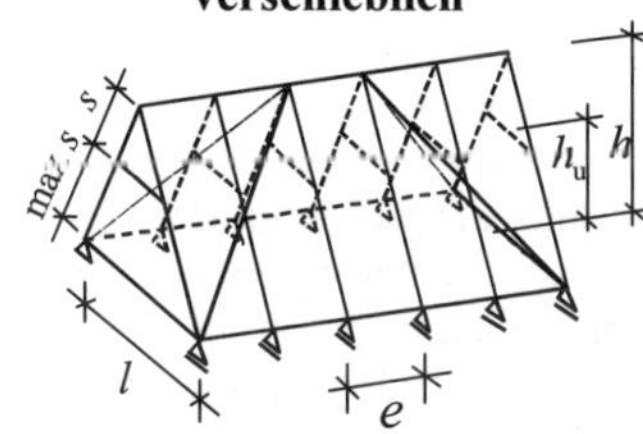

unverschieblich

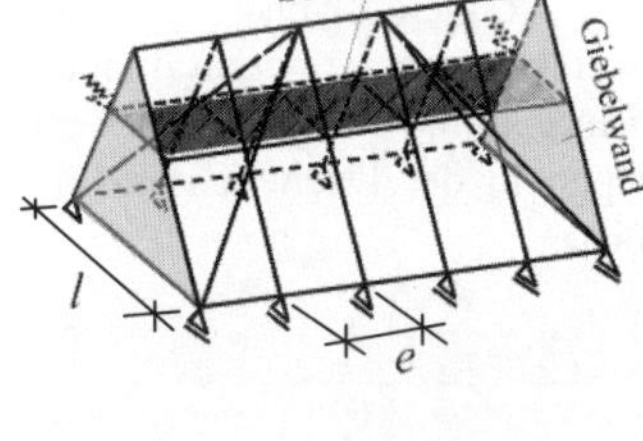

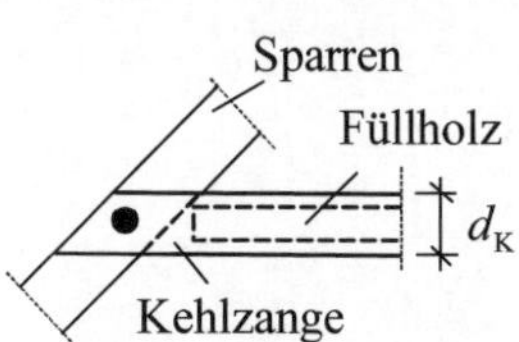

Füllholz
Sparren
d_K
Kehlzange
$\frac{b_K}{2}$ $\frac{b_K}{2}$

Sparrenabstand
$60 \le e \le 90\,\text{cm}$

$$\frac{h_u}{h} \approx 0{,}6 \ldots 0{,}8$$

Sparrenhöhe
$$d \approx \frac{\max s}{24} + 4\,(\text{cm})$$
$$\ge d_{\text{Dämmung}}$$

Sparrenbreite
$$b \approx \frac{e}{8} \ge 8\,\text{cm}$$

Kehlbalkenhöhe
$$d_K \approx \frac{l_{\text{Kehlbalken}}}{20}$$
(mit Spitzbodenlast)

Kehlbalkenbreite
$$b_K \approx \frac{e}{8} \quad \text{einteilig}$$
bzw.
$$b_K \approx \frac{e}{16}$$
zweiteilig: je Balken

Dachneigung $30° \le \alpha \le 45°$
Spannweite $l < 14\,\text{m}$ mit Vollholz möglich.
Bei $l > 14\,\text{m}$ Sonderkonstruktion nötig.

Bei unsymmetrischen Lastfällen, zum Beispiel bei Wind in Querrichtung, ist der Kehlbalken unwirksam (verschiebliches Kehlbalkendach).

Wenn aber die Kehlbalken durch einen horizontalen Verband zu einer Scheibe verbunden werden und diese Scheibe an den Giebelwänden oder an innen liegenden Querwänden in Querrichtung gehalten wird, dann bilden die Kehlbalken ein horizontales Lager (unverschiebliches Kehlbalkendach).

Bei ausgebauten Dachgeschossen sollte man die Kehlbalkenlage stets zur Scheibe ausbilden, um Verformungen klein zu halten und unerwünschte Risse in den Wänden des Ausbaus zu vermeiden.

Die Aussteifung in der Dachlängsrichtung erfolgt analog zum Sparrendach.
Bei großen Öffnungen im Dach oder in der Decke kann der Störbereich z.B. mit beidseitigen Pfetten ausgewechselt werden.

Strebenloses Pfettendach (zweistielig)

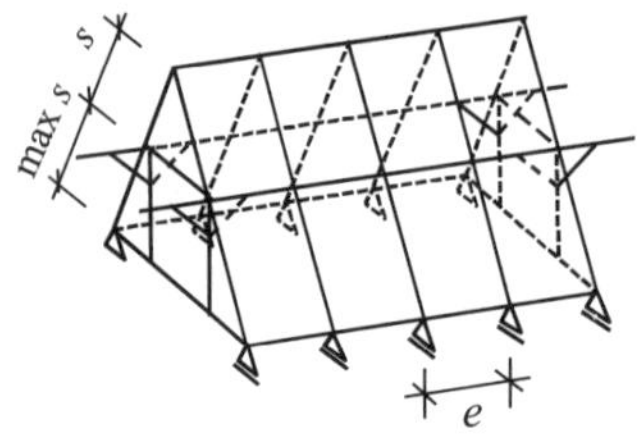

Sparrenabstand

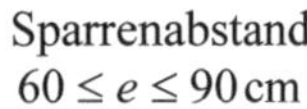

$60 \leq e \leq 90\,\text{cm}$

Sparrenhöhe

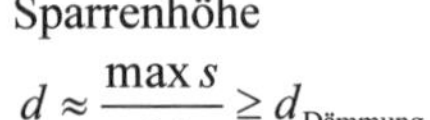

$d \approx \frac{\max s}{24} \geq d_{\text{Dämmung}}$

Sparrenbreite

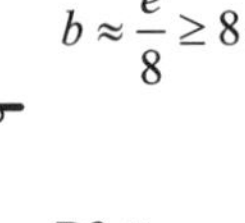

$b \approx \frac{e}{8} \geq 8\,\text{cm}$

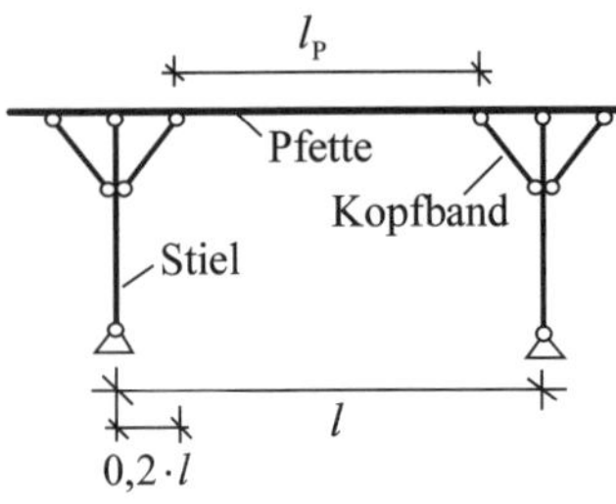

Pfetten

Last nur aus Dach

Pfettenhöhe($\alpha \approx 45°$)

$d_P \approx \frac{l_P}{24} + \frac{a}{30}$

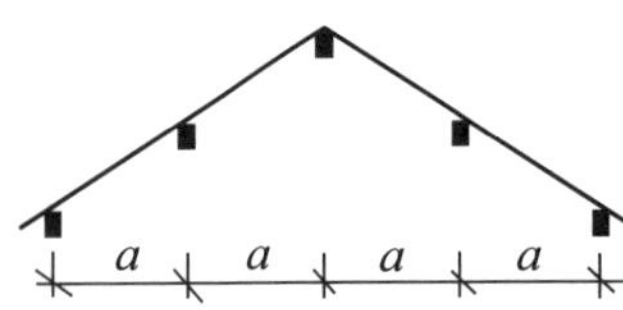

für $\alpha \approx 15°$

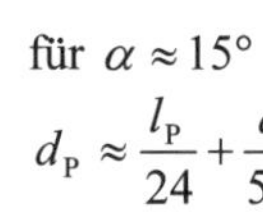

$d_P \approx \frac{l_P}{24} + \frac{a}{50}$

Pfettenbreite

$b_P \approx \frac{l_P}{40} + \frac{a}{50}$ bzw.

$b_p \approx 0{,}5 d_p$ bis $0{,}7 d_p$

Last aus Dach und ausgebautem Spitzboden

Pfettenhöhe

$d_P \approx \frac{l_P}{24} + \frac{a_1 + a_2}{30}$

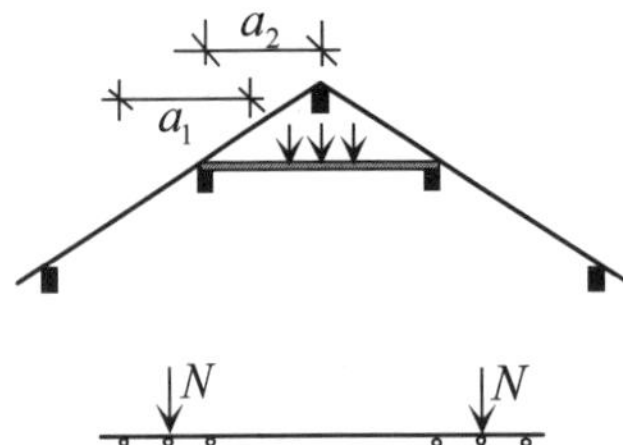

Pfettenbreite

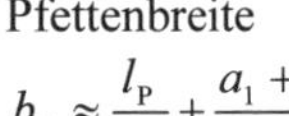

$b_P \approx \frac{l_P}{24} + \frac{a_1 + a_2}{50}$

Stiel (quadratisch)

$d_{\text{Stütze}} \approx \sqrt{6 \cdot N(\text{kN})}$

Anwendungsbereich:

- bei geringer Dachneigung $\alpha \leq 35°$
- bei großen Öffnungen im Fach und/oder in der darunterliegenden Decke
- die Spannrichtung der darunterliegenden Decke ist beliebig
- große Dachüberstände an Traufe und Giebel sind möglich.

Die gesamte Windbeanspruchung auf die Längsseite des Daches wird beim strebenlosen Pfettendach von der Fußpfette aufgenommen. Die Verankerung dieser Fußpfette und der Sparrenanschluss müssen deshalb sorgfältig erfolgen.

Aussteifung in Querrichtung: Dreieckgefach aus Sparren, Stielen und Dachbalken.

Aussteifung in Längsrichtung: Rahmen aus Stielen, Pfetten und Kopfbändern. Allerdings sind solche Systeme vergleichsweise verformungsweich, so dass eine zusätzliche Aussteifung durch Anordnung von Windrispen in der Dachebene erforderlich ist.

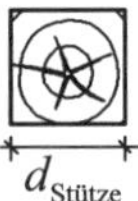

10.3.2 Geschossdecken

Vollbetondecken

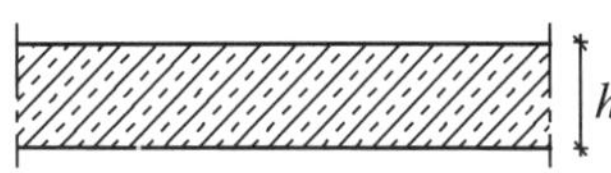

Ortbeton oder Fertigteile

bei $l_i < 4{,}29$ m

$$h(\mathrm{m}) \approx \frac{l_i(\mathrm{m})}{35} + 0{,}03\,\mathrm{m}$$

bei Decken mit rissgefährdeten Trennwänden **und** bei $l_i \geq 4{,}29$ m

$$h(\mathrm{m}) \approx \frac{l_i^2(\mathrm{m})}{150} + 0{,}03\,\mathrm{m}$$

Bewehrungsgrad $\leq 0{,}30$ %
Betongüte ab C25/30
(s. Abschnitt 2.2.4)

$l_i = \frac{1}{K} \cdot l_{\mathrm{eff}}$ Ersatzstützweite

(s. Abschnitt 9.2 und s. Tab. 2.6 Abschnitt 2.2.4)

Wirtschaftlich $l_i < 6$ m

Wegen Schallschutz $d \geq 16$ cm

Flachdecken

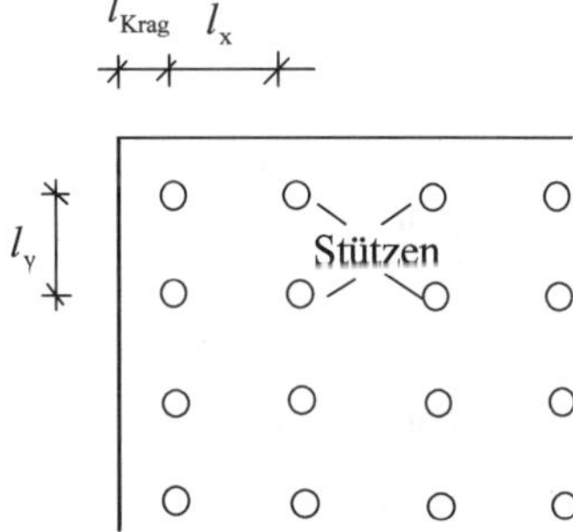

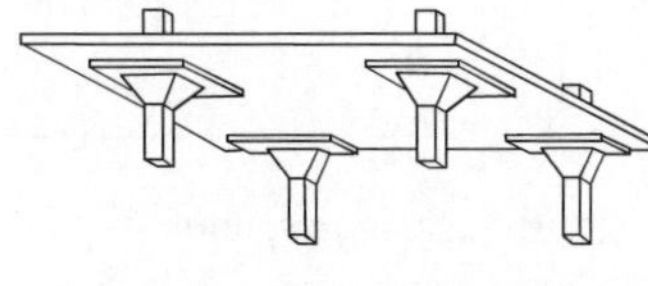

$l_{ix} \approx 0{,}83 \cdot l_x$ bzw.

$l_{iy} \approx 0{,}83 \cdot l_y$

max l_i ist maßgebend für die Berechnung der Deckendicke

bei $l_i < 4{,}29$ m

$$h_{\mathrm{Platte}}(\mathrm{m}) \approx \frac{l_i(\mathrm{m})}{35} + 0{,}03\,\mathrm{m} \geq 0{,}20\,\mathrm{m}$$

bei Decken mit rissgefährdeten Trennwänden **und** bei $l_i \geq 4{,}29$ m

$$h_{\mathrm{Platte}}(\mathrm{m}) \approx \frac{l_i^2(\mathrm{m})}{150} + 0{,}03\,\mathrm{m} \geq 0{,}20\,\mathrm{m}$$

Bewehrungsgrad $\leq 0{,}30$ %
Betongüte ab C25/30
(s. Abschnitt 2.2.4)

Wirtschaftlich $l_i < 6{,}5$ m

Wegen der Durchstanzgefahr $d_{\mathrm{Stütze}} > 1{,}1 \cdot h_{\mathrm{Platte}}$

Die Rand- und Eckstützen sollten um mindestens den Stützendurchmesser nach innen gerückt werden, um eine einwandfreie Lasteinleitung zu gewährleisten.
$l_{\mathrm{Krag}} > d_{\mathrm{Stütze}}$

Durch Vorspannung kann die Plattendicke reduziert werden (wirtschaftlich $l_i < 9{,}6$ m).

Pilzkopfdecken

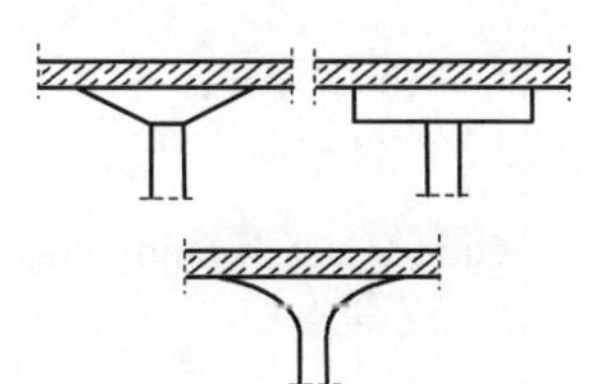

$h_{\mathrm{Platte}} \approx 0{,}8 \cdot h_{\mathrm{Flachdecke}}$ (s. oben)

Stützenkopfverbreiterung kann schräg, rechteckig oder gerundet ausgebildet werden.

Die hohe Schubspannung im Stützenbereich wird durch Anordnung eines Pilzkopfes abgemindert. Die Deckendicke oder die Stützenabmessung kann somit verringert werden.

Nachteil:
Großer Schalungsaufwand für den Pilzkopf.

Plattenbalkendecken

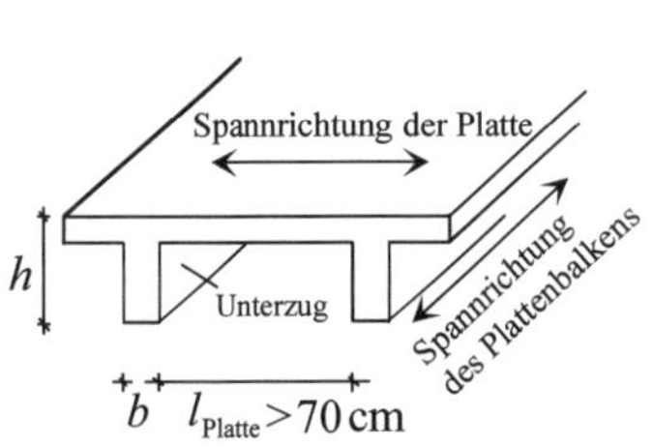

$$h = \frac{l_{\text{i,Unterzug}}}{14} \cdots \frac{l_{\text{i,Unterzug}}}{8}$$

genauer: $h = 1{,}2 \cdot l_{\text{i}} \cdot \sqrt{q}$

$$b = \frac{h}{3} \cdots \frac{h}{2} \geq 20\,\text{cm}$$

h_{Platte} = siehe Vollbetondecken

l_{i}: Ersatzstützweite (s. Abschnitt 9.2 und s. Tab. 2.6 Abschnitt 2.2.4)

$l_{\text{i,Platte}} < 6\,\text{m}$ wirtschaftlich

Unter rissgefährdeten Trennwänden $\frac{l_{\text{i,Unterzug}}}{8}$

$l_{\text{i,Unterzug}} = 6 \cdots 14\,\text{m}$ wirtschaftlich

q = Linienlast in kN/m

h in cm

π-Platten

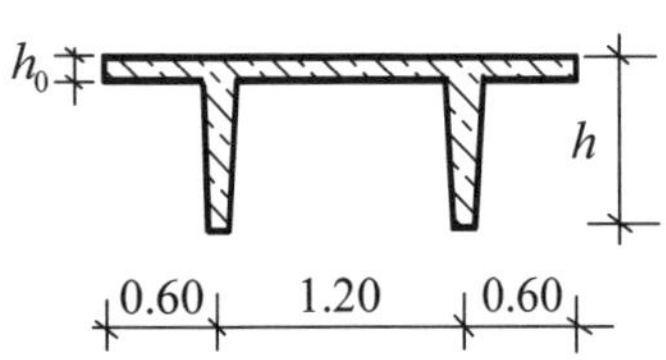

schlaff bewehrt:

$$h = \frac{l_{\text{i}}}{18} \cdots \frac{l_{\text{i}}}{12}$$

vorgespannt:

$$h = \frac{l_{\text{i}}}{24} \cdots \frac{l_{\text{i}}}{18}$$

Fertigteilplatte: Spannweite bis 20 m möglich

$h_0 \geq 10\,\text{cm}$ aus Transportgründen bei Fertigteildecken

Rippendecken

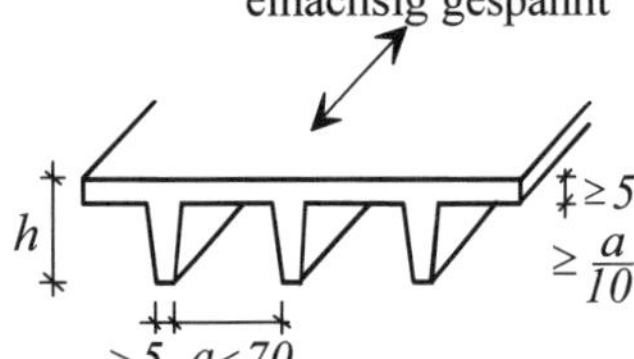

$$h = \frac{l_{\text{i}}}{20} \cdots \frac{l_{\text{i}}}{15}$$

Einachsig gespannt $6 \leq l_{\text{i}} \leq 12\,\text{m}$

Nutzlast $\leq 5\,\text{kN/m}^2$

Nur einlagige Querbewehrung in der Platte.

Kassettendecken

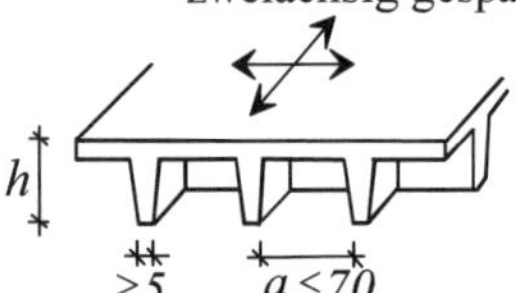

$$h = \frac{l_{\text{i}}}{20}$$

Zweiachsig gespannt

Wirtschaftlich $l_{\text{i}} \leq 9\,\text{m}$

Hohlsteindecken (mit Gitterträgern)

$$h = 0{,}5 \cdot (l_{\text{i}} + 20 \cdot q)$$

h in cm

l_{i} in m

q Nutzlast in kN/m²

Einachsig gespannt

Übliche Dicken: 17 / 19 / 21 / 25 cm

Gitterträgerabstand: 62,5 / 75 cm

Stahlsteindecken

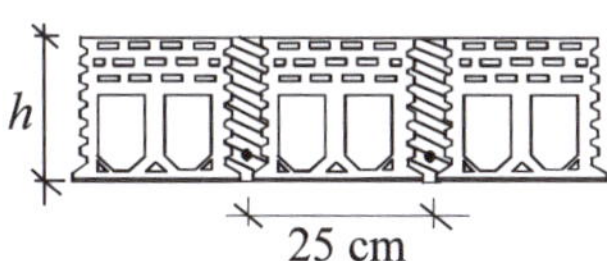

zul $l \approx 0{,}2 \cdot h$

Deckenspannweite l in m

Deckendicke h in cm

h in cm : 11,5 14,0 16,5
19,0 21,5 24,0

Stahlsteindecke mit teilvermörtelten Stoßfugen = Einfeldträger

Einachsig gespannt

Keine Betondruckschicht

Spannbeton-Hohlplatten

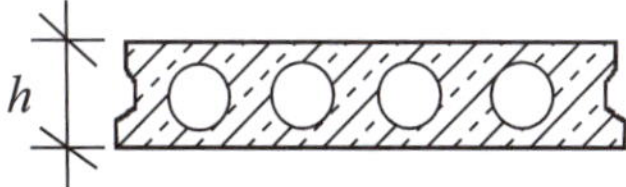

System: VMM, Brespa, etc.

h in cm	Spannweite in m
18	7
20	8
25	9
30	11
40	14
45	16

Gewichtsersparnis (bis 40%) durch Anordnung von Hohlkörpern.

Einachsig gespannt

Keine Durchlaufwirkung

Beton C 30/37 – C 50/60
Spannstahl St 1570/1770

Stahlverbunddecken

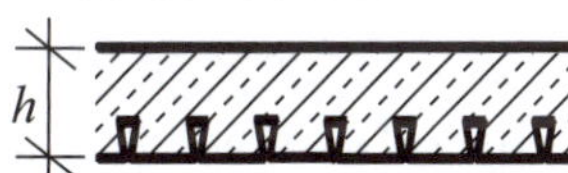

Vordimensionierung wie bei der Vollbetondecke

Einachsig gespannt, Schwalbenschwanzblech = untere Bewehrung

Teilfertigteilplatten

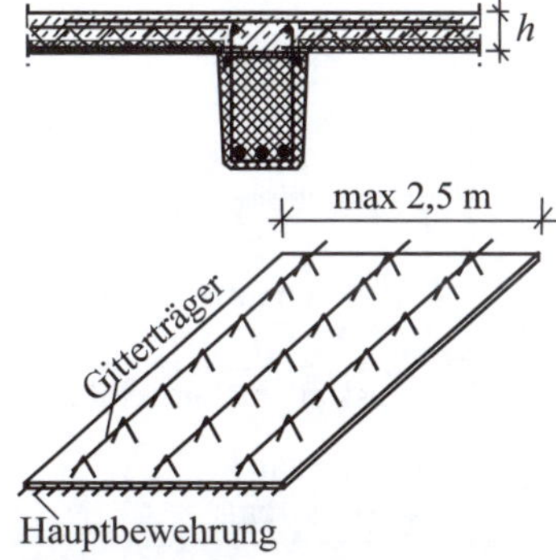

bei $l_i < 4{,}29\,\text{m}$

$$h(\text{m}) \approx \frac{l_i(\text{m})}{35} + 0{,}03\,\text{m}$$

bei Decken mit rissgefährdeten Trennwänden **und** bei $l_i \geq 4{,}29\,\text{m}$

$$h(\text{m}) \approx \frac{l_i^2(\text{m})}{150} + 0{,}03\,\text{m}$$

l_i: Ersatzstützweite (s. Abschnitt 9.2 und s. Tab. 2.6 Abschnitt 2.2.4)
In den 4–6 cm dicken Deckenelementen ist die untere Hauptbewehrung enthalten.
Max. Elementbreite 2,5 m.
Die Gitterträger dienen zur Verbindung der Platte mit dem später aufzubringenden Ortbeton, zur Aufnahme der Schubkräfte und zur Versteifung der Platten im Montagezustand.

Zweiachsig gespannte Hohlplatten

Fabrikat: z.B. Bubble Deck

Deckendicke 23 – 50 cm,

Spannweite 7 bis 15 m

Die Hohlplatte ist zweiachsig gespannt.
Vorteile:
geringe Eigenlast
große Spannweiten
keine Unterzüge (vereinfachte Führung der Installationstechnik)
durch geringe Eigenlast wird die Fundamentdicke reduziert.

Im Durchstanzbereich werden die Kugeln entfernt (Vollplatte).

10.3.3 Balken/Träger im Geschossbau

Stahlbetonbalken (Unterzug)

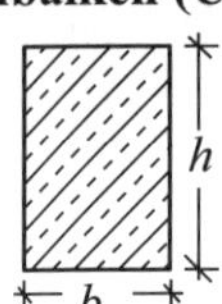

$$h = \frac{l_i}{12} \cdots \frac{l_i}{8}$$

$$b = \frac{h}{3} \cdots \frac{h}{2} \geq 20\,\text{cm}$$

l_i: Ersatzstützweite (s. Abschnitt 9.2 und s. Tab. 2.6 Abschnitt 2.2.4)

Aus Ortbeton/Fertigteil

Durch *Vorspannung* kann die Balkenhöhe reduziert werden. $h = \frac{l_i}{17} \cdots \frac{l_i}{15}$

Stahlbetonüberzug

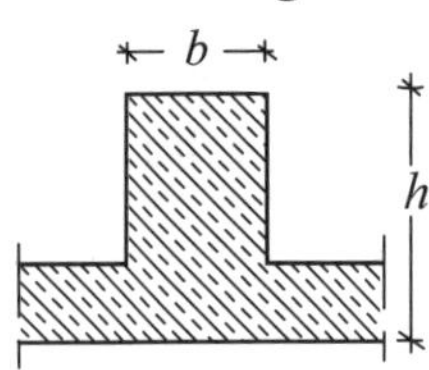

$$h = \frac{l_i}{12} \cdots \frac{l_i}{8}$$

$$b = \frac{h}{3} \cdots \frac{h}{2} \geq 20\,\text{cm}$$

Überzüge werden i.d.R. an den Plattenrändern als Brüstung oder Attika über Wandöffnungen angeordnet. Sie wirken mit der Platte zusammen.
In Türbereichen nicht möglich!

Deckengleicher Unterzug

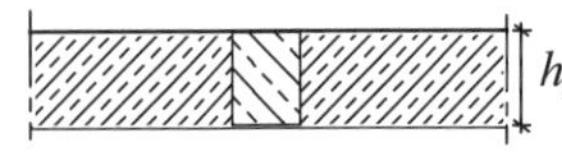

≥ 4 cm
h_{Platte}

$$h_{Platte} \geq \frac{l}{15}$$

l = Spannweite Unterzug

Stahlbetonbalken/Stahlträger innerhalb der Stahlbetondecke

Holzbalkendecke

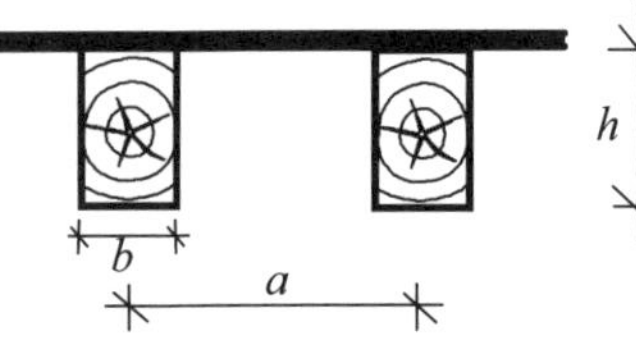

$$h \approx \frac{l}{17}$$

$$b \approx 0{,}6 \cdot h \geq 10\,\text{cm}$$

Zul. Durchbiegung:

$f \leq \frac{l}{300}$; häufig für die Bemessung maßgebend.

Balkenabstand:
$a \approx 70 - 90\,\text{cm}$

HEB-Träger (= IPB)

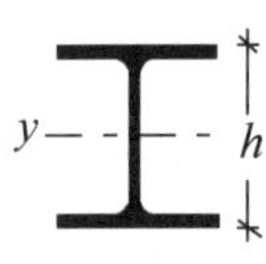

$$h \approx \sqrt[3]{17{,}5 \cdot q \cdot l^2} - 2$$

Trägerhöhe h in cm
Streckenlast q in kN/m
Spannweite l in m

Formel gilt für Biegung um die y-Achse

IPE-Träger

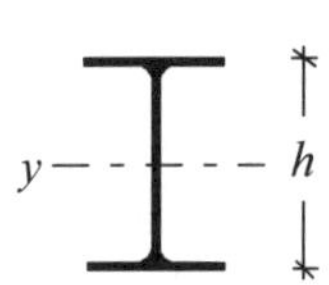

$$h \approx \sqrt[3]{50 \cdot q \cdot l^2} - 2$$

Trägerhöhe h in cm
Streckenlast q in kN/m
Spannweite l in m

Formel gilt für Biegung um die y-Achse

Verbundträger IPE 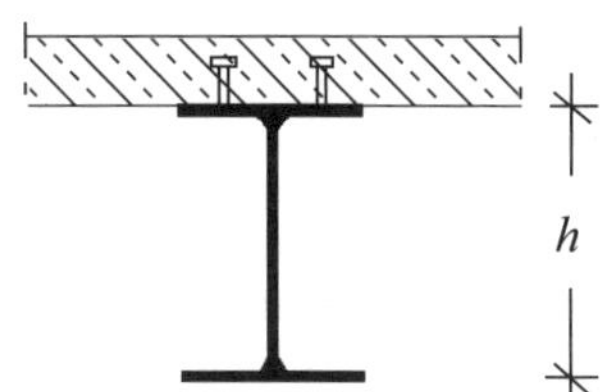 Schubfester Verbund zwischen Träger und Decke erfolgt durch: Kopfbolzendübel, Verbundanker Verbundbügel	für Stahl S235 (St 37) $h_{St37} \approx 0{,}064 \cdot q \cdot l^2 + 100$ $l \leq 14{,}0\,\text{m}$ (IPE-Profile, S235) für Stahl S355 (St 52) $h_{S355} \approx 0{,}8 \cdot h_{S235}$ Trägerhöhe h in mm Streckenlast q in kN/m Spannweite l in m	Für leichte Lasten im Geschossbau sind IPE-Profile üblich. Trägerabstand 2,0–4,5 m Verbundträger aus HEB- / HEM-Profilen: $l \leq 18{,}0\,\text{m}$ (HEB-Profile, Stahl S235) $l \leq 20{,}0\,\text{m}$ (HEM-Profile, Stahl S235)
Spannverbundträger (Doppelverbundträger) 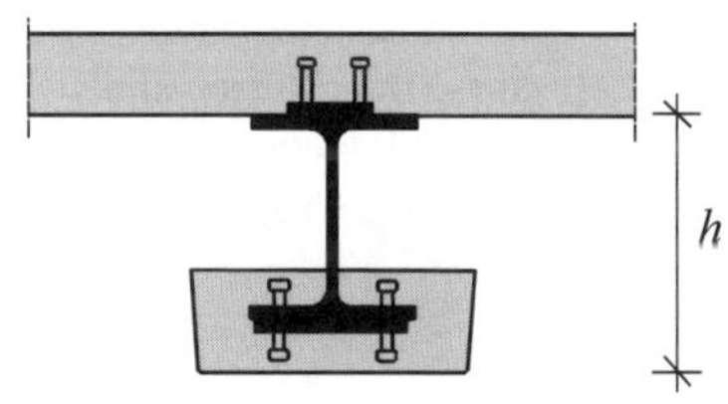 Markenfabrikat: z.B. Preflex	$h \approx \frac{l}{35}$ genauer $h = \frac{q \cdot l^2}{50} + 100$ Trägerhöhe h in mm Streckenlast q in kN/m Spannweite l in m	Vorteile: Große Stützweiten, geringe Konstruktionshöhen, geringe Verformung, hoher Feuerwiderstand, günstiges Schwingungsverhalten.
Wabenträger aus IPE  Ausgangszustand H l Endzustand	für Stahl S235 (St 37) $h \approx \frac{q \cdot l}{2} + 350$ $H \approx 1{,}5 \cdot h$ h in mm H in mm Streckenlast q in kN/m Spannweite l in m $l \leq 12\,\text{m}$ $h \leq 60\,\text{cm}$	Vorteile: Durchbrüche für Installationen reichlich vorhanden; Tragfähigkeit größer als bei anderen Trägern mit gleichem Stahlgewicht. Nachteile: Bearbeitungskosten für Schneiden und Schweißen erheblich höher; die exakte statische Berechnung ist schwieriger.
Rahmenträger (Vierendeelträger) 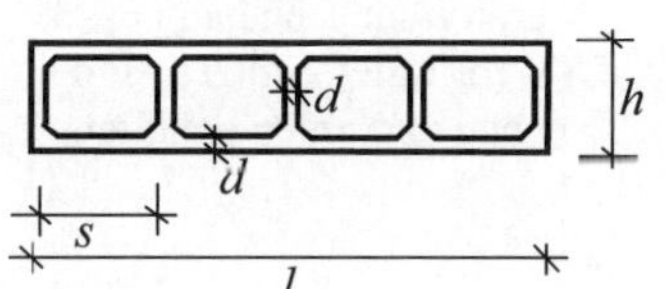	$h \approx \frac{l}{8} \cdots \frac{l}{6}$ $s \approx h$ $d \approx \frac{h}{6} \cdots \frac{h}{5}$ Spannweite l in m	Biegesteife Knotenpunkte Material: Stahl oder Stahlbeton Trägerabstand 4 bis 8 m Vorteil: Durchbrüche für Installationen vorhanden. Nachteil: hohe Fertigungskosten.

10.3.4 Stützen mit zentrischer Belastung

Holzstützen

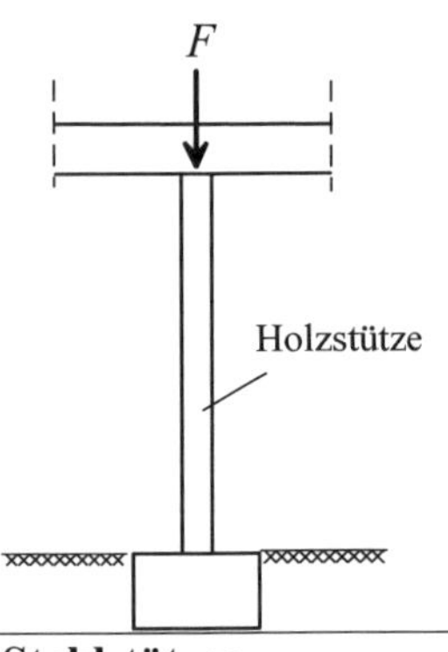

Quadratische Querschnitte

$$\text{zul}\,F(\text{kN}) \approx \frac{d^2(\text{cm})}{s_k(\text{m})}$$

Runde Querschnitte

$$\text{zul}\,F(\text{kN}) \approx \frac{d^2(\text{cm})}{1{,}33 \cdot s_k(\text{m})}$$

d Querschnittsbreite in cm
s_k Knicklänge in m

Grenze: $d \approx 10 \ldots 20\,\text{cm}$
$s_k \le 40 \cdot d$

Voraussetzung: Gesamtstabilität des Bauwerks ist durch Decken- und Wandscheiben gewährleistet. Stützen sind oben und unten gehalten.

Stahlstützen

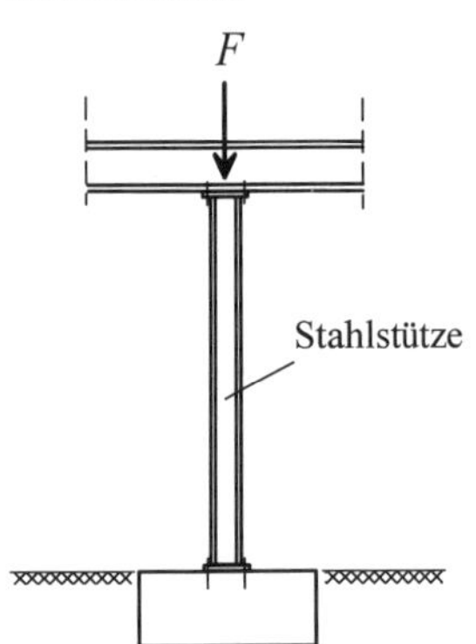

HEA-Profil (IPBl)

$$h(\text{mm}) \approx \sqrt{22 \cdot F(\text{kN}) \cdot s_k(\text{m})}$$

HEB-Profil (IPB)

$$h(\text{mm}) \approx \sqrt{16 \cdot F(\text{kN}) \cdot s_k(\text{m})}$$

HEM-Profil (IPBv)

$$h(\text{mm}) \approx \sqrt{10 \cdot F(\text{kN}) \cdot s_k(\text{m})}$$

F Stützenlast h Profilhöhe
s_k Knicklänge

Voraussetzung: Gesamtstabilität des Bauwerks ist durch Decken- und Wandscheiben gewährleistet. Stützen sind oben und unten gehalten.

Stahlbetonstützen

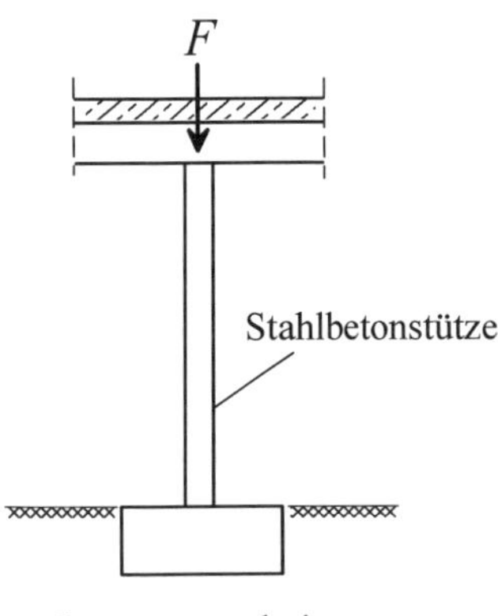

Stützenquerschnitt

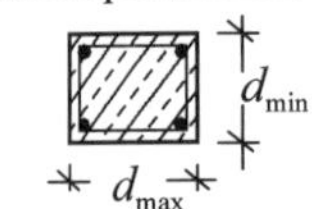

$A_{\text{Stütze}} = d_{\text{min}} \cdot d_{\text{max}}$

Beton	
C 20/25	0,58 · F (kN)
C 25/30	0,52 · F (kN)
C 30/37	0,47 · F (kN)
C 35/45	0,43 · F (kN)
C 40/50	0,40 · F (kN)
C 50/60	0,35 · F (kN)
C 55/67	0,33 · F (kN)
C60/75	0,31 · F (kN)
C 70/85	0,28 · F (kN)
C80/95	0,26 · F (kN)
C 90/105	0,24 · F (kN)
C100/115	0,22 · F (kN)

Für dicke, runde Stützen („umschnürte Säule") mit

$$s_k \le 5 \cdot d_{\text{Stütze}}$$

gilt:

$$A_{\text{Stütze}}(\text{cm}^2) \approx 0{,}5 \cdot F(\text{kN})$$

Schlankheit
$\lambda \le 25$

Bewehrungsgrad hier:

$$\mu = \frac{A_{\text{Stahl}}}{A_{\text{Beton}}} \cdot 100\,\% \approx 3\,\%$$

$d_{\text{min}} = 20$ cm (Ortbeton)
$= 12$ cm (Fertigteil)

Voraussetzung: Gesamtstabilität des Bauwerks ist durch Decken- und Wandscheiben gewährleistet. Stützen sind oben und unten gehalten.

10.3.5 Wände

Mauerwerkswände 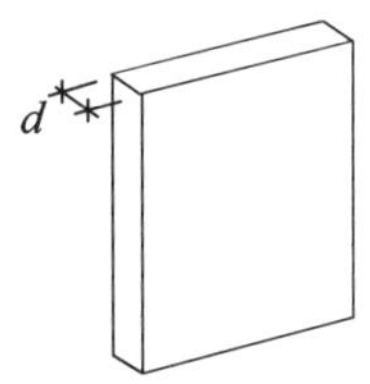 	Die Mindestdicke von tragenden Innen- und Außenwänden beträgt $d = 11{,}5$ cm, sofern aus statischen oder bauphysikalischen Gründen nicht größere Dicken erforderlich sind. Aus statisch-konstruktiven Gründen sollte die Mindestdicke jedoch in der Regel 17,5 cm bzw. 24 cm betragen.	Mindestabmessungen von tragenden Pfeilern: 11,5 cm x 36,5 cm bzw. 17,5 cm x 24 cm Mindestquerschnittsfläche $A_{min} = 400$ cm² (Nettofläche)
Stahlbetonwände 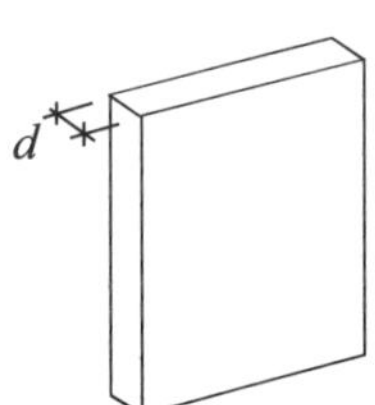 	Wanddicke (sofern aus statischen oder bauphysikalischen Gründen nicht größere Dicken erforderlich sind): Decken über Wänden nicht durchlaufend $d_{min} = 10$ cm Fertigteil $d_{min} = 12$ cm Ortbeton Decken über Wänden durchlaufend $d_{min} = 8$ cm Fertigteil $d_{min} = 10$ cm Ortbeton	Betonfestigkeitsklasse: $\geq$ C 16 / 20
Wandartige Träger (Scheiben) aus Stahlbeton 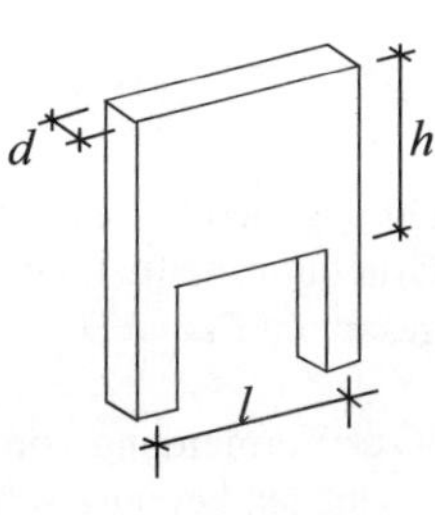 	Wanddicke: s. Stahlbetonwände Wandhöhe: $h > \frac{l}{2}$ 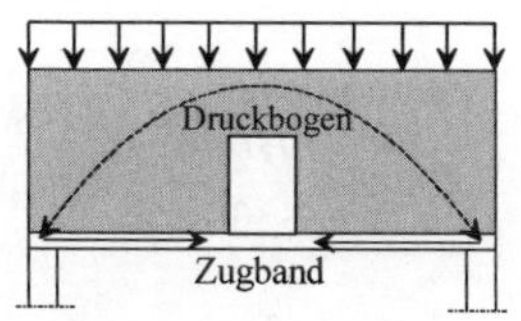 	Zur Abfangung großer Lasten Wandartige Träger wirken nicht wie Balken auf Biegung, die Last wird über einen Druckbogen (Beton) und ein Zugband (Betonstahl) abgetragen. Öffnungen in wandartigen Trägern dürfen weder das Zugband noch den Druckbogen durchschneiden.
Kragscheibe aus Stahlbeton 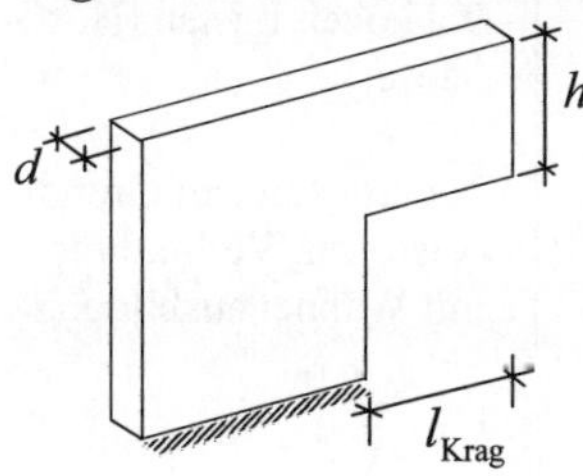 	Wanddicke: s. Stahlbetonwände Wandhöhe: $h > l_{Krag}$	Durch *Vorspannung* der Kragscheibe kann die Wandhöhe reduziert werden.

10.3.6 Fundamente

Quadratisches Einzelfundament

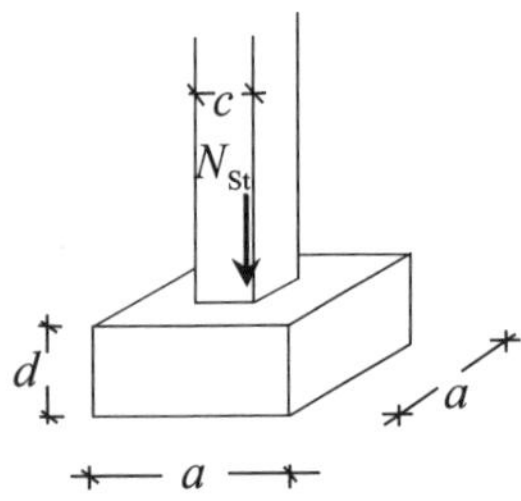

Seitenlänge:

$$a\,(\mathrm{m}) \approx \sqrt{\frac{1{,}2 \cdot N_{St}(\mathrm{kN})}{\mathrm{zul}\,\sigma_{Bo}(\mathrm{kN/m^2})}}$$

Ausführung in Beton C20/25 (B 25) **unbewehrt:**

$$d(\mathrm{m}) \approx \frac{a-c}{2} \geq 0{,}5\,\mathrm{m}$$

Ausführung in Beton C20/25 (B 25) **bewehrt:**

$$d(\mathrm{m}) \approx \frac{a-c}{6} \geq 0{,}5\,\mathrm{m}$$

Zentrische Belastung

Angenommen wird eine zulässige Bodenpressung $\mathrm{zul}\,\sigma_{Bo} = 250...300\,\mathrm{kN/m^2}$

Sohle in frostfreier Tiefe gründen: $\geq 0{,}80\,\mathrm{m}$

Streifenfundament

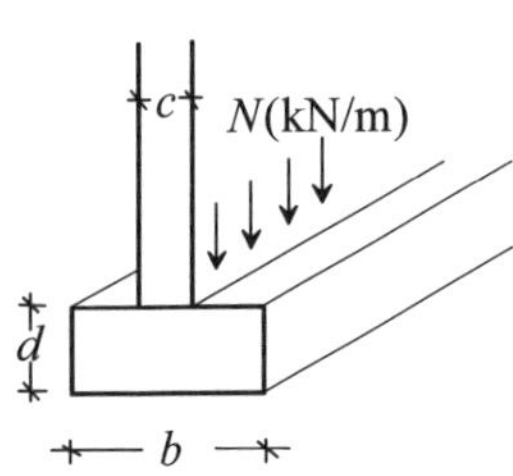

Fundamentbreite:

$$b\,(\mathrm{m}) \approx \frac{1{,}2 \cdot N(\mathrm{kN/m})}{\mathrm{zul}\,\sigma_{Bo}(\mathrm{kN/m^2})} \geq 0{,}5\,\mathrm{m}$$

Ausführung in Beton C20/25 (B 25) **unbewehrt:**

$$d(\mathrm{m}) \approx 0{,}6 \cdot (b-c) \geq 0{,}5\,\mathrm{m}$$

Ausführung in Beton C20/25 (B 25) **bewehrt:**

$$d(\mathrm{m}) \approx \frac{b-c}{6} \geq 0{,}5\,\mathrm{m}$$

Zentrische Linienlast

Angenommen wird eine zulässige Bodenpressung $\mathrm{zul}\,\sigma_{Bo} = 250...300\,\mathrm{kN/m^2}$

Sohle in frostfreier Tiefe gründen: $\geq 0{,}80\,\mathrm{m}$

Sohlplatte einer Wanne

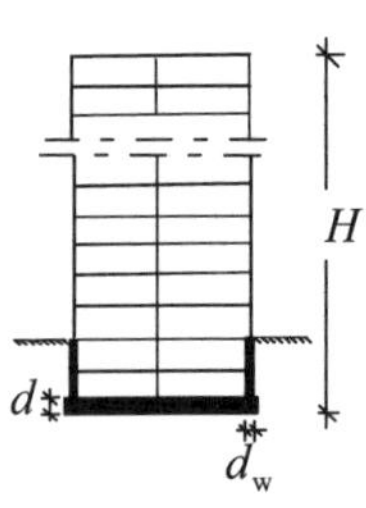

Plattendicke

$$d(\mathrm{cm}) \approx \frac{H(\mathrm{cm})}{30} \geq 30\,\mathrm{cm}$$

oder

$d(\mathrm{cm}) \approx 10 \cdot$ Anzahl der Geschosse

Wanddicke $d_w \geq 30$ cm

Durchgehende, bewehrte Gründungsplatte unter dem gesamten Bauwerk:

- zur Vermeidung von Schäden bei unterschiedlicher Baugrundsetzung
- bei hohen Lasten (Hochhäuser)
- bei drückendem Grundwasser, in Verbindung mit Wannenausbildung.

10.4 Tragwerke im Hallenbau

10.4.1 Hallentragwerke aus Stahl

Vollwandträger

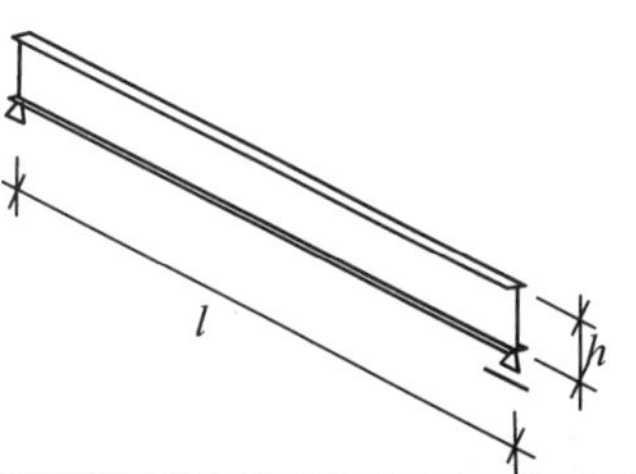

$$h = \frac{l}{30} \cdots \frac{l}{20}$$

$$3 \leq l \leq 20\,\text{m}$$

Bevorzugt werden IPE-Profile.

Bei großen Trägerhöhen wird der Steg oft in der neutralen Zone kreis- oder trapezförmig ausgespart, um das Gewicht zu reduzieren und Installationsführungen in der Trägerebene zu ermöglichen.

Unterspannter Träger aus Stahl

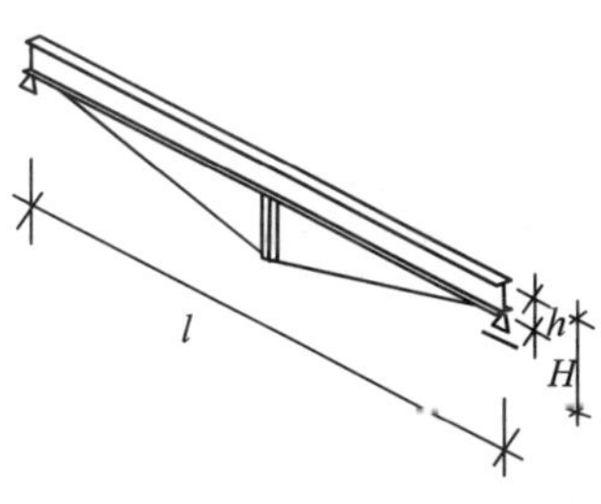

$$H \approx \frac{l}{12}$$

$$h = \frac{l}{50} \cdots \frac{l}{35}$$

$$6 \leq l \leq 60\,\text{m}$$

Beanspruchung:
Untergurt: Zug (kann deshalb als Seil ausgebildet werden)

Obergurt: Biegung + Druck

Spreize(Luftstütze): Druck

Obergurt und Spreize sind gegen seitliches Ausweichen zu sichern (z.B. Abstützung der Spreize gegen die Trägerebene durch Verbände).

Fachwerkträger aus Stahl

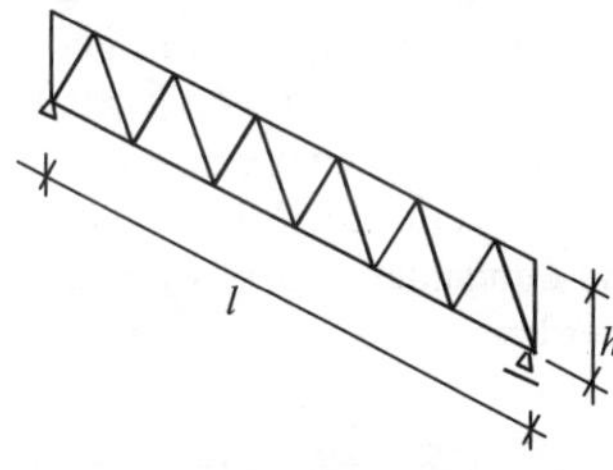

$$h = \frac{l}{15} \cdots \frac{l}{10}$$

$$8 \leq l \leq 75\,\text{m}$$

Die Belastungen sollten in den Fachwerkknoten angreifen.

Vorteile:
Wirtschaftliche Materialauslastung, weitgehende Gestaltungsfreiheit der Form.

Trägerrost aus Stahl

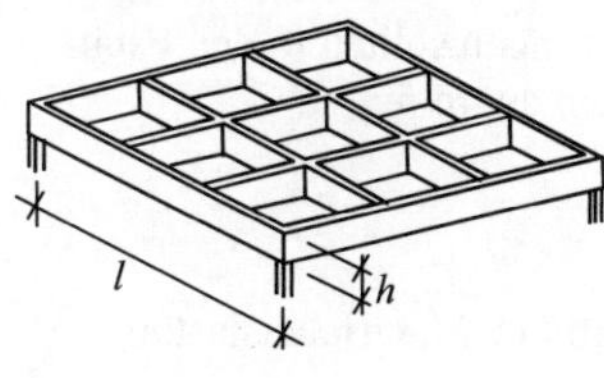

$$h = \frac{l}{35} \cdots \frac{l}{25}$$

$$10 \leq l \leq 70\,\text{m}$$

$$\frac{l_{max}}{l_{min}} \leq 1{,}5$$

Beanspruchung: Biegung, Torsion (bei Torsionsbehinderung)

Spannweiten der Träger sollten in beiden Richtungen annähernd gleich sein.

Trägerroste sind grundsätzlich mit Überhöhung herzustellen, um die vertikale Verformung auszugleichen.

Fachwerkträgerrost aus Stahl 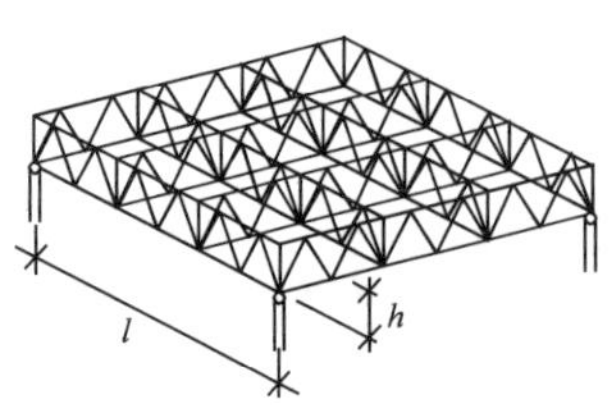	$h = \frac{l}{20} \cdots \frac{l}{15}$ $10 \leq l \leq 90\,\text{m}$	Beanspruchung: Zug/Druck Spannweiten der Träger sollten in beiden Richtungen annähernd gleich sein. $\frac{l_{max}}{l_{min}} \leq 1{,}5$ Fachwerkträgerroste sind grundsätzlich mit Überhöhung herzustellen, um die vertikale Verformung auszugleichen. .
Räumliches Fachwerk aus Stahl 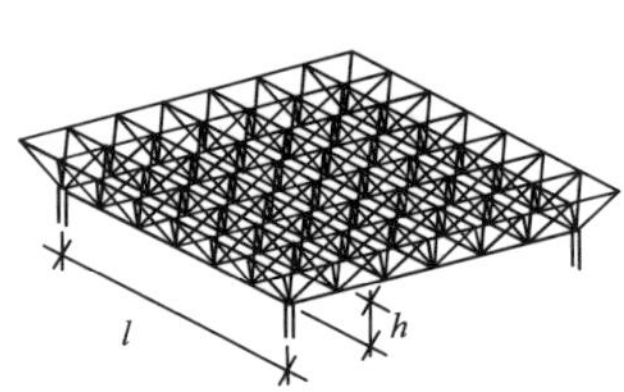	$h = \frac{l}{30} \cdots \frac{l}{15}$ $20 \leq l \leq 120\,\text{m}$	Beanspruchung: Zug/Druck Spannweiten der Träger sollten in beiden Richtungen annähernd gleich sein. $\frac{l_{max}}{l_{min}} \leq 1{,}5$ Räumliche Fachwerke sind grundsätzlich mit Überhöhung herzustellen, um die vertikale Verformung auszugleichen.
Rahmen aus Stahl 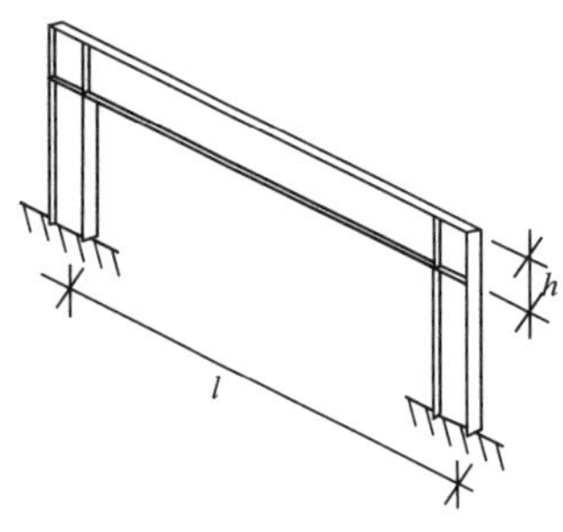	$h = \frac{l}{40} \cdots \frac{l}{30}$ $5 \leq l \leq 45\,\text{m}$	Biegesteife Eckverbindungen Bei hohen Hallen mit großen *H*-Lasten (z.B. Kranseitenstoß), kann ein eingespannter Rahmenfußpunkt von Vorteil sein, da sich die Biegemomente auf alle vier Ecken verteilen. Allerdings müssen die Fundamente größer dimensioniert werden.
Fachwerkrahmen aus Stahl 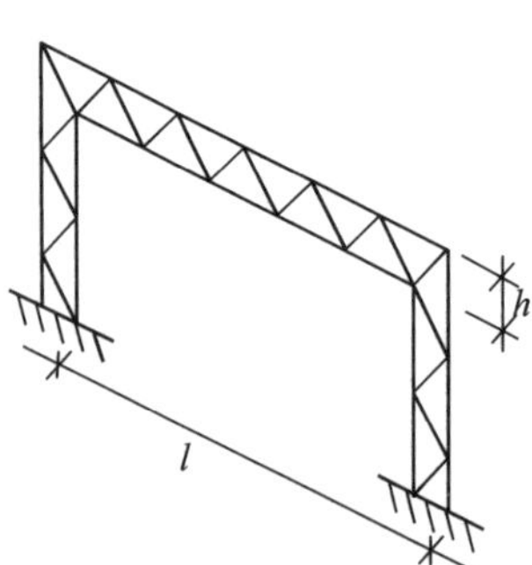	$h = \frac{l}{20} \cdots \frac{l}{10}$ $8 \leq l \leq 60\,\text{m}$	Die Belastungen sollten in den Fachwerkknoten angreifen. Vorteile: Wirtschaftliche Materialauslastung. Großräumige Öffnungen für die Querdurchführung von Installationstrassen. Transport in Teilen und einfache Montage auf der Baustelle.

Bogen aus Stahl

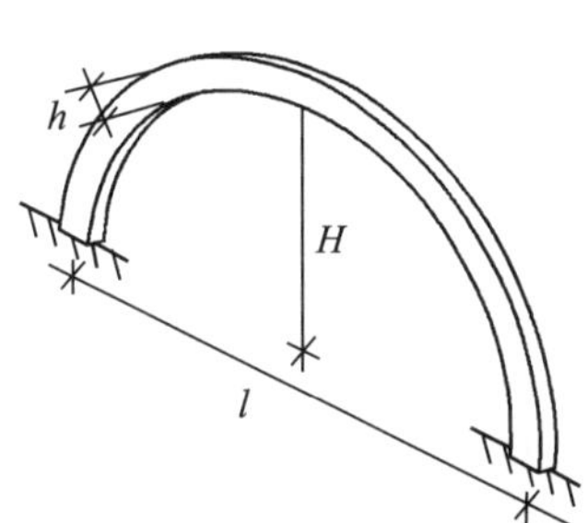

$$h = \frac{l}{70} \cdots \frac{l}{50}$$

$$25 \leq l \leq 70\,\text{m}$$

$$\frac{H}{l} > \frac{1}{8}$$

Bevorzugt sind Zweigelenk- und Dreigelenkbögen.
Eingespannte Bögen und Zweigelenkbögen sind steifer als Dreigelenkbögen, sie sind aber empfindlicher gegen ungleiche Auflagerverschiebung und Temperatureinwirkung. Je flacher der Bogen, umso höher die Horizontalkraft am Auflager. Diese Horizontalkräfte können z.B. durch Zugbänder aufgenommen werden.

Fachwerkbogen aus Stahl

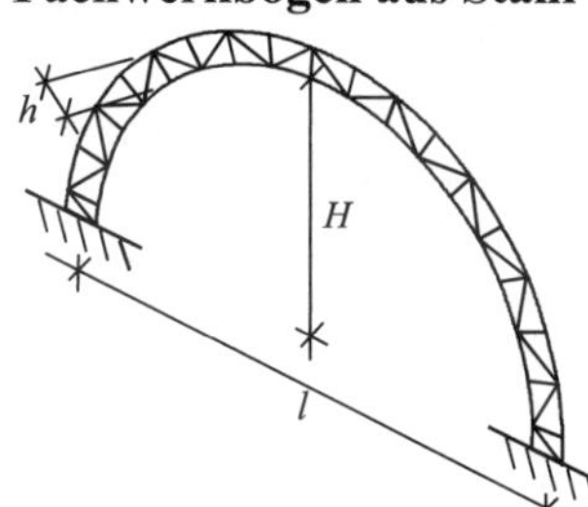

$$h = \frac{l}{50} \cdots \frac{l}{30}$$

$$40 \leq l \leq 120\,\text{m}$$

$$\frac{H}{l} > \frac{1}{8}$$

Vorteile:
Großräumige Öffnungen für die Querdurchführung von Installationstrassen.

Transport in Teilen und einfacher Zusammenbau auf der Baustelle.

Seilbinder (Jawerth-Binder)

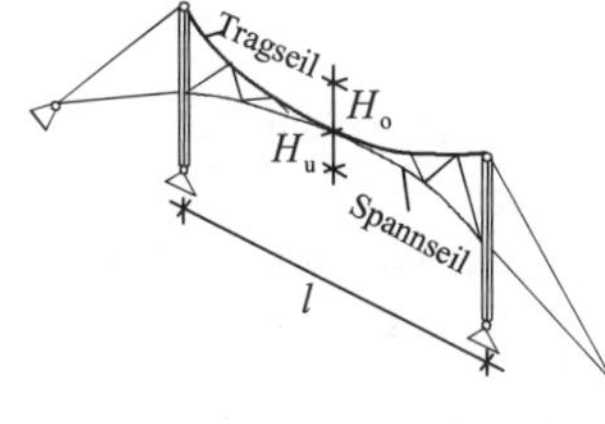

$$H_o = H_u = \frac{l}{18} \cdots \frac{l}{10}$$

$$40 \leq l \leq 150\,\text{m}$$

Das Tragseil wird durch das Spannseil stabilisiert. Die Verbindung der beiden Seile erfolgt durch dreiecksförmig angeordnete Zugstäbe.
Das System muss so vorgespannt sein, dass auch unter der größten Last nur Zugkräfte wirken.
Bei Windsog wechseln Trag- und Spannseil ihre Funktion.

Spreizbinder

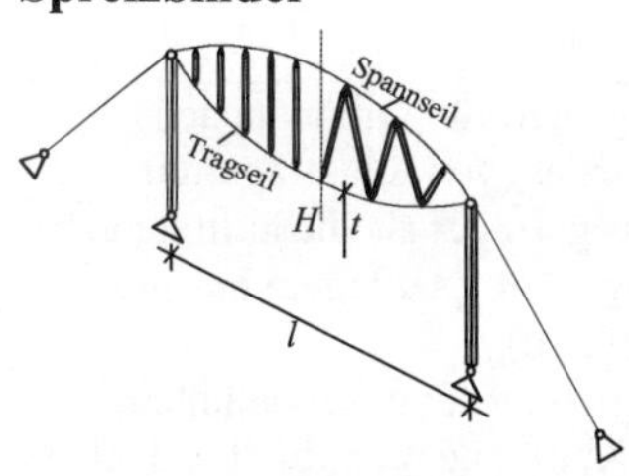

$$H = \frac{l}{10} \cdots \frac{l}{5}$$

$$20 \leq l \leq 150\,\text{m}$$

Seildurchmesser

$$t \approx \frac{l}{10000} \cdots \frac{l}{1000}$$

Das Spannseil wird über dem Tragseil angeordnet, als Abstandhalter dienen Druckstäbe.

Die Druckstäbe sind stabilitätsgefährdet und müssen seitlich gehalten werden (z.B. durch Verbände), weil sie sonst um die Trägerachse drehen können.

Seilnetz

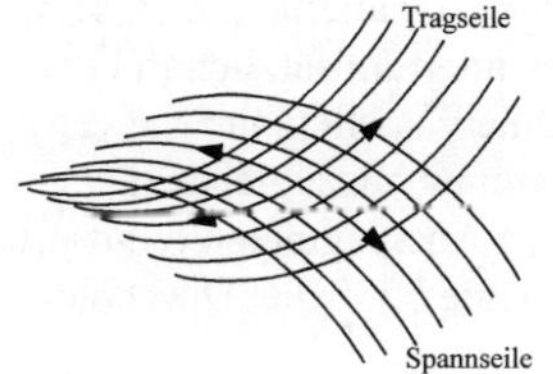

Seildurchmesser

$$t = \frac{l}{10000} \cdots \frac{l}{1000}$$

$$20 \leq l \leq 150\,\text{m}$$

Das Netz besteht aus zwei sich kreuzenden, gegeneinander verspannten Seilscharen, den Tragseilen und den Spannseilen. Die Seilscharen sind gegensinnig gekrümmt und erzeugen unter Vorspannung Umlenkkräfte, die an den Seilkreuzungspunkten im Gleichgewicht stehen.

10.4.2 Hallentragwerke aus Holz

Einfeldträger aus BSH

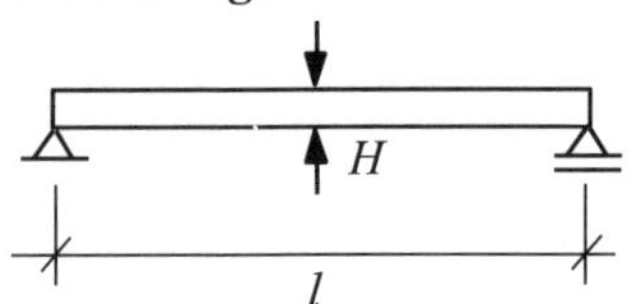

$H \approx \frac{l}{17}$

$10 \le l \le 35\,\text{m}$

BSH: Brettschichtholz
Baustoffausnutzung nur in Feldmitte.
Unempfindlich gegen Zwängungen, Setzungen.
Weitgespannte Einfeldträger sind grundsätzlich mit Überhöhung herzustellen.

Durchlaufträger aus BSH

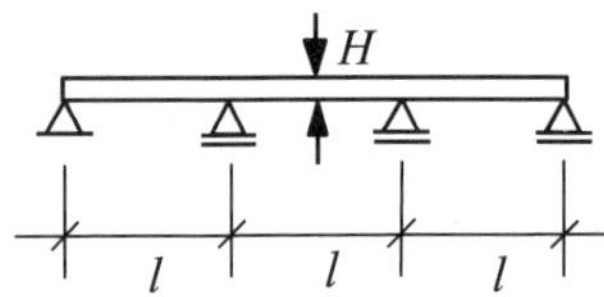

$H \approx \frac{l}{20}$

$10 \le l \le 30\,\text{m}$

Die Durchbiegung ist kleiner als bei Einfeldträgern mit gleicher Spannweite.
Empfindlich gegen Zwängungen und Setzungen.
Biegesteife Montagestöße sollten im Bereich der Momentennullpunkte angeordnet werden.

Durchlaufträger aus BSH mit Vouten

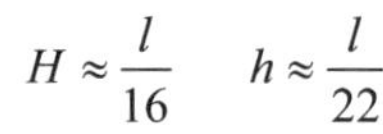
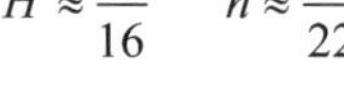

$H \approx \frac{l}{16} \qquad h \approx \frac{l}{22}$

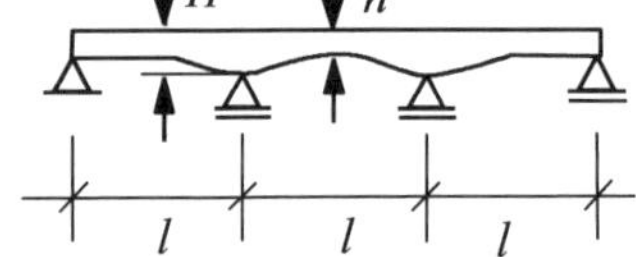

$10 \le l \le 30\,\text{m}$

$\text{Voutenanstieg} \le \frac{1}{12}$

Vouten ziehen Momente und Querkräfte aus den Feldern zu den Innenstützen.
Die große Konstruktionshöhe im Innenstützenbereich passt sich den dort auch großen Biegemomenten an, die kleineren Feldmomente werden mit der kleineren Konstruktionshöhe im Feld bewältigt.
Hoher Herstellungsaufwand.

Unterspannter Träger

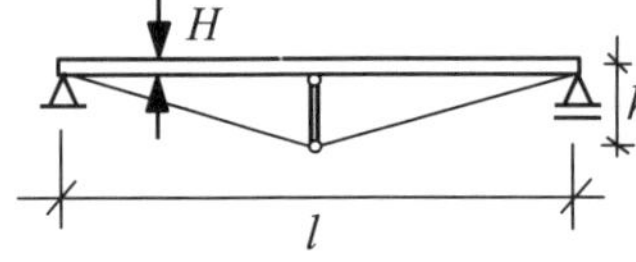

$h = \frac{l}{12} \cdots \frac{l}{10}$

$H \approx \frac{l}{40}$

$5 \le l \le 20\,\text{m}$

Beanspruchung:
Unterspannung (Untergurt): Zug (kann deshalb als Seil ausgebildet werden)
Obergurt: Biegung + Druck
Spreize: Druck
Obergurt und Spreize sind gegen seitliches Ausweichen zu sichern (z.B. Verbände).

Kragträger aus BSH

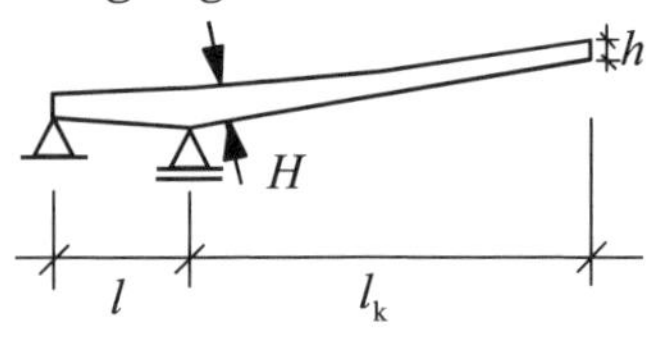

$H \approx \frac{l_k}{10}$

$h \approx \frac{H}{3}$

$5 \le l_k \le 25\,\text{m}$

Nutzung: z.B. für Tribünendach
Die Eigenlast von Kragträgern ist meistens geringer als die auftretenden Windsogkräfte (Auflager sind zugfest zu verankern).
Kippsicherung (Druckzone unten): mittels Kopfband oder durch Gabellagerung des Trägers.

Trägerrost aus BSH

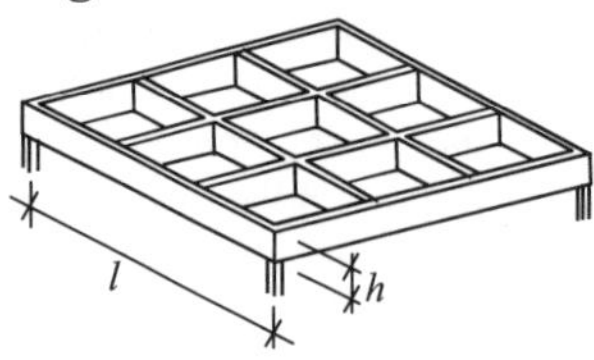

$h = \frac{l}{25} \cdots \frac{l}{18}$

$10 \le l \le 25\,\text{m}$

$\frac{l_{max}}{l_{min}} \le 1{,}5$

Spannweiten der Träger sollten in beiden Richtungen annähernd gleich sein.
Trägerroste sind grundsätzlich mit Überhöhung herzustellen, um die vertikale Verformung auszugleichen.
Trägerrost mit Auskragungen reduziert die Feldmomente bzw. die Durchbiegungen.

Fachwerkbinder aus Kantholz 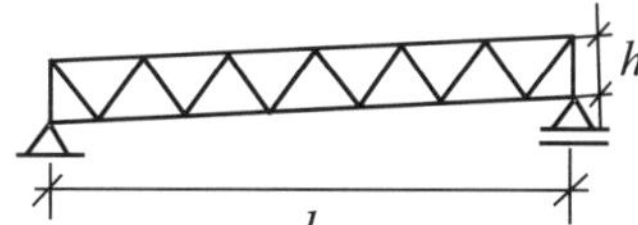 	$h \approx \frac{l}{9}$ $5 \le l \le 20\,\text{m}$	Die oberen Gurtstäbe erhalten Druckkräfte, sie müssen sorgfältig gegen Ausknicken aus der Rahmenebene gesichert werden (z.B. durch Verbände).
Dreigelenkrahmen aus BSH 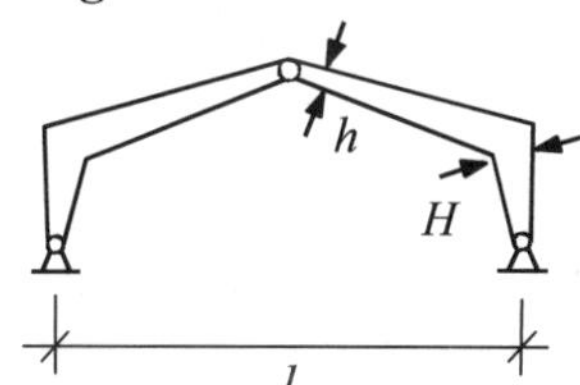 	$H \approx \frac{l}{18}$ $h \approx \frac{l}{50}$ $15 \le l \le 60\,\text{m}$	Statisch bestimmt. Infolge Einwirkungen von Temperatur und Auflagerverschiebung entstehen keine Schnittgrößen. Firstpunkt: Stahlgelenk (Gelenkbolzen). Rahmenecke: Keilzinkenverleimung, kreisförmig angeordnete Stabdübel, oder eingelassene Stahlbleche.
Zweigelenkrahmen aus BSH 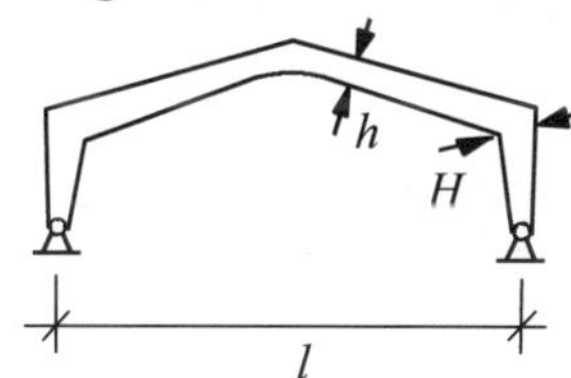 	$H \approx \frac{l}{20}$ $h \approx \frac{l}{30}$ $15 \le l \le 40\,\text{m}$	Einfach statisch unbestimmt. Infolge Einwirkungen von Temperatur und Auflagerverschiebung entstehen Schnittgrößen. Biegesteife Montagestöße sollten im Bereich der Momentennullpunkte angeordnet werden.
Dreigelenkfachwerkrahmen 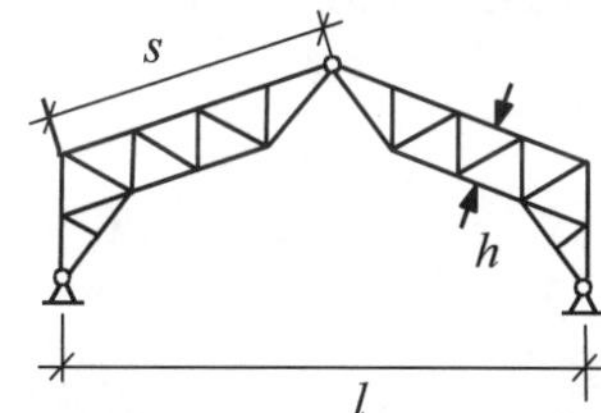 	(aus Kanthölzern) $h \approx \frac{s}{10}$ $10 \le l \le 50\,\text{m}$	
Zweigelenkfachwerkrahmen 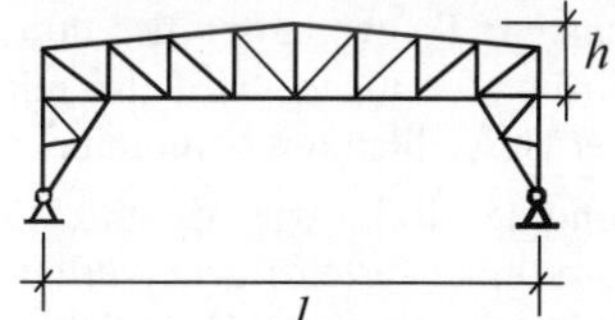 	(aus Kanthölzern) $h \approx \frac{l}{10}$ $10 \le l \le 50\,\text{m}$	
Dreigelenkbogen aus BSH 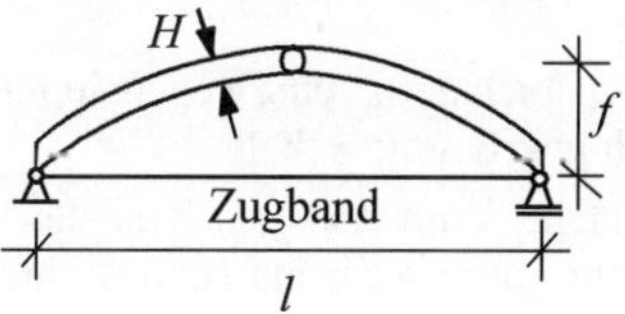 	$H \approx \frac{l}{40}$ $20 \le l \le 100\,\text{m}$ $\frac{f}{l} > \frac{1}{7}$	Wegen des problemlosen Transports der einzelnen Bogenhälften, wird der Dreigelenkbogen gegenüber dem Zweigelenkbogen bevorzugt. Je flacher der Bogen, umso höher die Horizontalkraft am Auflager. Diese Horizontalkräfte werden i.d.R. durch Zugbänder aufgenommen.

10.5 Schalentragwerke aus Stahlbeton

10.5.1 Rotationsschale

Kugelschale

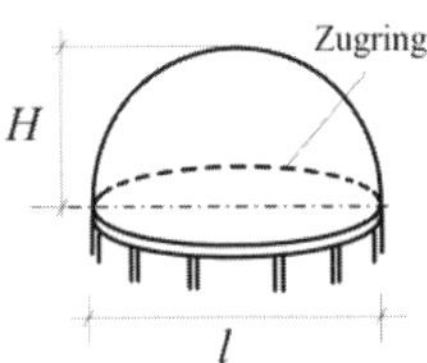

$35 \le l \le 60\,\text{m}$

$H \approx \frac{l}{6} \cdots \frac{l}{4}$

Schalendicke:

$d \approx 6 \ldots 12\,\text{cm}$

Eine Rotationsschale entsteht durch Rotation einer beliebigen Meridiankurve um eine Rotations-Achse.

Die Kugelschale ist eine gleichsinnig doppelt gekrümmte Schale.

10.5.2 Translationsschalen

Tonnenschale (einfach gekrümmte Schale)

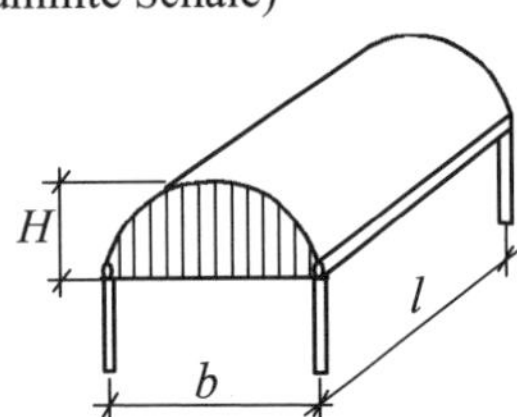

$20 \le l \le 45\,\text{m}$

$b \approx 8 \ldots 15\,\text{m}$

$H \approx \frac{l}{15} \cdots \frac{l}{10}$

Schalendicke:

$d \approx 6 \ldots 9\,\text{cm}$

Eine Translationsfläche entsteht durch Parallelverschiebung einer beliebigen Kurve (Erzeugende) entlang einer anderen beliebigen Raumkurve (Leitkurve).

Die Tonnenschale aus Beton ist einfach herstellbar, weil sie einfach gekrümmt und deshalb abwickelbar ist.

Das Tragverhalten der Tonnenschale wird durch Anordnung von Endaussteifung, z.B. durch Scheiben oder Bogenbinder verbessert.

Translationsschale (zweifach, gleichsinnig gekrümmte Schale)

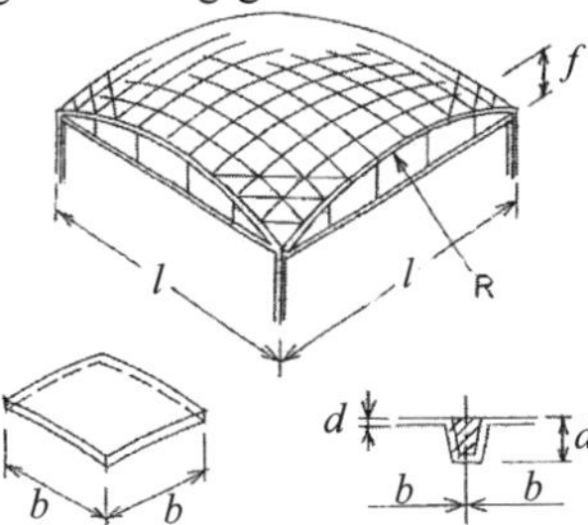

$30 \le l \le 50\,\text{m}$

$f \approx \frac{l}{10}$

Schalendicke:

$d \approx \frac{l}{1000} \cdots \frac{l}{650}$

Fertigteile:

Elementbreite $b = 0{,}08 \cdot l \ldots 0{,}12 \cdot l$

Rippendicke $d_0 = \frac{b}{10}$

10.5.3 Regelfläche

Konoidschale

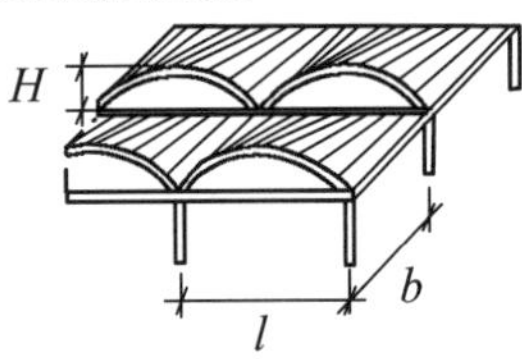

$12 \le l \le 20\,\text{m}$

$b \approx 6 \ldots 12\,\text{m}$

$H \approx \frac{l}{4} \cdots \frac{l}{3}$

Schalendicke:

$d \approx 6 \ldots 12\,\text{cm}$

Eine Regelfläche kann mit geraden Schalungsbrettern hergestellt werden.

Das günstige Tragverhalten der doppelt gekrümmten Fläche wird also mit einfacher Herstellbarkeit kombiniert.

Eine konoide Fläche wird durch eine parallel zu einer festen Ebene verlaufenden Gerade erzeugt. Die verlaufende Gerade schneidet stets zwei Leitlinien – eine Gerade und eine Kurve.

Hyparschale (als Regelfläche)

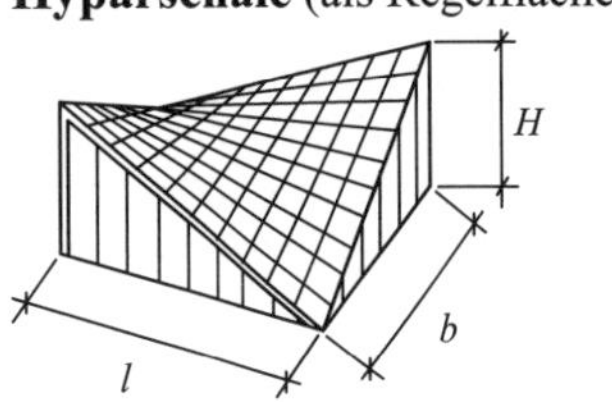

$40 \le l \le 60\,\text{m}$

$b \approx \frac{2}{3} l \cdots l$

$H \approx \frac{l}{5} \cdots \frac{l}{4}$

$d \approx 7 \ldots 10\,\text{cm}$

Die Hyparschale ist eine gegensinnig doppelt gekrümmte Schale.

Die Fläche kann man als Translationsfläche, aber auch als (durch eine Gerade erzeugte) Regelfläche betrachten.

10.6 Glas

10.6.1 Kriterien für die Dimensionierung der Glasdicke

Begrenzung der Biegespannung $\text{vorh}\,\sigma \leq \text{zul}\,\sigma$

Zum überschlägigen Dimensionieren können folgende Anhaltswerte als **zulässige Biegespannung** angenommen werden:

Glassorte	zul σ in N/mm²	Bemerkungen
Floatglas/Spiegelglas (SPG)	12	
Einscheibensicherheitsglas (ESG)	50	
Emailliertes ESG	30	Emaille auf der Zugseite
Verbundsicherheitsglas (VSG) aus Spiegelglas	15	
	25	Nur für die untere Scheibe von Isolierverglasung beim Lastfall „Versagen der oberen Scheiben“ zulässig
Teilvorgespanntes Glas (TVG)	29	
Emailliertes TVG	18	

Begrenzung der Durchbiegung

Bauteil	Lagerung	Begrenzung der Durchbiegung w
Einfachverglasung		$w \leq \frac{l}{100}$
Isolierverglasung	vierseitig	$w \leq \frac{l}{100}$ und $w \leq h$
	zwei- oder dreiseitig	$w \leq \frac{l}{100}$; $w \leq h$ und $w \leq 8\,\text{mm}$

Dabei ist:

w die maximale Durchbiegung

l die Spannweite in Haupttragrichtung

h die Glasdicke

10.6.2 Lagerung der Glasscheiben und Vordimensionierung

- Linienförmig in Rahmen (vierseitig, zweiseitig in Gummi)
- Linienförmig rahmenlos auf die Unterkonstruktion geklebt (Structural Glacing)
- Punktförmig durch Glashalter

Die linienförmige Halterung ist nicht in der Lage, die VSG-Scheiben nach einem Bruch auf dem Auflager zu halten, die Scheiben ziehen sich heraus. Hierzu sind die punkförmigen Festhalterungen eher in der Lage, weil die Scheiben hierzu durchbohrt werden und damit eine Haltung entsteht (Vernagelung).

Lagerungsart	**Nachweise (linear elastische Berechnung)**

Zweiseitig gelenkig gelagerte Glasplatte

$$\text{erf } h = \sqrt{\frac{3 \cdot q \cdot l^2}{4 \cdot \text{zul}\,\sigma}} \; ; \quad \text{vorh } w = \frac{5 \cdot q \cdot l^4}{32 \cdot E \cdot h^3} \le \text{zul } w$$

Gleichmäßig verteilte Belastung	q	in	$\frac{\text{N}}{\text{mm}^2}$
Glasdicke	h	in	mm
Spannweite	l	in	mm
Durchbiegung	w	in	mm
Elastizitätsmodul			$E = 70000\ \frac{\text{N}}{\text{mm}^2}$

Vierseitig gelenkig gelagerte Glasplatte

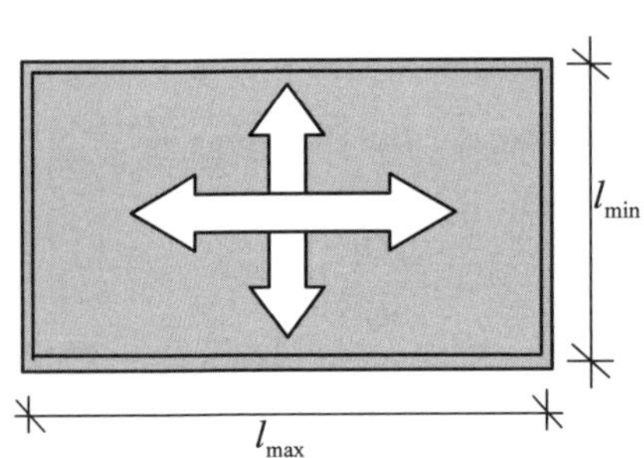

$$\text{erf } h = \sqrt{\frac{k_1 \cdot q \cdot l_{min}^2}{\text{zul}\,\sigma}} \; ; \quad \text{vorh } w = \frac{k_2 \cdot q \cdot l_{min}^4}{E \cdot h^3} \le \text{zul } w$$

k_1, k_2 Faktoren in Abhängigkeit von $\frac{l_{min}}{l_{max}}$

$\frac{l_{min}}{l_{max}}$	k_1	k_2
0,2	0,748	0,147
0,3	0,725	0,142
0,4	0,673	0,131
0,5	0,603	0,115
0,6	0,526	0,099
0,7	0,451	0,083
0,8	0,383	0,068
0,9	0,323	0,056
1,0	0,272	0,046

Punktförmig gelagerte Glasplatte

[Szilard–74]

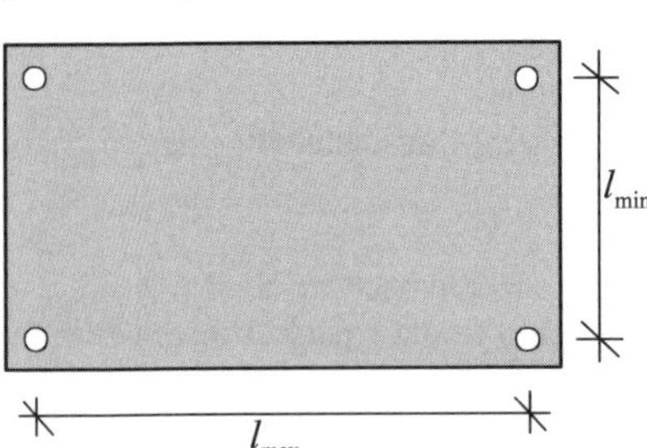

$$\text{erf } h = \sqrt{\frac{k_3 \cdot q \cdot l_{max}^2}{\text{zul}\,\sigma}} \; ; \quad \text{vorh } w = \frac{k_4 \cdot q \cdot l_{max}^4}{E \cdot h^3} \le \text{zul } w$$

k_3, k_4 Faktoren in Abhängigkeit von $\frac{l_{min}}{l_{max}}$

$\frac{l_{min}}{l_{max}}$	k_3	k_4
0,5	0,803	0,177
0,6	0,832	0,187
0,7	0,861	0,199
0,8	0,892	0,227
0,9	0,925	0,275
1,0	0,964	0,332

10.7 Vorbemessungsbeispiel

Wohnhaus mit Kehlbalkendach

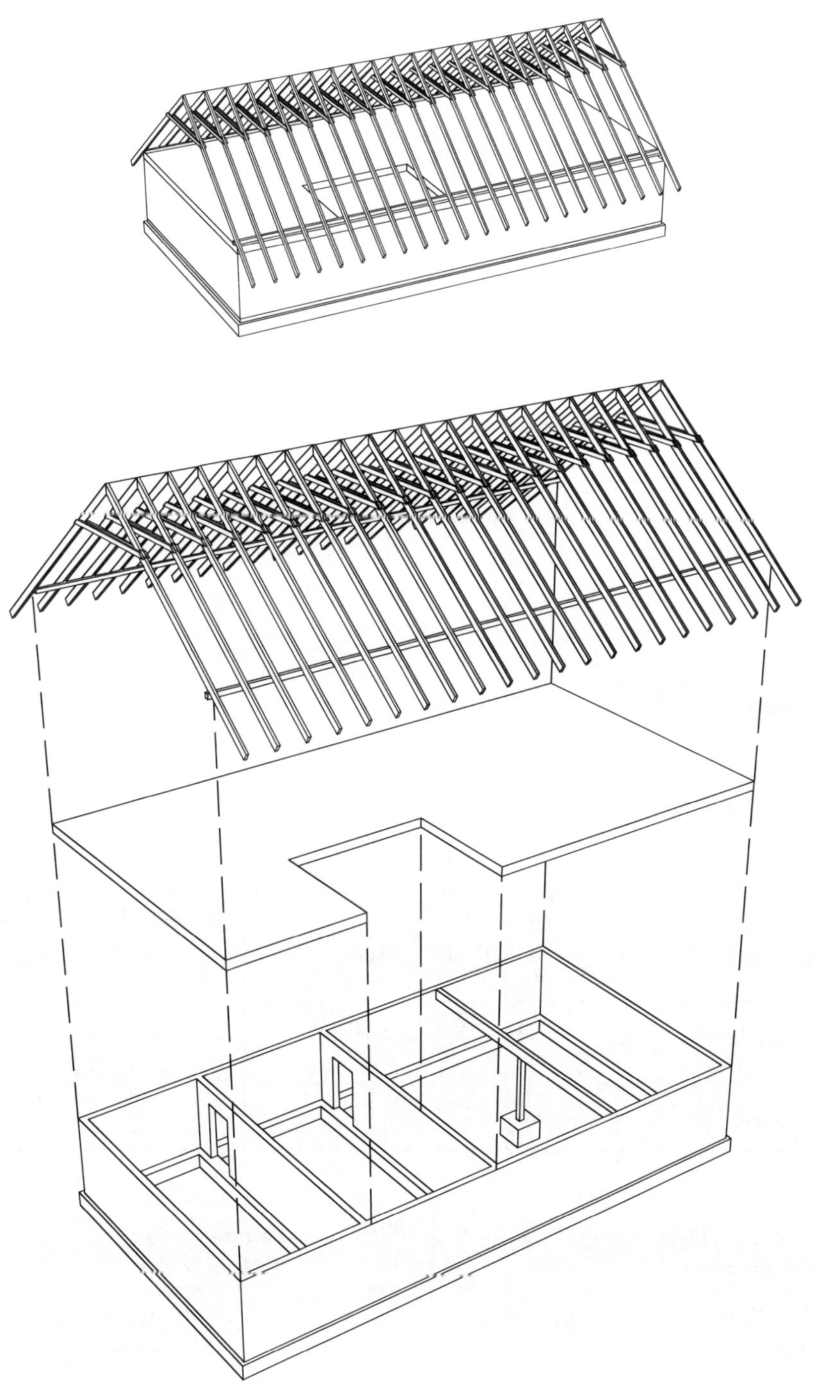

10.7.1 **Vorbemessung Kehlbalkendach** (s. Abschnitt 10.3.1)

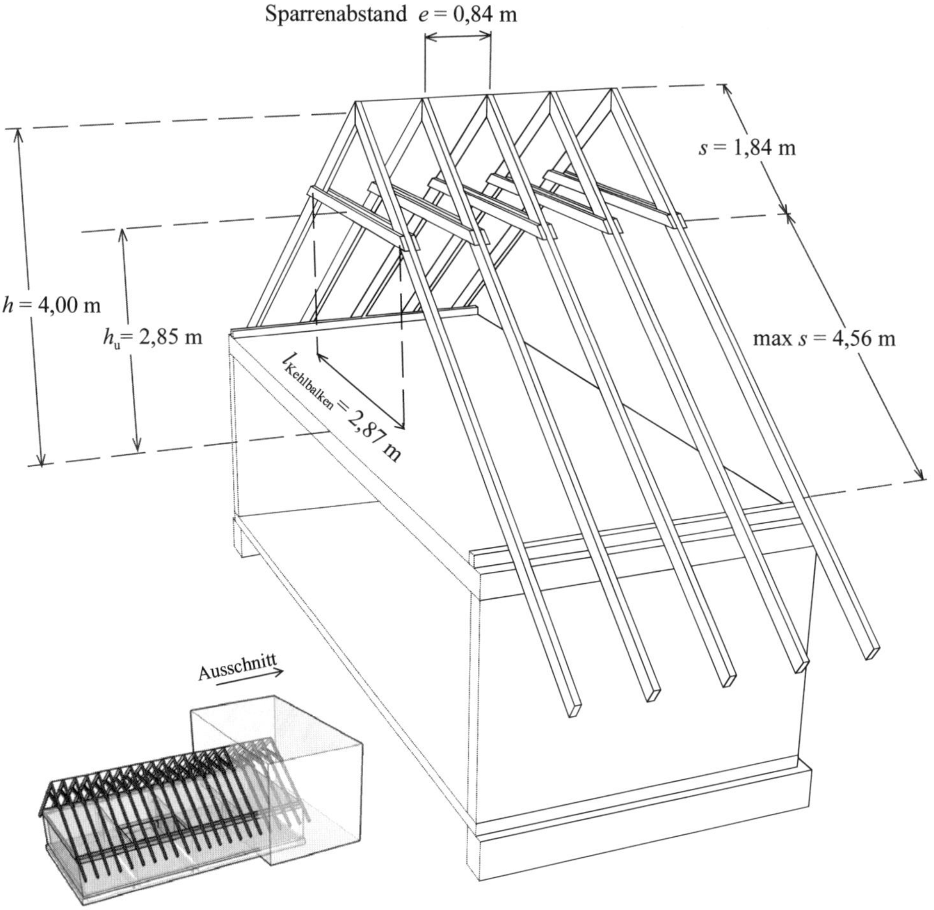

Sparrenabstand $e = 0{,}84$ m

$s = 1{,}84$ m

$h = 4{,}00$ m

$h_u = 2{,}85$ m

max $s = 4{,}56$ m

$l_{Kehlbalken} = 2{,}87$ m

Ausschnitt

Sparrenhöhe	$d \approx \dfrac{\max s}{24} + 4 = \dfrac{456}{24} + 4 = 23\,\text{cm}$	gewählt $\boxed{b/d = 10/24}$
Sparrenbreite	$b \approx \dfrac{e}{8} = \dfrac{84}{8} = 10{,}50\,\text{cm} > 8\,\text{cm}$	
Kehlbalkenhöhe	$d_K \approx \dfrac{l_{Kehlbalken}}{20} = \dfrac{287}{20} = 14{,}35\,\text{cm}$	gewählt $\boxed{b_K / d_K = 6/14}$
Kehlbalkenbreite	$b_K \approx \dfrac{e}{16} = \dfrac{84}{16} = 5{,}25\,\text{cm}$	

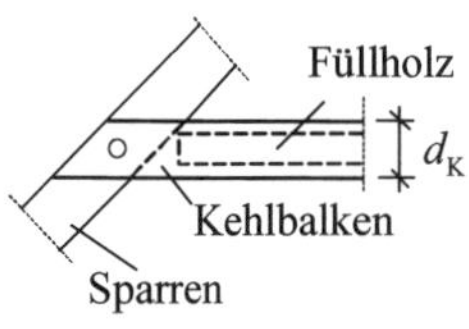

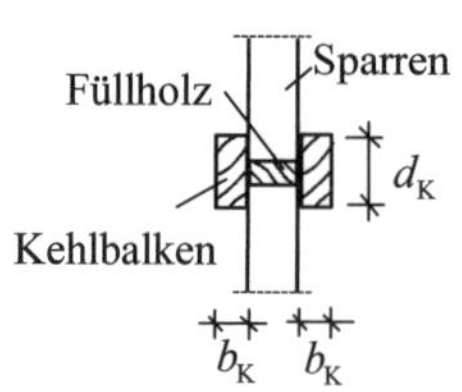

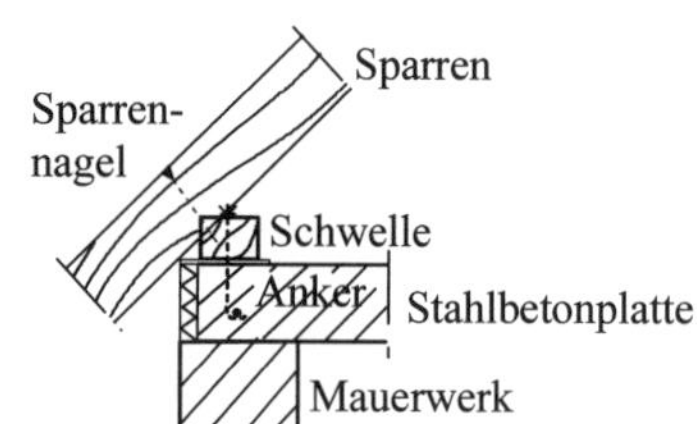

10.7.2 Vorbemessung Stahlbetondecke (s. Abschnitt 10.2 und Abschnitt 10.3.2)

Positionsplan Decke über Erdgeschoss

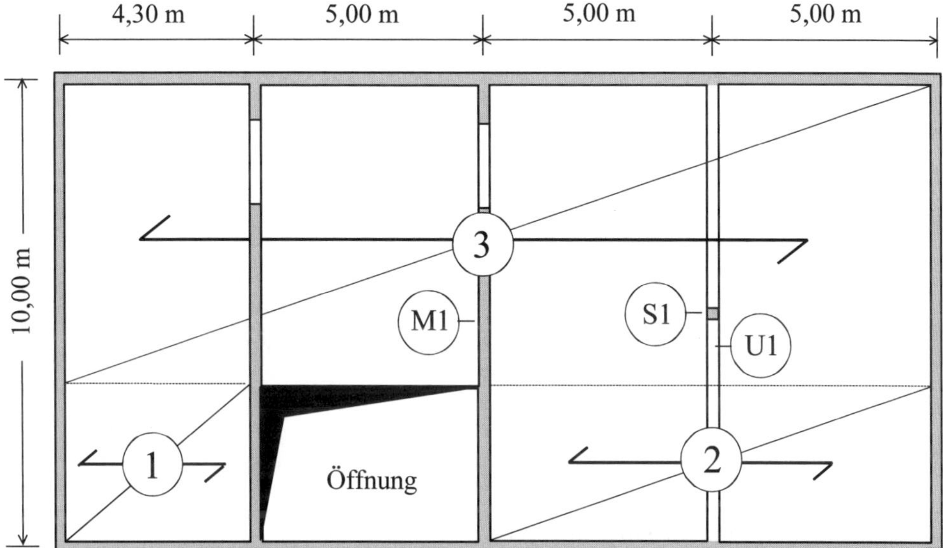

Maßgebend für die Wahl der Bauteildicke bei Stahlbetondecken ist die Ersatzstützweite l_i.

Decke Pos. 1

$l_{eff} = 4{,}30$ m

$$l_i = \alpha \cdot l_{eff} = 1{,}0 \cdot 4{,}30 = 4{,}30\,\text{m}$$

Decke Pos. 2

$l_{eff} = 5{,}00$ m $l_{eff} = 5{,}00$ m

$$l_i = \alpha \cdot l_{eff} = 0{,}77 \cdot 5{,}00 = 3{,}85\,\text{m}$$

Decke Pos. 3

$l_{eff} = 5{,}00$ m $l_{eff} = 5{,}00$ m $l_{eff} = 5{,}00$ m $l_{eff} = 4{,}30$ m

$$l_i = \alpha \cdot l_{eff} = 0{,}77 \cdot 5{,}00 = 3{,}85\,\text{m}$$

Bei der Wahl einer einheitlichen Deckendicken ist die maximale Ersatzstützweite maßgebend. Wegen max $l_i = 4{,}30\,\text{m} > 4{,}29\,\text{m}$ und vorhandener rissempfindlicher Trennwände

Deckendicke $\boxed{h(\text{m}) \approx \frac{l_i^2(\text{m})}{150} + 0{,}03\,\text{m} = \frac{4{,}30^2}{150} + 0{,}03 = 0{,}152\,\text{m}}$ (s. Abschnitt 10.3.2)

gewählt: $\boxed{h = 16\,\text{cm}}$

10.7.3 Vorbemessung Stahlbetonunterzug Pos. U1 (s. Abschnitt 10.2 und Abschnitt 10.3.2)

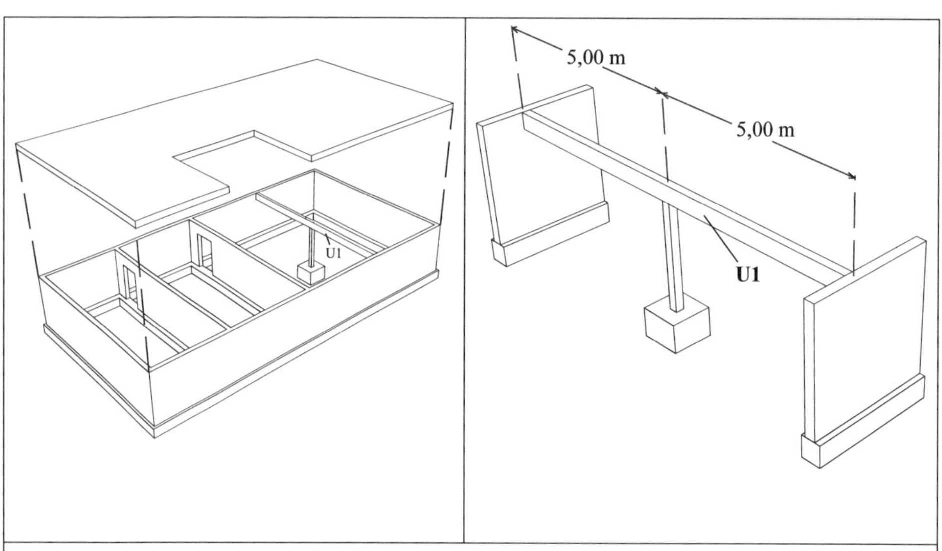

Unterzug (Plattenbalken): Zweifeldträger

$l_{i,\text{Unterzug}} = 0{,}77 \cdot 5{,}00 = 3{,}85\,\text{m}$ (s. Abschnitt 10.2)

$$h_{\text{Unterzug}} = \frac{l_{i,\text{Unterzug}}}{14} \cdots \frac{l_{i,\text{Unterzug}}}{8}$$

gewählt: $h_{\text{Unterzug}} = \frac{l_{i,\text{Unterzug}}}{10} = \frac{385}{10} = 38{,}5\text{ cm} \approx 40\text{ cm}$

$$b_{\text{Unterzug}} = \frac{h_{\text{Unterzug}}}{3} \cdots \frac{h_{\text{Unterzug}}}{2} \geq 20\text{ cm}$$

gewählt: $b_{\text{Unterzug}} = \frac{h_{\text{Unterzug}}}{2} = \frac{40}{2} = 20\text{ cm}$

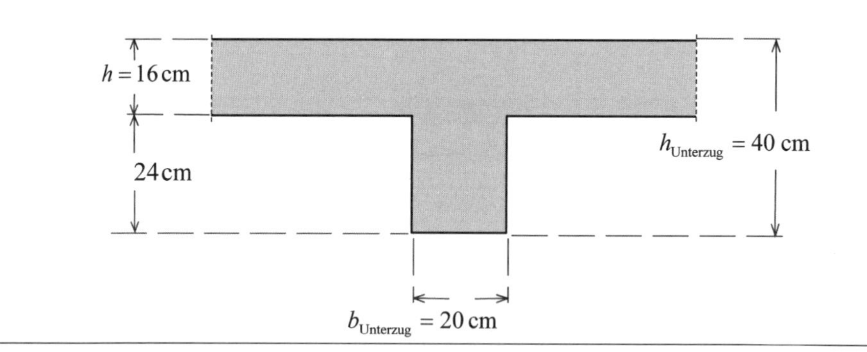

10.7.4 Vorbemessung Stahlbetonstütze Pos. S1 (s. Abschnitt 10.3.4)

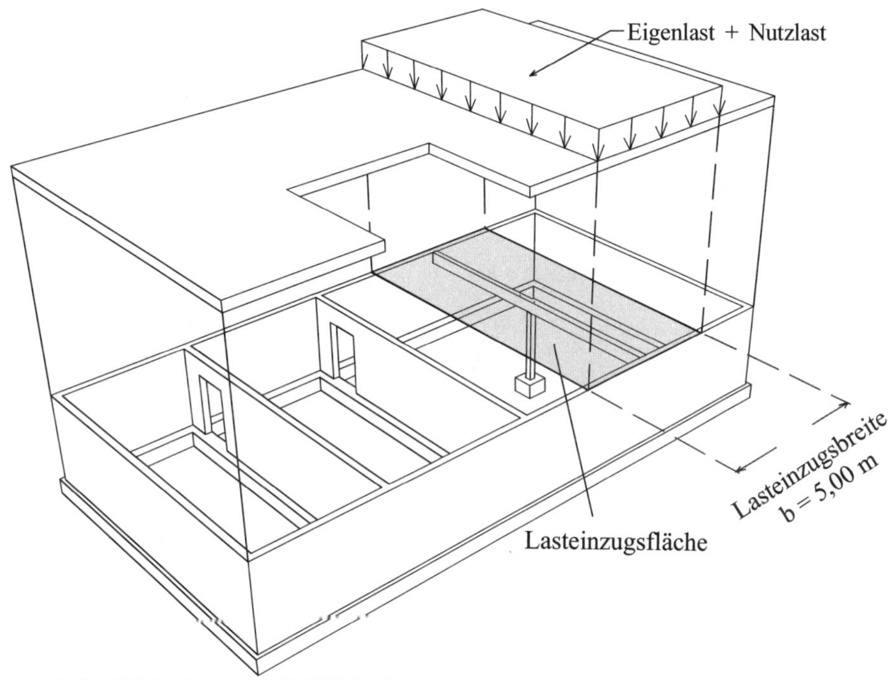

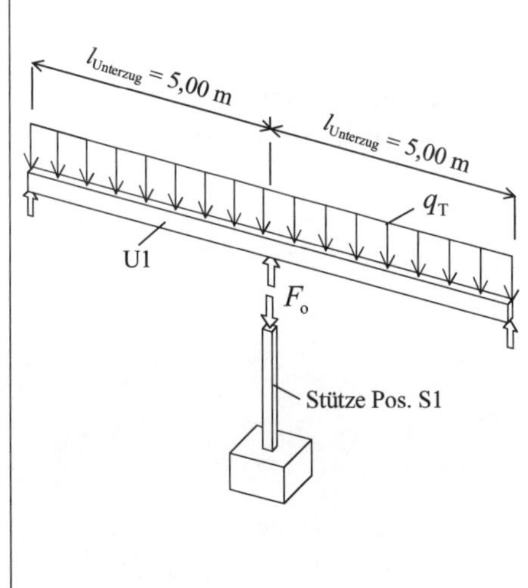

Deckenplatte:

Eigenlast + Nutzlast $= 8{,}00\,\text{kN/m}^2$

(s. Abschnitt 10.1.1)

Unterzug U1

linienförmig belastet durch Belastung der Deckenplatte und Eigenlast des Trägers:

$$q_\text{T} = 8{,}00\,\text{kN/m}^2 \cdot b \;+\; \text{Eigenlast} =$$

$$8{,}00 \cdot 5 \;+\; 0{,}20 \cdot 0{,}24 \cdot 25 = 41{,}20\ \text{kN/m}$$

Stütze S1 aus Beton C20/25 (gewählt)

$$F_\text{o} = q_\text{T} \cdot l_\text{Unterzug} \cdot 1{,}25 =$$

$$41{,}20 \cdot 5 \cdot 1{,}25 = 257{,}50\,\text{kN}$$

(Faktor 1,25 berücksichtigt die Durchlaufwirkung des Trägers)

$$A_\text{Stütze}(\text{cm}^2) \approx 0{,}58 \cdot F(\text{kN}) =$$

$$0{,}58 \cdot 257{,}50 = 149{,}35\,\text{cm}^2$$

gewählt:

Stahlbetonstütze $\boxed{b\,/\,d = 20\,\text{cm}\,/\,20\,\text{cm}}$

10.7.5 Vorbemessung Einzelfundament Pos. F1 (s. Abschnitt 10.3.6)

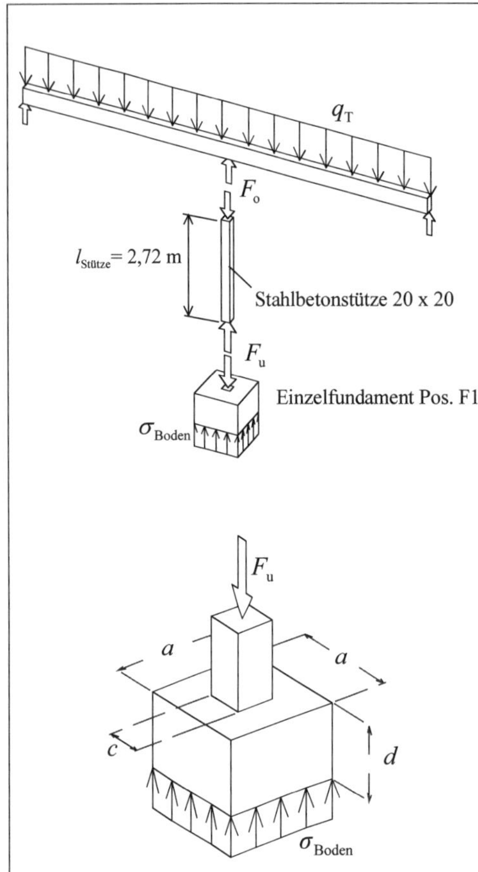

$$F_u = F_o + \text{Eigenlast Stütze} =$$

$$257{,}50 + 0{,}2^2 \cdot 2{,}72 \cdot 25 = 260{,}22\,\text{kN}$$

Angenommen wird eine zulässige Bodenpressung $\text{zul}\,\sigma_{\text{Boden}} = 300\ \text{kN/m}^2$

$$a(\text{m}) \approx \sqrt{\frac{1{,}2 \cdot F_u(\text{kN})}{\text{zul}\,\sigma_{\text{Boden}}(\text{kN/m}^2)}} =$$

$$\sqrt{\frac{1{,}2 \cdot 260{,}22}{300}} = 1{,}02\,\text{m}$$

Unbewehrtes Einzelfundament

Ausführung in Beton C20/25:

$$d(\text{m}) \approx \frac{a-c}{2} = \frac{1{,}00 - 0{,}20}{2} = 0{,}40\,\text{m}$$

gewählt:
quadratisches Einzelfundament
$\boxed{a\,/\,a\,/\,d = 100\,\text{cm}\,/\,100\,\text{cm}\,/\,50\,\text{cm}}$

10.7.6 Alternatives Tragsystem: Holzbalkendecke auf Stahlkonstruktion

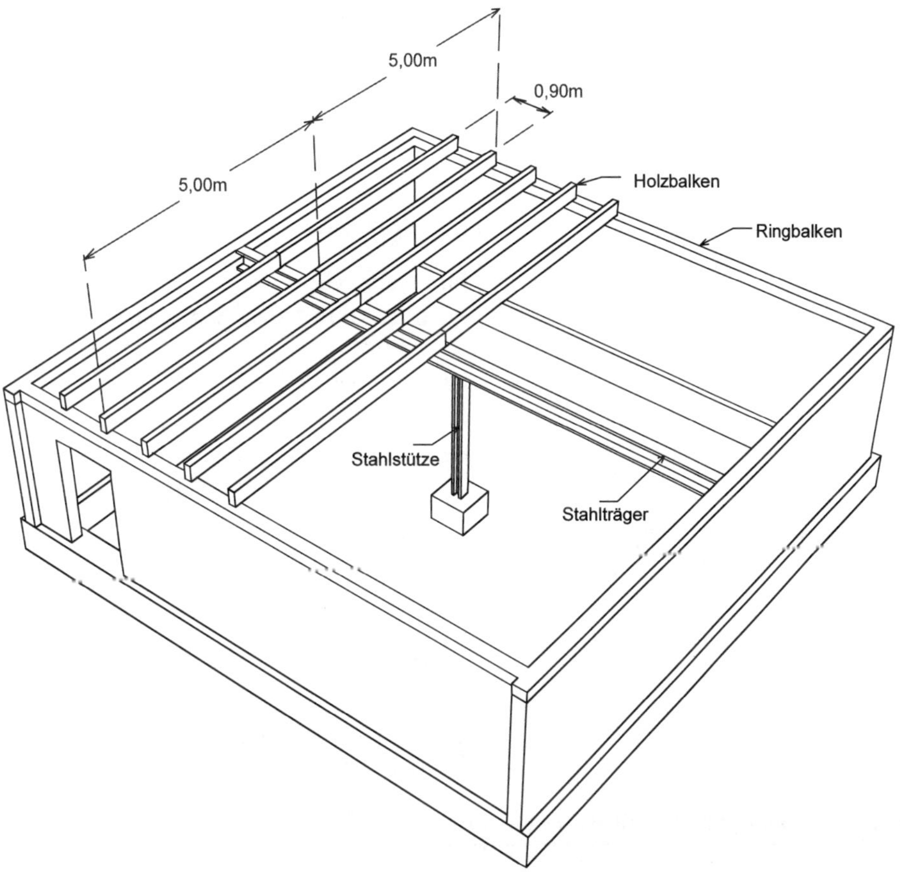

10.7.7 Vorbemessung Holzbalkendecke (s. Abschnitt 10.3.3)

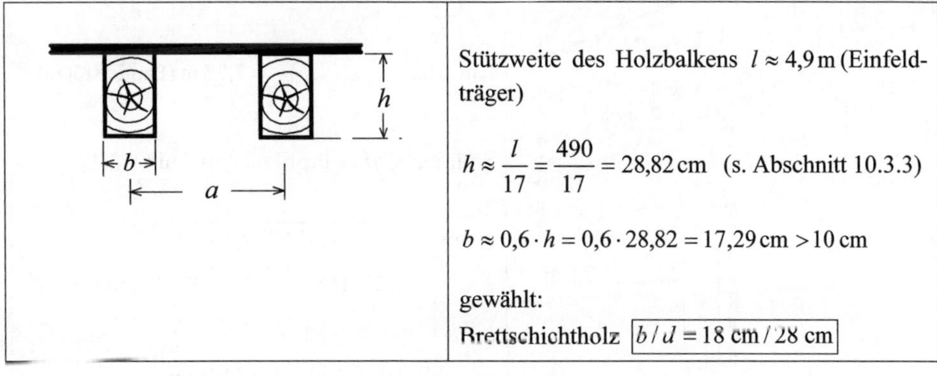

Stützweite des Holzbalkens $l \approx 4{,}9\,m$ (Einfeldträger)

$$h \approx \frac{l}{17} = \frac{490}{17} = 28{,}82\,cm \quad \text{(s. Abschnitt 10.3.3)}$$

$$b \approx 0{,}6 \cdot h = 0{,}6 \cdot 28{,}82 = 17{,}29\,cm > 10\,cm$$

gewählt:

Brettschichtholz $\boxed{b/d = 18\,cm / 28\,cm}$

10.7.8 Vorbemessung Stahlträger (s. Abschnitt 10.3.3)

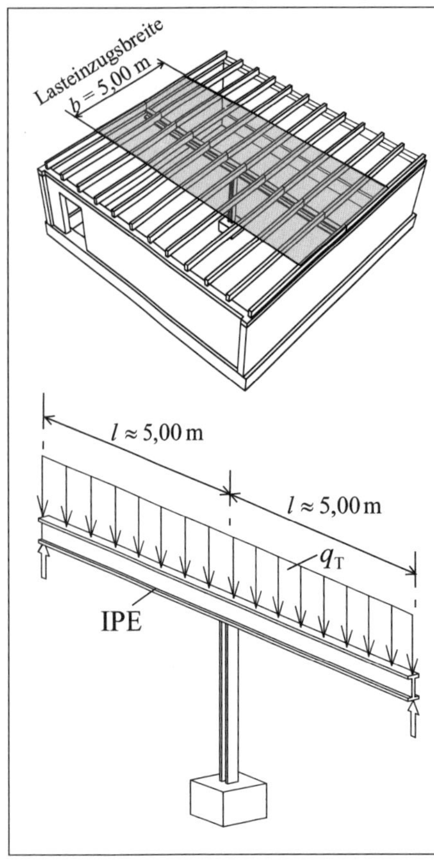

Holzdecke

Eigenlast + Nutzlast = 5,00 kN/m²
(s. Abschnitt 10.1.2)

Stahlträger

gewählt: IPE-Profil (s. Abschnitt 10.3.3)

Stützweite des Stahlträgers $l \approx 5{,}00\,\text{m}$ (Zweifeldträger)

Ersatzstützweite

$l_i = 0{,}77 \cdot 5{,}00 = 3{,}85\,\text{m}$ (s. Abschnitt 10.2)

Lasteinzugsbreite $b = 5{,}00\,\text{m}$

Gesamtbelastung des Trägers (Linienlast):

$q_T = 5{,}00\,\text{kN/m}^2 \cdot b + \text{Eigenlast (geschätzt)} =$
$5{,}00 \cdot 5 + \sim 0{,}3 = 25{,}30\ \text{kN/m}$

$$h \approx \sqrt[3]{50 \cdot q \cdot l_i^2} - 2 =$$
$$\sqrt[3]{50 \cdot 25{,}30 \cdot 3{,}85^2} - 2 = 24{,}57\,\text{cm}$$

gewählt: IPE-270 $h = 27$ cm

10.7.9 Vorbemessung Stahlstütze (s. Abschnitt 10.3.4)

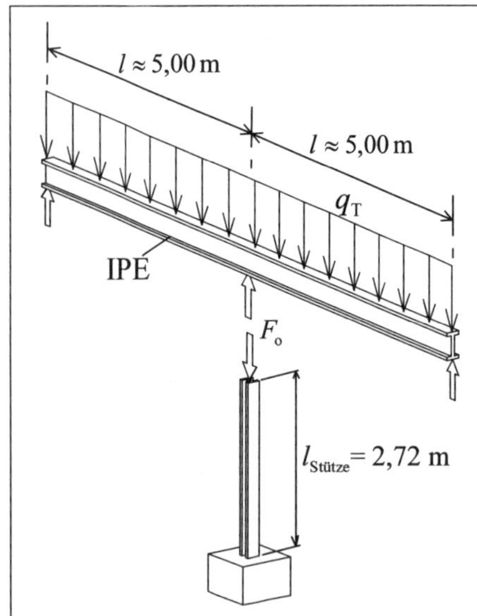

$F_o = q_T \cdot l \cdot 1{,}25 = 25{,}30 \cdot 5 \cdot 1{,}25 = 158{,}13\,\text{kN}$

(Faktor 1,25 berücksichtigt die Durchlaufwirkung des Trägers)

Knicklänge $s_k \approx l_{\text{Stütze}} = 2{,}72$ m (Pendelstütze)

Stütze aus HEA-Profil (s. Abschnitt 9.3.4)

$$h\,(\text{mm}) \approx \sqrt{22 \cdot F_o(\text{kN}) \cdot s_k(\text{m})} =$$
$$\sqrt{22 \cdot 158{,}13 \cdot 2{,}72} = 97{,}28\ \text{mm}$$

gewählt: HEA-120 $h = 114\,\text{mm}$

10.7.10 **Vorbemessung Einzelfundament** (s. Abschnitt 10.3.6)

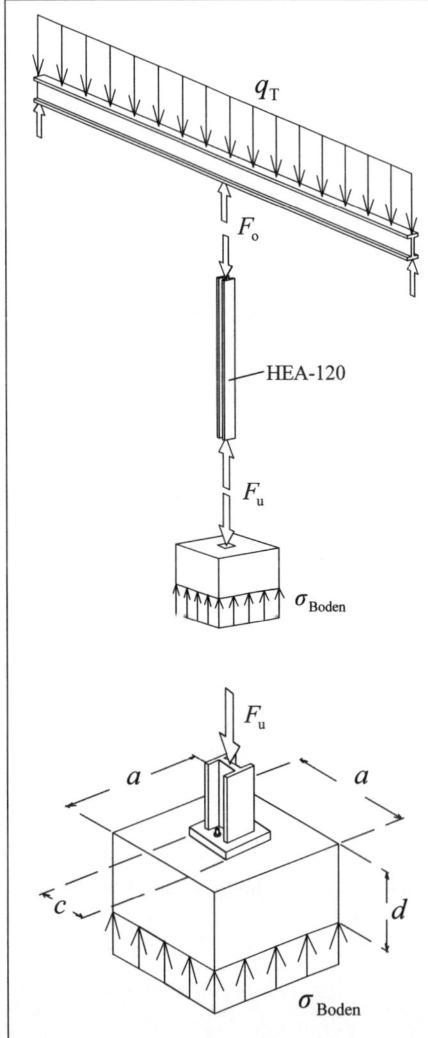

$F_u = F_o +$ Eigenlast HEA - 120 =
$158{,}13 + 0{,}199 = 158{,}33$ kN

Angenommen wird eine zulässige Bodenpressung zul $\sigma_{Boden} = 300$ kN/m²

$$a\,(\text{m}) \approx \sqrt{\frac{1{,}2 \cdot F_u\,(\text{kN})}{\text{zul}\,\sigma_{Boden}\,(\text{kN/m}^2)}} = \sqrt{\frac{1{,}2 \cdot 158{,}33}{300}} = 0{,}8\,\text{m}$$

Unbewehrtes Einzelfundament

Ausführung in Beton C20/25:

$$d\,(\text{m}) \approx \frac{a - c}{2} = \frac{0{,}8 - 0{,}20}{2} = 0{,}30\,\text{m} < 0{,}5\,\text{m}$$

gewählt:
quadratisches Einzelfundament
$a / a / d = 80\,\text{cm} / 80\,\text{cm} / 50\,\text{cm}$

Anhang A: Windlasten

A1 Allgemeines

Windlasten sind in DIN EN 1991-1-4:2010-12 und dem zugehörigen Nationalen Anhang DIN EN 1991-1-4/NA:2010-12 geregelt. Darüber hinaus sind Festlegungen der anzuwendenden Verwaltungsvorschrift Technische Baubestimmungen (VVBT) des jeweiligen Bundeslandes sowie Normenauslegungen (www.nabau.din.de) zu beachten. Die in DIN EN 1991-1-4 angegebenen Verfahren zur Berechnung der Windlasten gelten für Gebäude und ingenieurtechnische Anlagen mit einer Höhe bis zu 300 m sowie für Brücken mit einer Spannweite bis zu 200 m.

Die tatsächlich auftretenden Windbeanspruchungen werden nach DIN EN 1991-1-4 ersatzweise durch Windlasten in Form von Windkräften oder Winddrücken erfasst, deren Auswirkungen äquivalent zu den maximalen Wirkungen des turbulenten Winds sind. Die Windlasten sind dabei als veränderliche, freie Einwirkungen entsprechend DIN EN 1990:2010-12 zu betrachten.

A2 Ermittlung des Geschwindigkeitsdrucks

A2.1 Grundlagen

Zwischen der Windgeschwindigkeit und dem zugehörigen Geschwindigkeitsdruck besteht folgender grundsätzlicher Zusammenhang:

$$q = \frac{\rho}{2} \cdot v^2$$

q Geschwindigkeitsdruck

ρ Luftdichte

v Windgeschwindigkeit

Für die Luftdichte ρ kann in Meereshöhe bei einem Luftdruck von 1013 hPa und einer Temperatur von +10 °C ein Wert von $\rho = 1{,}25$ kg/m³ angesetzt werden. Damit ergibt sich für den Geschwindigkeitsdruck q:

$$q = \frac{v^2}{1600} \quad \text{mit } v \text{ in m/s und } q \text{ in kN/m}^2$$

Die in DIN EN 1991-1-4 angegebenen Windgeschwindigkeiten und Geschwindigkeitsdrücke sind als charakteristische Werte mit einer jährlichen Überschreitungswahrscheinlichkeit von 2 % zu betrachten. Sie beruhen auf Windgeschwindigkeiten, die in offenem Gelände in einer Höhe von 10 m über einen Zeitraum von 10 Minuten hinweg gemittelt wurden. Die auf dem Territorium der Bundesrepublik Deutschland registrierten Windgeschwindigkeiten unterscheiden sich entsprechend der jeweilig vorhandenen geographischen und klimatologischen Gegebenheiten sehr stark voneinander. Im Sinne einer möglichst realitätsnahen und gleichzeitig dennoch übersichtlichen Lösung beschränkt sich DIN EN 1991-1-4 auf die Angabe von unterschiedlichen Windgeschwindigkeiten bzw. Geschwindigkeitsdrücken in vier Windzonen, wobei innerhalb der einzelnen Windzonen für bestimmte Nachweise noch zwischen Binnenland und Küstenregionen unterschieden wird, siehe Tafel A1. Die Zuordnung der Windzonen zu bestimmten Regionen steht mit einer europäischen Windzonenkarte in Übereinstimmung, so dass in grenznahen Gebieten die gleiche Windgeschwindigkeit maßgebend wird, wie im angrenzenden Gebiet des Nachbarlandes.

Zur Ermittlung des Geschwindigkeitsdrucks für einen konkreten Gebäudestandort bestehen folgende alternative Möglichkeiten:

- vereinfachter Ansatz eines über die Gebäudehöhe konstanten Geschwindigkeitsdrucks für Gebäude bis zu einer Höhe von 25 m nach DIN EN 1991-1-4/NA, Anhang B (siehe nachfolgenden Abschnitt A2.2),
- Ermittlung eines von der Höhe über dem Gelände abhängigen Böengeschwindigkeitsdrucks für eine bestimmte Geländekategorie nach DIN EN 1991-1-4/NA, Anhang B,
- genauere Erfassung des Einflusses von Geländerauigkeit und Topografie sowie der Höhe über dem Gelände auf den Böengeschwindigkeitsdruck nach DIN EN 1991-1-4/NA, Anhang B.

Nachfolgend wird der vereinfachte Ansatz des über die Gebäudehöhe konstanten Geschwindigkeitsdrucks für Gebäude bis zu einer Höhe von 25 m näher erläutert.

A2.2 Vereinfachter Geschwindigkeitsdruck für Bauwerke bis 25 m Höhe

Für Bauwerke mit einer Höhe h bis zu 25 m über dem Gelände darf der Geschwindigkeitsdruck vereinfacht konstant über die gesamte Gebäudehöhe angesetzt werden. In Tafel A1 sind die maßgebenden Geschwindigkeitsdrücke in Abhängigkeit von der Bauwerkshöhe für die einzelnen Windzonen angegeben. Eine im Vergleich zur Windzonenkarte genauere Zuordnung der Windzonen zu Verwaltungsgrenzen kann unter www.dibt.de abgerufen werden.

Tafel A1: Vereinfachte Geschwindigkeitsdrücke für Bauwerke bis zu einer Höhe von 25 m

Windzonenkarte	Windzone		Geschwindigkeitsdruck q_p in kN/m² für eine Bauwerkshöhe h		
			$h \leq 10$ m	h > 10 m, ≤ 18 m	h > 18 m, ≤ 25 m
	1	Binnenland	0,50	0,65	0,75
	2	Binnenland	0,65	0,80	0,90
		Ostseeküste und -inseln [1]	0,85	1,00	1,10
	3	Binnenland	0,80	0,95	1,10
		Ostseeküste und -inseln [1]	1,05	1,20	1,30
	4	Binnenland	0,95	1,15	1,30
		Ostseeküste und -inseln, Nordseeküste [1]	1,25	1,40	1,55
Zone 1 Zone 2 Zone 3 Zone 4		Nordseeinseln	1,40	– [2]	– [2]

[1] Zum Küstenbereich zählt ein entlang der Küste verlaufender, in landeinwärtiger Richtung 5 km breiter Streifen.

[2] Auf Nordseeinseln Ansatz des vereinfachten Geschwindigkeitsdrucks nur für Bauwerke bis 10 m Höhe.

Die in Tafel A1 angegebenen Werte für den Geschwindigkeitsdruck q_p sind für Bauwerksstandorte mit einer Höhe H_S von mehr als 800 m über NN mit dem Faktor α_H zu erhöhen:

$$\alpha_H = 0{,}2 + \frac{H_S}{1000}$$

H_S Höhe des Bauwerksstandortes über NN in m

Für Bauwerksstandorte mit H_S > 1.100 m und für die Kamm- und Gipfellagen der Mittelgebirge sind besondere Überlegungen in Abstimmung mit den zuständigen Baubehörden erforderlich.

A3 Windkräfte und Winddruck für nicht schwingungsanfällige Bauteile

A3.1 Allgemeines

Bei ausreichend steifen, nicht schwingungsanfälligen Bauwerken sind die dynamischen Wirkungen der Windlast vernachlässigbar. In solchen Fällen kann die Windlast als vorwiegend ruhend betrachtet und somit wie eine statische Einwirkung behandelt werden. Ohne weiteren Nachweis dürfen Wohn-, Büro- und Industriegebäude mit einer Höhe bis zu 25 m, sowie diesen in Form und Konstruktion ähnliche Gebäude als nicht schwingungsanfällig betrachtet werden. Für andere Tragwerksformen oder Gebäude größerer Höhe enthält DIN EN 1991-1-4/NA ein Kriterium zur Abgrenzung zwischen schwingungsanfälligen und nicht schwingungsanfälligen Konstruktionen.

A3.2 Winddruck für nicht schwingungsanfällige Bauteile

A3.2.1 Ermittlung des Winddrucks

Grundsätzlich wird zwischen dem an der Außenfläche und dem an der Innenfläche eines Bauwerks wirkenden Winddruck unterschieden:

- Winddruck auf der Außenfläche eines Bauwerks: $w_e = c_{pe} \cdot q_p(z_e)$
- Winddruck auf der Innenfläche eines Bauwerks: $w_i = c_{pi} \cdot q_p(z_i)$

Es bedeuten:

c_{pe}, c_{pi}	Aerodynamischer Beiwert für den Außen- bzw. Innendruck nach den Abschnitten A3.2.2 bzw. A3.2.3
$q_p(z_e)$, $q_p(z_i)$	Geschwindigkeitsdruck nach Abschnitt A2
z_e, z_i	Bezugshöhe; Höhe der Oberkante der betrachteten Fläche bzw. der Oberkante des betrachteten Abschnittes über dem Gelände

Die Gesamtwindeinwirkung ergibt sich aus der Überlagerung von Außen- und Innendruck, siehe Abb. A1. Wenn sich der Innendruck bei der Ermittlung einer Reaktionsgröße entlastend auswirkt, ist er zu null zu setzen.

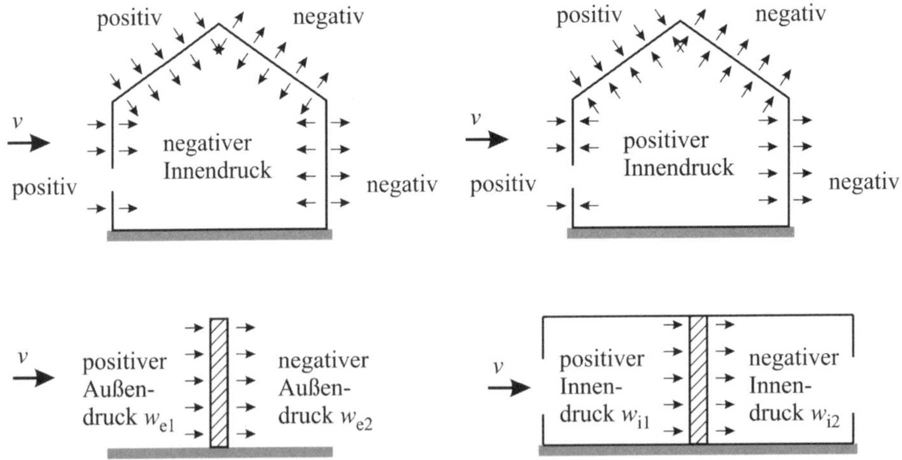

Abb. A1: Beispiele für die Überlagerung von Außen- und Innendruck

A3.2.2 Aerodynamische Beiwerte für den Außendruck

DIN EN 1991-1-4 enthält eine umfangreiche Sammlung von aerodynamischen Beiwerten. Die nachfolgend, für die wichtigsten Fälle zusammengestellten aerodynamischen Beiwerte, gelten für nicht hinterlüftete Wand- und Dachflächen.

a) Einfluss der Lasteinzugsfläche (DIN EN 1991-1-4, 7.2.1)

Der maßgebende Außendruckbeiwert c_{pe} ist in Abhängigkeit von der Lasteinzugsfläche A zu bestimmen:

$$c_{pe} = \begin{cases} c_{pe,1} & \text{für } A \leq 1\,\text{m}^2 \\ c_{pe,1} + \left(c_{pe,10} - c_{pe,1}\right) \cdot \lg A & \text{für } 1\,\text{m}^2 < A < 10\,\text{m}^2 \\ c_{pe,10} & \text{für } A \geq 10\,\text{m}^2 \end{cases}$$

$c_{pe,1}$ Außendruckbeiwert für $A = 1\ \text{m}^2$
$c_{pe,10}$ Außendruckbeiwert für $A = 10\ \text{m}^2$
A Lasteinzugsfläche

Die Außendruckbeiwerte für $A \leq 1\ \text{m}^2$ sind nur für den Nachweis der Verankerungen von unmittelbar durch Windeinwirkungen belasteten Bauteilen einschließlich deren Unterkonstruktion zu verwenden.

b) Vorzeichendefinition

Die allgemeine Bezeichnung „Winddruck“ steht sowohl für den Fall einer durch Windlasten auf einer Fläche verursachten Druckbeanspruchung, als auch für den Fall einer Sogbeanspruchung. Die Vorzeichenregelung bei der Angabe von aerodynamischen Beiwerten und damit auch von Winddrücken ist so geregelt, dass ein Druck auf eine Fläche positiv und ein Sog negativ ist.

c) Vertikale Wände von Gebäuden mit rechteckigem Grundriss

Vertikale Wandflächen sind entsprechend der Windanströmrichtung und der vorliegenden geometrischen Verhältnisse in die Wandbereiche A bis E nach Abb. A2 einzuteilen, für die aerodynamische Beiwerte in Tafel A2 angegeben sind. Bei Ansatz des vereinfachten Geschwindigkeitsdrucks darf der Winddruck über die gesamte Wandhöhe in gleichbleibender Größe angesetzt werden.

Tafel A2: Aerodynamische Beiwerte für vertikale Wände rechteckiger Gebäude

h/d	Wandbereich									
	A		B		C		D		E	
	$c_{pe,1}$	$c_{pe,10}$	$c_{pe,1}$	$c_{pe,10}$	$c_{pe,1}$	$c_{pe,10}$	$c_{pe,1}$	$c_{pe,10}$	$c_{pe,1}$	$c_{pe,10}$
5	–1,7	–1,4	–1,1	–0,8	–0,7	–0,5	+1,0	+0,8	–0,7	–0,5
1	–1,4	–1,2	–1,1	–0,8	–0,5		+1,0	+0,8	–0,5	
≤ 0,25	–1,4	–1,2	–1,1	–0,8	–0,5		+1,0	+0,7	–0,5	–0,3
Zwischenwerte dürfen linear interpoliert werden. Bei einzeln in offenem Gelände stehenden Gebäuden können im Sogbereich auch größere Werte auftreten. Fur $h/d > 5$ ist die Gesamtwindkraft nach DIN EN 1991-1-4, 7.6 bis 7.8 und 7.9.2 zu ermitteln.										

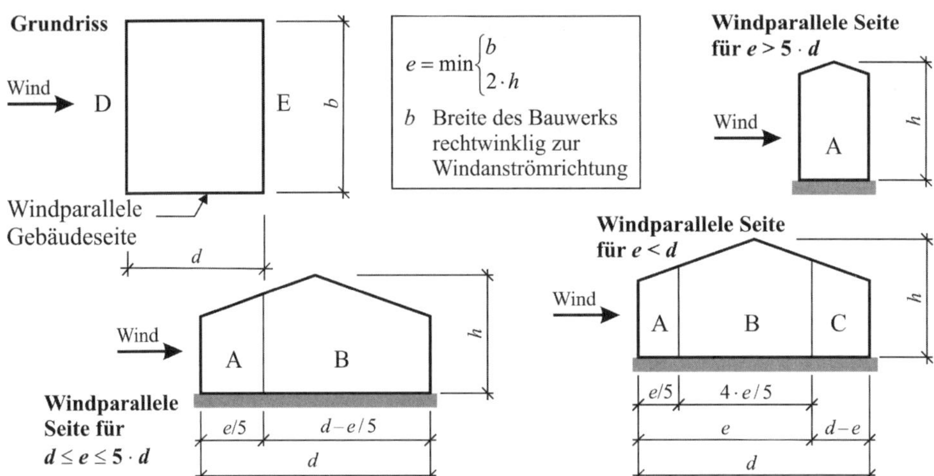

Abb. A2: Einteilung der Wandflächen bei vertikalen Wänden

d) Satteldächer (Dachneigung ≥ 5°)

Satteldächer sind, einschließlich überstehender Teile, getrennt nach der Luv- und Leeseite in die Dachbereiche F bis J entsprechend Abb. A3 einzuteilen. Die aerodynamischen Beiwerte für die einzelnen Dachbereiche sind in Abhängigkeit von der Windanströmrichtung Tafel A3 zu entnehmen. Im Bereich von Dachüberständen darf für den Unterseitendruck der Wert der anschließenden Wandfläche, auf der Oberseite der Druck der anschließenden Dachfläche angesetzt werden.

Als Bezugshöhe für die Ermittlung des Winddrucks gilt $z_e = h$.

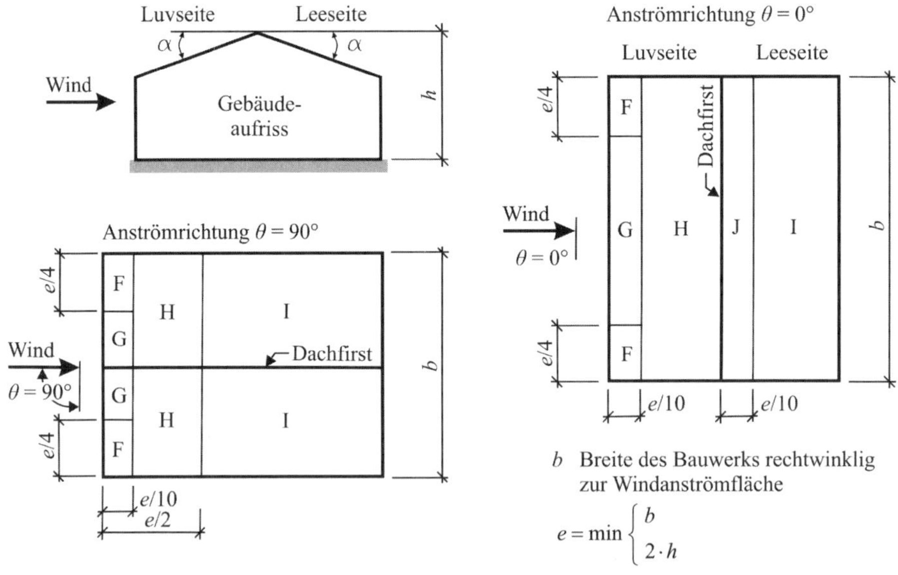

Abb. A3: Einteilung der Dachfläche von Satteldächern

Tafel A3: Aerodynamische Beiwerte für Satteldächer

Windanströmrichtung $\theta = 0°$ (entspricht Windrichtung rechtwinklig zum Dachfirst)										
Neigungswinkel α	Dachbereich									
	F		G		H		I		J	
	$c_{pe,1}$	$c_{pe,10}$	$c_{pe,1}$	$c_{pe,10}$	$c_{pe,1}$	$c_{pe,10}$	$c_{pe,1}$	$c_{pe,10}$	$c_{pe,1}$	$c_{pe,10}$
5°	–2,5	–1,7	–2,0	–1,2	–1,2	–0,6	–0,6		–0,6	
	+0,0		+0,0		+0,0				+0,2	
15°	–2,0	–0,9	–1,5	–0,8	–0,3		–0,4		–1,5	–1,0
	+0,2		+0,2		+0,2		+0,0		+0,0	+0,0
30°	–1,5	–0,5	–1,5	–0,5	–0,2		–0,4		–0,5	
	+0,7		+0,7		+0,4		+0,0		+0,0	
45°	–0,0		–0,0		–0,0		–0,2		–0,3	
	+0,7		+0,7		+0,6		+0,0		+0,0	
60°	+0,7		+0,7		+0,7		–0,2		–0,3	
75°	+0,8		+0,8		+0,8		–0,2		–0,3	

Windanströmrichtung $\theta = 90°$ (entspricht Windrichtung parallel zum Dachfirst)								
Neigungswinkel α	Dachbereich							
	F		G		H		I	
	$c_{pe,1}$	$c_{pe,10}$	$c_{pe,1}$	$c_{pe,10}$	$c_{pe,1}$	$c_{pe,10}$	$c_{pe,1}$	$c_{pe,10}$
5°	–2,2	–1,6	–2,0	–1,3	–1,2	–0,7	–0,6	
15°	–2,0	–1,3	–2,0	–1,3	–1,2	–0,6	–0,5	
30°	1,5	–1,1	–2,0	–1,4	–1,2	–0,8	–0,5	
45°	–1,5	–1,1	–2,0	–1,4	–1,2	–0,9	–0,5	
60°	–1,5	–1,1	–2,0	–1,2	–1,0	–0,8	–0,5	
75°	–1,5	–1,1	–2,0	–1,2	–1,0	–0,8	–0,5	

Sind sowohl positive als auch negative aerodynamische Beiwerte angegeben, so sind die für die betrachtete Beanspruchungssituation ungünstigeren Werte für die Bereiche F, G und H mit den ungünstigeren Werten der Bereiche I und J zu kombinieren. Nicht zulässig ist das Mischen von positiven und negativen Beiwerten auf einer Dachfläche.

Für Dachneigungen zwischen den angegeben Werten darf linear interpoliert werden, sofern das Vorzeichen der Druckbeiwerte nicht wechselt.

Für die Windanströmrichtung $\theta = 0°$ sind bei Dachneigungen bis 45° sowohl positive als auch negative aerodynamische Beiwerte angegeben. Damit sind in derartigen Fällen insgesamt 4 verschiedene Winddruckkombinationen zu berücksichtigen, von denen die ungünstigste maßgebend wird, siehe Abb. A4.

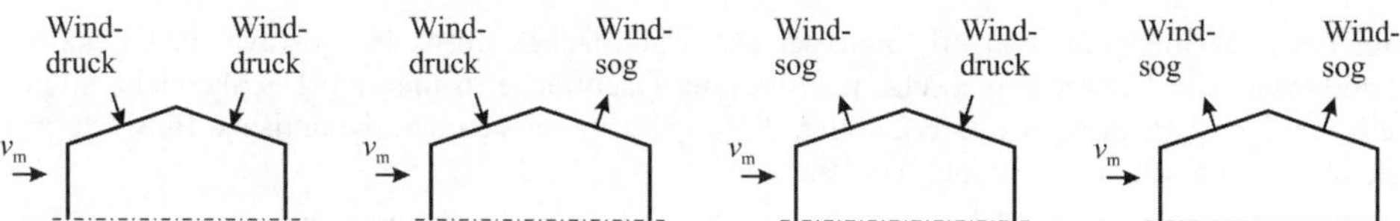

Abb. A4: Windruckkombinationen bei Satteldächern für $\theta = 0°$ und $\alpha \leq 45°$

Beispiel: Ermittlung des Winddrucks für ein Gebäude mit Satteldach

Nachfolgend wird der Winddruck für ein allseitig geschlossenes Gebäude mit Satteldach ermittelt, siehe nebenstehende Abbildung.

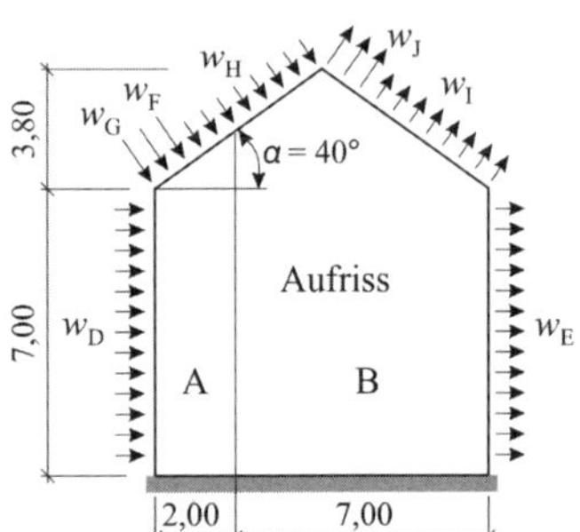

Ermittlung des vereinfachten Geschwindigkeitsdrucks q nach Tafel A1
(Binnenland, Windzone 1, h = 10,80 m):
q = 0,65 kN/m² über die gesamte Gebäudehöhe

Windanströmrichtung: $\theta = 0°$

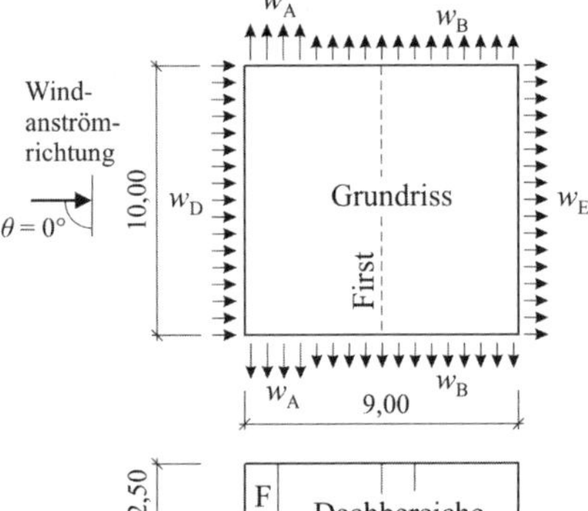

Wandbereiche:

Einflussbreite: $e = \min \begin{cases} b & = 10{,}00\text{ m} \\ 2 \cdot h & = 21{,}60\text{ m} \end{cases}$

$d = 9{,}00\text{ m} \leq e = 10{,}00\text{ m} \leq 5 \cdot d = 45{,}00\text{ m}$

Breite der Fläche A: $b_A = e/5 = 10{,}00/5 = 2{,}00$ m

$$\frac{h}{d} = \frac{10{,}80}{9{,}00} = 1{,}20$$

$\Rightarrow$ ($c_{pe,10}$ ggf. linear interpolieren)

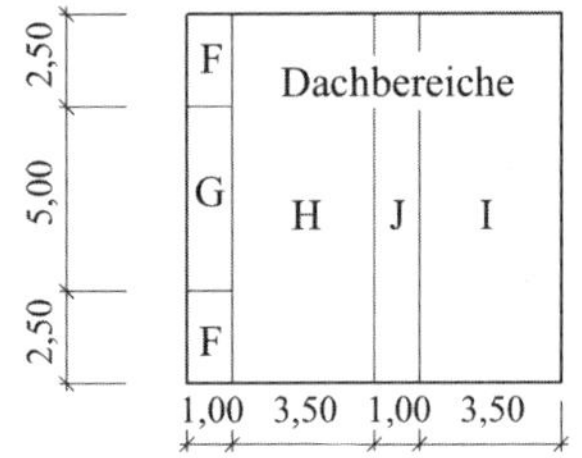

$w_e \;= c_{pe} \cdot q$
$w_A = -1{,}21 \cdot 0{,}65 = -0{,}79\text{ kN/m}^2$
$w_B = -0{,}80 \cdot 0{,}65 = -0{,}52\text{ kN/m}^2$
$w_D = +0{,}80 \cdot 0{,}65 = +0{,}52\text{ kN/m}^2$
$w_E = -0{,}50 \cdot 0{,}65 = -0{,}33\text{ kN/m}^2$

Dachbereiche:
Abmessung der Fläche F rechtwinklig zur Windanströmrichtung:
$b_F \;= e/4 = 10{,}00/4 = 2{,}50$ m

Abmessung der Flächen F und G parallel zur Windanströmrichtung:
$d_F \;= d_G = e/10 = 10{,}00/10 = 1{,}00$ m

Bei einer Dachneigung von 40° sind bei den Dachflächen entweder positive oder negative aerodynamische Beiwerte anzusetzen. Muss eine Dachfläche in mehrere Dachbereiche eingeteilt werden (z. B. in F, G und H), sollen diesen Dachbereichen aerodynamische Beiwerte mit gleichem Vorzeichen zugeordnet werden.

Die Entscheidung, ob letztlich die positiven oder negativen aerodynamischen Beiwerte maßgebend sind, hängt davon ab, welche Beanspruchungssituation sich ungünstiger auf die lastabtragenden Bauteile auswirkt.

w_F = + 0,70 · 0,65 = + 0,46 kN/m² bzw. w_F = − 0,17 · 0,65 = − 0,11 kN/m²

w_G = + 0,70 · 0,65 = + 0,46 kN/m² bzw. w_G = − 0,17 · 0,65 = − 0,11 kN/m²

w_H = + 0,53 · 0,65 = + 0,34 kN/m² bzw. w_H = − 0,07 · 0,65 = − 0,05 kN/m²

w_I = − 0,27 · 0,65 = − 0,18 kN/m² bzw. w_I = 0

w_J = − 0,37 · 0,65 = − 0,24 kN/m² bzw. w_J = 0

Windanströmrichtung: θ = 90°

Wandbereiche:

Einflussbreite: $e = \min \begin{cases} b = \underline{9{,}00\,\text{m}} \\ 2 \cdot h = 21{,}60\,\text{m} \end{cases}$

$e = 9{,}00\,\text{m} < d = 10{,}00\,\text{m}$

Breite der Flächen A, B und C:

$b_A = e/5 = 9{,}00/5 = 1{,}80\,\text{m}$

$b_B = 4 \cdot e/5 = 4 \cdot 1{,}80 = 7{,}20\,\text{m}$

$b_C = d - e = 10{,}00 - 9{,}00 = 1{,}00\,\text{m}$

$\frac{h}{d} = \frac{10{,}80}{10{,}00} = 1{,}08$

w_A = − 1,20 · 0,65 = − 0,78 kN/m²

w_B = − 0,80 · 0,65 = − 0,52 kN/m²

w_C = − 0,50 · 0,65 = − 0,33 kN/m²

w_D = + 0,80 · 0,65 = + 0,52 kN/m²

w_E = − 0,50 · 0,65 = − 0,33 kN/m²

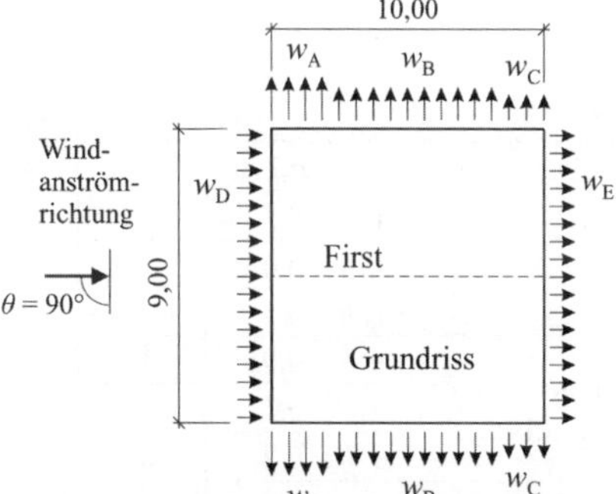

Dachbereiche:

Abmessung der Fläche F rechtwinklig zur Windanströmrichtung:

$b_F = e/4 = 9{,}00/4 = 2{,}25\,\text{m}$

Abmessung der Flächen F, G, H und I parallel zur Windanströmrichtung:

$d_F = d_G = e/10 = 9{,}00/10 = 0{,}90\,\text{m}$

$d_H = e/2 - e/10 = 9{,}00/2 - 9{,}00/10 = 3{,}60\,\text{m}$

$d_I = d - e/2 = 10{,}00 - 9{,}00/2 = 5{,}50\,\text{m}$

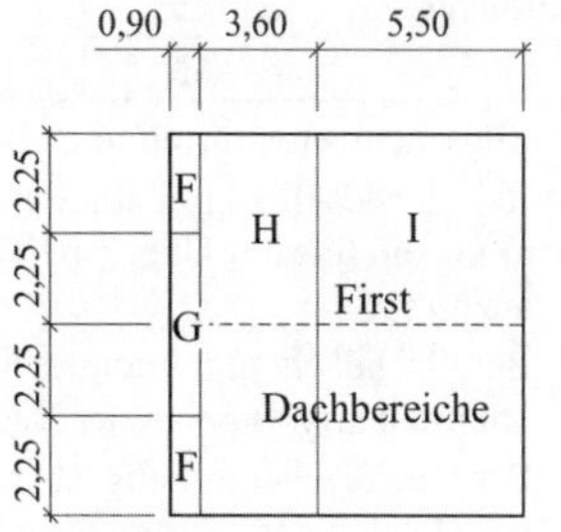

w_F = − 1,10 · 0,65 = − 0,72 kN/m²

w_G = − 1,40 · 0,65 = − 0,91 kN/m²

w_H = − 0,87 · 0,65 = − 0,57 kN/m²

w_J = − 0,50 · 0,65 = − 0,33 kN/m²

e) Flachdächer (Dachneigung geringer ± 5°)

Dächer mit einer geringeren Neigung als ± 5° sind in die Dachbereiche F bis I einzuteilen.

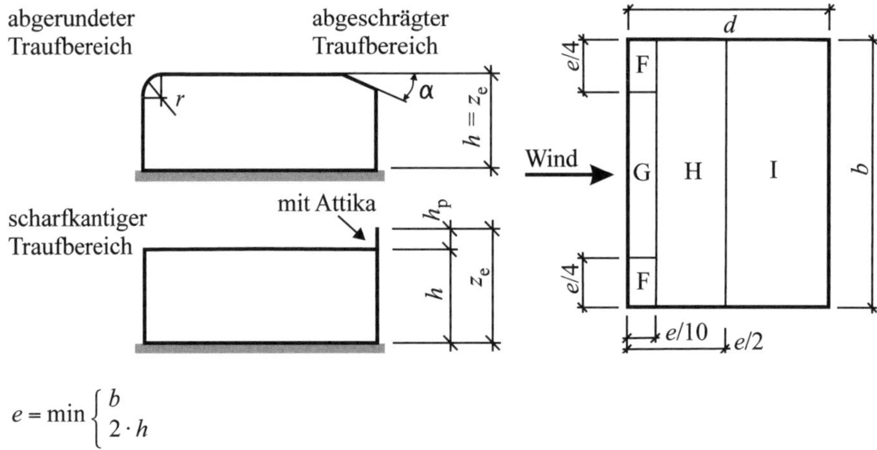

$$e = \min\begin{cases} b \\ 2 \cdot h \end{cases}$$

b Breite des Bauwerks rechtwinklig zur Windanströmrichtung

Tafel A4: Aerodynamische Beiwerte für Flachdächer[1]

		Dachbereich							
		F		G		H		I[6]	
		$c_{pe,1}$	$c_{pe,10}$	$c_{pe,1}$	$c_{pe,10}$	$c_{pe,1}$	$c_{pe,10}$	$c_{pe,1}$	$c_{pe,10}$
scharfkantiger Traufbereich		–2,5	–1,8	–2,0	–1,2	–1,2	–0,7	+0,2 / –0,6	
mit Attika	$h_p/h = 0{,}025$	–2,2	–1,6	–1,8	–1,1	–1,2	–0,7	+0,2 / –0,6	
	$h_p/h = 0{,}05$	–2,0	–1,4	–1,6	–0,9	–1,2	–0,7	+0,2 / –0,6	
	$h_p/h = 0{,}1$	–1,8	–1,2	–1,4	–0,8	–1,2	–0,7	+0,2 / –0,6	
abgerundeter Traufbereich[2]	$r/h = 0{,}05$	–1,5	–1,0	–1,8	–1,2	–0,4		+0,2 / –0,2	
	$r/h = 0{,}1$	–1,2	–0,7	–1,4	–0,8	–0,3		+0,2 / –0,2	
	$r/h = 0{,}2$	–0,8	–0,5	–0,8	–0,5	–0,3		+0,2 / –0,2	
abgeschrägter Traufbereich[3][4][5]	$\alpha = 30°$	–1,5	–1,0	–1,5	–1,0	–0,3		+0,2 / –0,2	
	$\alpha = 45°$	–1,8	–1,2	–1,9	–1,3	–0,4		+0,2 / –0,2	
	$\alpha = 60°$	–1,9	–1,3	–1,9	–1,3	–0,5		+0,2 / –0,2	

[1] Zwischenwerte dürfen linear interpoliert werden.

[2] Bei Flachdächern mit abgerundetem Traufbereich ist im unmittelbaren Bereich der Dachkrümmung ein linearer Übergang vom Außendruckbeiwert der Außenwand zu dem des Daches anzusetzen.

[3] Bei Flachdächern mit abgeschrägtem Traufbereich ergeben sich die Druckbeiwerte für den unmittelbaren Bereich der Dachschräge nach Tafel A3 ($\theta = 0°$).

[4] Für Flachdächer mit abgeschrägtem Traufbereich darf für $\alpha > 60°$ zwischen den Werten für $\alpha = 60°$ und den Werten für den scharfkantigen Traufbereich linear interpoliert werden.

[5] Bei abschrägten Traufbereichen mit einem horizontalen Maß weniger als $e/10$ sollten die Werte für scharfkantige Traufbereiche verwendet werden.

[6] Positive und negative Werte im Bereich I müssen gleichermaßen berücksichtigt werden.

A3.2.3 Innendruck in geschlossenen Baukörpern mit durchlässigen Außenwänden

Hinsichtlich der Winddruckverhältnisse ist zwischen geschlossenen und offenen Baukörpern zu unterscheiden. Geschlossene Baukörper sind allseitig durch Bauteile (Wände, Dach) gegen die Außenluft abgeschlossen. Weisen die den Baukörper umschließenden Bauteile Öffnungen auf, gelten folgende Regelungen:

- Überschreitet an mindestens 2 Seiten eines Gebäudes (Fassade oder Dach) die Gesamtöffnungsfläche der Wand oder des Daches 30 % der zugehörigen Wand- bzw. Dachfläche, gelten die betreffenden Seiten als *offen*, siehe DIN EN 1991-1-4:2010-12. In diesem Fall ist von einem offenen Baukörper auszugehen. Wände und Dach sind daher als freistehende Wand bzw. freistehendes Dach nach DIN EN 1991-1-4:2010-12, 7.3 und 7.4 zu berechnen.
- Wände mit Öffnungen, bei denen die Öffnungsfläche 30 % der Wandfläche nicht überschreitet, gelten als *durchlässige Wand*. Fenster, Türen und Tore zählen dabei nicht als Wandöffnung, sofern sie bei Sturm nicht betriebsbedingt geöffnet werden müssen. Ein Beispiel für betriebsbedingt zu öffnende Tore stellen in diesem Zusammenhang die Ausfahrten von Rettungsstellen dar.
- Bei *geschlossenen Baukörpern mit durchlässigen Wänden* wirkt zusätzlich zum Außendruck ein Innendruck. Die rechnerische Berücksichtigung des Innendrucks ist bei Gebäuden, bei denen die Öffnungsfläche 1 % der Wandfläche nicht überschreitet und die Öffnungen annähernd gleichmäßig über die Wandfläche verteilt sind, nicht erforderlich.
- Der Innendruck wirkt auf alle Umfassungsflächen eines Innenraumes gleichzeitig und mit gleichem Vorzeichen. Innen- und Außendruck sind gleichzeitig wirkend anzunehmen. Ausnahme: Wirkt der Innendruck bei der Bestimmung einer Reaktionsgröße entlastend, ist er zu Null zu setzen.
- Der Innendruckbeiwert c_{pi} ist abhängig von der Größe und der Verteilung der Öffnungen in der Gebäudehülle (Tafel A5).

Tafel A5: Innendruckbeiwerte

Fläche, Bauteil			Innendruckbeiwert c_{pi}
Gebäude mit einer dominanten Fläche[1)]	Verhältnis Gesamtfläche der Öffnungen in der dominanten Fläche zur Summe der Öffnungen in den restlichen Seitenflächen[2)]	2	$c_{pi} = 0{,}75 \cdot c_{pe}$[3)]
		≥ 3	$c_{pi} = 0{,}90 \cdot c_{pe}$[3)]
Gebäude ohne eine dominante Fläche[4)]			c_{pi} nach Abb. A5
Offene Silos und Schornsteine			$c_{pi} = -0{,}60$
Belüftete Tanks mit kleinen Öffnungen			$c_{pi} = -0{,}40$

1) Eine Gebäudefläche wird als dominant bezeichnet, wenn die Gesamtfläche der Öffnungen dieser Seite mindestens doppelt so groß ist wie die Summe aller Öffnungen und Undichtigkeiten in den restlichen Seitenflächen.

2) Zwischenwerte dürfen linear interpoliert werden.

3) Hier ist der Außendruckbeiwert c_{pe} der dominanten Fläche zu verwenden. Bei unterschiedlichen Außendruckbeiwerten auf der dominanten Fläche, ist ein mit den Öffnungsflächen gewichteter mittlerer c_{pe}-Wert zu ermitteln.

4) Bei Gebäuden ohne eine dominante Fläche ist der Innendruckbeiwert abhängig von der Höhe h und der Tiefe d des Gebäudes sowie vom Flächenparameter μ, siehe Abb. A5.

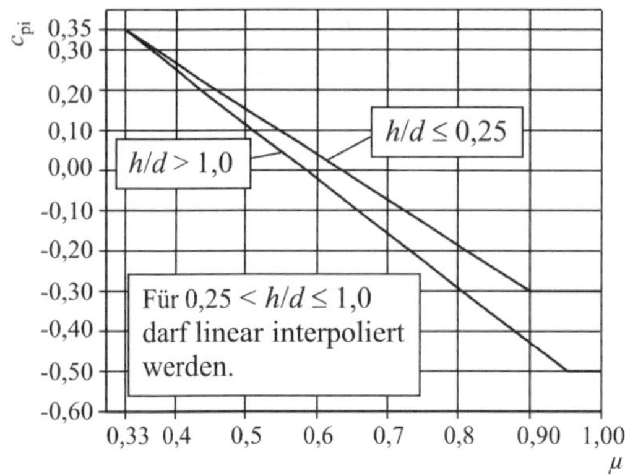

Abb. A5: Innendruckbeiwerte c_{pi} für durchlässige Wände

$$\mu = \frac{A_1}{A_2}$$

A_1 Gesamtfläche der Öffnungen in den leeseitigen und windparallelen Flächen mit $c_{pe} \leq 0$

A_2 Gesamtfläche der Öffnungen aller Wände

Ist eine sinnvolle Berechnung des Flächenparameters μ nicht möglich, so ist der c_{pi}-Wert als der ungünstigere Wert aus +0,2 und –0,3 anzunehmen.

A3.3 Aerodynamische Beiwerte für freistehende Dächer

Für freistehende Dächer, an die sich keine durchgehenden Wände anschließen (z. B. Tankstellendächer) sind die Druckbeiwerte in Abhängigkeit von der Dachform in Tafel A6 und Tafel A7 zusammengefasst. Der Kraftbeiwert c_f dient zur Ermittlung der resultierenden Windkraft. Dagegen beschreibt der Gesamtdruckbeiwert $c_{p,net}$ den maximalen lokalen Druck auf den Dachflächen A bis D entsprechend Abb. A7. für verschiedene Anströmrichtungen. Sowohl der Kraft-, als auch der Gesamtdruckbeiwert sind vom Versperrungsgrad φ abhängig. Der Versperrungsgrad φ entspricht dabei dem Verhältnis der versperrten Fläche zur Gesamtquerschnittsfläche unterhalb des Daches nach Abb. A6.

Die Lage der resultierenden Windkräfte und die Bezugshöhe $z_e = h$ ergeben sich aus Abb. A8 bzw. Abb. A9. Bei der Bemessung freistehender Dächer sind Reibungskräfte nach DIN EN 1991-1-4, 7.5 zu berücksichtigen.

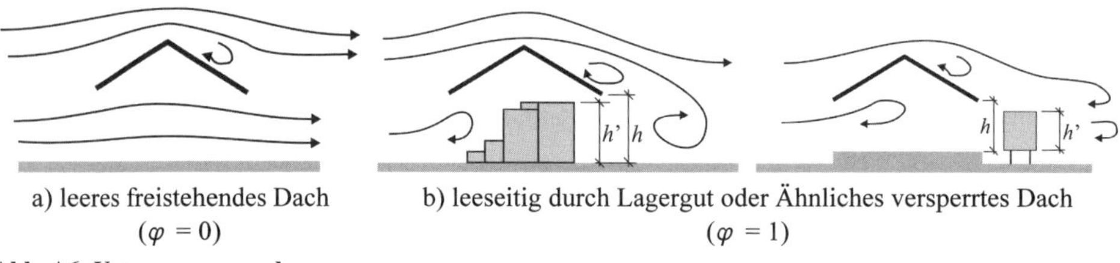

a) leeres freistehendes Dach ($\varphi = 0$)

b) leeseitig durch Lagergut oder Ähnliches versperrtes Dach ($\varphi = 1$)

Abb. A6: Versperrungsgrad φ

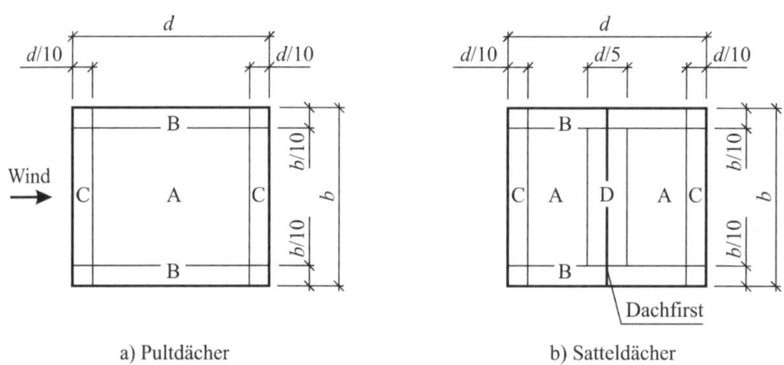

a) Pultdächer

b) Satteldächer

Abb. A7: Dachflächeneinteilung für freistehende Pultdächer bzw. Satteldächer

Tafel A6: Gesamtdruckbeiwerte $c_{p,net}$ und Kraftbeiwerte c_f für freistehende Pultdächer [1)] [2)]

Neigungswinkel α	Versperrungsgrad [3)] [4)]		Bereich A	Bereich B	Bereich C
		c_f	$c_{p,net}$		
0°	Maximum alle φ	+0,2	+0,5	+1,8	+1,1
	Minimum $\varphi = 0$	–0,5	–0,6	–1,3	–1,4
	Minimum $\varphi = 1$	–1,3	–1,5	–1,8	–2,2
5°	Maximum alle φ	+0,4	+0,8	+2,1	+1,3
	Minimum $\varphi = 0$	–0,7	–1,1	–1,7	–1,8
	Minimum $\varphi = 1$	–1,4	–1,6	–2,2	–2,5
10°	Maximum alle φ	+0,5	+1,2	+2,4	+1,6
	Minimum $\varphi = 0$	–0,9	–1,5	–2,0	–2,1
	Minimum $\varphi = 1$	–1,4	–1,6	–2,6	–2,7
15°	Maximum alle φ	+0,7	+1,4	+2,7	+1,8
	Minimum $\varphi = 0$	–1,1	–1,8	–2,4	–2,5
	Minimum $\varphi = 1$	–1,4	–1,6	–2,9	–3,0
20°	Maximum alle φ	+0,8	+1,7	+2,9	+2,1
	Minimum $\varphi = 0$	–1,3	–2,2	–2,8	–2,9
	Minimum $\varphi = 1$	–1,4	–1,6	–2,9	–3,0
25°	Maximum alle φ	+1,0	+2,0	+3,1	+2,3
	Minimum $\varphi = 0$	–1,6	–2,6	–3,2	–3,2
	Minimum $\varphi = 1$	–1,4	–1,5	–2,5	–2,8
30°	Maximum alle φ	+1,2	+2,2	+3,2	+2,4
	Minimum $\varphi = 0$	–1,8	–3,0	–3,8	–3,6
	Minimum $\varphi = 1$	–1,4	–1,5	–2,2	–2,7

1) Die Gesamtdruckbeiwerte $c_{p,net}$ und die Kraftbeiwerte c_f für $\varphi = 0$ und $\varphi = 1$ berücksichtigen die resultierende Windbelastung auf der Ober- und Unterseite des Daches für alle Anströmrichtungen. Zwischenwerte dürfen interpoliert werden.

2) Positive Werte bedeuten eine nach unten und negative Werte eine nach oben gerichtete Windlast.

3) Verhältnis der versperrten Fläche zur Gesamtquerschnittsfläche unterhalb des Daches ($\varphi = 0$ ohne Versperrung , $\varphi = 1$ vollkommen versperrtes Dach), siehe Abb. A6.

4) Auf der Leeseite der maximalen Versperrung sind $c_{p,net}$-Werte für $\varphi = 0$ anzusetzen.

Tafel A7: Gesamtdruckbeiwerte $c_{p,net}$ und Kraftbeiwerte c_f für freistehende Satteldächer [1) 2)]

Neigungswinkel α	Versperrungsgrad [3) 4)]	c_f	Bereich A $c_{p,net}$	B	C	D
5°	Maximum alle φ	+0,3	+0,6	+1,8	+1,3	+0,4
	Minimum $\varphi = 0$	–0,6	–0,6	–1,4	–1,4	–1,1
	Minimum $\varphi = 1$	–1,3	–1,3	–2,0	–1,8	–1,5
10°	Maximum alle φ	+0,4	+0,7	+1,8	+1,4	+0,4
	Minimum $\varphi = 0$	–0,7	–0,7	–1,5	–1,4	–1,4
	Minimum $\varphi = 1$	–1,3	–1,3	–2,0	–1,8	–1,8
15°	Maximum alle φ	+0,4	+0,9	+1,9	+1,4	+0,4
	Minimum $\varphi = 0$	–0,8	–0,9	–1,7	–1,4	–1,8
	Minimum $\varphi = 1$	–1,3	–1,3	–2,2	–1,6	–2,1
20°	Maximum alle φ	+0,6	+1,1	+1,9	+1,5	+0,4
	Minimum $\varphi = 0$	–0,9	–1,2	–1,8	–1,4	–2,0
	Minimum $\varphi = 1$	–1,3	–1,4	–2,2	–1,6	–2,1
25°	Maximum alle φ	+0,7	+1,2	+1,9	+1,6	+0,5
	Minimum $\varphi = 0$	–1,0	–1,4	–1,9	–1,4	–2,0
	Minimum $\varphi = 1$	–1,3	–1,4	–2,0	–1,5	–2,0
30°	Maximum alle φ	+0,9	+1,3	+1,9	+1,6	+0,7
	Minimum $\varphi = 0$	–1,0	–1,4	–1,9	–1,4	–2,0
	Minimum $\varphi = 1$	–1,3	–1,4	–1,8	–1,4	–2,0

1) Die Gesamtdruckbeiwerte $c_{p,net}$ und die Kraftbeiwerte c_f für $\varphi = 0$ und $\varphi = 1$ berücksichtigen die resultierende Windbelastung auf der Ober- und Unterseite des Daches für alle Anströmrichtungen. Zwischenwerte dürfen interpoliert werden.

2) Positive Werte bedeuten eine nach unten und negative Werte eine nach oben gerichtete Windlast.

3) Verhältnis der versperrten Fläche zur Gesamtquerschnittsfläche unterhalb des Daches ($\varphi = 0$ ohne Versperrung, $\varphi = 1$ vollkommen versperrtes Dach), siehe Abb. A6.

4) Auf der Leeseite der maximalen Versperrung sind $c_{p,net}$-Werte für $\varphi = 0$ anzusetzen.

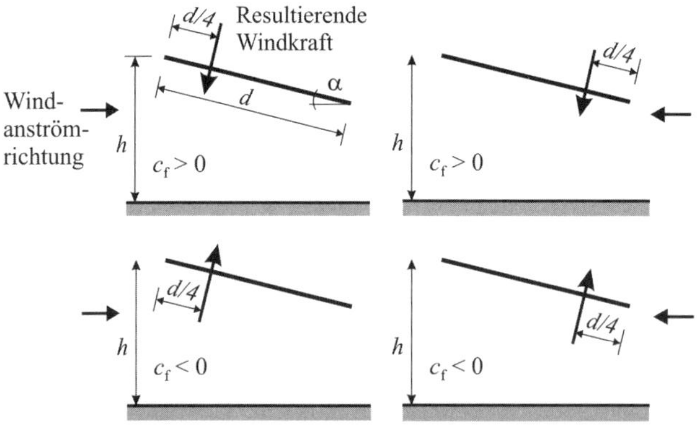

Abb. A8: Lastanordnung für freistehende Pultdächer

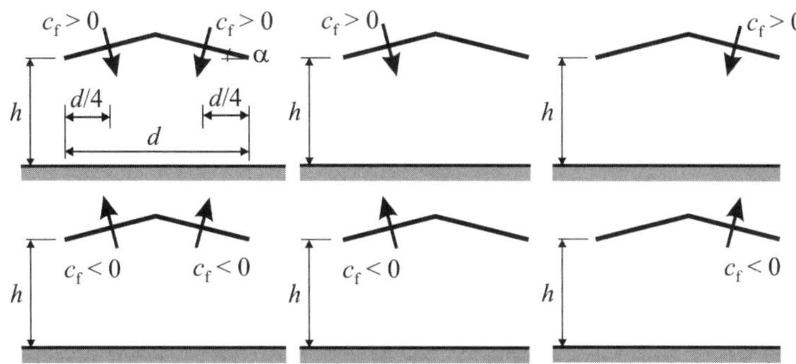

Abb. A9: Lastanordnung für freistehende Satteldächer

A3.4 Windkräfte für nicht schwingungsanfällige Bauwerke

A3.4.1 Allgemeine Berechnungsgrundlagen

Die auf ein Bauwerk oder ein Bauteil wirkende resultierende Windkraft F_w darf wie folgt ermittelt werden:

- als auf ein Bauwerk einwirkende Gesamtwindkraft über den Ansatz von Kraftbeiwerten:

$$F_w = c_s c_d \cdot c_f \cdot q_p(z_e) \cdot A_{ref}$$

$c_s\,c_d$ Strukturbeiwert, für nicht schwingungsempfindliche Konstruktionen ist $c_s\,c_d = 1{,}0$. Für andere Fälle siehe DIN EN 1991-1-4.

c_f Kraftbeiwert für den Baukörper

$q_p(z_e)$ Böengeschwindigkeitsdruck in der Bezugshöhe z_e, z.B. als vereinfachter Geschwindigkeitsdruck nach Abschnitt A2.2

A_{ref} Bezugsfläche für den Baukörper

- durch vektorielle Addition der auf die einzelnen Baukörperabschnitte wirkenden Windkräfte $F_{w,j}$:

$$F_w = \sum F_{w,i} = c_s c_d \cdot \sum \left(c_{f,i} \cdot q_p(z_e) \cdot A_{ref,i} \right)$$

$c_{f,i}$ Kraftbeiwert für den Baukörperabschnitt *i*

$A_{ref,i}$ Bezugsfläche für den Baukörperabschnitt *i*

- durch vektorielle Addition der jeweils aus Außen- und Innenwinddruck sowie Reibung ermittelten resultierenden Kräfte:

$$F_w = F_{w,e} + F_{w,i} + F_{fr} = c_s c_d \cdot \sum \left(w_{e,i} \cdot A_{ref,i} \right) + \sum \left(w_{i,j} \cdot A_{ref,j} \right) + \sum \left(c_{fr,k} \cdot q_p(z_e) \cdot A_{fr,k} \right)$$

$F_{w,e}$ Resultierende aus dem Winddruck auf alle Bauwerksaußenflächen

$F_{w,i}$ Resultierende aus dem Winddruck auf alle Bauwerksinnenflächen

F_{fr} Resultierende der Reibungskräfte infolge Windeinwirkung parallel zu den Bauwerksaußenflächen

$w_{e,i}$ Winddruck auf der Außenfläche *i*

$w_{i,j}$ Winddruck auf der Innenfläche *j*

c_{fr} Reibungsbeiwert

$A_{fr,k}$ parallel vom Wind angeströmte Außenfläche *k*

A3.4.2 Kraft- und Druckbeiwerte für die Berechnung von Windkräften

Exemplarisch werden nachfolgend einige Kraft- und Druckbeiwerte für die Berechnung von Windkräften wiedergegeben. Eine Vielzahl von weiteren Kraftbeiwerten ist in DIN EN 1991-1-4 angegeben, siehe auch [Holschemacher-16], [Holschemacher-19].

Kraftbeiwerte für Bauteile mit kantigem Querschnitt

Windkräfte sind in x- und y-Richtung gleichzeitig wirkend anzunehmen. Der Kraftbeiwert c_{f} ist wie folgt anzunehmen:

$$c_{\mathrm{f}} = c_{\mathrm{f,0}} \cdot \psi_{\lambda}$$

$c_{\mathrm{f,0}}$ nach Tafel A8, bei abweichenden Seitenverhältnissen darf $c_{\mathrm{f,0}} = 2{,}0$ angesetzt werden

ψ_{λ} Abminderungsbeiwert zur Berücksichtigung der Bauteilschlankheit nach Abb. A12

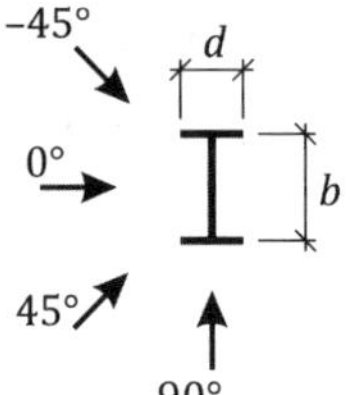

Abb. A10: Definition der Windrichtungen

Tafel A8: Kraftbeiwerte $c_{\mathrm{f,0}}$ für Bauteile mit kantigem Querschnitt

Form	Seitenverhältnis	Windrichtung	$c_{\mathrm{fx,0}}$	$c_{\mathrm{fy,0}}$
	$d/b < 0{,}1$	0°	2,00	0
	$d/b = 1{,}0$	0°	1,65	0
		45°	2,20	1,00
		90°	1,30	2,10
	$d/b = 1{,}0$	0°	2,00	0
		45°	1,15	0,80
		90°	–1,30	2,10
	$d/b = 0{,}5$	0°	2.00	0
		45°	1,80	1,20
		90°	0	1,60
	$d/b = 0{,}66$	0°	1,85	0
		45°	1,70	1,50
		90°	0	1,80
	$d/b = 1{,}0$	0°	1,70	0
		45°	1,50	1,50
		90°	0	1,70
	$d/b = 0{,}5$	0°	2,10	0
		45°	1,80	1,20
		90°	0	1,40
	$d/b = 0{,}5$	0°	1,80	0
		45°	1,80	2,00
		90°	0	2,40
Definition der Windrichtungen siehe Abb. A10.				

Der Abminderungsbeiwert für die Schlankheit ψ_λ nach Abb. A12 hängt vom Völligkeitsgrad φ nach Abb. A11 und der effektiven Schlankheit λ nach Tafel A9 ab.

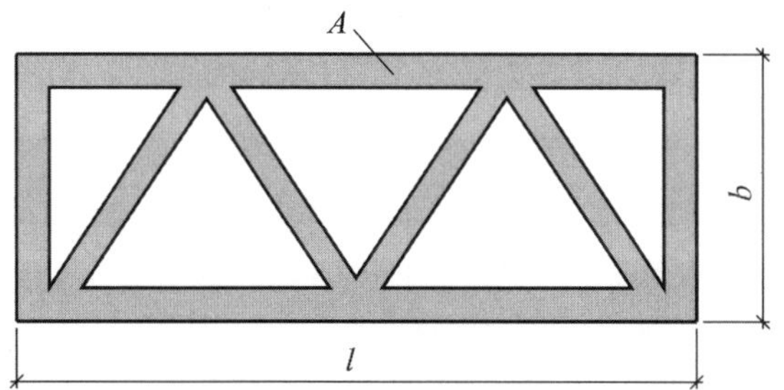

$\varphi = A_c / A$

A Summe der projizierten Fläche der einzelnen Teile

A_c umschlossene Fläche
$A_c = b \cdot l$

Abb. A11: Völligkeitsgrad φ

Tafel A9: Effektive Schlankheit λ für polygonale Querschnitte [1)]

Lage des Baukörpers Anströmrichtung senkrecht zur Zeichenebene	Effektive Schlankheit λ [2)]	
	$l < 15$ m	$l \geq 50$ m
$b \leq l$ l, b, $z_g \geq b$, $z_g \geq 2b$	$\lambda = \min\begin{cases} 2{,}0 \cdot l/b \\ 70 \end{cases}$	$\lambda = \min\begin{cases} 1{,}4 \cdot l/b \\ 70 \end{cases}$
$l > b$ l, b	$\lambda = \min\begin{cases} l/b \\ 2 \end{cases}$ Anmerkung: Für diese Situation gibt es in DIN EN 1991-1-4:2010-12 keine Hinweise. Hilfsweise wird die Regelung aus DIN 1055-4:2005-03 angegeben.	

1) Weitere Baukörperlagen sind in DIN EN 1991-1-4:2010-12, Tab. 7.16 angegeben.
2) Zwischenwerte dürfen interpoliert werden.

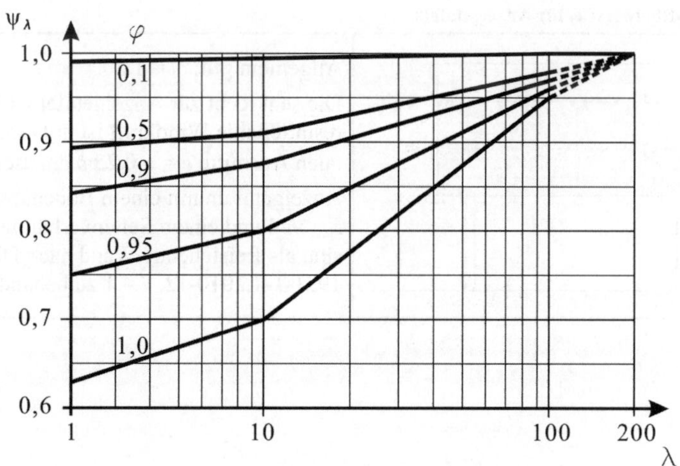

Abb. A12: Abminderungsbeiwert ψ_λ zur Berücksichtigung der Schlankheit

Druckwerte für freistehende Wände und Brüstungen

Freistehende Wände und Brüstungen sind in Abhängigkeit von ihren Abmessungen in die Wandbereiche A bis D nach Abb. A13 einzuteilen, für welche die Druckbeiwerte $c_{p,net}$ nach Tafel A10 anzusetzen sind. Die Druckbeiwerte $c_{p,net}$ berücksichtigen die Überlagerung von Winddruck und Windsog auf den beiden Wand- bzw. Brüstungsseiten.

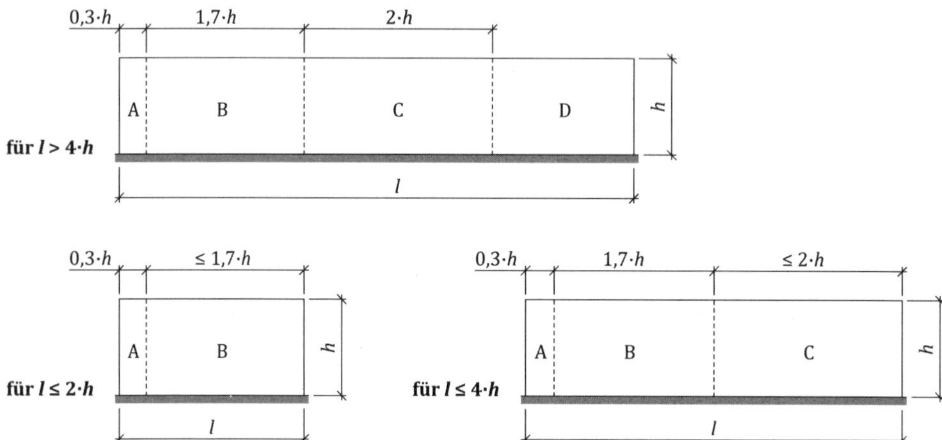

Abb. A13: Flächeneinteilung bei freistehenden Wänden und Brüstungen

Tafel A10: Druckbeiwerte $c_{p,net}$ für freistehende Wände und Brüstungen

Bereich	A	B	C	D
$l/h \leq 3$	2,3	1,4	1,2	–
$l/h = 5$	2,9	1,8	1,4	1,2
$l/h \geq 10$	3,4	2,1	1,7	1,2
Die angegebenen Druckbeiwerte gelten für im Grundriss geradlinig verlaufende Wände mit einem Völligkeitsgrad $\varphi = 1$.				

Kraftbeiwerte für Anzeigetafeln

Tafel A11: Kraftbeiwerte c_f für Anzeigetafeln

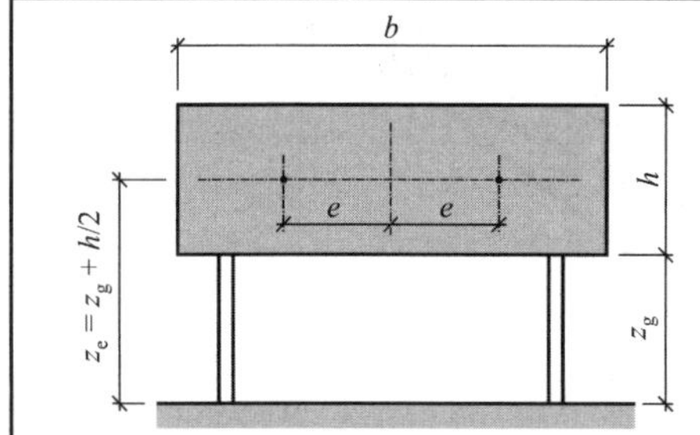	Allgemein gilt: $c_f = 1{,}80$. Die senkrecht zur Anzeigetafel wirkende resultierende Windkraft ist mit einer horizontalen Ausmitte $e = \pm\, 0{,}25 \cdot b$ anzusetzen. Anzeigetafeln mit einem Bodenabstand $z_g < h/4$ und einem Seitenverhältnis $b/h > 1$ sind als freistehende Wand nach DIN EN 1991-1-4:2010-12, 7.4.1 zu behandeln.

Anhang B: Schnee- und Eislasten

B1 Allgemeines

In DIN EN 1991-1-3:2010-12, DIN EN 1991-1-3/A1:2015-12 und DIN EN 1991-1-3/NA:2019-04 sind die für die rechnerische Nachweisführung von Hoch- und Ingenieurbauten erforderlichen Angaben zu den Rechenwerten der Schneelasten enthalten. Diese gelten für:

- Orte mit einer Höhenlage bis zu 1500 m über NN. Für Orte mit einer Höhenlage, die 1500 m über NN übersteigt, sind von den zuständigen Behörden entsprechende Rechenwerte der Schneelasten festzulegen.
- Natürliche (klimatisch bedingte) Schneelastverteilungen und in Abhängigkeit von der Dachgeometrie auftretende Schneelastanhäufungen, einschließlich Verwehungen. Andere (künstliche) Schneelastverteilungen, z. B. solche, die durch Abräumen bzw. Umverteilen von Schnee entstehen, sind gesondert zu erfassen.

Nicht Gegenstand von DIN EN 1991-1-3 sind:

- anprallende Schneelasten, die durch das Herabrutschen bzw. Herunterfallen von Schnee von höheren Dächern entstehen
- Horizontallasten aus Schneedruck (z. B. seitliche Lasten, die durch Schneeverwehungen hervorgerufen werden)
- Lasterhöhungen auf Grund der Verstopfung des Entwässerungssystems durch Eis und Schnee
- lastmindernde Einflüsse, z. B. infolge des Wärmedurchgangs durch die Dachhaut oder infolge besonderer Geländegegebenheiten
- Schneelasten auf Brücken und anderen besonderen Bauwerken (z. B. Gewächshäuser oder Traglufthallen)
- zusätzliche Windlasten, verursacht durch die Umrissänderung von Bauwerken aufgrund von Schnee
- Schneelasten in Gebieten, in denen über das ganze Jahr hinweg Schnee vorhanden ist.

B2 Schneelast auf dem Boden

B2.1 Charakteristischer Wert der Schneelast auf dem Boden

Der charakteristische Wert der Schneelast auf dem Boden s_k ist von der geographischen Lage (Schneelastzone und Geländehöhe über dem Meeresspiegel) abhängig. Zur Erfassung der unterschiedlichen klimatischen Verhältnisse und der sich daraus ergebenden Schneelastintensitäten ist Deutschland in die Schneelastzonen 1, 1a, 2, 2a und 3 eingeteilt worden, siehe Schneelastzonenkarte in Abb. B1. Zur genaueren Zuordnung der Schneezonen zu Verwaltungsgrenzen von Gemeinden siehe www.dibt.de oder [Holschemacher–16].

Die Festlegung des in DIN EN 1991-1-3 angegebenen charakteristischen Wertes der Schneelast wurde unter Festlegung einer jährlichen Überschreitungswahrscheinlichkeit von 2 % auf der Grundlage des Wasseräquivalentes (Wiegen des durch Schmelzen entstandenen Wassers) vorgenommen. Die sich daraus ergebenden Werte sind in den einzelnen Regionen Deutschlands sehr unterschiedlich. Um mit einer möglichst geringen, praxisgerechten Anzahl von Schneelastzonen auskommen und die Schneelastzonenkarte vereinfachen zu können, wurden Sockelwerte (Mindestwerte) der Schneelast für die einzelnen Schneelastzonen eingeführt. Das hat zur Folge, dass nicht für jeden Ort der in DIN EN 1991-1-3 angegebene charakteristische Wert der Schneelast auch dem tatsächlich vorhandenen 98 %-Quantilwert entspricht.

Innerhalb der einzelnen Schneelastzonen wird die Zunahme der Schneelast mit steigender Geländehöhe über dem Meeresspiegel durch einen parabelförmigen Ansatz erfasst.

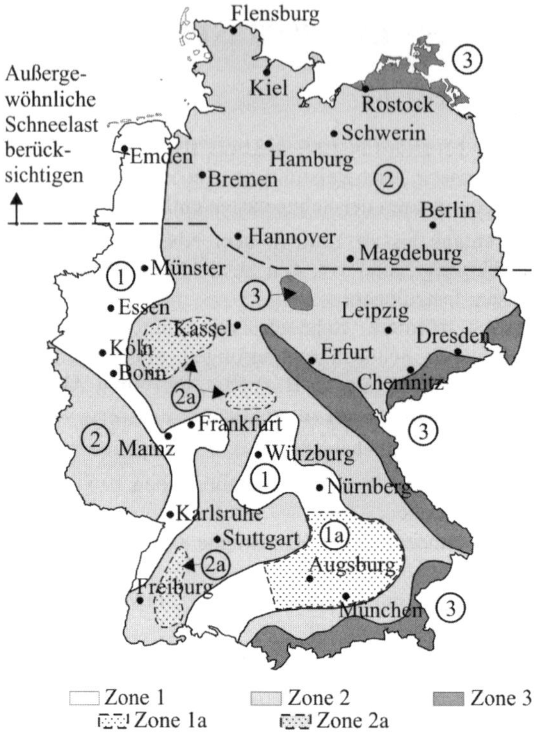

Abb. B1: Schneelastzonenkarte

Der charakteristische Wert der Schneelast auf dem Boden s_k ergibt sich zu

– Schneelastzone 1: $$s_k = \max\begin{cases} 0{,}65 \\ 0{,}19 + 0{,}91 \cdot \left(\dfrac{A+140}{760}\right)^2 \end{cases}$$

– Schneelastzone 2: $$s_k = \max\begin{cases} 0{,}85 \\ 0{,}25 + 1{,}91 \cdot \left(\dfrac{A+140}{760}\right)^2 \end{cases}$$

– Schneelastzone 3: $$s_k = \max\begin{cases} 1{,}10 \\ 0{,}31 + 2{,}91 \cdot \left(\dfrac{A+140}{760}\right)^2 \end{cases}$$

mit: s_k charakteristischer Wert der Schneelast in $\mathrm{kN/m^2}$

A Geländehöhe über dem mittleren Meeresspiegel (NN) in m

Für Orte mit einer Höhenlage >1500 m über NN und bestimmte Regionen der Schneelastzone 3 (z. B. Oberharz, Hochlagen des Fichtelgebirges, Reit im Winkl, Obernach/Walchensee) können sich höhere Schneelasten ergeben, die von den örtlichen zuständigen Stellen festzulegen sind. Diese werden teilweise mit „Schneelastzone 3a“ und „Schneelastzone >3a“ bezeichnet.

Für die Schneelastzonen 1a und 2a muss der charakteristische Wert der Zonen 1 bzw. 2 jeweils mit dem Faktor 1,25 multipliziert werden. Damit erhält man:

- Schneelastzone 1a: $s_k = \max\begin{cases} 0{,}81 \\ 0{,}24 + 1{,}14 \cdot \left(\dfrac{A+140}{760}\right)^2 \end{cases}$

- Schneelastzone 2a: $s_k = \max\begin{cases} 1{,}06 \\ 0{,}31 + 2{,}39 \cdot \left(\dfrac{A+140}{760}\right)^2 \end{cases}$

B2.2 Außergewöhnliche Schneelast auf dem Boden

Im norddeutschen Tiefland treten in seltenen Fällen Schneelasten auf, welche die charakteristischen Werte nach Abschnitt B2.1 deutlich übersteigen können. Davon betroffen sind innerhalb der Schneelastzonen 1 und 2 befindliche Regionen nördlich des 52. bzw. 52,5. Breitengrades, siehe Abb. B1 bzw. [Holschemacher–16]. In derartigen Fällen sind die rechnerischen Nachweise in

- der ständigen und vorübergehenden Bemessungssituation mit dem charakteristischen Wert der Schneelast s_k und zusätzlich
- in der außergewöhnlichen Bemessungssituation mit der außergewöhnlichen Schneelast s_{Ad} zu führen.

$$s_{Ad} = C_{esl} \cdot s_k$$

s_{Ad} außergewöhnliche Schneelast auf dem Boden

s_k charakteristischer Wert der Schneelast auf dem Boden

C_{esl} Beiwert für die außergewöhnliche Schneelast

$C_{esl} = 2{,}3$ (sofern kein anderer Wert durch die örtlichen Behörden festgelegt)

B3 Schneelast auf Dächern

B3.1 Charakteristischer Wert und außergewöhnliche Schneelast

Es sind folgende Lastanordnungen zu beachten:

- unverwehte Schneelast auf dem Dach und
- verwehte Schneelast auf dem Dach.

Der charakteristische Wert der Schneelast auf dem Dach s ist abhängig von der Dachform und dem charakteristischen Wert der Schneelast auf dem Boden.

$$s_i = \mu_i \cdot s_k$$

s_i charakteristischer Wert der Schneelast auf dem Dach, auf die Grundrissprojektion der Dachfläche zu beziehen

μ_i Formbeiwert der Schneelast entsprechend der vorliegenden Dachform

s_k charakteristischer Wert der Schneelast auf dem Boden

Die außergewöhnliche Schneelast auf dem Dach ist – sofern erforderlich – in analoger Weise zu ermitteln:

$$s_i = \mu_i \cdot s_{Ad} = C_{esl} \cdot \mu_i \cdot s_k$$

mit $C_{esl} = 2{,}3$

B3.2 Sattel-, Pult-, Shed- und Flachdächer

In Tafel B1 sind die Formbeiwerte μ_i für die flachen und geneigten Flächen von Sattel-, Pult-, Shed- und Flachdächern angegeben.

Tafel B1: Formbeiwerte μ_i der Schneelast für flache und geneigte Flächen von Sattel-, Pult-, Shed- und Flachdächern

Dachneigung α	μ_1	μ_2	μ_3
$0° \leq \alpha \leq 30°$	0,8	0,8	$0{,}8 + 0{,}8 \cdot \alpha / 30°$
$30° < \alpha \leq 60°$	$0{,}8 \cdot (60° - \alpha) / 30°$	$0{,}8 \cdot (60° - \alpha) / 30°$	1,6
$\alpha > 60°$	0	0	1,6
Für Dächer mit Brüstungen, Schneefanggittern oder anderen Hindernissen an der Traufe ist der Formbeiwert mindestens mit $\mu_i = 0{,}8$ anzusetzen.			

Bei Dächern mit Neigungen $\alpha \leq 30°$, deren geringste Grundrissabmessung mehr als 50 m beträgt, gilt für $\mu_1(\alpha)$ bzw. $\mu_2(\alpha)$:

$$\mu_1(\alpha) = \mu_2(\alpha) = 0{,}80 + 0{,}20 \cdot \frac{B - 50}{200} \leq 1{,}0$$

B geringste der beiden Grundrissabmessungen des Daches

Sattel-, Flach- und Pultdächer

Bei Satteldächern sind 3 verschiedene Lastbilder zu untersuchen, von denen das ungünstigste maßgebend wird, siehe Tafel B2. Das Lastbild a stellt sich ohne Windeinwirkung ein, die Lastbilder b und c erfassen Verwehungs- und Abtaueinflüsse. Letztere werden allerdings nur bei Tragwerken maßgebend, die empfindlich gegenüber ungleichmäßig verteilten Lasten sind. Bei Flach- und Pultdächern ist im Allgemeinen der Ansatz einer auf der gesamten Dachfläche gleichmäßig verteilten Schneelast ausreichend.

Tafel B2: Schneelasten und Lastbilder bei Sattel-, Pult- und Flachdächern

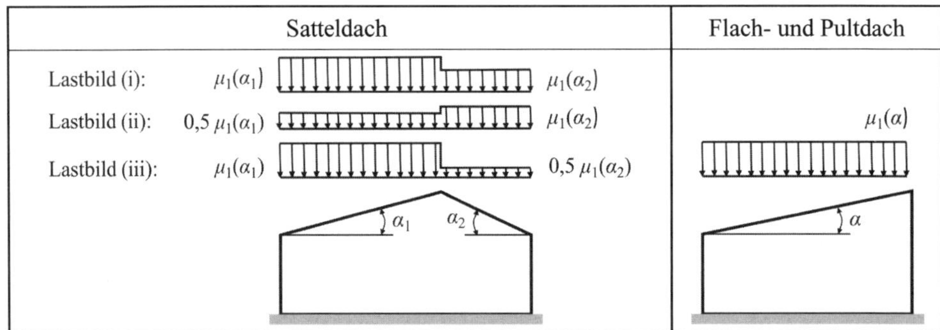

Beispiel: Schneelasten für ein Pultdach

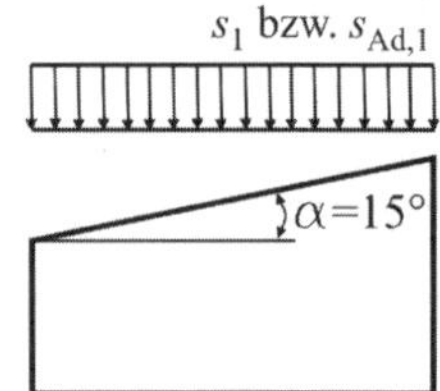

Für das nebenstehend abgebildete Pultdach sollen der charakteristische Wert der Schneelast und die außergewöhnliche Schneelast auf dem Dach bestimmt werden.

Standort: Schwerin, 40 m über NN

→ Schneelastzone 2, $A = 40$ m

$$s_k = \max\begin{cases} 0{,}85 \\ 0{,}25+1{,}91\cdot\left(\dfrac{A+140}{760}\right)^2 \end{cases} = \max\begin{cases} \underline{0{,}85\,\text{kN/m}^2} \\ 0{,}25+1{,}91\cdot\left(\dfrac{40+140}{760}\right)^2 = 0{,}36\,\text{kN/m}^2 \end{cases}$$

$$\alpha = 15° \rightarrow \mu_1 = 0{,}8$$

$$s_1 = \mu_1 \cdot s_k = 0{,}8 \cdot 0{,}85 = 0{,}68\,\text{kN/m}^2$$

$$s_{A,d1} = 2{,}3\cdot\mu_1\cdot s_k = 2{,}3\cdot 0{,}8\cdot 0{,}85 = 1{,}56\,\text{kN/m}^2$$

Aneinandergereihte Sattel- und Sheddächer

Bei der Berechnung von aneinander gereihten Sattel- und Sheddächern ist neben dem Schneelastfall ohne Windeinfluss (Fall i) auch der Verwehungslastfall (Fall ii) zu betrachten, siehe Abb. B2. Dabei ist zu beachten:

- Für die Innenfelder ist der mittlere Neigungswinkel maßgebend: $\bar{\alpha} = 0{,}5\cdot(\alpha_1+\alpha_2)$
- Der Formbeiwert μ_3 darf wie folgt begrenzt werden:

  $\mu_3 \leq \dfrac{\gamma\cdot h}{s_k} + \mu_2$ im Fall des charakteristischen Wertes der Schneelast und auf

  $\mu_3 \leq \dfrac{\gamma\cdot h}{s_{Ad}} + \mu_2$ im Fall der außergewöhnlichen Schneelast

  γ Wichte des Schnees, $\gamma = 2$ kN/m^3

  h Höhenlage des Firstes über der Traufe in m
- Die Schneelast im Bereich von Dachaufbauten, Schneefanggittern, Solarthermie- bzw. Photovoltaikanlagen kann nach Abschnitt B4.3 ermittelt werden.

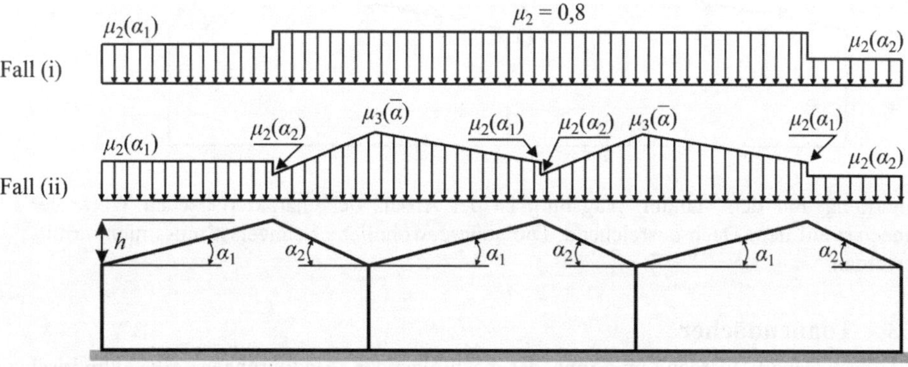

Abb. B2: Schneelasten und Lastbilder für aneinander gereihte Satteldächer

Beispiel: Schneelasten für ein aneinander gereihtes Satteldach

Standort: Augsburg, Höhenlage über NN: 490 m

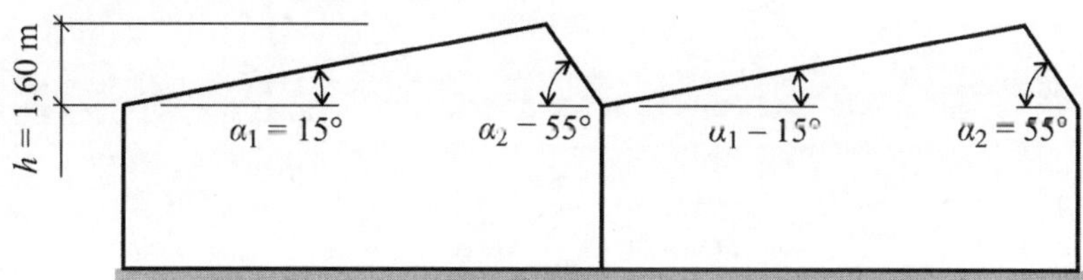

Schneelastzone 1a, A = 490 m

$$s_k = \max\begin{cases} 0{,}81 \\ 0{,}24 + 1{,}14 \cdot \left(\dfrac{A+140}{760}\right)^2 \end{cases} = \max\begin{cases} 0{,}81\,\text{kN/m}^2 \\ 0{,}24 + 1{,}14 \cdot \left(\dfrac{490+140}{760}\right)^2 \end{cases} = \underline{1{,}02\,\text{kN/m}^2}$$

$$\alpha_1 = 15° \rightarrow \mu_2 = 0{,}8$$

$$\alpha_2 = 55° \rightarrow \mu_2 = 0{,}8 \cdot \frac{60° - \alpha_2}{30°} = 0{,}8 \cdot \frac{60° - 55°}{30°} = 0{,}133$$

$$\bar{\alpha} = 0{,}5 \cdot (\alpha_1 + \alpha_2) = 0{,}5 \cdot (15° + 55°) = 35° \rightarrow \mu_3 = 1{,}6 < \frac{\gamma \cdot h}{s_k} + \mu_2 = \frac{2 \cdot 0{,}16}{1{,}02} + 0{,}8 = 3{,}94$$

$$s_1 = \mu_2(\alpha_1 = 15°) \cdot s_k = 0{,}8 \cdot 1{,}02 = 0{,}82\,\text{kN/m}^2$$

$$s_2 = \mu_2(\alpha_2 = 55°) \cdot s_k = 0{,}133 \cdot 1{,}02 = 0{,}14\,\text{kN/m}^2$$

$$s_3 = \mu_3 \cdot s_k = 1{,}6 \cdot 1{,}02 = 1{,}63\,\text{kN/m}^2$$

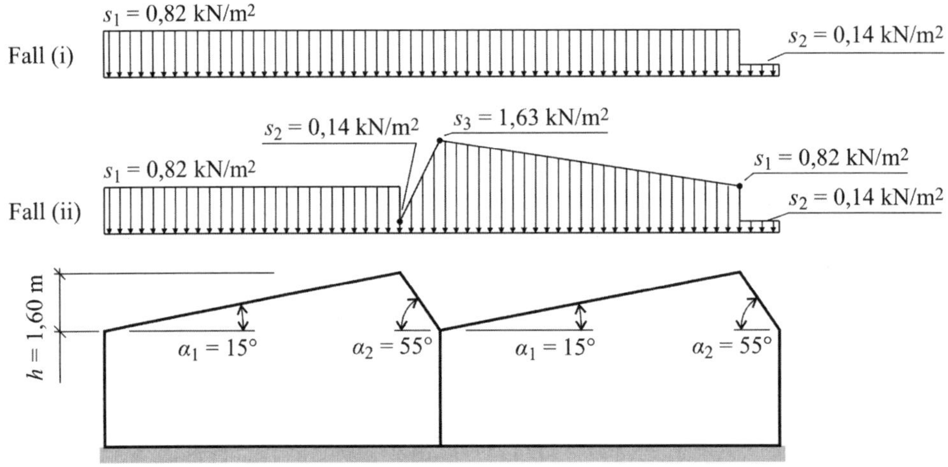

Fall (i)
s_1 = 0,82 kN/m2
s_2 = 0,14 kN/m2

Fall (ii)
s_2 = 0,14 kN/m2
s_3 = 1,63 kN/m2
s_1 = 0,82 kN/m2
s_1 = 0,82 kN/m2
s_2 = 0,14 kN/m2

h = 1,60 m
α_1 = 15°
α_2 = 55°
α_1 = 15°
α_2 = 55°

Anmerkung: Für den Standort Augsburg ist der Ansatz der charakteristischen Werte der Schneelast auf dem Dach ausreichend. Die außergewöhnliche Schneelast muss nicht ermittelt werden.

B3.3 Tonnendächer

Zu Tonnendächern werden, im Sinne der nachfolgenden Ausführungen, alle zylindrischen Dachformen mit beliebig gekrümmter konvexer Leitkurve gezählt. Nach DIN EN 1991-1-3 sind Tonnendächer für gleichmäßig verteilte Schneelasten, Lastbild (i), und für verwehte Schneelasten, Lastbild (ii) nachzuweisen, siehe Abb. B3.

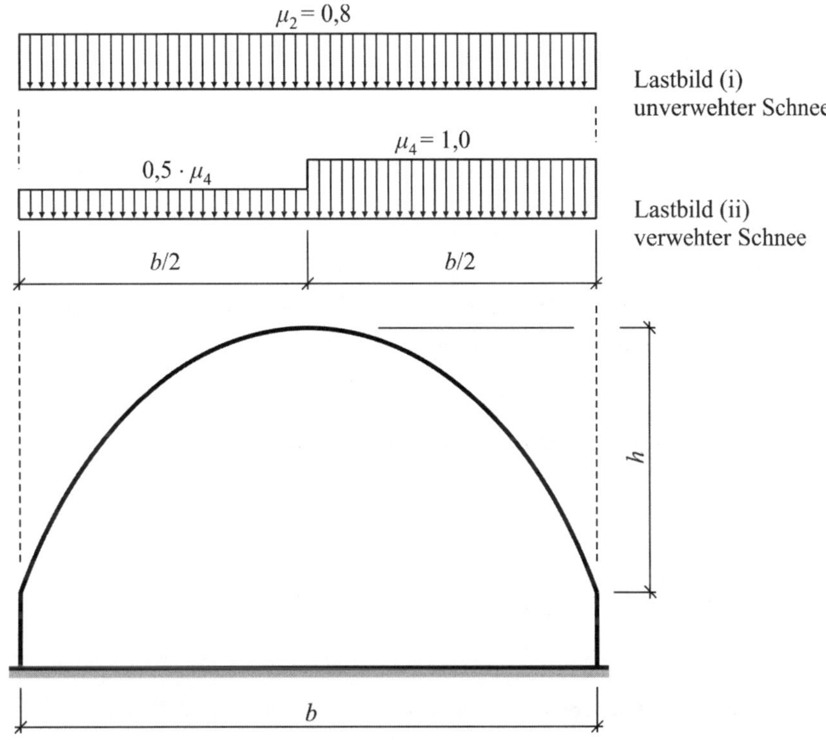

Abb. B3: Schneelasten und Lastbilder für Tonnendächer

B4 Schneeanhäufungen

B4.1 Höhensprünge an Dächern

Ab einem Höhensprung von 50 cm muss die Anhäufung von Schnee im tiefer liegenden Dachbereich nach Abb. B4 berücksichtigt werden. Das tiefer liegende Dach wird als Flachdach angenommen und erhält eine dreieckförmige Zusatzlast aus Schneeverwehung und abrutschendem Schnee des anschließenden, höher liegenden Daches. Diese Schneeanhäufung verteilt sich auf eine Länge l_s, welche vom Höhensprung zwischen den Dächern abhängig ist.

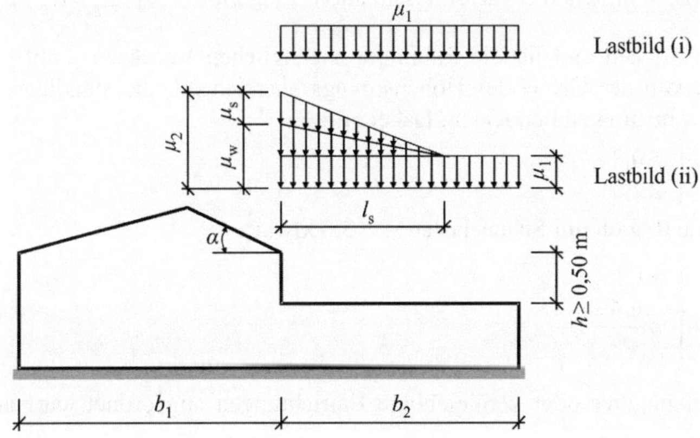

Abb. B4: Lastbild der Schneelast an Höhensprüngen mit $h \geq 50$ cm

Für die Berechnung der Schneelast im Bereich von Höhensprüngen gilt:

h Höhe des Dachsprunges in m

l_s Länge des Verwehungskeils, $l_s = 2 \cdot h \begin{cases} \geq 5\text{ m} \\ \leq 15\text{ m} \end{cases}$

Für $l_s > b_2$ sind die Lastordinaten am vom Höhensprung entfernten Dachrand abzuschneiden.

γ Wichte des Schnees, $\gamma = 2$ kN/m³

μ_1 Formbeiwert für den tiefer liegenden Dachbereich;
unter der Annahme, dass das tiefer liegende Dach flach ist, gilt $\mu_1 = 0{,}8$

μ_W Formbeiwert der Schneeverwehung

charakteristischer Wert der Schneelast: $\mu_W = \min \begin{cases} \dfrac{b_1 + b_2}{2 \cdot h} \\ \dfrac{\gamma \cdot h}{s_k} \end{cases}$

außergewöhnliche Schneelast: $\mu_W = \min \begin{cases} \dfrac{b_1 + b_2}{2 \cdot h} \\ \dfrac{\gamma \cdot h}{s_{Ad}} \end{cases}$

μ_S Formbeiwert des abrutschenden Schnees

- sofern beim höher liegenden Dach $\alpha \leq 15°$: $\mu_S = 0$
- sofern beim höher liegenden Dach $\alpha > 15°$: Die Last aus Abrutschen des Schnees $\mu_S \cdot s_k$ ist aus der Hälfte der größten resultierenden Schneelast zu ermitteln, die auf der angrenzenden Seite des oberen Daches maßgebend ist, und auf der Länge l_s dreieckförmig zu verteilen. Dabei ist unabhängig von der Neigung des oberen Daches ein Formbeiwert $\mu_1 = 0{,}8$ anzusetzen.

Die Formbeiwerte sind wie folgt zu begrenzen:

- in der ständigen und vorübergehenden Bemessungssituation: $\mu_2 = \mu_w + \mu_s \begin{cases} \geq 0{,}8 \\ \leq 2{,}4 \end{cases}$
- in der außergewöhnlichen Bemessungssituation [Fingerloos–19]: $\mu_2 = \mu_w + \mu_s \begin{cases} \geq 1{,}2 \\ \leq 2{,}4 \end{cases}$
- Bei seitlich offenen und für die Räumung zugänglichen Vordächern mit $b_2 \leq 3$ m ist es unabhängig von der Größe des Höhensprungs ausreichend, die ständige/vorübergehende Bemessungssituation zu betrachten. Dabei gilt:

$$\mu_2 = \mu_w + \mu_s \begin{cases} \geq 0{,}8 \\ \leq 2{,}0 \end{cases}$$

- für die alpine Region mit Schneelasten $s_k > 3{,}0$ kN/m²:

$$\mu_2 = \mu_w + \mu_s \begin{cases} \geq 1{,}2 \\ \leq \dfrac{6{,}45}{s_k^{0{,}9}} \end{cases}$$

Werden Schneefanggitter oder vergleichbare Einrichtungen angeordnet, darf auf den Ansatz von μ_s verzichtet werden.

Beispiel: Ermittlung der Schneelast für ein Einfamilienhaus mit angebauter Garage

Standort: Leipzig, Höhenlage über NN: 120 m

→ Schneelastzone 2, A = 120 m

Die Ermittlung der Schneelasten erfolgt in der ständigen und vorübergehenden Bemessungssituation.

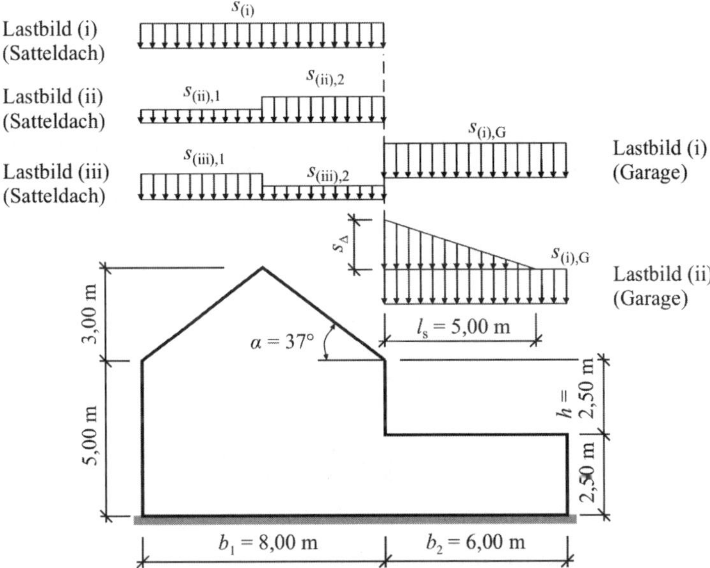

$$s_k = \max\begin{cases} \underline{0{,}85\ \text{kN/m}} \\ 0{,}25+1{,}91\cdot\left(\dfrac{A+140}{760}\right)^2 = 0{,}25+1{,}91\cdot\left(\dfrac{120+140}{760}\right)^2 = 0{,}47\,\text{kN}/\text{m}^2 \end{cases}$$

Hausdach:

$$\mu_1 = 0{,}8\cdot\frac{\alpha-37^\circ}{30^\circ} = 0{,}8\cdot\frac{60^\circ-37^\circ}{30^\circ} = 0{,}61$$

$$s_{(i)} = \mu_1\cdot s_k = 0{,}61\cdot 0{,}85 = 0{,}52\ \text{kN}/\text{m}^2$$

$$s_{(ii),1} = s_{(iii),2} = 0{,}5\cdot\mu_1\cdot s_k = 0{,}5\cdot 0{,}61\cdot 0{,}85 = 0{,}26\ \text{kN}/\text{m}^2$$

$$s_{(ii),2} = s_{(iii),1} = \mu_1\cdot s_k = 0{,}61\cdot 0{,}85 = 0{,}52\ \text{kN}/\text{m}^2$$

Garagendach:

$$l_s = 2\cdot h = 2\cdot 2{,}50 = \underline{5{,}00\ \text{m}}\begin{cases} \geq 5{,}00\ \text{m} \\ \leq 15{,}00\ \text{m} \end{cases}$$

$$0{,}5\cdot\mu_1\cdot s_k\cdot b_1/2 = \mu_s\cdot s_k\cdot l_s/2 \qquad \text{mit } \mu_1 = 0{,}8$$

$$\rightarrow \mu_s = 0{,}5\cdot\mu_1\cdot b_1/l_s = 0{,}5\cdot 0{,}8\cdot 8{,}00/5{,}00 = 0{,}64$$

$$\mu_w = \min\begin{cases} \dfrac{b_1+b_2}{2\cdot h} = \dfrac{8{,}00+6{,}00}{2\cdot 2{,}50} = \underline{2{,}80} \\ \dfrac{\gamma\cdot h}{s_k} = \dfrac{2{,}00\cdot 2{,}50}{0{,}85} = 5{,}88 \end{cases}$$

$$\mu_2 = \mu_s + \mu_w = 0{,}64 + 2{,}80 = 3{,}44 \begin{cases} \geq 0{,}8 \\ \leq \underline{2{,}4} \end{cases}$$

$$s_{(i),G} = \mu_1 \cdot s_k \quad (\text{mit } \mu_1 = 0{,}8)$$

$$s_{(i),G} = 0{,}8 \cdot 0{,}85 = 0{,}68 \text{ kN/m}^2$$

$$s_\Delta = \mu_2 \cdot s_k - s_{(i),G} = 2{,}4 \cdot 0{,}85 - 0{,}68 = 1{,}36 \text{ kN/m}^2$$

B4.2 Schneeverwehungen an Aufbauten und Wänden

Schneeanhäufungen infolge Windverwehungen sind im Bereich von auf Dachflächen befindlichen Aufbauten oder Wänden zu berücksichtigen, siehe Abb. B5. Aufbauten und Wände mit einer Ansichtsfläche unter 1 m² oder einer Höhe unter 0,5 m müssen nicht berücksichtigt werden.

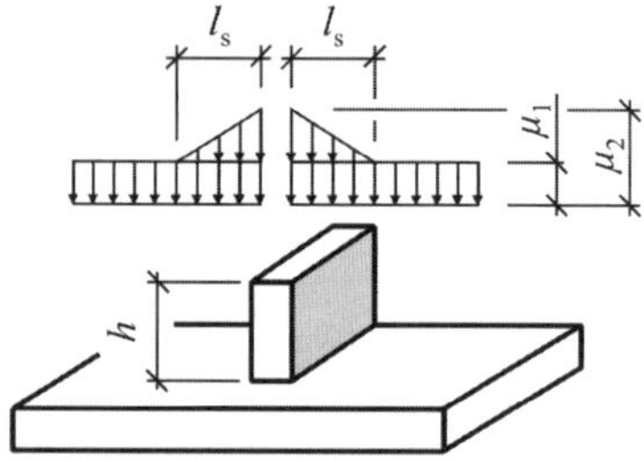

Abb. B5: Lastbild der Schneelast im Bereich von Dachaufbauten

Die Schneelast verteilt sich dreieckförmig über die Länge l_s, wobei die Formbeiwerte wie folgt anzunehmen sind:

$$\mu_1 = 0{,}8$$

$$\mu_2 = \gamma \cdot h / s_k \begin{cases} \geq 0{,}8 \\ \leq 2{,}0 \end{cases}$$ bzw. bei außergewöhnlicher Schneelast: $$\mu_2 = \gamma \cdot h / s_{Ad} \begin{cases} \geq 0{,}8 \\ \leq 2{,}0 \end{cases}$$

$$l_s = 2 \cdot h \begin{cases} \geq 5 \text{ m} \\ \leq 15 \text{ m} \end{cases}$$

γ Wichte des Schnees, $\gamma = 2 \text{ kN/m}^3$

B4.3 Schneelasten an Schneefanggittern und Dachaufbauten

An Dachaufbauten, die abgleitende Schneemassen anstauen, entsteht eine linienförmige Schneelast F_s. Bei der Ermittlung dieser Linienlast ist die Reibung zwischen Dachfläche und Schnee zu vernachlässigen.

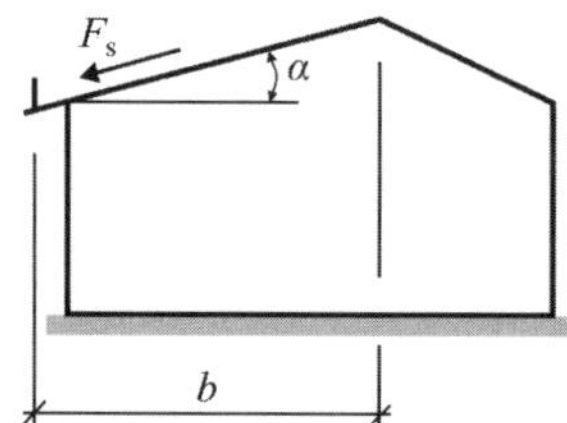

Abb. B6: Schneelast auf Dachaufbauten und Schneefanggittern

F_s Schneelast je m Länge, $F_s = s \cdot b \cdot \sin\alpha$

s Schneelast auf der betrachteten Dachfläche für den Fall unverwehten Schnees

b Grundrissabstand zwischen Dachaufbau und einem höher liegenden Hindernis bzw. dem First in m

B4.4 Schneeüberhang an Dachtraufen

An auskragenden Dachbereichen ist eine zusätzliche Linienlast s_e durch überhängenden Schnee anzusetzen. Diese Linienlast wirkt an der Traufline und ist wie folgt zu ermitteln:

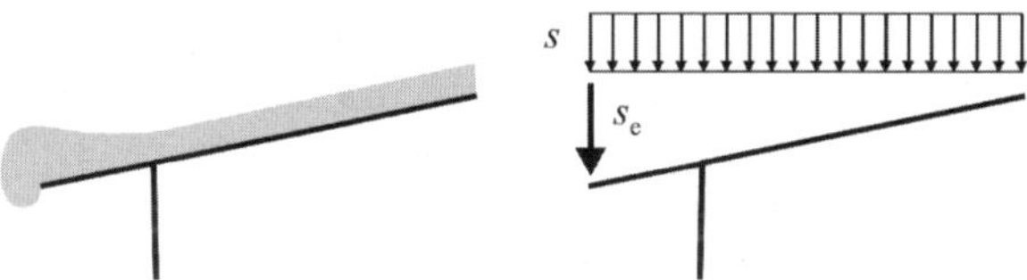

Abb. B7: Lastbild für den Schneeüberhang an der Traufe

$$s_e = 0{,}4 \cdot s^2 / \gamma$$

s_e Schneelast des Überhanges in kN je m Trauflänge

s Schneelast für das Dach nach Abschnitt B3

γ Wichte des Schnees; für diesen Nachweis gilt $\gamma = 3$ kN/m^3

Wenn Schneefanggitter auf der Dachfläche angeordnet werden, die das Abrutschen von Schnee verhindern und die nach Abschnitt B4.3 bemessen werden, darf auf den Ansatz der Linienlast s_e verzichtet werden.

Beispiel: Linienlast aus Schneeüberhang (Fortsetzung des Beispiels auf Seite 179)

Für die Berechnung der auskragenden Teile des Hausdachs ist an der Traufline folgende Linienlast zusätzlich zur gleichmäßig verteilten Schneelast anzusetzen:

$$s_e = s_{(i)}^2 / \gamma = 0{,}52^2 / 3 = 0{,}09 \text{ kN/m}$$

B5 Eislasten

B5.1 Allgemeines

Bei filigranen Bauteilen können Eislasten gegenüber Schneelasten maßgebend werden. Neben der Gewichtsvergrößerung durch Eisansatz ist auch die gegebenenfalls vergrößerte Windangriffsfläche zu beachten.

Eislasten sind nur informativ in DIN EN 1991-1-3/NA, NCI Anhang NA.F, angegeben. Zukünftig sollen Eislasten in DIN EN 1991-1-9 auf der Basis von ISO 12494:2017-03 „Atmospheric icing of structures“ geregelt werden. Um an dieser Stelle zumindest einen Überblick zur Größenordnung der zu erwartenden Eislasten geben zu können, wird sich nachfolgend auf den Inhalt von DIN EN 1991-1-3/NA bezogen.

Die Art und die Stärke des Eisansatzes werden von den meteorologischen Einflüssen (z. B. Lufttemperatur, absolute und relative Luftfeuchtigkeit, Wind) stark beeinflusst, welche wiederum von der Geländeform und der Geländehöhe über NN abhängig sind. Die in DIN EN 1991-1-3/NA enthaltenen Angaben zum Eisansatz gelten – entsprechend den der Norm zugrunde gelegten Erfahrungen – für Höhenlagen ≤ 600 m über NN und Bauwerkshöhen bis zu 50 m über Gelände. Sind diese Voraussetzungen nicht gegeben oder liegt ein besonders exponierter Standort vor, ist der Eisansatz in Abstimmung mit den zuständigen Behörden festzulegen.

B5.2 Vereisungsklassen G und R

Hinsichtlich der Berechnung von baulichen Anlagen werden zwei typische Fälle von Eisansatz unterschieden:

- Klareis bzw. Glatteis (Vereisungsklassen G)
- Raueis (Vereisungsklassen R).

5.2.1 Vereisungsklasse G

Es wird angenommen, dass die Bauteile allseitig mit Glatteis (gefrierender Regen) oder Klareis (gefrierende Nebelanlagen) umhüllt sind, siehe Abb. B8. Es werden zwei Vereisungsklassen definiert, die durch die Schichtdicke des Eises charakterisiert sind:

- Vereisungsklasse G 1 mit einer Schichtdicke $t = 1$ cm
- Vereisungsklasse G 2 mit einer Schichtdicke $t = 2$ cm.

Zur regionalen Zuordnung der Vereisungsklassen innerhalb der Bundesrepublik Deutschland siehe Kapitel B5.3.

Der Eisansatz der G-Vereisungsklassen ist unabhängig von der Höhe über dem Gelände, wobei zu beachten ist, dass die in DIN EN 1991-1-3/NA getroffenen Angaben nur bis zu einer Bauwerkshöhe von maximal 50 m über dem Gelände gelten. Die Eisrohwichte ist mit 9 kN/m^3 anzusetzen.

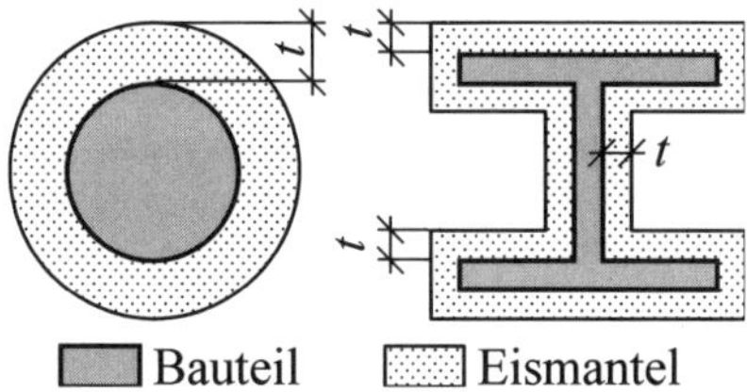

Abb. B8: Eismantel bei Vereisungsklasse G

5.2.2 Vereisungsklasse R

Durch den Eisansatz der Vereisungsklasse R werden kompakte Raueisfahnen erfasst, die sich an filigranen Bauteilen anlagern und einseitig gegen die während der Vereisung vorherrschende Windrichtung ausgerichtet sind. Die Raueisfahne wird durch das Gewicht des an einem dünnen Bauteil angelagerten Eises und die Schichtdicke der Eisanlagerung charakterisiert.

Raueisgewicht

Innerhalb der Bundesrepublik Deutschland dürfen Regionen im Flachland und in den unteren Lagen der Mittelgebirge den Vereisungsklassen R1 bis R3 zugeordnet werden, siehe Kapitel B5.3. Das für die einzelnen Raueisklassen maßgebende Raueisgewicht in einer Höhenlage von 10 m über dem Gelände ist in Tafel B3 für Stäbe mit beliebiger Profilgeometrie und einer Profilbreite $W \leq 300$ mm angegeben.

Bei Fachwerken ist die Eislast aus der Summe der Eislasten der einzelnen Stäbe zu bestimmen. Dabei dürfen geometrische Überschneidungen abgezogen werden.

Tafel B3: Raueisgewicht in 10 m Höhe über dem Gelände

Vereisungsklasse für Raueis	Eisgewicht an einem Stab (mit $W \leq 300$ mm) in kN/m
R1	0,005
R2	0,009
R3	0,016

Für Profilbreiten $W > 300$ mm ist das Raueisgewicht nach Tafel B3 um folgenden Betrag zu erhöhen:

$$(W - 0{,}3) \cdot L \cdot \rho$$

W Profilbreite in m, siehe Tafel B4

L Länge der Eisfahne, siehe Tafel B4

ρ Eisrohwichte für Raueis, $\rho = 5$ kN/m^3

Für die Vereisungsklassen R ist der – durch die größeren Windgeschwindigkeiten verursachte – zunehmende Eisansatz mit steigender Höhe über dem Gelände zu beachten. Dies wird durch die Vergrößerung des Eisansatzes mit dem Höhenfaktor k_z berücksichtigt.

$$k_z = 1 + \frac{h - 10}{100}$$

h Höhe des Bauteils über dem Gelände in m

Die angegebene Formel gilt für den Bereich von $0 < h \leq 50$ m über dem Gelände.

Schichtdicke und Geometrie der Raueisfahnen

Die Bildung der Eisfahnen erfolgt in zwei aufeinanderfolgenden Phasen. Während in der ersten Phase noch kein Breitenwachstum zu verzeichnen ist, findet in der zweiten Phase neben dem Längen- auch ein Breitenwachstum statt. Bis zu einer Profilbreite von 300 mm gilt, dass mit wachsender Querschnittsbreite die Eisfahnenlänge abnimmt.

Die Schichtdicke der Eisanlagerung darf aus den Eisgewichten nach Tafel B3 berechnet werden. Die Eisrohwichte für Raueis ist dabei mit 5 kN/m³ anzusetzen. Für nicht verdrehbare Stabquerschnitte wachsen die kompakten Raueisfahnen je nach Querschnittstyp in unterschiedlicher Form an und sind in Tafel B4 schematisch dargestellt. Bei verdrehbaren Querschnitten (z. B. Seilen) kann es durch die Rotation zu einer allseitigen Ummantelung durch Eis kommen; es entsteht eine sogenannte Eiswalze.

Tafel B4: Raueisfahnenbildung an Stäben mit unterschiedlicher Querschnittsform

Stabquerschnitt	Typ A, B, C und D

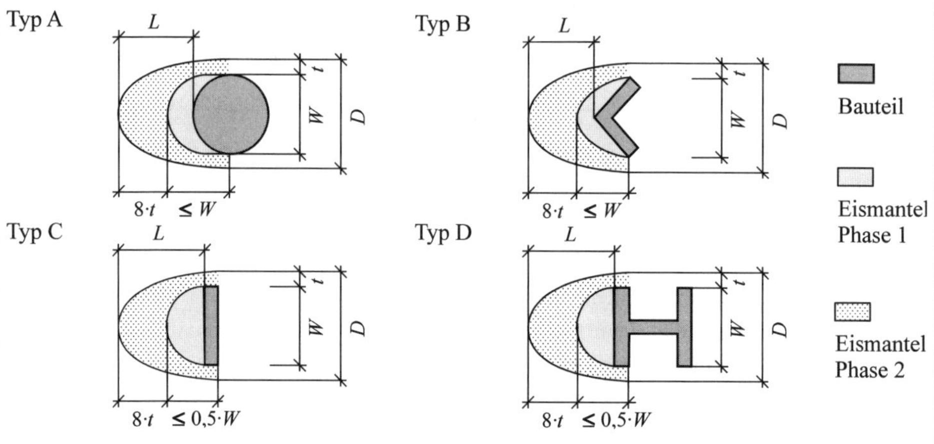

Typ A: $8 \cdot t$, $\leq W$

Typ B: $8 \cdot t$, $\leq W$

Typ C: $8 \cdot t$, $\leq 0{,}5 \cdot W$

Typ D: $8 \cdot t$, $\leq 0{,}5 \cdot W$

Bauteil

Eismantel Phase 1

Eismantel Phase 2

Stabbreite *W* in mm	Eisfahnen in mm							
	10		30		100		≥ 300	
Vereisungsklasse	*L*	*D*	*L*	*D*	*L*	*D*	*L*	*D*
R1	56	23	36	35	13	100	4	300
R2	80	29	57	40	23	100	8	300
R3	111	37	86	48	41	100	14	300

Stabquerschnitt	Typ E und F

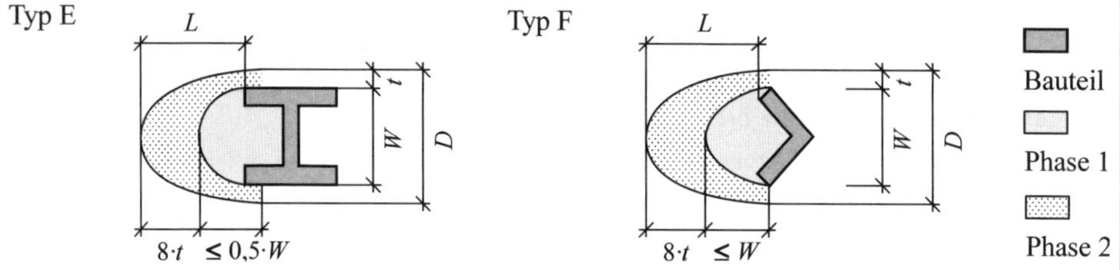

Typ E: $8 \cdot t$, $\leq 0{,}5 \cdot W$

Typ F: $8 \cdot t$, $\leq W$

Bauteil

Phase 1

Phase 2

Stabbreite *W* in mm	Eisfahnen in mm							
	10		30		100		≥ 300	
Vereisungsklasse	*L*	*D*	*L*	*D*	*L*	*D*	*L*	*D*
R1	55	22	29	34	0	100	0	300
R2	79	28	51	39	0	100	0	300
R3	111	36	81	47	9	100	0	300

B5.3 Regionale Zuordnung der Vereisungsklassen

Den differenzierten meteorologischen und topographischen Verhältnissen in Deutschland wird durch die Einführung von 4 Eiszonen entsprochen (Abb. B9), denen jeweils bestimmte Vereisungsklassen zugeordnet sind (Tafel B5). Mit dieser Einteilung können nur normale Verhältnisse abgedeckt werden. Bei gut abgeschirmten Standorten darf, für Höhenlagen oberhalb 600 m über dem Meeresspiegel sollte, die Vereisungsklasse durch ein Gutachten in Abstimmung mit der zuständigen Behörde geregelt werden.

Tafel B5: Zuordnung von Eiszonen und Vereisungsklassen

Eiszone	1	2	3	4
	Küstengebiet	Binnenland	Mittelgebirge $A \leq 400$ m	Mittelgebirge 400 m $< A \leq 600$ m
Vereisungsklasse	G1 R1	G2 R1	R2	R3
A Geländehöhe über dem Meeresspiegel in m				

Abb. B9: Eiszonenkarte der Bundesrepublik Deutschland

B5.4 Windlast auf vereiste Baukörper

Maßgebend für die Bestimmung der Windlast auf vereiste Baukörper ist DIN EN 1991-1-4. Infolge des Eisansatzes ändert sich die Querschnittsform der Bauteile, was zu einer Beeinflussung des Windkraftbeiwertes und der Bezugsfläche, bei Fachwerken auch des Völligkeitsgrades führt und bei der Berechnung zu berücksichtigen ist.

Windkraftbeiwerte für Vereisungsklassen G

Maßgebend für die Ermittlung der Windlast sind der durch Eisansatz allseitig geometrisch vergrößerte Querschnitt sowie ein veränderter Windkraftbeiwert. Ausgehend von den Windkraftbeiwerten c_{f0} ohne Eisansatz nach DIN EN 1991-1-4 können veränderte Beiwerte c_{fi} je nach Vereisungsklasse in Abb. B10 abgelesen werden. Die Windkraftbeiwerte tendieren mit zunehmender Vereisungsklasse auf den Wert c_{fi} = 1,4 hin.

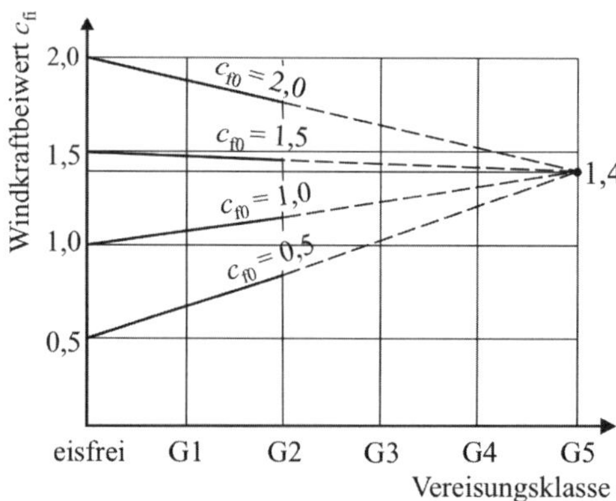

Abb. B10: Windkraftbeiwert für Vereisungsklassen G

Windkraftbeiwerte für Vereisungsklassen R

Für die Vereisungsklassen R sollte hinsichtlich der Bezugsfläche (Windangriffsfläche) ungünstig davon ausgegangen werden, dass die Windrichtung quer zu den Raueisfahnen verläuft. Für dünne und für stabförmige Bauteile mit einer Breite bis zu 300 mm können die vergrößerten Windangriffsflächen entsprechend der Darstellungen in Tafel B4 verwendet werden. Für Bauteile mit einer Breite von mehr als 300 mm siehe ISO 12494:2017-03, Atmospheric icing of structures. Für den veränderten Windkraftbeiwert gilt Abb. B11.

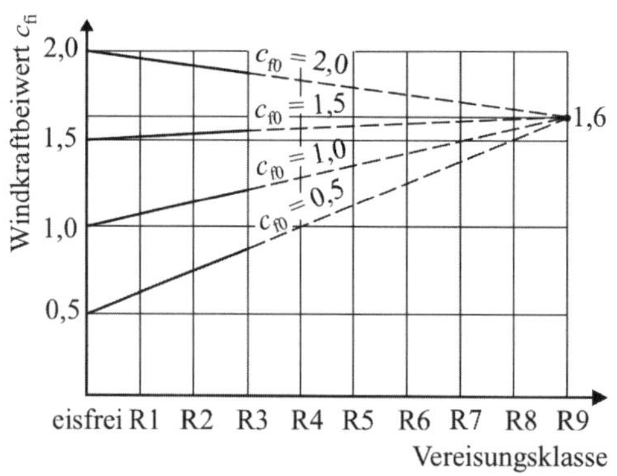

Abb. B11: Windkraftbeiwert für Vereisungsklassen R

Anhang C: Praxisbeispiel

C1 Lagerhalle aus Stahlbetonfertigteilen

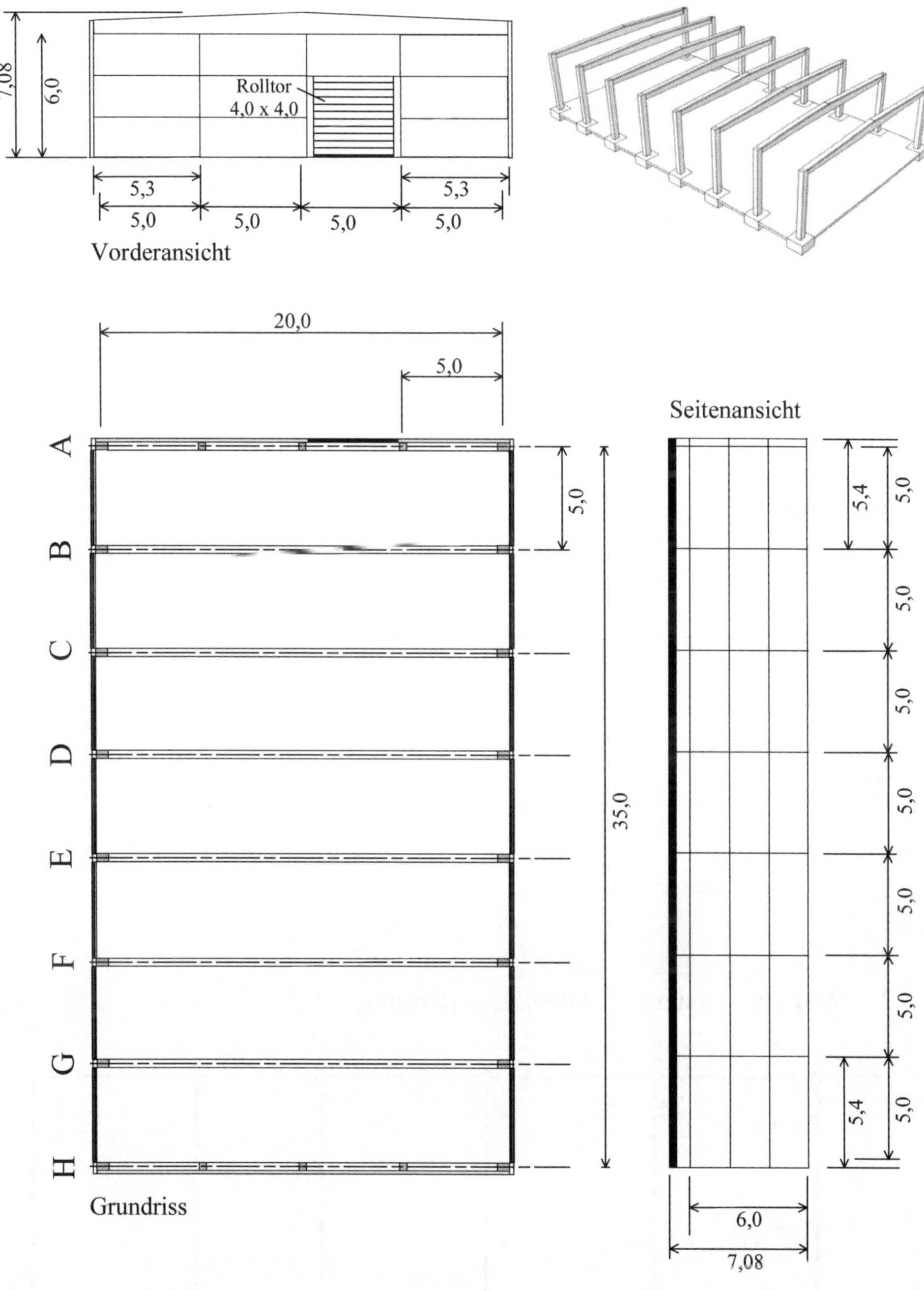

C2 Innerer Binder der Lagerhalle aus Stahlbetonfertigteilen

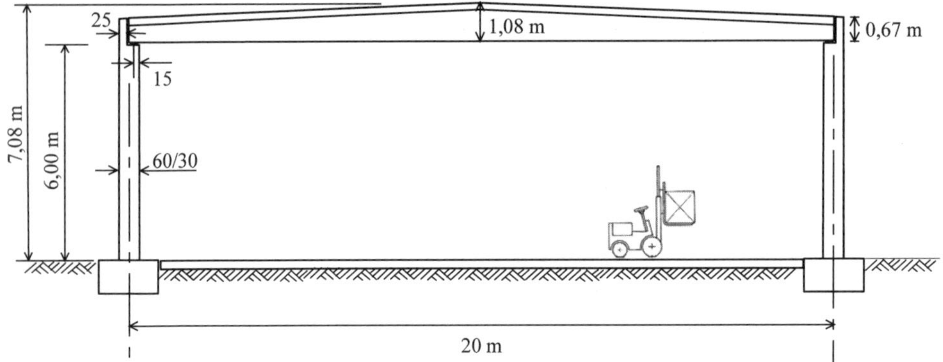

Dachneigung: 2,29° (4 % Gefälle)
Hallenlänge: 35 m
Binderabstand: 5 m
Standort: Berlin

C2.1 Statisches System in Hallenquerrichtung

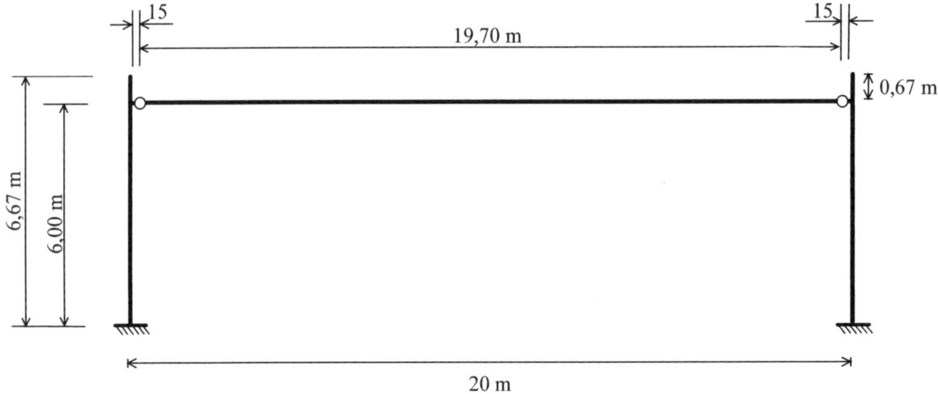

C2.2 Statisches System in Hallenlängsrichtung

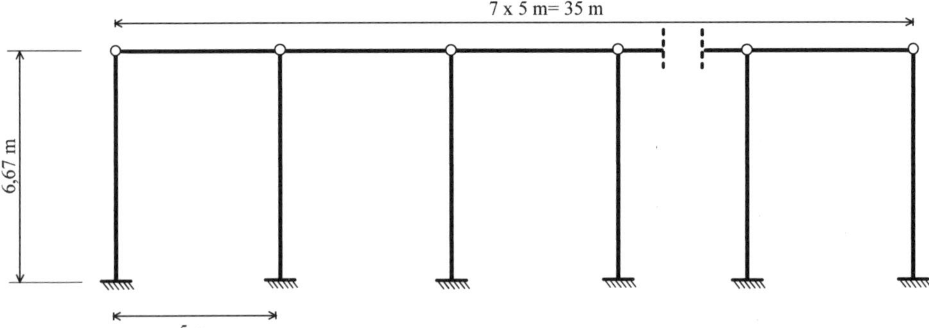

C3 Ständige Einwirkungen

Dachaufbau

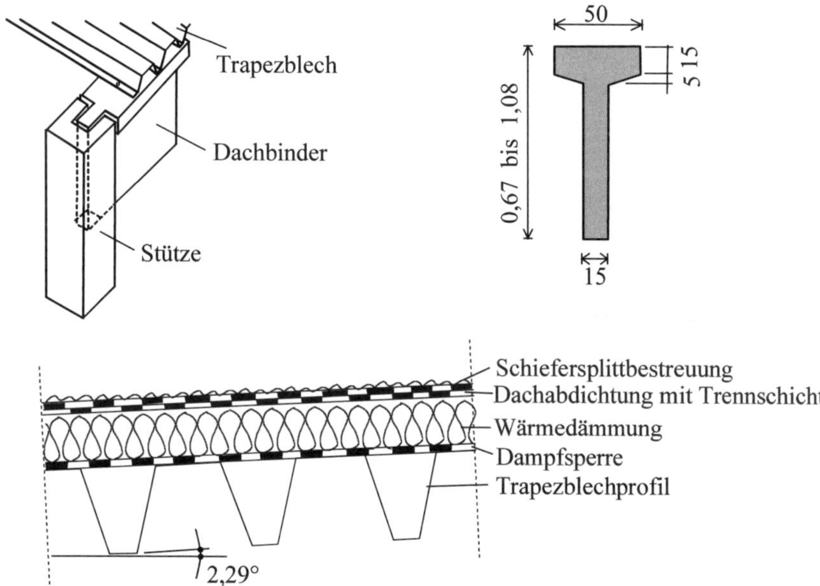

Ständige Einwirkungen

Schiefersplittbestreuung	$= 0{,}05$ kN/m^2 Dfl.
Zweilagige Dachabdichtung einschl. Klebemasse	$= 0{,}13$ kN/m^2 Dfl.
Trennschicht	$= 0{,}04$ kN/m^2 Dfl.
10 cm Wärmedämmung	$= 0{,}04$ kN/m^2 Dfl.
Dampfsperre	$= 0{,}07$ kN/m^2 Dfl.
Stahltrapezprofil (Einfeldträger)	$= 0{,}22$ kN/m^2 Dfl.
Installation	$= 0{,}15$ kN/m^2 Dfl.
Ständige Einwirkungen auf dem Binder	$= 0{,}70$ kN/m^2 Dfl.
Auf den Grundriss bezogen	$0{,}70 / \cos 2{,}29° = 0{,}70$ kN/m^2 Gfl.
Eigenlast des Stahlbetonbinders (Binderabstand: 5,0 m)	$(0{,}15 \cdot 0{,}875 + 0{,}35 \cdot 0{,}175) \cdot 25/5 = 0{,}96$ kN/m^2 Gfl.
Summe der ständigen Einwirkungen	$g_k = 1{,}66$ kN/m^2 Gfl.

Stützeneigenlast $\qquad g_{St,k} = 0{,}3 \cdot 0{,}6 \cdot 25 = 4{,}50$ kN/m

C4 Schneelast nach DIN EN 1991-1-3:2010-12

Ermittlung des charakteristischen Wertes der Schneelast s_k auf dem Boden und des Formbeiwertes $\mu_i(\alpha)$.

Berlin liegt in der Schneelastzone 2 und $A = 32$ m über dem Meeresspiegel.

Schneelast auf dem Boden:

$$s_k = \max \left\{ \begin{array}{l} 0{,}85 \dfrac{\text{kN}}{\text{m}^2} \\ 0{,}25 + 1{,}91 \cdot \left(\dfrac{A + 140}{760} \right)^2 = 0{,}25 + 1{,}91 \cdot \left(\dfrac{32 + 140}{760} \right)^2 = 0{,}35 \dfrac{\text{kN}}{\text{m}^2} \end{array} \right\} = 0{,}85 \frac{\text{kN}}{\text{m}^2}$$

Formbeiwert Dach mit Dachneigung $\alpha = 2{,}29°$; für $0° < \alpha < 30° \quad \Rightarrow \mu_1 = 0{,}8$

Schneelast auf dem Dach: $q_{S,k} = \mu_1 \cdot s_k = 0{,}8 \cdot 0{,}85 = 0{,}68 \dfrac{\text{kN}}{\text{m}^2 \text{ Gfl.}}$

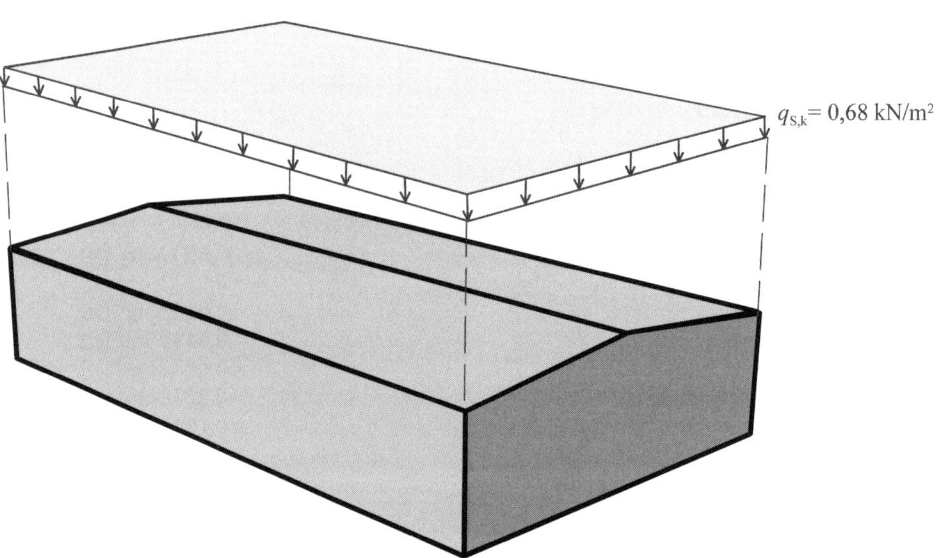

Außergewöhnliche Schneelast (für außergewöhnliche Bemessungssituation)

Davon betroffen sind innerhalb der Schneelastzonen 1 und 2 befindliche Regionen nördlich des 52. bzw. 52,5. Breitengrades.

Außergewöhnliche Schneelast auf dem Boden: $S_{Ad} = 2{,}3 \cdot s_k = 2{,}3 \cdot 0{,}85 = 1{,}96 \dfrac{\text{kN}}{\text{m}^2}$

Außergewöhnliche Schneelast auf dem Dach: $q_{Ad} = \mu_1 \cdot S_{Ad} = 0{,}8 \cdot 1{,}96 = 1{,}56 \dfrac{\text{kN}}{\text{m}^2 \text{ Gfl.}}$

C5 Windlasten nach DIN EN 1991-1-4:2010-12

Freistehende Halle in Berlin (Windzone 2). Geländekategorie III.
Gebäudehöhe/Gebäudebreite/Gebäudelänge: 7,08 m / 20,0 m / 35,0 m

C5.1 Wind auf Längswand (Windanströmrichtung: $\theta = 0°$)

Einteilung der Wandflächen in Wandbereiche

$$e = \min \left\{ \begin{array}{ll} b & = 35{,}00\ \text{m} \\ 2 \cdot h & = 14{,}16\ \text{m} \end{array} \right\} = 14{,}16\,\text{m} < d = 20\,\text{m}$$

Die Außenwände werden in Zone A, B, C, D und E eingeteilt.

Einteilung der Dachfläche in Dachbereiche
Dachneigung 2,29° < 5° (Flachdächer). Die Dachfläche wird in die Bereiche F bis I eingeteilt.

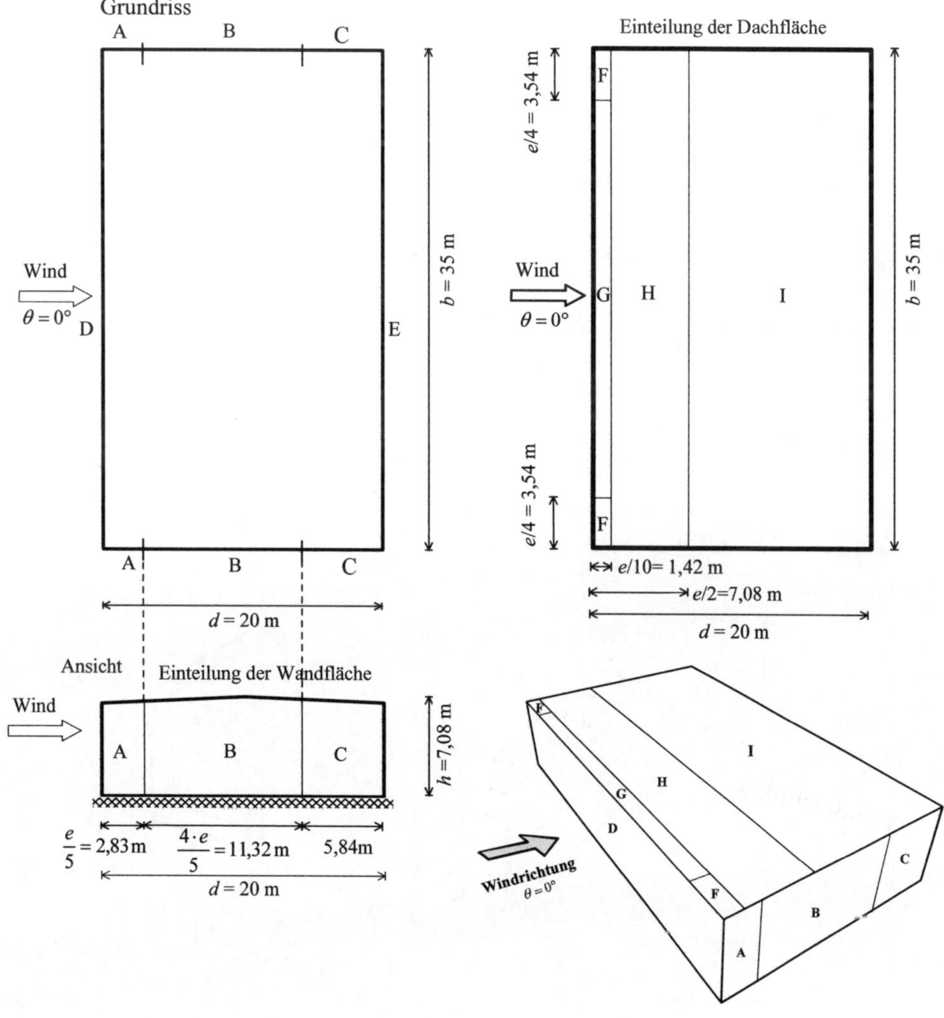

Außendruckbeiwerte für vertikale Wände rechteckiger flacher Bauwerke:

$$\frac{h}{d} = \frac{7{,}08}{20} = 0{,}354 \;; \quad 0{,}25 < \frac{h}{d} < 1$$

Bezeichnungen	A	B	C	D	E
Lasteinzugsfläche A in m^2	20	80,15	41,35	247,80	247,80
$c_{pe,10}$ (Lasteinzugsfläche A >10 m^2)	–1,2	–0,8	–0,5	+0,71	–0,33

Aus der Windkarte ist zu entnehmen, dass Berlin zur Windzone 2 gehört.
Für Bauwerke mit einer Höhe h bis zu 25 m über dem Gelände darf der Geschwindigkeitsdruck vereinfacht konstant über die gesamte Gebäudehöhe angesetzt werden.
Geschwindigkeitsdruck $\boxed{q_p = 0{,}65\,\text{kN/m}^2}$ für Gebäudehöhe $h = 7{,}08\,\text{m} < 10\,\text{m}$ (Binnenland).

Berechnung der Druckwerte (Wandbereiche)

$$\boxed{w_e = c_{pe} \cdot q_p}$$

$$w_A = c_{pe,10} \cdot q_p = -1{,}2 \cdot 0{,}65 = -0{,}78\ \text{kN/m}^2$$

$$w_B = c_{pe,10} \cdot q_p = -0{,}8 \cdot 0{,}65 = -0{,}52\ \text{kN/m}^2$$

$$w_C = c_{pe,10} \cdot q_p = -0{,}5 \cdot 0{,}65 = -0{,}33\ \text{kN/m}^2$$

$$w_D = c_{pe,10} \cdot q_p = +0{,}71 \cdot 0{,}65 = +0{,}46\ \text{kN/m}^2$$

$$w_E = c_{pe,10} \cdot q_p = -0{,}33 \cdot 0{,}65 = -0{,}21\ \text{kN/m}^2$$

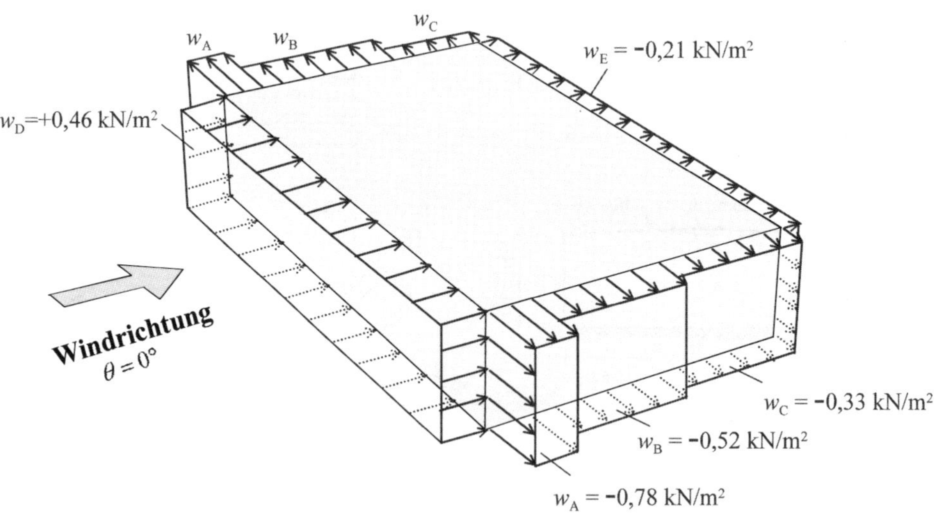

Dachbereiche:

Außendruckbeiwerte für Flachdächer (Dachneigung $\alpha < 5°$)

Bezeichnungen	F	G	H	I
Lasteinzugsfläche A in m²	5,03 <10 m²	39,65	198,10	452,20
c_{pe}	–2,01	–1,2	–0,7	+0,2 / –0,6

Hinweis: Der Dachbereich F hat eine Lasteinzugsfläche von $A = 5{,}03\ \text{m}^2 < 10\ \text{m}^2$.

Für $1\ \text{m}^2 < A < 10\ \text{m}^2$ folgt:

$$c_{pe} = c_{pe,1} + (c_{pe.10} - c_{pe,1}) \cdot \lg A = -2{,}5 + (-1{,}8 + 2{,}5) \cdot \lg 5{,}03 = -2{,}01$$

Berechnung der Druckwerte (Dachbereiche)

$$w_F = c_{pe} \cdot q_p = -2{,}01 \cdot 0{,}65 = -1{,}31\ \text{kN/m}^2$$

$$w_G = c_{pe,10} \cdot q_p = -1{,}2 \cdot 0{,}65 = -0{,}78\ \text{kN/m}^2$$

$$w_H = c_{pe,10} \cdot q_p = -0{,}7 \cdot 0{,}65 = -0{,}46\ \text{kN/m}^2$$

$$w_I = c_{pe,10} \cdot q_p = +0{,}2 \cdot 0{,}65 = +0{,}13\ \text{kN/m}^2$$

$$w_I = c_{pe,10} \cdot q_p = -0{,}6 \cdot 0{,}65 = -0{,}39\ \text{kN/m}^2$$

Im Bereich I der Dachfläche treten c_{pe}-Werte sowohl mit positiven als auch negativen Vorzeichen auf (Wirbelbildung möglich). Für die Bemessung ist jeweils der ungünstigste Fall anzusetzen.

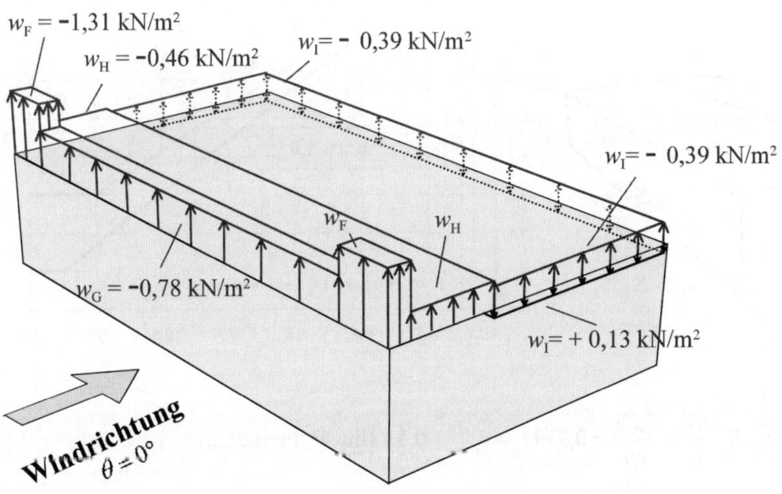

Innendruck und -sog in der Halle (Wind auf Längswand)

Wände mit einer offenen Außenfläche bis 30 % gelten als durchlässige Wände. Überschreitet die Außenfläche 30 % gilt die betreffende Wand als offen.
Bei Räumen mit durchlässigen Wänden in Gebäuden mit nicht unterteiltem Grundriss (z.B. Hallen) ist es erforderlich den Innendruck und -sog anzusetzen.

Formbeiwert:

$$\mu = \frac{A_1}{A_2}$$

A_1 Gesamtfläche der Öffnungen in den leeseitigen und windparallelen Flächen

A_2 Gesamtfläche der Öffnungen aller Wände

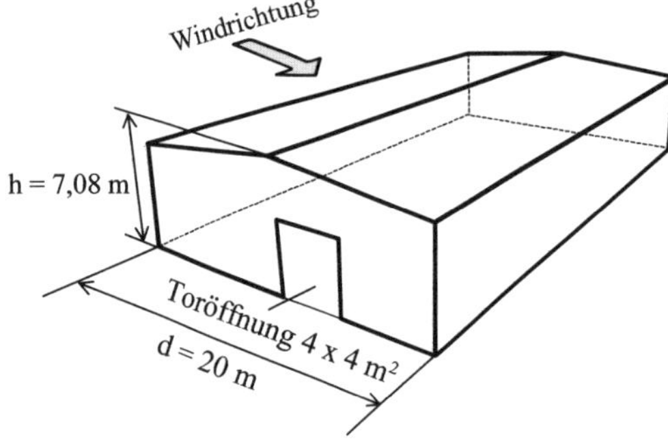

Das Tor ist geöffnet

$$\mu = \frac{A_1}{A_2} = \frac{16}{16} = 1 \quad \text{und für} \quad \frac{h}{d} = \frac{7{,}08}{20} = 0{,}354 \;\Rightarrow c_{pi} = -0{,}33 \text{ (linear interpoliert)}$$

$$w_i = c_{pi} \cdot q_p = -0{,}33 \cdot 0{,}65 = -0{,}21 \frac{\text{kN}}{\text{m}^2}$$

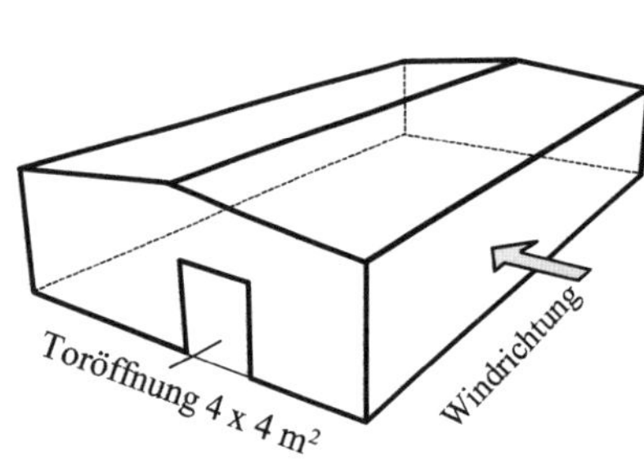

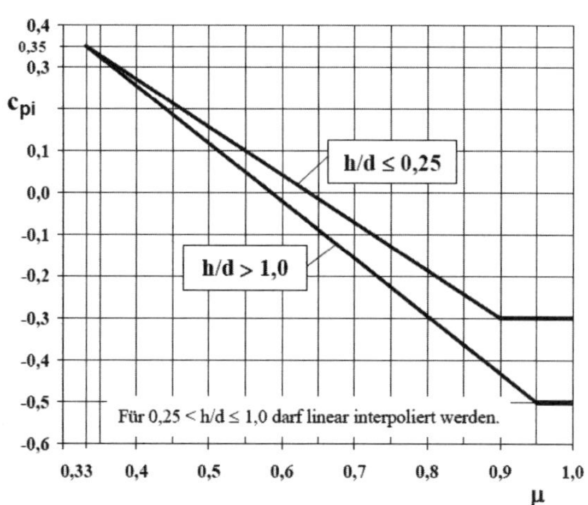

Das Tor ist geöffnet

$$\mu = \frac{A_1}{A_2} = \frac{16}{16} = 1 \text{ und für } \frac{h}{d} = \frac{7{,}08}{20} = 0{,}354 \;\Rightarrow c_{pi} = -0{,}33 \text{ (linear interpoliert)}$$

$$w_i = c_{pi} \cdot q_p = -0{,}33 \cdot 0{,}65 = -0{,}21 \frac{\text{kN}}{\text{m}^2}$$

C5.2 Wind auf Querwand (Windanströmrichtung: $\theta = 90°$)

Einteilung der Wandflächen in Wandbereiche

$$e = \min \left\{ \begin{array}{ll} b & = 20{,}00\ \text{m} \\ 2 \cdot h & = 14{,}16\ \text{m} \end{array} \right\} = 14{,}16\,\text{m} < d = 35\,\text{m}$$

Die Außenwände werden in Zone A, B, C, D und E eingeteilt.

Einteilung der Dachfläche in Dachbereiche

Die Dachfläche (Flachdach) wird in die Bereiche F bis I eingeteilt.

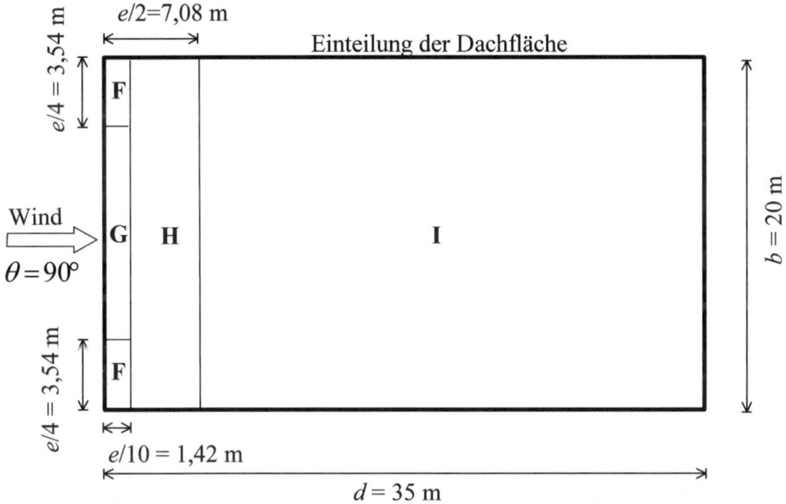

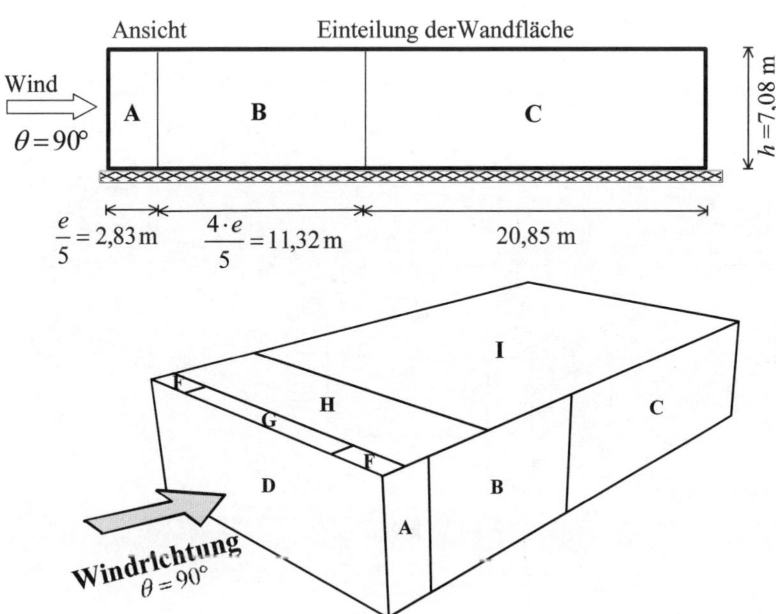

Außendruckbeiwerte für vertikale Wände rechteckiger flacher Bauwerke:

$$\frac{h}{d} = \frac{7{,}08}{35} = 0{,}20 < 0{,}25$$

Bezeichnungen	A	B	C	D	E
Lasteinzugsfläche A in m^2	20	80,15	147,62	141,60	141,60
$c_{\text{pe,10}}$ (Lasteinzugsfläche A >10 m^2)	–1,2	–0,8	–0,5	+0,7	–0,3

Aus der Windkarte ist zu entnehmen, dass Berlin zur Windzone 2 gehört.
Für Bauwerke mit einer Höhe h bis zu 25 m über dem Gelände darf der Geschwindigkeitsdruck vereinfacht konstant über die gesamte Gebäudehöhe angesetzt werden.
Geschwindigkeitsdruck $\boxed{q_\text{p} = 0{,}65\,\text{kN/m}^2}$ für Gebäudehöhe $h = 7{,}08\,\text{m} < 10\,\text{m}$ (Binnenland).

Berechnung der Druckwerte (Wandbereiche)

$$\boxed{w_\text{e} = c_\text{pe} \cdot q_\text{p}}$$

$$w_\text{A} = c_\text{pe,10} \cdot q_\text{p} = -1{,}2 \cdot 0{,}65 = -0{,}78\ \text{kN/m}^2$$

$$w_\text{B} = c_\text{pe,10} \cdot q_\text{p} = -0{,}8 \cdot 0{,}65 = -0{,}52\ \text{kN/m}^2$$

$$w_\text{C} = c_\text{pe,10} \cdot q_\text{p} = -0{,}5 \cdot 0{,}65 = -0{,}33\ \text{kN/m}^2$$

$$w_\text{D} = c_\text{pe,10} \cdot q_\text{p} = +0{,}7 \cdot 0{,}65 = +0{,}46\ \text{kN/m}^2$$

$$w_\text{E} = c_\text{pe,10} \cdot q_\text{p} = -0{,}3 \cdot 0{,}65 = -0{,}20\ \text{kN/m}^2$$

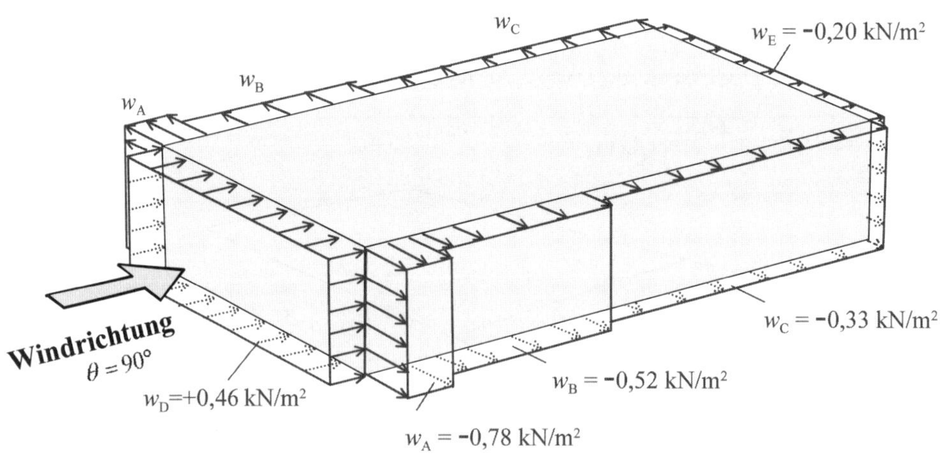

Dachbereiche:

Außendruckbeiwerte für Flachdächer

Bezeichnungen	F	G	H	I
Lasteinzugsfläche A in m^2	5,03 <10 m^2	18,35	113,2	558,4
c_{pe}	–2,01	–1,2	–0,7	+0,2 / –0,6

Hinweis: Der Dachbereich F hat eine Lasteinzugsfläche von $A = 5{,}02\ \text{m}^2$.

Für $1\ \text{m}^2 < A < 10\ \text{m}^2$ folgt:

$$c_{pe} = c_{pe,1} + (c_{pe.10} - c_{pe,1}) \cdot \lg A = -2{,}5 + (-1{,}8 + 2{,}5) \cdot \lg 5{,}03 = -2{,}01$$

Berechnung der Druckwerte (Dachbereiche)

$$w_F = c_{pe} \cdot q_p = -2{,}01 \cdot 0{,}65 = -1{,}31\ \text{kN/m}^2$$

$$w_G = c_{pe,10} \cdot q_p = -1{,}2 \cdot 0{,}65 = -0{,}78\ \text{kN/m}^2$$

$$w_H = c_{pe,10} \cdot q_p = -0{,}7 \cdot 0{,}65 = -0{,}46\ \text{kN/m}^2$$

$$w_I = c_{pe,10} \cdot q_p = +0{,}2 \cdot 0{,}65 = +0{,}13\ \text{kN/m}^2$$

$$w_I = c_{pe,10} \cdot q_p = -0{,}6 \cdot 0{,}65 = -0{,}39\ \text{kN/m}^2$$

Im Bereich I der Dachfläche treten c_{pe}-Werte sowohl mit positiven als auch negativen Vorzeichen auf (Wirbelbildung möglich). Für die Bemessung ist jeweils der ungünstigste Fall anzusetzen.

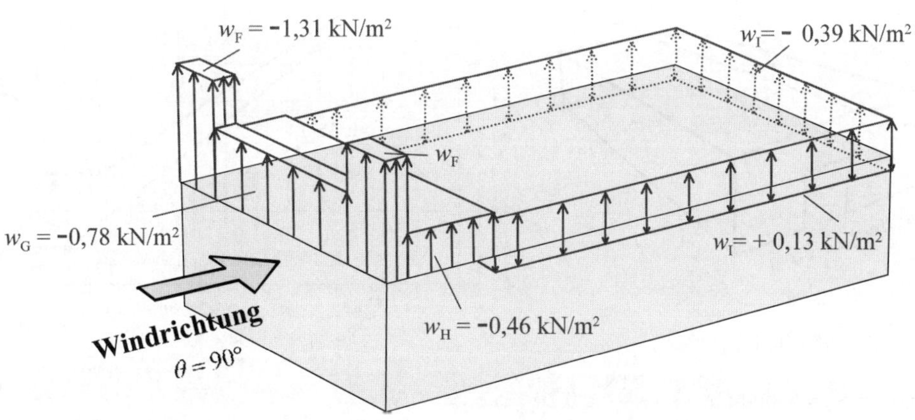

Innendruck und -sog in der Halle (Wind auf Querwand)

Wände mit einer offenen Außenfläche bis 30 % gelten als durchlässige Wände. Überschreitet die Außenfläche 30 % gilt die betreffende Wand als offen.
Bei Räumen mit durchlässigen Wänden in Gebäuden mit nicht unterteiltem Grundriss (z.B. Hallen) ist es erforderlich den Innendruck und -sog anzusetzen.

Formbeiwert $\mu = \frac{A_1}{A_2}$

A_1 Gesamtfläche der Öffnungen in den leeseitigen und windparallelen Flächen

A_2 Gesamtfläche der Öffnungen aller Wände

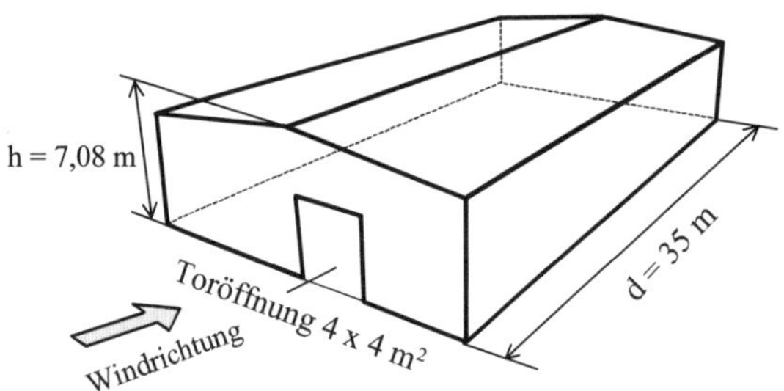

Das Tor ist geöffnet

$$\mu = \frac{A_1}{A_2} = \frac{0}{16} = 0 \text{ und für } \frac{h}{d} = \frac{7{,}08}{35} = 0{,}20 \quad \Rightarrow c_{\text{pi}} = +0{,}35$$

$$w_{\text{i}} = c_{\text{pi}} \cdot q_{\text{p}} = +0{,}35 \cdot 0{,}65 = +0{,}23 \frac{\text{kN}}{\text{m}^2}$$

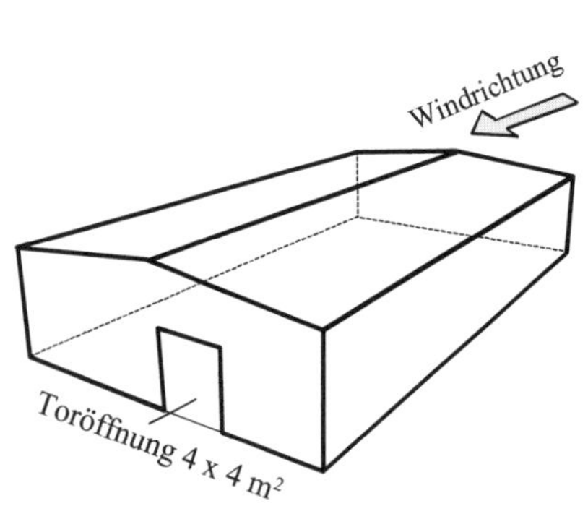

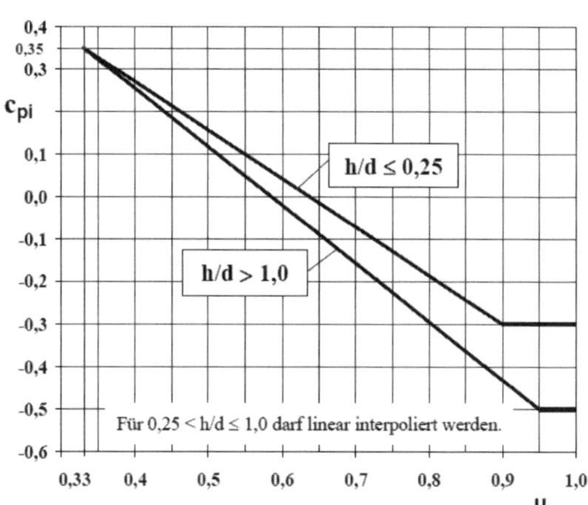

Das Tor ist geöffnet

$$\mu = \frac{A_1}{A_2} = \frac{16}{16} = 1 \text{ und für } \frac{h}{d} = \frac{7{,}08}{35} = 0{,}20 \quad \Rightarrow c_{\text{pi}} = -0{,}3$$

$$w_{\text{i}} = c_{\text{pi}} \cdot q_{\text{p}} = -0{,}3 \cdot 0{,}65 = -0{,}20 \frac{\text{kN}}{\text{m}^2}$$

C6 Nutzlast

Nicht begehbares Dach, außer für übliche Erhaltungsmaßnahmen, Reparaturen (Kategorie H). Anzusetzen: Mannlast $Q_k = 1{,}0\,\text{kN}$ (alternativ zur Schneelast).

C7 Außergewöhnliche Einwirkung

Anprall Gabelstapler

Zu berücksichtigen ist ein Gegengewichtsstapler (Klasse FL3) mit einer zulässigen Gesamtlast: zul $W = 69$ kN

Gemäß DIN EN 1991-1-7:2010-12 muss in Garagen, Werkstätten etc. mit Gabelstaplerverkehr bei den stützenden Bauteilen eine horizontale Anpralllast gleich der 5-fachen zulässigen Gesamtlast des Staplers angesetzt werden. $F_{A,k} = 5 \cdot \text{zul}\,W = 5 \cdot 69 = 345\,\text{kN}$

Die Anpralllast wirkt 0,75 m über der Hallenfußbodenoberfläche.

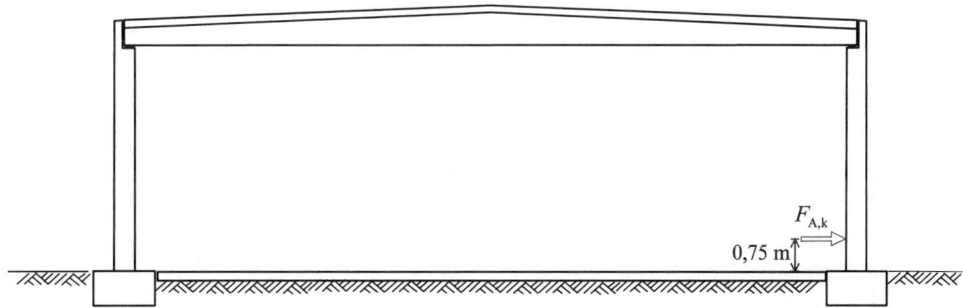

C8 Lastzusammenstellung

Beispiel: Hallen-Rahmen (Achse C – F)

Wind von links ($\theta = 0°$)

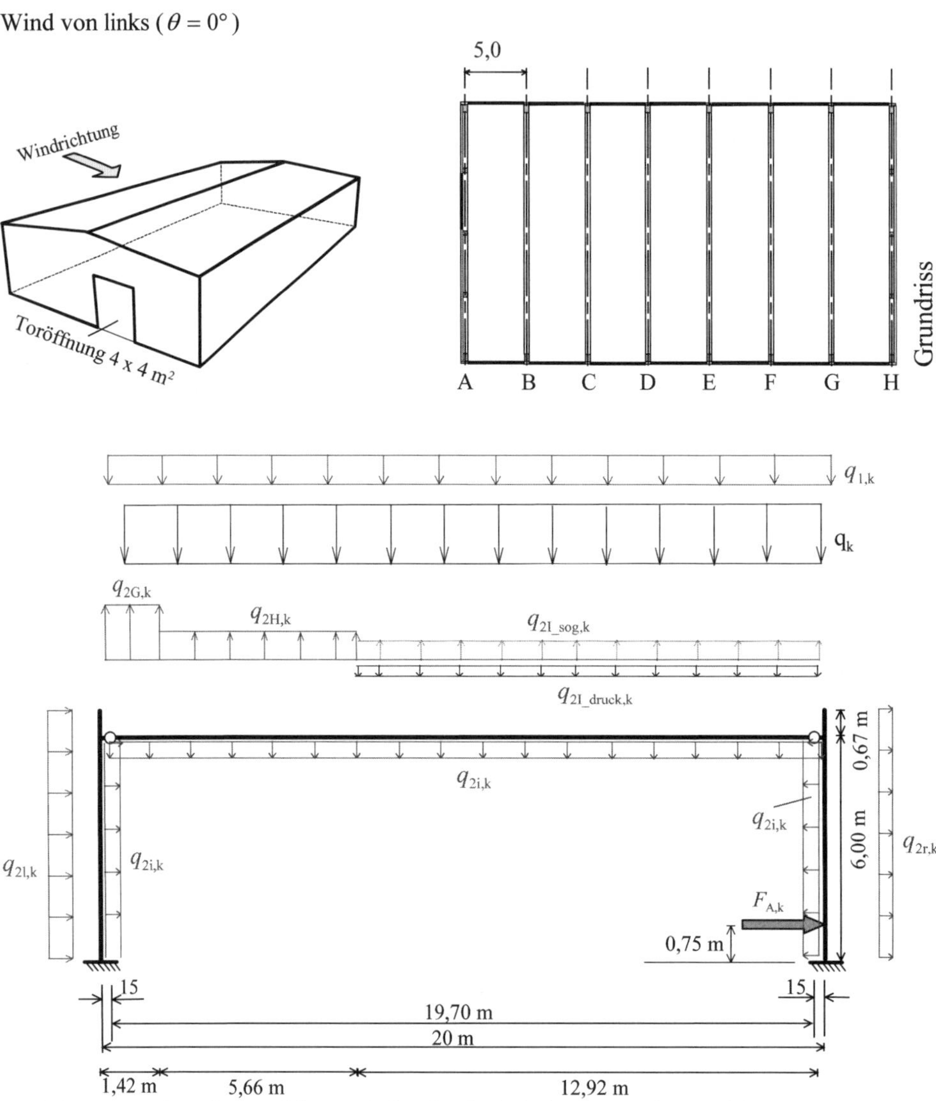

Statisches System in Hallenquerrichtung mit den charakteristischen Werten der Einwirkungen

Binderabstand $a = 5$ m

Eigenlast je Binder $q_k = g_k \cdot a = 1{,}66 \cdot 5 = 8{,}30\,\text{kN/m}$

Schneelast je Binder $q_{1,k} = q_{s,k} \cdot a = 0{,}68 \cdot 5 = 3{,}40\,\text{kN/m}$

Mannlast $Q_k = 1{,}0\,\text{kN}$ (Schneelast ist maßgebend)

Windlasten von links $q_{2l,k} = w_D \cdot a = 0{,}46 \cdot 5 = 2{,}30\,\text{kN/m}$ (Stütze links)

$q_{2r,k} = w_E \cdot a = 0{,}21 \cdot 5 = 1{,}05$ kN/m (Stütze rechts)

$q_{2G,k} = w_G \cdot a = -0{,}78 \cdot 5 = -3{,}90$ kN/m (Binder Bereich G)

$q_{2H,k} = w_H \cdot a = -0{,}46 \cdot 5 = -2{,}30$ kN/m (Binder Bereich H)

$q_{2I\_sog,k} = w_I \cdot a = -0{,}39 \cdot 5 = -1{,}95$ kN/m (Binder Bereich I)

$q_{2I\_druck,k} = w_I \cdot a = 0{,}13 \cdot 5 = +0{,}65\,\text{kN/m}$ (Binder Bereich I)

$q_{2i,k} = w_i \cdot a = -0{,}21 \cdot 5 = -1{,}05$ kN/m (Innendruck)

Anpralllast $F_{A,k} = 345\,\text{kN}$

C9 Lastkombinationen

Beispiel: Hallen-Rahmen (Achse C – F), Wind von links

C9.1 Schnittgrößenermittlung

a) Grenzzustand der Tragfähigkeit GZT (Ultimate limit state ULS)

	Ständig		Schnee		Wind	
Leiteinwirkung ⇩	γ_F	ψ	γ_F	ψ_0	γ_F	ψ_0
Schnee ⇨	1,35	1,0	1,5	1,0	1,5	0,6
Wind ⇨	1,35	1,0	1,5	0,5	1,5	1,0

<u>Grundkombination (Schnee als Leiteinwirkung)</u>

Eigenlast je Binder
$q_d = \gamma_F \cdot \psi \cdot g_k = 1{,}35 \cdot 1{,}0 \cdot 8{,}30 = 11{,}21\,\text{kN/m}$

Schneelast je Binder
$q_{1,d} = \gamma_F \cdot \psi_0 \cdot q_{s,k} = 1{,}50 \cdot 1.0 \cdot 3{,}40 = 5{,}10\,\text{kN/m}$

Windlasten von links
$q_{2l,d} = \gamma_F \cdot \psi_0 \cdot q_{2l,k} = 1{,}5 \cdot 0{,}6 \cdot 2{,}30 = 2{,}07\,\text{kN/m}$ (Stütze links)

$q_{2r,d} = \gamma_F \cdot \psi_0 \cdot q_{2r,k} = 1{,}5 \cdot 0{,}6 \cdot 1{,}05 = 0{,}95$ kN/m (Stütze rechts)

$q_{2G,d} = \gamma_F \cdot \psi_0 \cdot q_{2G,k} = 1{,}5 \cdot 0{,}6 \cdot (-3{,}90) = -3{,}51$ kN/m (Binder Bereich G)

$q_{2H,d} = \gamma_F \cdot \psi_0 \cdot q_{2H,k} = 1{,}5 \cdot 0{,}6 \cdot (-2{,}30) = -2{,}07$ kN/m (Binder Bereich H)

$q_{2I\_sog,d} = 0$ (Binder Bereich I), wirkt günstig

$q_{2I\_druck,d} = \gamma_F \cdot \psi_0 \cdot q_{2I\_druck,k} = 1{,}5 \cdot 0{,}6 \cdot 0{,}65 = 0{,}59$ kN/m (Binder Bereich I)

$q_{2i,d} = \gamma_F \cdot \psi_0 \cdot q_{2i,k} = 1{,}5 \cdot 0{,}6 \cdot (-1{,}05) = -0{,}95$ kN/m (Innendruck)

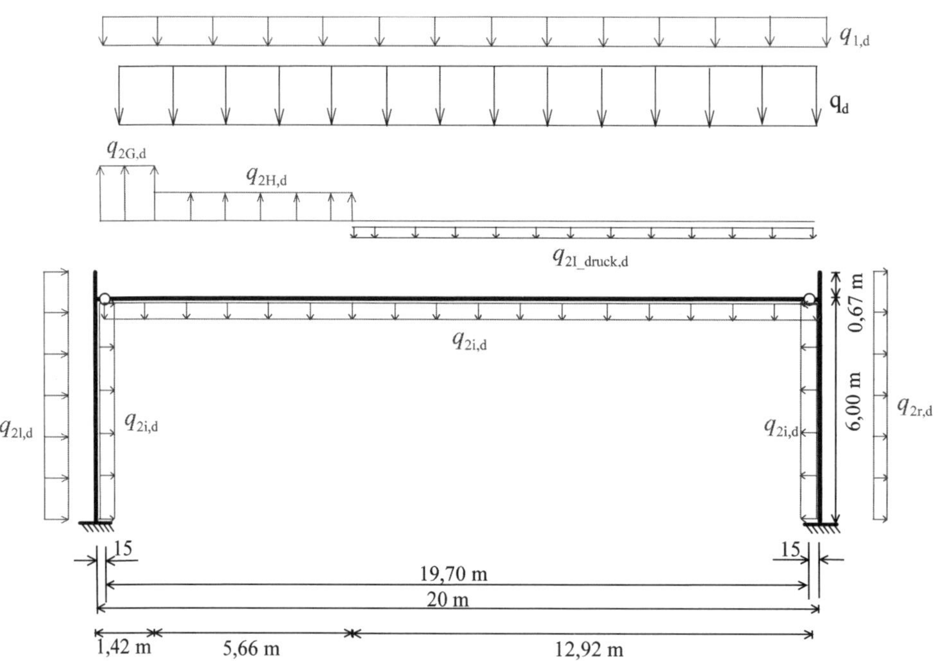

Alternative Grenzwertbildung (Wind als Leiteinwirkung)

Eigenlast je Binder

$q_d = \gamma_F \cdot \psi \cdot g_k = 1{,}35 \cdot 1{,}0 \cdot 8{,}30 = 11{,}21$ kN/m

Schneelast je Binder

$q_{1,d} = \gamma_F \cdot \psi_0 \cdot q_{s,k} = 1{,}50 \cdot 0{,}5 \cdot 3{,}40 = 2{,}55$ kN/m

Windlasten von links

$q_{2l,d} = \gamma_F \cdot \psi_0 \cdot q_{2l,k} = 1{,}5 \cdot 1{,}0 \cdot 2{,}30 = 3{,}45$ kN/m (Stütze links)

$q_{2r,d} = \gamma_F \cdot \psi_0 \cdot q_{2r,k} = 1{,}5 \cdot 1{,}0 \cdot 1{,}05 = 1{,}58$ kN/m (Stütze rechts)

$q_{2G,d} = \gamma_F \cdot \psi_0 \cdot q_{2G,k} = 1{,}5 \cdot 1{,}0 \cdot (-3{,}90) = -5{,}85$ kN/m (Binder Bereich G)

$q_{2H,d} = \gamma_F \cdot \psi_0 \cdot q_{2H,k} = 1{,}5 \cdot 1{,}0 \cdot (-2{,}30) = -3{,}45$ kN/m (Binder Bereich H)

$q_{2I\_sog,d} = 0$ (Binder Bereich I), wirkt günstig

$q_{2I\_druck,d} = \gamma_F \cdot \psi_0 \cdot q_{2I\_druck,k} = 1{,}5 \cdot 1{,}0 \cdot 0{,}65 = 0{,}98$ kN/m (Binder Bereich I)

$q_{2i,d} = \gamma_F \cdot \psi_0 \cdot q_{2i,k} = 1{,}5 \cdot 1{,}0 \cdot (-1{,}05) = -1{,}58$ kN/m (Innendruck)

b) Grenzzustand der Gebrauchstauglichkeit GZG (Serviceability limit state SLS)

	Ständig		**Schnee**		**Wind**	
Leiteinwirkung ⇩	γ_F	ψ	γ_F	ψ_0	γ_F	ψ_0
Schnee ⇨	1,0	-	1,0	-	1,0	0,6
Wind ⇨	1,0	-	1,0	0,5	1,0	-

Seltene Kombination (Schnee als Leiteinwirkung)

Eigenlast je Binder
$q_d = \gamma_F \cdot \psi \cdot g_k = 1{,}0 \cdot 1{,}0 \cdot 8{,}30 = 8{,}30$ kN/m

Schneelast je Binder
$q_{1,d} = \gamma_F \cdot \psi_0 \cdot q_{s,k} = 1{,}0 \cdot 1{,}0 \cdot 3{,}40 = 3{,}40$ kN/m

Windlasten von links
$q_{2l,d} = \gamma_F \cdot \psi_0 \cdot q_{2l,k} = 1{,}0 \cdot 0{,}6 \cdot 2{,}30 = 1{,}38$ kN/m (Stütze links)

$q_{2r,d} = \gamma_F \cdot \psi_0 \cdot q_{2r,k} = 1{,}0 \cdot 0{,}6 \cdot 1{,}05 = 0{,}63$ kN/m (Stütze rechts)

$q_{2G,d} = \gamma_F \cdot \psi_0 \cdot q_{2G,k} = 1{,}0 \cdot 0{,}6 \cdot (-3{,}90) = -2{,}34$ kN/m (Binder Bereich G)

$q_{2H,d} = \gamma_F \cdot \psi_0 \cdot q_{2H,k} = 1{,}0 \cdot 0{,}6 \cdot (-2{,}30) = -1{,}38$ kN/m (Binder Bereich H)

$q_{2I\_sog,d} = 0$ (Binder Bereich I), wirkt günstig

$q_{2I\_druck,d} = \gamma_F \cdot \psi_0 \cdot q_{2I\_druck,k} = 1{,}0 \cdot 0{,}6 \cdot 0{,}65 = 0{,}39$ kN/m (Binder Bereich I)

$q_{2i,d} = \gamma_F \cdot \psi_0 \cdot q_{2i,k} = 1{,}0 \cdot 0{,}6 \cdot (-1{,}05) = -0{,}63$ kN/m (Innendruck)

Alternative Grenzwertbildung (Wind als Leiteinwirkung)

Eigenlast je Binder
$q_{d} = \gamma_{F} \cdot \psi \cdot g_{k} = 1{,}0 \cdot 1{,}0 \cdot 8{,}30 = 8{,}30\,\text{kN/m}$

Schneelast je Binder
$q_{1,d} = \gamma_{F} \cdot \psi_{0} \cdot q_{s,k} = 1{,}0 \cdot 0{,}5 \cdot 3{,}40 = 1{,}70\,\text{kN/m}$

Windlasten von links
$q_{2l,d} = \gamma_{F} \cdot \psi_{0} \cdot q_{2l,k} = 1{,}0 \cdot 1{,}0 \cdot 2{,}30 = 2{,}30\,\text{kN/m}$ (Stütze links)

$q_{2r,d} = \gamma_{F} \cdot \psi_{0} \cdot q_{2r,k} = 1{,}0 \cdot 1{,}0 \cdot 1{,}05 = 1{,}05\,\text{kN/m}$ (Stütze rechts)

$q_{2G,d} = \gamma_{F} \cdot \psi_{0} \cdot q_{2G,k} = 1{,}0 \cdot 1{,}0 \cdot (-3{,}90) = -3{,}90\,\text{kN/m}$ (Binder Bereich G)

$q_{2H,d} = \gamma_{F} \cdot \psi_{0} \cdot q_{2H,k} = 1{,}0 \cdot 1{,}0 \cdot (-2{,}30) = -2{,}30\,\text{kN/m}$ (Binder Bereich H)

$q_{2I\_sog,d} = 0$ (Binder Bereich I), wirkt günstig

$q_{2I\_druck,d} = \gamma_{F} \cdot \psi_{0} \cdot q_{2I\_druck,k} = 1{,}0 \cdot 1{,}0 \cdot 0{,}65 = 0{,}65\,\text{kN/m}$ (Binder Bereich I)

$q_{2i,d} = \gamma_{F} \cdot \psi_{0} \cdot q_{2i,k} = 1{,}0 \cdot 1{,}0 \cdot (-1{,}05) = -1{,}05\,\text{kN/m}$ (Innendruck)

c) Außergewöhnliche Einwirkungen

	Ständig		Schnee		Wind		Anprall
Leiteinwirkung ⇩	γ_F	ψ	γ_F	$\psi_{1/2}$	γ_F	$\psi_{1/2}$	γ_F
Schnee ⇨	1,0	-	1,0	0,2	1,0	0	1,0
Wind ⇨	1,0	-	1,0	0	1,0	0,2	1,0

Schnee als Leiteinwirkung

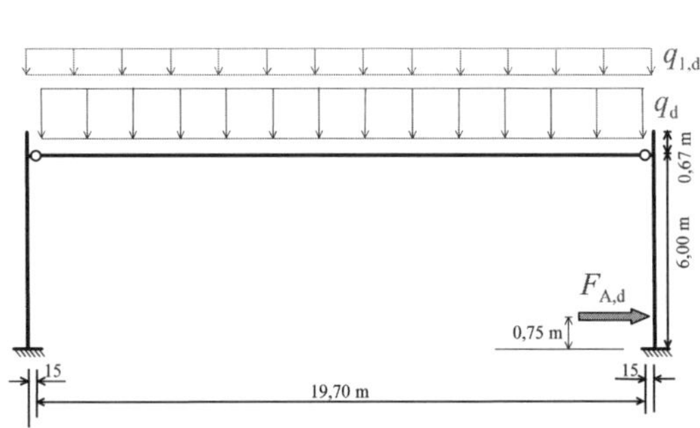

Eigenlast je Binder
$q_{d} = \gamma_{F} \cdot \psi \cdot g_{k}$
$= 1{,}0 \cdot 1{,}0 \cdot 8{,}30 = 8{,}30\,\text{kN/m}$

Außergewöhnliche Schneelast je Binder
$q_{1,d} = \gamma_{F} \cdot \psi_{1/2} \cdot (2{,}3 \cdot q_{s,k})$
$= 1{,}0 \cdot 0{,}2 \cdot (2{,}3 \cdot 3{,}40) = 1{,}56\,\text{kN/m}$

Anpralllast
$F_{A,d} = \gamma_{F} \cdot F_{A,k} = 1{,}0 \cdot 345 = 345\,\text{kN}$

Alternative Grenzwertbildung (Wind als Leiteinwirkung)

Eigenlast je Binder
$q_d = \gamma_F \cdot \psi \cdot g_k = 1{,}0 \cdot 1{,}0 \cdot 8{,}30 = 8{,}30\,\text{kN/m}$

Windlasten von links

$q_{2l,d} = \gamma_F \cdot \psi_{1/2} \cdot q_{2l,k} = 1{,}0 \cdot 0{,}2 \cdot 2{,}30 = 0{,}46\,\text{kN/m}$ (Stütze links)

$q_{2r,d} = \gamma_F \cdot \psi_{1/2} \cdot q_{2r,k} = 1{,}0 \cdot 0{,}2 \cdot 1{,}05 = 0{,}21\,\text{kN/m}$ (Stütze rechts)

$q_{2G,d} = \gamma_F \cdot \psi_{1/2} \cdot q_{2G,k} = 1{,}0 \cdot 0{,}2 \cdot (-3{,}90) = -0{,}78\,\text{kN/m}$ (Binder Bereich G)

$q_{2H,d} = \gamma_F \cdot \psi_{1/2} \cdot q_{2H,k} = 1{,}0 \cdot 0{,}2 \cdot (-2{,}30) = -0{,}46\,\text{kN/m}$ (Binder Bereich H)

$q_{2I\_sog,d} = 0$ (Binder Bereich I), wirkt günstig

$q_{2I\_druck,d} = \gamma_F \cdot \psi_{1/2} \cdot q_{2I\_druck,k} = 1{,}0 \cdot 0{,}2 \cdot 0{,}65 = 0{,}13\,\text{kN/m}$ (Binder Bereich I)

$q_{2i,d} = \gamma_F \cdot \psi_{1/2} \cdot q_{2i,k} = 1{,}0 \cdot 0{,}2 \cdot (-1{,}05) = -0{,}21\,\text{kN/m}$ (Innendruck)

Anpralllast $F_{A,d} = \gamma_F \cdot F_{A,k} = 1{,}0 \cdot 345 = 345\,\text{kN}$

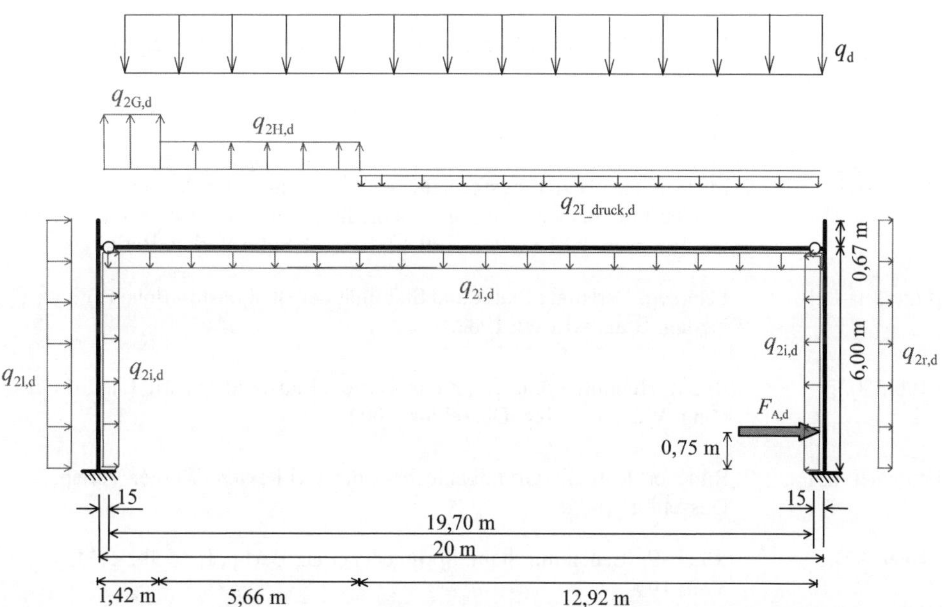

Literaturangaben

[Dimitrov–71] Dimitrov, Nikola: Festigkeitslehre Band I und II. Walter der Gruyter. Berlin, New York 1971.

[Dubas–09] Dubas, P.; Gehri, E.: Stahlhochbau. Springer-Verlag, Berlin, Heidelberg, New York, London, Paris, Tokyo 2009.

[Eggen–96] Eggen, A.P.; Sandaker, B.N.: Stahl in der Architektur. Deutsche Verlags-Anstalt, Stuttgart 1996.

[Fingerloos–19] Fingerloos, F.; Schwind, W.: Zur Neuausgabe des Nationalen Anhangs DIN EN 1991-1-3/NA „Schneelasten" in 2019-04. Bautechnik 96 (2019), H. 4, S. 352-359.

[Herzog–96] Herzog, M.: Kurze baupraktische Festigkeitslehre. Werner Verlag, Düsseldorf 1996.

[Herzog–06] Herzog, M.: Faustwerte für Tragwerksentwurf und Kostenschätzung im Hoch- und Brückenbau. In: Stahlbetonbau aktuell, Praxishandbuch 2006. Bauwerk Verlag GmbH, Berlin 2006.

[Holschemacher–19] Holschemacher, Klaus (Herausgeber): Entwurfs- und Berechnungstafeln für Bauingenieure. Bauwerk–Beuth Verlag GmbH, Berlin 2019.

[Holschemacher–16] Holschemacher, Klaus; Klug,Yvette: Lastannahmen im Bauwesen. Bauwerk–Beuth Verlag GmbH, Berlin 2016.

[Klein–19] Klein, B.: Leichtbau-Konstruktion. Springer-Vieweg Verlag, 2019.

[Lohse–00] Lohse, Günter: Einführung in das Knicken und Kippen. Werner Verlag, Düsseldorf 2000.

[Merz–04] Merz, Klaus: Näherungsformeln zur Bestimmung der Bodenpressungen von Turmfundamenten mit unterschiedlichen symmetrischen Querschnitten. Bautechnik 81 (2004), Heft 12, Ernst & Sohn Verlag, Berlin 2004.

[Petersen–82] Petersen, Christian: Statik und Stabilität der Baukonstruktionen. Vieweg Verlag, Braunschweig 1982.

[Rubin–02] Rubin, Helmut; Schneider, Klaus-Jürgen: Baustatik Theorie I und II Ordnung. Werner Verlag, Düsseldorf 2002.

[Rübener–85] Rübener, Rolf H.: Grundbautechnik für Architekten. Werner Verlag, Düsseldorf 1985.

[Rüter–97] Rüter, E.: Bauen mit Stahl. Springer-Verlag, Berlin, Heidelberg, New York 1997.

[Rybicki–11] Rybicki, R.; Prietz, F.: Faustformel und Faustwerte für Konstruktionen im Hochbau. Werner Verlag, Düsseldorf 2011.

[Schlechte–67] Schlechte, Erhard: Festigkeitslehre für Bauingenieure. Werner Verlag, Düsseldorf 1967.

[Schneider–12] Goris, Alfons (Hrsg.): Schneider Bautabellen für Ingenieure. Werner Verlag, Köln 2012.

[Schneider–09] Schneider, Klaus-Jürgen; Schmidt-Gönner, Günter: Baustatik Zahlenbeispiele. Bauwerk Verlag GmbH, Berlin 2009.

[Schweda–00] Schweda, Erwin; Krings, Wolfgang: Baustatik Festigkeitslehre. Werner Verlag, Düsseldorf 2000.

[Seeßelberg–16] Seeßelberg, Christoph: Kranbahnen, Bemessung und konstruktive Gestaltung. Bauwerk-Beuth Verlag GmbH, Berlin 2016.

[Steck–16] Steck, Günther; Peters, Klaus; Holschemacher, Klaus: Konstruktiver Ingenieurbau kompakt. Bauwerk-Beuth Verlag GmbH, Berlin 2016.

[Schweitzer–13] Schneider / Sahner / Rast (Hrsg.): Mauerwerksbau aktuell 2013, Abschnitt Tragwerksplanung eines 2-geschossigen Mauerwerksbaus nach EC 6. Bauwerk–Beuth Verlag GmbH, Berlin 2013.

[Szilard–74] Szilard, R.: Theory and analysis of plates. Prentice-Hall 1974.

Stichwortverzeichnis